lbf 13006
43 iom 100

Ausgeschieden im Jahr 2025

Peter Haasen

Physikalische Metallkunde

Dritte, neubearbeitete und erweiterte Auflage

Mit 343 Abbildungen

Springer-Verlag
Berlin Heidelberg New York
London Paris Tokyo
Hong Kong Barcelona Budapest

Dr. rer. nat. Peter Haasen †
o. Professor und Direktor
des Instituts für Metallphysik
der Universität Göttingen

ISBN 3-540-57210-4 3. Aufl. Springer-Verlag Berlin Heidelberg New York
ISBN 3-540-13477-8 2. Aufl. Springer-Verlag Berlin Heidelberg New York

Die Deutsche Bibliothek – CIP-Einheitsaufnahme
Haasen, Peter : Physikalische Metallkunde / Peter Haasen. – 3., neubearb. und
erw. Aufl. – Berlin ; Heidelberg ; New York ; London ; Paris ;
Tokyo ; Hong Kong ; Barcelona ; Budapest : Springer, 1994
ISBN 3-540-57210-4

Dieses Werk ist urheberrechtlich geschützt. Die dadurch begründeten Rechte, insbesondere die der Übersetzung, des Nachdrucks, des Vortrags, der Entnahme von Abbildungen und Tabellen, der Funksendung, der Mikroverfilmung oder der Vervielfältigung auf anderen Wegen und der Speicherung in Datenverarbeitungsanlagen, bleiben, auch bei nur auszugsweiser Verwertung, vorbehalten. Eine Vervielfältigung dieses Werkes oder von Teilen dieses Werkes ist auch im Einzelfall nur in den Grenzen der gesetzlichen Bestimmungen des Urheberrechtsgesetzes der Bundesrepublik Deutschland vom 9. September 1965 in der jeweils geltenden Fassung zulässig. Sie ist grundsätzlich vergütungspflichtig. Zuwiderhandlungen unterliegen den Strafbestimmungen des Urheberrechtsgesetzes.

© Springer-Verlag Berlin Heidelberg 1974, 1984 and 1994
Printed in Germany

Die Wiedergabe von Gebrauchsnamen, Handelsnamen, Warenbezeichnungen usw. in diesem Werk berechtigt auch ohne besondere Kennzeichnung nicht zu der Annahme, daß solche Namen im Sinne der Warenzeichen- und Markenschutz-Gesetzgebung als frei zu betrachten wären und daher von jedermann benutzt werden dürften.

Sollte in diesem Werk direkt oder indirekt auf Gesetze, Vorschriften oder Richtlinien (z. B. DIN, VDI, VDE) Bezug genommen oder aus ihnen zitiert worden sein, so kann der Verlag keine Gewähr für Richtigkeit, Vollständigkeit oder Aktualität übernehmen. Es empfiehlt sich, gegebenenfalls für die eigenen Arbeiten die vollständigen Vorschriften oder Richtlinien in der jeweils gültigen Fassung hinzuzuziehen.

Satz: Macmillan India Ltd, Bangalore
Offsetdruck: Saladruck, Berlin; Bindearbeiten: Lüderitz & Bauer, Berlin
SPIN 10066862   60/3020 – 5 4 3 2 1 0 – Gedruckt auf säurefreiem Papier

Vorwort zur dritten Auflage

Seit 1959 versuche ich in Göttingen, Studierende der Physik nach dem Vorexamen für ein Aufbaustudium der Physikalischen Metallkunde zu interessieren. Diese Aufgabe stellt sich heute an vielen Hochschulen, denn allgemein hat sich der Beruf des Metallkundlers in der Forschung, der Entwicklung metallischer Werkstoffe und ihrer industriellen Produktion als sehr befriedigend und aussichtsreich erwiesen. Nicht nur ist die Metall-Technik außerordentlich vielseitig und lädt zu wissenschaftlicher Durchdringung ein, sondern auch andere Bereiche der Festkörper-verarbeitenden Industrie benutzen unter der Überschrift „Werkstoffwissenschaften" (Materials Science) zunehmend metallkundliche Methoden, etwa bei keramischen Werkstoffen, Halbleitermaterialien, Kunststoffen usw. Für ein solches Berufsbild ist heute ein Grundstudium der Physik sehr geeignet, während Metallkundler früherer Jahrgänge häufig als Chemiker oder Maschinenbau-Ingenieure begonnen haben. Das Grundstudium der Physik bietet neben strengem mathematischen Rüstzeug verschiedene Vorlesungen und Praktika der Experimentalphysik sowie den theoretisch-physikalischen Kursus incl. der Quantentheorie. Im 5. und 6. Semester leiten Einführungsvorlesungen über Festkörperphysik in das Gebiet der Physikalischen Metallkunde über. Sie lehnen sich auch in Deutschland häufig an das Lehrbuch von Ch. Kittel [1.1] an.

Dementsprechend baut das vorliegende Buch auf dem Stand der Kenntnisse auf, den Lehrbücher der Festkörperphysik wie das von Kittel vermitteln. Es erschien nicht sinnvoll, Grundbegriffe der Kristallographie oder der Elektronentheorie der Metalle in diesem Buch erneut darzustellen. Indem es festkörperphysikalische Grundkenntnisse im o. g. Umfang voraussetzt, unterscheidet sich das Buch von anderen Lehrbüchern der Physikalischen Metallkunde, die diese Kenntnisse in gewissem Umfang nebenbei vermitteln wollen. Sie sind primär für Studierende gedacht, die einen speziellen Studiengang „Metallkunde" vom 1. Semester an absolvieren, den es auch in Deutschland an einigen Hochschulen gibt. Auch das kleine Lehrbuch von Cottrell [1.2], das wir in Göttingen früher benutzt haben, bringt z. B. in den ersten 7 (von 15) Kapiteln eine Einführung in die Quantenmechanik, das Periodische System, die Theorie der Bindung in Kristallen, die Kristallstruktur, eine Elektronentheorie der Metalle, die Thermodynamik und Statistische Mechanik usw. Dieses möchte ich beim Leser etwa im Umfang des „Kittel" [1.1] als bekannt voraussetzen und auf metallkundliche Fragen anwenden. Neben den eingangs genannten Physik-Studenten an der

Schwelle zur Metallkunde wende ich mich auch an Metallkundler, die sich mit der Festkörperphysik sozusagen auf einem „2. Bildungsweg" vertraut gemacht haben und nun eine metallphysikalische Vertiefung ihres Fachwissens suchen. Dafür gibt es m. E. bisher kein geeignetes Lehrbuch, zumindest nicht in deutscher Sprache (siehe [1.7]). Das Lehrbuch von Paul Shewmon [1.3], das in seinen Gastvorlesungen 1963–64 im Göttinger Institut erste Form gewann, gibt jedoch eine klare Einführung in Teilgebiete der Metallkunde. Ihm und den herausfordernden Diskussionen mit Erhard Hornbogen während seiner Tätigkeit in Göttingen 1965–69 verdanke ich viele Anregungen.

Neben einer physikalisch begründeten Einführungsvorlesung in den Erfahrungsbereich der Metallkunde steht im Göttinger Lehrplan das Metallkundliche Praktikum. Dieses wird durch ein Skriptum vorbereitet, das an die speziellen experimentellen Einrichtungen des Göttinger Instituts gebunden ist und in einem Tutorium mit den angehenden Praktikumsteilnehmern durchgearbeitet wird. Eine Praktikums-Einführung in die wichtigsten experimentellen Methoden der Untersuchung von Metallen liegt auch in Buchform vor [2.3]. Während solche Darstellungen eng an die tatsächliche Durchführung von bestimmten Experimenten gebunden sind, erwies es sich für die Zwecke dieses Buches als notwendig, die Prinzipien einiger experimenteller Methoden der Metallkunde zu beschreiben. Die in Kap. 2 ausgewählten sind einerseits in der Physik und Festkörperphysik wenig gebräuchlich; andererseits werden ihre Ergebnisse in den folgenden Kapiteln dieses Buches herangezogen. Es ist also nicht notwendig, Kap. 2 vor den anderen Kapiteln im Zusammenhang zu lesen. Der Leser wird zweckmäßig darauf zurückgreifen, wenn er in Verfolgung der Darstellung der metallkundlichen Grundphänomene in den Kapiteln dieses Buches nähere Auskunft über die herangezogenen Experimente wünscht.

Weitere Auskunft ist in der zitierten Literatur zu finden. Ich habe mich bemüht, möglichst moderne, zusammenfassende, kritisch abwägende Literatur zu zitieren in der Erwartung, daß der Studierende auf diesem Wege einen leichteren Zugang zu der umfangreichen und oft verwirrenden Originalliteratur findet. Natürlich ist es schwierig, auf diesem Wege den Beiträgen der beteiligten Autoren im einzelnen und in historischer Folge gerecht zu werden. Ich bitte um Verständnis im Hinblick auf den Lehrbuchcharakter dieser Darstellung, die nicht als Summe von Review-Artikeln verstanden werden möchte. Sie soll vielmehr den Leser in die Grundfragen der Metallkunde durch möglichst quantitativ formulierte physikalische Überlegungen einführen und ihn unter Hinweis auf die herangezogene Literatur an die Front des heutigen physikalischen Verständnisses der metallkundlichen Erfahrungen heranführen. Eine weit ausführlichere Darstellung des Gebietes findet sich in der Neuauflage des Buches „Physical Metallurgy", hrsg. v. R. W. Cahn und P. Haasen, North Holland, Amsterdam 1994 und in der neuen Reihe „Materials Science and Technology", hersg. v. R. W. Cahn, P. Haasen und E. Kramer, VCH Weinheim, 1991 ff.

Bei der Verwirklichung dieses Plans haben mir mehrere Generationen Göttinger (und auswärtiger) metallphysikalischer Studenten und insbesondere eine

Gruppe von engen Mitarbeitern geholfen: Die Herren J. Dönch, H. Steinhardt, W. Schröter und R. Wagner haben den Text kritisch durchgesehen, zahlreiche Verbesserungsvorschläge eingebracht und gemeinsam besprochen. Ich bin ihnen großen Dank schuldig. Befreundete Fachkollegen haben darüber hinaus einzelne Kapitel ihres speziellen Forschungsgebietes gelesen und konstruktiv kritisiert. Ich möchte Herrn Prof. V. Gerold für Vorschläge zur 3. Auflage herzlich danken. Dem Springer-Verlag danke ich für gute Zusammenarbeit.

Die 3. Auflage versucht, dem Fortschritt des Gebietes gerecht zu werden und Fehler zu korrigieren, die beim Gebrauch und der Abfassung der englischen, japanischen und chinesischen Ausgaben offenbar geworden sind. Größere Zusätze betreffen „Wasserstoff in Metallen" und die Formgedächtnislegierungen sowie die „Plastizität Intermetallischer Verbindungen", alles hochaktuelle Forschungsgebiete der Metallphysik. An der Schwelle zur Emeritierung hoffe ich, daß sich das Lehrbuch weiter als nützlich und stilbildend erweist.

Göttingen, im Sommer 1993 P. Haasen

Peter Hassen hat das Manuskript unmittelbar vor seinem Tode noch vollenden können.

Lediglich bei einigen kleineren Abschnitten mußten neuere Ergebnisse zusätzlich berücksichtigt werden. Hier ist Th. Hehenkamp und R. Busch zu danken.

Göttingen, im Frühjahr 1994 F.D. Wöhler

Umrechnung von Einheiten

1 Joule (J) = 1 Nm = 1 Ws = 10^7 erg $\approx$ 0,24 cal

1 eV/Atom $\approx$ 96 kJ/mol $\approx$ 23 kcal/mol = $R \cdot$ (11 600 K); R = 8,3 J/mol·K

$1\dfrac{\text{kp}}{\text{mm}^2} = 1\dfrac{\text{kg (Kraft)}}{\text{mm}^2} \approx 9{,}81 \cdot 10^6 \dfrac{\text{Newton}}{\text{m}^2} = 9{,}81 \cdot 10^7 \dfrac{\text{dyn}}{\text{cm}^2}$

$\approx 0{,}7 \cdot 10^3$ psi (pounds per square inches) $\approx$ 10 Megapascal (MPa)

Inhaltsverzeichnis

1	**Übersicht**	1
2	**Experimentelle Methoden zur physikalischen Untersuchung von Metallen**	3
	2.1 Mikroskopie der Oberfläche	3
	2.2 Transmissions-Elektronenmikroskopie (TEM)	7
	2.3 Diffuse Röntgenstreuung	15
	2.4 Feldionenmikroskopie (FIM) und Rastertunnelmikroskopie	19
	2.5 Thermische Analyse	23
	2.6 Mechanische Untersuchungsmethoden	25
	2.7 Untersuchung der Anelastizität	29
	2.8 Mößbauer-Effekt	31
	2.9 Stereographische Projektion	34
3	**Gefüge und Phase, Korn- und Phasengrenzen**	38
	3.1 Definitionen und Abgrenzungen	38
	3.2 Struktur von Korngrenzen	41
	3.3 Energie von Korngrenzen und ihre Messung	46
	3.4 Phasengrenzflächen	49
4	**Erstarrung von Schmelzen**	52
	4.1 Homogene Keimbildung	52
	4.2 Heterogene Keimbildung	54
	4.3 Kristallwachstum	55
	4.4 Einkristallzucht und Versetzungsentstehung	57
	4.5 Verteilung gelöster Fremdatome bei der Erstarrung	59
	4.6 Eutektische Erstarrung	68
	4.7 Metallene Gläser	72
5	**Thermodynamik von Legierungen**	76
	5.1 Gleichgewichtsbedingungen	76
	5.2 Statistische Thermodynamik von idealen und regulären binären Lösungen	79
	5.3 Messung von Mischungsenergien und Aktivitäten	82
	5.4 Erweiterte Lösungsmodelle	85
	5.5 Herleitung binärer Zustandsdiagramme aus einem Lösungsmodell	86

	5.6 Freie Energien bei allgemeinen binären Zustandsdiagrammen	90
	5.7 Ternäre Zustandsdiagramme	95
6	**Strukturen metallischer Phasen und ihre physikalische Begründung**	100
	6.1 Zwei wichtige binäre Systeme	100
	6.2 Strukturen reiner Metalle und elastische Instabilitäten	108
	6.3 Hume-Rothery-Phasen und Elektronen in Legierungen	115
	6.4 Atomgrößen-bedingte Legierungsphasen	125
	6.5 Verbindungen normaler Valenz	132
7	**Geordnete Atomverteilungen**	133
	7.1 Überstrukturen, insbesondere lang-periodische	133
	7.2 Unvollständige Ordnung, Ordnungsgrade	137
	7.3 Ordnungsdomänen und ihre Grenzen	144
	7.4 Ordnungskinetik	148
8	**Diffusion**	153
	8.1 Isotherme Diffusion mit konstantem Diffusionskoeffizienten	153
	8.2 Atomare Mechanismen der Diffusion	155
	8.3 Diffusion mit konzentrationsabhängigem D	163
	8.4 Diffusion in Grenzflächen und Versetzungen	171
	8.5 Elektro- und Thermotransport	176
	8.6 Oxidation von Metallen	179
	8.7 Permeation von Wasserstoff: Diffusion mit sättigbaren „traps"	181
9	**Ausscheidungsvorgänge**	188
	9.1 Keimbildung von Ausscheidungen	189
	9.2 Zeitgesetze des Wachstums von Ausscheidungen	199
	9.3 Ostwald-Reifung	202
	9.4 Spinodale Entmischung	203
	9.5 Diskontinuierliche und eutektoide Entmischung	209
	9.6 ZTU-Diagramme	212
10	**Atomare Gitterbaufehler, insbesondere nach Abschrecken und Bestrahlung**	215
	10.1 Messung der Leerstellenkonzentration im Gleichgewicht	215
	10.2 Abschrecken und Ausheilen von Nichtgleichgewichts-Leerstellen	218
	10.3 Effekte der Bestrahlung mit energiereichen Teilchen	223
	10.4 Erholungsstufen nach Bestrahlung	226
	10.5 Bestrahlungsschädigung von Reaktorwerkstoffen	228
11	**Linienhafte Gitterbaufehler: Versetzungen**	230
	11.1 Topologische Eigenschaften von Versetzungen	230
	11.2 Elastizitätstheorie der Versetzungen	237
	11.3 Versetzungen in Kristallen	244
	11.4 Versetzungsdynamik	251

12 Plastische Verformung und Verfestigung, Verformungsgefüge und Bruch 254
12.0 Kristallographie der Abgleitung 254
12.1 Abgleitung und Versetzungsbewegung 257
12.2 Fließspannung und Verfestigung 261
12.3 Dynamische Erholung: Quergleitung und Klettern 265
12.4 Verformung des Vielkristalls, Verformungstextur 270
12.5 Korngrenzengleitung und Superplastizität 278
12.6 Wechselverformung und Ermüdung 281
12.7 Bruch nach geringer Zugverformung („Sprödbruch") 286

13 Martensitische Umwandlungen 292
13.0 Mechanische Zwillingsbildung 292
13.1 Charakterisierung martensitischer Umwandlungen 295
13.2 Landau-Theorie von Formgedächtnis-Legierungen 298
13.3 Kristallographie martensitischer Umwandlungen 302
13.4 Die martensitische Phasengrenzfläche 306
13.5 Keimbildung von Martensit 308
13.6 Stahlhärtung 310
13.7 Die displazive ω-Umwandlung 313

14 Legierungshärtung 316
14.1 Mischkristallhärtung (MKH) 316
14.2 Versetzungsverankerung und -losreißen 326
14.3 Ausscheidungshärtung 330
14.4 Dispersionshärtung und Faserverstärkung 335
14.5 Ordnungshärtung und Plastizität intermetallischer Verbindungen 338

15 Rekristallisation 340
15.1 Definitionen 340
15.2 Primäre Rekristallisation 341
15.3 Kornwachstum 346
15.4 Rekristallisationstexturen 354
15.5 Sekundäre Rekristallisation (Kornvergrößerung) 358

Literatur 360

Sachverzeichnis 369

1 Übersicht

Da Metalle eine weitverbreitete Klasse von Festkörpern sind, erhebt sich die Frage, welchen über die Festkörperphysik hinausgehenden Inhalt eine Physikalische Metallkunde hat. Ein Grundzug metallkundlichen Denkens jedenfalls ist der Festkörperphysik fremd, wenn man Kittels Buch als Maßstab nimmt: Die Metallkunde führt Eigenschaften von Metallen und metallischen „Mischungen", genannt *Legierungen*, auf ihr *Gefüge* zurück. Während die Festkörperphysik auf der *Kristallstruktur* eines Einkristalls aufbaut, in dem alle Atome auf den Plätzen eines dreidimensionalen Rasters sitzen, berücksichtigt die Metallkunde, daß die strenge Regelmäßigkeit der Anordnung sich oft nur auf mikroskopische Bereiche beschränkt und sich von der Anordnung in Nachbarbereichen unterscheidet. Auf einem makroskopischen Stück Metall liegt also noch ein zweites, gröberes Raster, genannt *Mikrostruktur* (oder Gefüge), als es die Kristallstruktur darstellt, von der die Festkörperphysik ausgeht.

Es zeigt sich nun, daß viele Eigenschaften von Metallen, insbesondere die technologisch wichtigen, gerade durch dieses Gefüge bestimmt sind. Diejenige Eigenschaft, die für die Verwendbarkeit der Metalle in Konstruktionen des Ingenieurbaus am wichtigsten ist, ist ihre mechanische Festigkeit. Sie wird weitgehend durch das Gefüge beeinflußt, ist also eine (kristall) *strukturfehlerbestimmte Eigenschaft* eines Metalls (und bei weitem nicht seine einzige!). Um die Eigenschaft „Festigkeit" definieren und physikalisch verständlich machen zu können (in Kap. 12 und 14), müssen wir zunächst (in Kap. 3, 4, 11, 13, 15 und anderen) das Gefüge des Metalls untersuchen und quantitativ beschreiben.

Ein zweiter Unterschied zwischen Festkörperphysik und Metallkunde liegt darin, daß sich die erstere für einfache und reine Stoffe, die letztere für Legierungen interessiert. Der Physiker ist geneigt, die Abhängigkeit einer Eigenschaft von der Zusammensetzung des Materials für eine Sache der Chemie zu halten. Es ist aber durchaus nicht so, daß mit gegebener Zusammensetzung die Eigenschaft der Legierung festgelegt ist: Zum Beispiel kann die „Härte" HV (s. Abschn. 2.6.3) eines Stahls aus Eisen mit 1/3% Kohlenstoff Werte zwischen 1000 und 7000 MPa annehmen – je nach der Wärmebehandlung, der das Material unterzogen wurde. Diese Behandlung ändert z. B. die Verteilung des Kohlenstoffs im Eisen, also wiederum das Gefüge und damit die mechanischen Eigenschaften. Die sich einstellende Verteilung wird durch die Thermodynamik und Kinetik des Legierungssystems bestimmt und damit durch wenige energetische, entropische und geometrische Größen, die wir in Kap. 5, 8 und 10 besprechen, bevor wir typische Atomverteilungen in Legierungen (z. B. in Kap. 7 und 9) darstellen. Die Thermodynamik und Kinetik der Atomverteilung ist eher im Fach Physikalische Chemie verwurzelt, aus dem das Fach Physikalische Metallkunde zwischen 1906 und 1930 von Gustav Tammann in Göttingen entwickelt wurde. Der Physiker ist geneigt, nach dem atomistischen, in Metallen also elektronentheoretischen Hintergrund der energetischen Größen zu fragen, die die Thermodynamik und Kinetik metallischer Systeme bestimmen. Einige Ansätze in dieser Richtung werden in Kap. 6 beschrieben, jedoch ist beim heutigen Stand der Theorie von Vielteilchen-Mehrstoff-Systemen die Thermodynamik bei weitem aussagekräftiger und dem Experiment zugänglicher und wird deswegen in Kap. 5 relativ ausführlich besprochen.

Das Buch ist dahingehend angelegt, den Leser von einfacheren zu komplizierteren Phänomenen der Metallkunde zu führen und ihm diese physikalisch verständlich zu machen – ausgehend vom zentralen Begriff des Gefüges in Kap. 3. Ein an Hand dieses Buches studierender Physiker soll dahingehend „motiviert" werden, daß er auch zunächst unbequem erscheinende Begriffe wie z. B. die der Chemischen Thermodynamik oder der Versetzungstheorie zu seinen eigenen macht. Am Ende steht sinngemäß die Behandlung der Hauptaufgabe der Metallkunde, der mechanischen Härtung der Metalle (und ihrer Umkehrung bei der Rekristallisation, Kap. 15). Nach unserer langjährigen Göttinger Arbeitsrichtung ließen sich hier zwei weitere Kapitel zwanglos anschließen und in weitgehender Parallelität zur mechanischen Härtung behandeln: die Härtung von Ferromagneten und die Härtung von Supraleitern, siehe [14.11]. Beide lassen weitere wichtige Werkstoff-Eigenschaften entstehen, die man z. B. bei Permanentmagneten und Supraleitern, die einen hohen Strom im Magnetfeld tragen können, benutzt. Diese beiden Kapitel würden jedoch so viele neue Begriffe und Vorkenntnisse erfordern, daß sie den Rahmen des auf eine Einführungsvorlesung zugeschnittenen Buches sprengten. Das fortschreitende allgemeine Interesse an den neuen metallkundlichen Entwicklungen auf dem Gebiet der Ferromagnete und Supraleiter hätte ihre Darstellung in einem zweiten Band längst gerechtfertigt, wenn nicht die neu entdeckten oxidischen Supraleiter zahlreiche ungelöste Fragen aufgeworfen hätten.

2 Experimentelle Methoden zur physikalischen Untersuchung von Metallen

Die Metallkunde benutzt eine Reihe von Untersuchungsmethoden, die nicht zur allgemeinen experimentellen Erfahrung des Physikers gehören, der sich mit Festkörpern beschäftigt. Einige von diesen werden im folgenden beschrieben und kritisch kommentiert, weil die mit ihrer Hilfe gewonnenen Ergebnisse in den folgenden Kapiteln wesentlich herangezogen werden. Natürlich benutzen Festkörperphysik und Metallkunde dieselben Standard-Röntgenmethoden zur Bestimmung von Kristallstruktur, Gitterparametern und Kristallorientierung [2.1], [2.2], die auf der Braggschen Beziehung für eine konstruktive Interferenz der von den Gitteratomen gestreuten Röntgenwelle beruhen. Auch Messungen der elektrischen Leitfähigkeit und der Hallspannung werden nach Standard-Verfahren ausgeführt. Es werden die makroskopische Dichte und ihre Änderung mit der Temperatur, die thermische Ausdehnung, meist eindimensional in einem Dilatometer gemessen. Auch Messungen von elastischen Moduln und spezifischer Wärme bieten dem Physiker nichts methodisch Neues, ebensowenig wie Messungen der magnetischen Suszeptibilität. Ergebnisse solcher und verwandter Untersuchungen werden im weiteren ohne genauere Beschreibung des Meßverfahrens herangezogen. Einschlägige experimentelle Methoden werden zusammenfassend beschrieben in [2.3 bis 2.5].

2.1 Mikroskopie der Oberfläche

Neben ihrer Kristallstruktur besitzen Metallkörper ein *Gefüge*, z. B. durch ihren Aufbau aus verschieden orientierten Körnern oder verschieden zusammengesetzten Phasen. Dieses zu beobachten und möglichst quantitativ zu beschreiben ist Ziel der *Metallographie*. Hierzu werden licht-, elektronen-, ionen -und röntgenmikroskopische Methoden verwendet, die z. T. in den Abschnitten 2.2 und 2.4 beschrieben werden.

Oft sind die geometrischen Dimensionen des Gefüges im Lichtmikroskop auflösbar. Wegen der Undurchsichtigkeit der Metalle muß im Auflichtmikroskop, in Reflexion, beobachtet werden. Dafür wird eine optisch plane Oberfläche durch Schleifen und anschließendes mechanisches, chemisches oder elektrolytisches *Polieren* hergestellt. Die polierte Metalloberfläche erscheint unter dem Mikroskop in der Regel glatt und einfarbig. Um die Gefügebestandteile nebeneinander deutlich sichtbar zu machen, werden verschiedene Verfahren der Kontrasterzeugung oder -Verstärkung angewandt. Einerseits wird die *Probenoberfläche durch Ätzen* spezifisch *verändert*. Neben empirischen chemischen Verfahren setzen sich reproduzierbare physikalische Verfahren immer mehr durch, von denen einige in Abb. 2.1 beschrieben werden. Während nach Abb. 2.1a und b die Gefügebestandteile durch unterschiedliche Abtragung sichtbar werden, wird in Abb. 2.1c der unterschiedliche Reflexionskoeffizient des Lichts an der Grenzfläche zu einer aufgedampften Schicht ausgenutzt. Chemische Ätzmittel legen oft bestimmte kristallographisch orientierte Flächen terrassenförmig frei, wie Abb. 2.1d zeigt. Verschieden orientierte Körner reflektieren dann das Licht in verschiedene Richtungen und erscheinen damit im Auflichtmikroskop verschieden hell. Ist die reflektierende Netzebene bekannt, kann die Orientierung der Körner (oder Kristallite) in der Probe so bestimmt werden. Mit „Orientierung" ist die Lage des Kristallgitters zu den äußeren Probenbegrenzungen (Oberfläche, Stabachse) gemeint.

Andererseits läßt sich der Kontrast von einem Gefüge durch einen geeigneten *Strahlengang im Lichtmikroskop* verstärken, wie z. B. durch Beobachtung im polarisierten Licht, mittels Phasenkontrast, Interferenzkontrast oder im „Dunkelfeld". Bei letzterem werden die Konturen eines Oberflächenreliefs im streifend einfallenden Licht sichtbar (stärker als bei senkrechtem Lichteinfall,

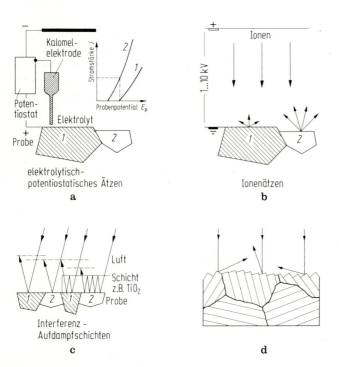

Abb. 2.1a–d. Methoden zur Sichtbarmachung von Gefügebestandteilen (**a** bis **c** nach E. Hornbogen und G. Petzow, Z. f. Metallkunde 61 (1970) 81)

2.1 Mikroskopie der Oberfläche

im „Hellfeld"). Zur quantitativen Vermessung des Oberflächenreliefs wird ein *Interferenzmikroskop* benutzt, das in der Tiefe noch einen Bruchteil (etwa 1/20) der benutzten Lichtwellenlänge auflöst. (Im Falle einer Vielstrahlinterferenz werden sogar Strukturen von 3 nm Tiefendifferenz aufgelöst). Die Auflösung in der Beobachtungsebene ist aber die des Lichtmikroskops, etwa 300 nm.

Eine verbesserte Auflösung des Gefüges bei direkter Beobachtung in Reflexion kann mit Elektronenwellen erzielt werden. (Durchstrahlungsbeobachtungen werden in Abschn. 2.2 besprochen.) Beim *Reflexions-Elektronenmikroskop* wird die Oberfläche streifend mit Elektronen bestrahlt. Die Elektronen werden vorwiegend in die zur Oberflächennormale symmetrische Richtung gestreut und können dann zu einer vergrößernden Abbildung benutzt werden. Das Auflösungsvermögen ist einige 10 nm, wobei die Oberfläche aber wegen der schrägen Betrachtungsrichtung stark verzerrt wird. Das *Emissions-Elektronenmikroskop* vermeidet diesen Nachteil, indem es Sekundär-Elektronen zur Bilderzeugung verwendet, die direkt aus der Oberfläche ausgelöst werden und diese senkrecht verlassen. Als primär auslösende Strahlung kommt u. a. UV-Licht in Frage, wenn nicht Glühemission benutzt wird. Dann ist dieses Elektronenmikroskop besonders zur hochauflösenden Beobachtung von Hochtemperaturvorgängen geeignet.

Das *Raster-Elektronenmikroskop* benutzt im Gegensatz zu den obigen Mikroskopen keine vergrößernde Elektronen-Optik, sondern tastet die Probenoberfläche mit einem sehr eng fokussierten Elektronenstrahl ab (Durchmesser ≥ 20 nm). Die erzeugten Sekundärelektronen werden vervielfacht und steuern die Helligkeit einer Bildröhre, deren Ablenksystem mit dem des primären Elektronenstrahls synchronisiert ist (Abb. 2.2). Die Helligkeit, d. h. die Intensität der von einer bestimmten Stelle ausgehenden Sekundärelektronen hängt wegen des asymmetrischen Strahlengangs vom lokalen Oberflächenrelief (und vom

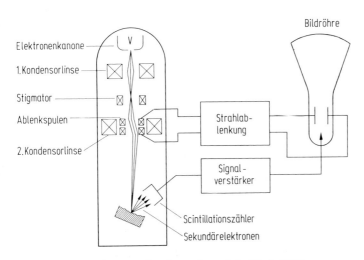

Abb. 2.2. Rasterelektronenmikroskop, schematisch. (Nach [2.8])

Material) der Probe ab. Zusammen mit der außerordentlichen Schärfentiefe (z. B. 35 µm bei 1000facher Vergrößerung!) kommt es dadurch zu plastischen Bildern. Aus dem Interferenzbild der Sekundärelektronen kann die lokale Orientierung der Probe bestimmt werden.

Der primäre Elektronenstrahl kann ferner die charakteristische Röntgenstrahlung der getroffenen Atome anregen. Wird diese Fluoreszenzstrahlung mit Hilfe eines bekannten Kristalls spektral analysiert, so erhält man eine lokale chemische Analyse der Probe. Mit Hilfe der Rastertechnik kann man neben dem topographischen Oberflächenbild der Sekundärelektronen, Abb. 2.3, weitere Bilder im Lichte verschiedener charakteristischer Röntgenwellen erhalten, die dann die Orte des Vorhandenseins bestimmter chemischer Elemente angeben, Abb. 2.4. In der *Elektronenstrahl-Mikrosonde* wird diese Analyse quantitativ durchgeführt. Sie erlaubt, Konzentrationen von $\geqq 10^{-4}$ in Oberflächengebieten von etwa 1 µm Durchmesser zu bestimmen (entsprechend $\sim 10^{-11}$ g des Elements).

Lichtmikroskopische und allgemeine metallographische Verfahren werden in [2.3, 2.5, 2.6a bis 2.6d] beschrieben, elektronenmikroskopische in [2.7 bis 2.9].

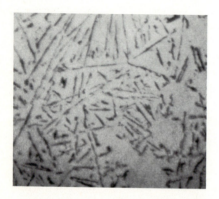

Abb. 2.3. Erstarrte Al-11,7 Gew.-% Si-Legierung (185 ×)

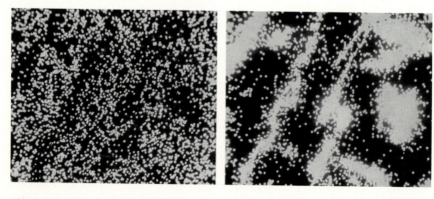

Abb. 2.4a, b. Verteilung der Komponenten in der Legierung der Abb. 2.3. **a** Al-Röntgenfluoreszenz; **b** Si-Röntgenfluoreszenz von derselben Stelle in der Mikrosonde (G. Horn, Fa. Doduco, Pforzheim)

Die Metallographie ist unter Verwendung stereometrischer Methoden und automatisierter Geräte inzwischen zu einer quantitativen Beschreibung des Gefüges in der Lage [2.6d], siehe Abschn. 3.3. Während die bisher beschriebenen metallographischen Methoden die von einer angeschliffenen Probe reflektierte Strahlung benutzen, setzt das folgende Verfahren dünne, von Elektronen durchstrahlbare Schichten voraus.

2.2 Transmissions-Elektronenmikroskopie (TEM)

Die TEM stellt heute eines der wichtigsten metallkundlichen Beobachtungsverfahren dar. Eine (etwa 100 nm) dünne Schicht des Metalls wird aus einer makroskopischen Probe heraus-„präpariert" und im normalen Elektronenmikroskop (mit Beschleunigungsspannungen ≤ 200 kV) durchstrahlt, gelegentlich aber auch in Elektronenmikroskopen hoher Beschleunigungsspannung (1 MV), die dann größere Schichtdicken zu durchstrahlen erlauben. Schon seit langer Zeit werden *Abdrücke* (Replica) von Metalloberflächen elektronenmikroskopisch mit hoher Auflösung untersucht. Dazu wird die Proben-Oberfläche zur Kontraststeigerung mit Schwermetallen schräg bedampft („beschattet"), anschließend, meist mit Kohle, bedampft, schließlich wird der Film von der Probe abgezogen und auf den Objektträger gebracht. Der Film gibt dann die Topographie der Oberfläche plastisch wieder, wobei Dickenänderungen des beschatteten Films das Oberflächenrelief der Probe nachzeichnen, („Extinktionskontrast", s. 2.2.1.1). Oberflächenerhebungen von mehr als 2 nm lassen sich auf diese Weise sichtbar machen.

Bei sog. *Extraktions-Replicas* versucht man, Einschlüsse oder kleine Teilchen einer zweiten, harten Phase mit dem Abdruck abzuziehen, indem man sie vorher durch geeignetes Ätzen der Primärsubstanz (Matrix) „lockert". Man kann die Teilchen dann mit der Replica im Elektronenmikroskop durchstrahlen, um ihre Struktur, Größenverteilung etc. zu bestimmen.

Viel kontrastreicher und für das Probeninnere charakteristischer ist die *Durchstrahlung einer gedünnten Schicht* der Probe selbst. Die Dünnung wird nach speziellen Verfahren, meist durch elektrolytisches Abtragen, vorgenommen (s. [2.7, 2.8]). In den keilförmigen Randzonen eines eben entstandenen Loches ist die Metallschicht dann dünner als etwa 150 nm und damit für Elektronen der im Elektronenmikroskop üblichen Beschleunigungsspannungen (≤ 120 kV) transparent. Je nach den mikrostrukturellen Gegebenheiten auf seinem Wege gelangt ein Teil dieser Elektronen über den vergrößernden Strahlengang des Elektronenmikroskops auf den Bildschirm. Dort wird ein Intensitätsprofil („Kontrast") erzeugt. Diesen Kontrast auf die zugrunde liegende Mikrostruktur zu interpretieren, ist eine Wissenschaft für sich, von der im folgenden etwas ausführlicher berichtet werden muß. Ferner kann ein normales *Elektronenbeugungsdiagramm* nach dem Braggschen Gesetz von der durchstrahlten Probenstelle erhalten werden, wodurch deren Kristallstruktur, Orientierung, usw. ermittelt wird.

2.2.1 Kontrasttheorie

2.2.1.1 Mikroskopisch homogene Probe. Der einfachste Fall eines elektronenmikroskopischen (EM) Kontrasts entsteht an einer amorphen Schicht, die aus Gebieten verschiedener Dichte bestehen möge (A, B Abb. 2.5). Die durch B gehenden Elektronen werden stärker gestreut als die durch A gehenden. Die gestreuten Elektronen werden zumeist von der Objektiv-Aperturblende aufgefangen. Die Intensität auf dem Leuchtschirm des EM, die von A kommt, ist also größer als die von B. Bei kristallinen Schichten wird die Streuung der Elektronen entsprechend der Braggschen Bedingung stark anisotrop („Beugung"). Der Aperturwinkel des EM ist so klein ($\approx 10^{-2}$ rad bei 100 kV), daß i. allg. alle Beugungsreflexe (bis auf den nullten) von der Aperturblende aufgefangen werden (Hellfeld-Fall, Abb. 2.6a). Man kann aber auch die Aperturblende verschieben oder den Primärstrahl I_0 kippen, so daß nur ein bestimmter Beugungsreflex durch die Blende geht (Dunkelfeld-Fall, Abb. 2.6b). Nur bei speziellen Abbildungsverfahren gelangen Nullstrahl I und abgebeugter Strahl I_1 gemeinsam durch die Blende und interferieren zu einem wirklichen Bild im Abbeschen Sinne (Abb. 2.6c). Andernfalls erhält man allein durch I oder durch I_1 einen „Kontrast". In den obigen Fällen handelt es sich um kohärent gestreute Elektronen. Daneben gibt es nach Rutherford auch inkohärente Streuung am Kern und den kernnahen Atomelektronen. Deren Intensität im Bereich „größerer" Streuwinkel (~ 100 mrad) ist proportional dem Quadrat der Ordnungszahl und gibt damit Auskunft über die chemische Zusammensetzung der bestrahlten Säule („Z-Kontrast-Methode" nach [2.32]).

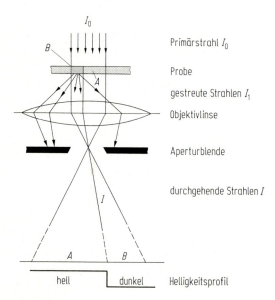

Abb. 2.5. Zur Kontrastentstehung an amorphen Objekten mit Gebieten A, B verschiedener Dichte. (Nach [2.8])

2.2 Transmissions-Elektronenmikroskopie (TEM)

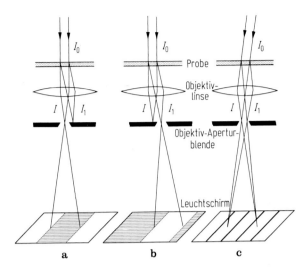

Abb. 2.6a–c. Zur Kontrastentstehung an kristallinen Objekten. **a** Hellfeldkontrast; **b** Dunkelfeldkontrast; **c** Interferenzbild

Der Kontrast entsteht durch die Inhomogenität der Probe und kann unter folgenden Näherungsannahmen berechnet werden [2.31]:

a) Es wird nur elastische Streuung nach der Braggschen Bedingung berücksichtigt.
b) Es werden nur *ein* durchgehender und *ein* abgebeugter Strahl berücksichtigt: $I_0 = I + I_1$ (Zweistrahlfall).
c) Die Wechselwirkung von I mit I_1 wird vernachlässigt, was für $I \gg I_1$ gerechtfertigt ist; damit nimmt man den Bragg-Reflex selbst von der Betrachtung aus („Kinematische Theorie").
d) Das „Bild" wird zusammengesetzt aus den Intensitäten von allen Orten der Schicht, die dazu in Säulen $\Delta x \cdot \Delta y \cdot t$ aufgeteilt gedacht wird (t = Schichtdicke, s. Abb. 2.9 und 2.10). Die Intensitäten aller Säulen mit Längsachse in z-Richtung werden voneinander unabhängig berechnet.

Zur Berechnung von I_1 summiert man die Amplituden in Richtung k aller Sekundärwellen der Atome (n) einer Säule auf (Ortsvektoren r_n).

$$A_1(k) = \sum_n f_n \exp(-2\pi i(k - k_0) \cdot r_n)) \tag{2-1}$$

f_n ist die Streuamplitude des Einzelatoms, proportional dessen Atomformfaktor, $2\pi k_0$ ist der Wellenzahlvektor der einfallenden Welle. Entsprechend unserer Voraussetzung c) müssen wir einen endlichen Abstand s (entsprechend einer Winkeldifferenz $\Delta \Theta > 0$) vom Braggreflex selbst halten, d. h., $k - k_0 = g + s$, wo g der reziproke Gittervektor der Netzebene (hkl) ist. Sind alle Atome gleich, d. h. $f_n = f$, und ersetzt man die Summe durch ein Integral, so wird mit der

Gitterkonstante a

$$A_1(s) = \left(\frac{f}{a}\right) \int_{-t/2}^{t/2} e^{-2\pi i s_z z} \, dz = f \frac{\sin(\pi t s_z)}{\pi t s_z} \cdot \frac{t}{a}. \tag{2-2}$$

Die gestreute Intensität $I_1 = A_1^2$ (und die zu ihr komplementäre Intensität des Nullstrahls) oszillieren als Funktion von s_z und t. Die s_z-Variation ist bei einer kontinuierlich gebogenen Schicht realisiert; man erhält Intensitätsstreifen als Funktion des Ortes, sog. *Biegekonturen*. Hält man dagegen die Orientierung, d. h. s, konstant und variiert t, z. B. in einer keilförmigen Schicht, wie sie nach der elektrolytischen Dünnung immer vorliegt, so erhält man für I_1 die sog. *Dickenkonturen*, Abb. 2.7. Die Tiefenperiodizität definiert eine Periodizitätslänge $t_g = 1/s_z$. Die kinematische Theorie versagt für $s_z = s \to 0$. Nach der dann gültigen *Dynamischen Theorie* ist t_g auch für $s \to 0$ endlich und zu ersetzen durch

$$t_g^{\text{eff}} = \frac{1}{\sqrt{s^2 + \xi_g^{-2}}}, \tag{2-3}$$

wo die Extinktionslänge ξ_g umgekehrt proportional dem Strukturfaktor des Reflexes g und damit ein Materialparameter ist (für Al (111): $\xi_g = 55{,}6$ nm, (222) 137,7 nm; Au (111) 15,9 nm, (222) 30,7 nm). Durch Auszählen der Dickenkonturen vom Rand her kann man die Schichtdicke ermitteln.

In neuerer Zeit gewinnt die *hochauflösende Elektronenmikroskopie* sehr dünner ($t \approx 10$ nm) und genau in Strahlrichtung orientierter Kristalle an Bedeutung. Mit ihr kann man die flächenhafte Anordnung atomarer Säulen wirklich im Abbeschen Sinne „abbilden" (s. Abb. 2.6c). Voraussetzung ist ein hinsichtlich der Linsenfehler, besonders der sphärischen Aberration C_s, gut korrigiertes Mikroskop, dessen Punktauflösung dann durch $r_{\min} = B\lambda^{3/4} C_s^{1/4} \approx 0{,}3$ nm gegeben ist (bei einer der Beschleunigungsspannung von ≈ 200 kV entsprechenden Elektronenwellenlänge λ). Die dünne Kristallschicht erzeugt nur einen schwachen Phasenkontrast von Ort zu Ort, der in einen in der Bildebene beobachtbaren Amplitudenkontrast umgewandelt wird, indem man die Probe kontrolliert defokussiert. Es hat sich als notwendig erwiesen, solche Bilder mit rechner-

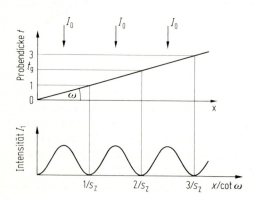

Abb. 2.7. Verteilung der von einer keilförmigen Schicht gestreuten Intensität

2.2 Transmissions-Elektronenmikroskopie (TEM)

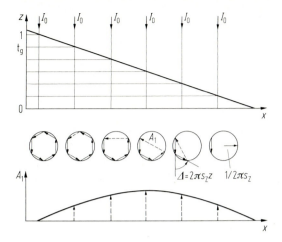

Abb. 2.8. Amplituden-Phasen-Diagramm (APD) zur Beugung am Keil

simulierten zu vergleichen, besonders wenn es sich um die atomare Abbildung von Gitterbaufehlern handelt, siehe [2.24], [2.25].

Man verwendet oft das graphische Verfahren des Amplituden-Phasen-Diagramms (APD), also eine Addition in der komplexen Ebene, um die resultierende Amplitude A_1 am Ausgang der Säule aus der Überlagerung der Sekundärwellen der Säulenatome zu ermitteln. Deren Amplituden seien gleich, während sich ihre gegenseitige Phasenlage (Winkel $\Delta = 2\pi s_z z$) entsprechend dem Wegunterschied zum Interferenzort unterscheidet. Bei einem Wegunterschied $z = 1/s_z$ sind zwei Wellen in Phase (Bragg-Reflexion), $\Delta = 2\pi$. Für andere z, Δ setzen sich die Elementarwellen vektoriell zu Polygonzügen zusammen, wie in Abb. 2.8 für den Keil gezeigt ist. Beim ersten Nulldurchgang der Intensität hat man also einen Vollkreis durchlaufen, dessen Durchmesser im Ortsraum (in Einheiten von f) $1/\pi s_z$ ist.

2.2.1.2 Probe mit Gitterstörungen. Die Atome der Säule sitzen in diesem Falle nicht auf ihren idealen Gitterplätzen r_n, sondern auf um u_n verschobenen. Dann ist

$$A_1 \approx \frac{f}{a} \int_{-t/2}^{+t/2} e^{-2\pi i s_z z} \, e^{-2\pi i g u} \, dz \, . \tag{2-4}$$

Spezialfälle [2.10]

a) Ein *Stapelfehler* S im kfz Gitter (s. Abschn. 6.2.1) schneide die Säule, wie in Abb. 2.9 gezeigt. Dann sind die Atome unterhalb S um $u = a/6$ [112] verschoben. Beobachtet man mit dem (200) Reflex, $g = 2/a$ [100], dann gibt es einen zusätzlichen Phasenwinkel Δ_+ zufolge $\Delta_+/2\pi = gu = 1/3$, und im APD tritt an der Stelle C ein Phasensprung von 120° auf. Das APD setzt sich dann auf einem zweiten Kreis fort. Verschiebt man den Punkt C von S_1 nach S_2, so

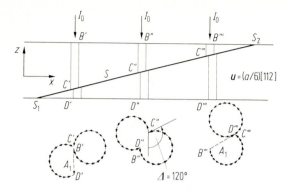

Abb. 2.9. Schräg in einer Schicht liegender Stapelfehler S und APD für 3 Säulen: Die resultierenden Amplituden $B'D'$ und $B'''D'''$ sind endlich und gleich, aber $B''D''$ ist Null

ändert sich die Länge des Vektors $A_1 = \overline{BD}$ periodisch, der Stapelfehler erscheint also als ein System heller und dunkler Streifen. Das ist ein Spezialfall der oben abgeleiteten Dickenkonturen, die in ähnlicher Weise auch Korngrenzen, Zwillingsgrenzen etc. sichtbar werden lassen.

b) *Schraubenversetzung*, Abb. 2.10. Es gilt (s. Abschn. 11.2.1).

$$\boldsymbol{u} = \boldsymbol{b}\frac{\alpha}{2\pi} = \frac{\boldsymbol{b}}{2\pi}\arctan\frac{z}{x} \quad \text{und} \quad \Delta_+ = (\boldsymbol{gb})\arctan\frac{z}{x}. \tag{2-5}$$

$(\boldsymbol{gb})$ ist eine ganze Zahl n oder Null, je nach der reflektierenden Netzebene. Enthält diese $\boldsymbol{b}$, dann macht die Versetzung keinen Kontrast: So kann man bei bekannten $\boldsymbol{g}$ die Richtung des Burgersvektors $\boldsymbol{b}$ bestimmen.

Der zusätzliche Phasenwinkel Δ_+ hat nach (2-5) links und rechts der Versetzung ($x \lessgtr 0$) verschiedene Vorzeichen. Auf der einen Seite wird also der von der Wegdifferenz herrührende Phasenwinkel $\Delta = 2\pi s_z$ verstärkt, der Kreis im APD enger, auf der anderen Seite geschwächt, also weiter, wie Abb. 2.11 zeigt. Die Versetzung erscheint also im Hellfeld (im Licht von I) als schwarze Linie, die die Versetzung *auf einer Seite* begleitet, siehe Abb. 2.12. Die Breite Δx des Kontrasts $|2\pi s_z \Delta x| \approx 2$ (für $n = 2$) hängt von der Verkippung s der reflektierenden Netzebene und damit der Probe zum einfallenden Strahl ab. Der Probenhalter des EM muß also schwenkbar sein. Für „mittlere" $s = 3 \cdot 10^{-2}$ nm^{-1} (nach der dynamischen Theorie) ist $\Delta x \approx 10$ nm die typische Kontrastbreite der Versetzung.

Eine wesentlich geringere Kontrastbreite erhält man bei Dunkelfeldkontrast im Lichte eines im perfekten Gitter nur *schwach angeregten Reflexes* (mit $|s\xi_g| \gg 1$, z. B. für Si (666), wird I_1 (perfekt) $\ll 1$). Die stark gedrehten Netzebenenbereiche im Kern einer Versetzung (Abb. 2.13) bringen aber unter Umständen Licht aus einem hoch-angeregten Reflex (z. B. Si (111)) durch die Aperturblende auf den Bildschirm. Entsprechende Versetzungskontraste sind

2.2 Transmissions-Elektronenmikroskopie (TEM)

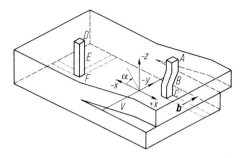

Abb. 2.10. Verzerrung zweier Säulen ABC, DEF in der Nähe einer Schraubenversetzung (V)

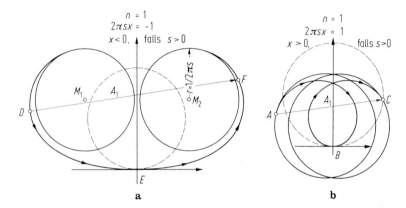

Abb. 2.11a, b. APD für Säulen nahe einer Schraubenversetzung. Die für eine Säule ABC bei $x > 0$ gestreute Amplitude $\overline{AC}$ (Teilbild **b**) ist kleiner als diejenige $\overline{DF}$ der Säule DEF bei $x < 0$ (Teilbild **a**). Die gestrichelten Kreise gelten für den ungestörten Kristall. (Nach [2.8])

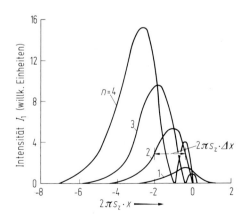

Abb. 2.12. Intensitätsverluste durch Streuung an einer Schraubenversetzung bei $x = 0$ für verschiedene Werte von $n = \boldsymbol{g}\boldsymbol{b}$. (Nach P. B. Hirsch und [2.8])

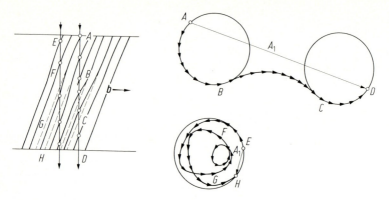

Abb. 2.13. APD für zwei Säulen nahe einer Stufenversetzung. (Nach [2.10])

dann nur ca. 1 nm breit und erlauben die Beobachtung der Versetzungsaufspaltung s. Abschnitt 11.3.3), siehe [2.24] und [2.26].

c) *Stufenversetzung* (Abschn. 11.1.1). In Abb. 2.13 ist ohne Rechnung das APD dargestellt. Auch hier findet man auf der einen Seite der Versetzung verstärkte, auf der anderen geschwächte Reflexion, falls $\boldsymbol{gb} \neq 0$.

d) *Kohärente Ausscheidung mit Verzerrungen* (s. Kap. 9). Ein ausgeschiedenes Teilchen einer zweiten Phase kann auf verschiedene Weisen einen TEM-Kontrast erzeugen: Seine Zusammensetzung (und damit seine Extinktionslänge) können sich von der der Matrix unterscheiden. An seiner Grenzfläche können Elektronen einen Phasensprung erleiden. Schließlich (und hier allein betrachtet) kann das Teilchen seine Umgebung verzerren: Eine Kugel vom Radius $r_0(1 + \delta)$ werde in ein Loch vom Radius r_0 eingepaßt. Das ergibt ein radiales Verschiebungsfeld im Abstand r der Stärke

$$\boldsymbol{u} = \frac{\delta r_0^3}{r^3} \boldsymbol{r} . \tag{2-6}$$

Der zusätzliche Phasenwinkel $\Delta_+ = 2\pi(\boldsymbol{gr}) \cdot (\delta r_0^3/r^3)$ verschwindet in Richtung des Schnittes der reflektierenden Ebene (*hkl*) mit dem Teilchen, so daß der Kontrast nicht die Symmetrie des Verzerrungsfeldes zeigt, sondern ein „Kaffeebohnen-Profil" (Abb. 2.14) aus zwei dunklen Halbmonden hat.

2.2.2 Röntgen-Topographie

In ähnlicher Weise wie Elektronen kann man auch Röntgenstrahlung zur Sichtbarmachung von Gitterverzerrungen verwenden. Allerdings ist die (primäre) Vergrößerung hier nur etwa 1:1 auf einer Photoplatte, die sich in geringem Abstand vor oder hinter der Probe befindet, wenn in Reflexion/Transmission beobachtet wird. Zur Kontrasterzeugung werden verschiedene Mechanismen benutzt, die auf der Dynamischen Theorie beruhen: Einerseits wird die

2.3 Diffuse Röntgenstreuung

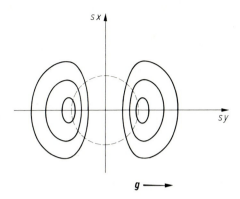

Abb. 2.14. Kontrastprofil einer kohärent verzerrenden, kugelförmigen Ausscheidung (gestrichelt) bei Reflexion an den Ebenen $g = (hkl)$

sog. primäre „Extinktion" in verzerrten Kristallgebieten herabgesetzt. Diese reflektieren (unter dem Bragg-Winkel) also stärker als perfekte Kristallgebiete. In Transmission dünner Kristalle ($\mu t < 1$, μ = linearer Absorptionskoeffizient) lassen die verzerrten Kristallgebiete mehr Röntgenstrahlung durch. Andererseits wird bei dicken perfekten Kristallen ($\mu t > 10$) das Phänomen der „anomalen Transmission" von Röntgenstrahlung (Borrmann-Effekt) ausgenutzt: Die anomale Transmission wird in verzerrten Kristallgebieten gestört, diese erscheinen dunkel. Man kann an ein und demselben Kristall (Ge, 0,5 mm dick) komplementäre Kontraste mit einerseits WKα Strahlung ($\mu t < 1$) und andererseits AgKα Strahlung ($\mu t = 10$) von denselben Versetzungen erhalten. Die Kontrastbreiten sind 5 µm bzw. 15 µm. Die örtliche Auflösung der Gitterfehler ist also wesentlich geringer als im Falle der TEM. Die Verzerrungen lassen sich aber sehr genau analysieren. Für eine weitergehende Beschreibung dieser und verwandter röntgentopographischer Verfahren wird auf [2.1] und [2.11] verwiesen.

2.3 Diffuse Röntgenstreuung

Abweichungen vom idealen Kristallbau, d. h. Gitterverzerrungen in atomaren Bereichen und nicht-statistische Atomverteilungen in Legierungen, machen sich durch „diffuse" Röntgenstreuung außerhalb der idealen Bragg-Reflexe bemerkbar. Ihr Studium ist für eine genaue Kenntnis des atomaren Aufbaus von Legierungen von größter Bedeutung. Ausführliche Darstellungen finden sich in [2.12] und [2.13].

2.3.1 Diffuse Streuung durch Gitterverzerrungen

Das n-te Atom im Kristall sei um u_n aus seiner Ideallage r_n verschoben. (Im Mittel über alle n gelte $\overline{u_n} = 0$). Die gestreute Röntgenamplitude ist dann für einen speziellen Ablenkwinkel, d. h. Ort $\varkappa = k - k_0$ im reziproken Gitter,

$$A_1(\varkappa) = \sum_n f_n e^{-2\pi i \varkappa (r_n + u_n)} \,. \tag{2-7}$$

Mit einer komplexen Streuamplitude $\Phi_n \equiv f_n e^{-2\pi i u_n}$ und einem Abstandsvektor $r_m \equiv r_{n+m} - r_n$ wird die Intensität

$$I_1 = A_1 A_1^* = \sum_{m,n} \Phi_n \Phi_{n+m}^* e^{2\pi i \varkappa r_m} \,. \tag{2-8}$$

Φ_n wird nun aufgespalten in die Amplituden $\bar{\Phi}$ des ungestörten Gitters und φ_n der Störung:

$$\Phi_n = \bar{\Phi} + \varphi_n \text{ mit } \overline{\varphi_n} = 0 \text{ und } |\varphi_n| \ll |\bar{\Phi}| \,.$$

Damit wird für N Atome

$$I_1 = N|\bar{\Phi}|^2 \delta(\varkappa - g) + \sum_{m,n} \varphi_n \varphi_{n+m}^* e^{2\pi i \varkappa r_m} \equiv I_g + I_{\text{diff}} \,. \tag{2-9}$$

Der erste Term gibt einen scharfen Reflex an der (hkl)-Ebene mit dem reziproken Gittervektor („Relvektor") g, aber von verminderter Intensität gegenüber dem des ungestörten Gitters, denn für $\varkappa = g$ ist

$$|\bar{\Phi}|^2 = \overline{|f_n e^{-2\pi i g u_n}|^2} \approx \overline{|f_n \cdot (1 - 2\pi^2 (g u_n)^2)|^2} \approx \overline{|f_n e^{-2\pi^2 (g u_n)^2}|^2} \,. \tag{2-10}$$

Der die Schwächung beschreibende Exponentialfaktor wird als Debye-Waller-Faktor e^{-M} bezeichnet. Rührt die Verschiebung u_n z. B. von *Wärmeschwingungen* des Gitters her, so wird nach Winkelmittelung

$$|\Phi|^2 = \bar{f}^2 \exp - \left\{ \frac{2\pi^2}{3} g^2 \bar{u}_T^2 \right\} \equiv \bar{f}^2 e^{-2M} \,, \tag{2-11}$$

wo $\overline{u_T^2}$ das mittlere thermische Verschiebungsquadrat eines Gitteratoms ist.

Für eine statische *Gitterverzerrung durch Fremdatome* ergibt sich eine ähnliche Schwächung des Idealreflexes. Die dem scharfen Reflex fehlende Intensität findet sich im 2. Term der Gl. (2-9) als diffuse Streuung wieder – außerhalb des Reflexes. Wiederum zunächst für die thermische Streuung eines Gitters von gleichen Atomen ist

$$\varphi_n \varphi_{n+m}^* = \{\Phi_n - \bar{\Phi}\}\{\Phi_{n+m}^* - \bar{\Phi}^*\}$$
$$\approx \bar{f}^2 \{e^{-2\pi i \varkappa u_n} - 1\}\{e^{2\pi i \varkappa u_{n+m}} - 1\} \approx \bar{f}^2 4\pi^2 (\varkappa u_n)(\varkappa u_{n+m}) \,. \tag{2-12}$$

Mit einer Entwicklung des Phononenspektrums nach ebenen Wellen der Wellenzahl p

$$u_n = \sum_p u_p \cos(2\pi p r_n) \quad \text{wird für ein spezielles } p \text{ mit den Additionstheoremen für cos}$$

$$\varphi_n \varphi_{n+m}^* = \bar{f}^2 2\pi^2 (\varkappa u_p)^2 (\cos 2\pi p (2r_n + r_m) + \cos 2\pi p r_m) \,. \tag{2-13}$$

2.3 Diffuse Röntgenstreuung

Bei der Summation über alle n verschwindet der 1. Term und es folgt

$$I_{\text{diff}} = \bar{f}^2 \cdot \pi^2 (\varkappa \boldsymbol{u}_\text{p})^2 \sum_m (e^{2\pi i (\varkappa + \boldsymbol{p}) r_m} + e^{2\pi i (\varkappa - \boldsymbol{p}) r_m}) \, . \tag{2-14}$$

Das entspricht einer Streuung an den Stellen $\pm \boldsymbol{p}$ beiderseits eines Reflexes $\boldsymbol{g}$, d. h., es gibt Satelliten der Braggreflexe. Für ein Spektrum von $\boldsymbol{p}$ gibt es neben den Reflexen diffuse Intensität, deren Verteilung das Spektrum der thermischen Wellen zu vermessen gestattet. Auch das Verzerrungsfeld eines Fremdatoms kann in entsprechender Fourierentwicklung zu solcher Nebenintensität Anlaß geben und damit in seiner diffusen Streuung vermessen werden („Huangstreuung").

Speziell für das Dilatationszentrum der Gl. (2-6) wird $|u_\text{p}| \approx \delta r_0^3/p\Omega$, was einem relativ weitreichenden diffusen „Hof" um den Reflex entspricht. Im ganzen gesehen nimmt die Verzerrungsstreuung mit g^2 bei höher indizierten Reflexen zu. Im Gegensatz zur Compton-Streuung ist I_{diff} kohärent und daher von der Atomanordnung abhängig.

2.3.2 Diffuse Mischkristallstreuung

Wenn sich die Streuamplituden f_A und f_B der Legierungspartner A und B unterscheiden, gibt es wiederum diffuse sog. „Laue-Streuung". Bei einer Zusammensetzung v_A, v_B (in Atombruchteilen) und in Abwesenheit von Verzerrungen ist z. B. für ein A-Atom auf Platz n

$$\left.\begin{aligned} f_n - \bar{f} &= f_\text{A} - v_\text{A} f_\text{A} - v_\text{B} f_\text{B} = v_\text{B}(f_\text{A} - f_\text{B}) \\ \text{und für ein B-Atom} & \\ f_n - \bar{f} &= v_\text{A}(f_\text{B} - f_\text{A}). \quad \text{usw.} \end{aligned}\right\} \tag{2-15}$$

Ist P_m^{AB} der Bruchteil der Plätze in der m-ten Schale um ein A-Atom, der mit B-Atomen besetzt ist, so gibt es einen Anteil $v_\text{A} P_\text{m}^{\text{AB}}$ an AB-Paaren im Abstand r_m, und diese tragen zu $\varphi_n \varphi_{n+m} = (f_n - \bar{f})(f_{n+m} - \bar{f})$ den Anteil $(-v_\text{A}^2 v_\text{B}(f_\text{A} - f_\text{B})^2 P_\text{m}^{\text{AB}})$ bei. Untersucht man in ähnlicher Weise AA-, BA-, BB-Paare, so erhält man mit $P_\text{m}^{\text{AA}} + P_\text{m}^{\text{AB}} = 1$

$$\sum_n \varphi_n \varphi_{n+m} = v_\text{A} v_\text{B} (f_\text{B} - f_\text{A})^2$$
$$\times \{ -v_\text{A} P_\text{m}^{\text{AB}} + v_\text{B}(1 - P_\text{m}^{\text{AB}}) - v_\text{B} P_\text{m}^{\text{BA}} + v_\text{A}(1 - P_\text{m}^{\text{BA}}) \}$$
$$= v_\text{A} v_\text{B} (f_\text{A} - f_\text{B})^2 \{ 1 - P_\text{m}^{\text{AB}} - P_\text{m}^{\text{BA}} \} \, . \tag{2-16}$$

Mit der Verknüpfung $N v_\text{A} P_\text{m}^{\text{AB}} = N v_\text{B} P_\text{m}^{\text{BA}}$ als Gesamtzahl der AB-Paare wird

$$\sum_n \varphi_n \varphi_{n+m} = v_\text{A} v_\text{B} (f_\text{A} - f_\text{B})^2 \cdot \frac{P_\text{m}^{\text{AA}} - v_\text{A}}{1 - v_\text{A}} \equiv v_\text{A} v_\text{B} (f_\text{A} - f_\text{B})^2 \alpha_m \, . \tag{2-17}$$

Durch

$$\alpha_m \equiv \frac{P_m^{AA} - v_A}{1 - v_A} \qquad (2\text{-}18)$$

werden Nahordnungskoeffizienten der m-ten Schale definiert, von denen in Kap. 7 noch ausführlich die Rede sein wird. *Speziell für NN, $m = 1$*, bestimmt das Vorzeichen von α_1 verschiedene Grenzfälle der Atomanordnung

$\alpha_1 = 0$, $\quad P_1^{AA} = v_A$, $\quad$ statistische Anordnung der NN,

$\alpha_1 = +1$, $\quad P_1^{AA} = 1$, $\quad$ vollständige „Nahentmischung",

$\alpha_1 < 0$, $\quad P_1^{AA} = 0$, $\quad$ vollständige „Nahordnung"

(speziell $\alpha_1 = -1$ für $v_A = 1/2$).

Damit ist die Intensität der diffusen Mischkristallstreuung

$$I_{\text{diff}}^{\text{Laue}} = v_A v_B (f_A - f_B)^2 \sum \alpha_m \, e^{2\pi i \varkappa r_m}, \qquad (2\text{-}19)$$

wobei m nach Definition Gl. (2-8) alle Nachbarn eines Atoms durchläuft; jedoch ist für alle Nachbarn einer Schale α_m konstant, so daß hier m als Index der Schale gelten kann. Ferner ist $\alpha_0 = 1$ wegen $P_0^{AA} = 1$ bei $r_0 = 0$. Durch Fourier-Analyse kann man also die α_m aus $I_{\text{diff}}(\varkappa)$ ermitteln. Meist ist α_1 bestimmend und sein Vorzeichen aus dem Intensitätsverlauf in der Umgebung des durchgehenden Strahls ($\varkappa = 0$) oder eines Reflexes zu ersehen. ($I_{\text{diff}}^{\text{Laue}}$ ist nämlich invariant gegen die Substitution von ($\varkappa + g$) für $\varkappa$). Für *Nahentmischung* ergibt sich dort ein relatives Maximum, für *Nahordnung* ein relatives Minimum über einem homogenen diffusen Untergrund $v_A v_B (f_A - f_B)^2$, der für $\alpha_m = 0$, $m > 0$ allein vorhanden ist. Bei Nahordnung häuft sich die diffuse Intensität zwischen den regulären Reflexen im reziproken Gitter an. An diesen Stellen entstehen dann bei Fernordnung die Überstruktur-Reflexe. Für Fernordnung werden die α_m periodisch in m.

2.3.3 Mischkristallstreuung mit Verzerrungen

In diesem Fall gibt es neben $I_{\text{diff}}^{\text{Huang}}$ und $I_{\text{diff}}^{\text{Laue}}$ noch einen Kopplungsterm $I_{\text{diff}}^{\text{K}}$, der linear im Produkt $(f_A - f_B)(\varkappa u_{PA})$ bleibt, wenn man verzerrende A-Atome in ein B-Gitter einbaut (u_{PA} ist eine Fouriertransformierte dieser Verzerrung $u_A = \delta_A r_0^3 r / r^3$). Interessanterweise ist $I_{\text{diff}}^{\text{K}}$ unsymmetrisch beiderseits eines Reflexes ($\pm \varkappa$), wobei das Vorzeichen der Asymmetrie von dem des Produktes $\delta_A \cdot (f_A - f_B)$ bestimmt wird, das man so bestimmen kann. Die diffuse Röntgenstreuung erlaubt damit sehr detaillierte Aussagen über die Atomanordnung in Mischkristallen. Ein Beispiel zeigt Abb. 2.15.

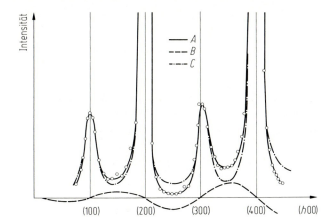

Abb. 2.15. Messungen der diffusen Röntgenstreuung entlang [h00] an Cu_3Au, das von 500 °C abgeschreckt wurde, mit CuK_α-Strahlung (Kurve A). Kurve B ist der Kopplungsterm I^K_{diff}, bedingt durch die verschiedenen Atomgrößen. Die Differenz $C = A - B$ zeigt (bei (100), (300)) Nahordnung an. (Nach B. E. Warren: Trans AIME 233 (1965) 1802)

2.3.4 Kleinwinkelstreuung [2.29, 2.30]

Die diffuse Röntgen- (oder Neutronen-) Streuung in der Nähe des durchgehenden Strahls ($g = 0$) wird von Inhomogenitäten des Materials verursacht, deren Ausdehnung größer ist als der Gitterparameter. Hat man z. B. Ansammlungen von B-Atomen in einer A-reichen Matrix im Frühstadium der Entmischung, so ergibt sich aus Gl. (2-19) mit $\alpha_m = 1$ für alle Schalen m innerhalb eines Radius R, $\alpha_m = 0$ sonst,

$$I_{KWS} = N_B V_B (f_A - f_B)^2 \int_{V_B} e^{-2\pi i (\varkappa r)} \frac{dV}{V_B} . \qquad (2\text{-}14a)$$

Dabei sind V_B und N_B Volumen und Anzahldichte der B-reichen Teilchen, die in hoher Verdünnung vorliegen sollen. Unter der Voraussetzung kleiner Streuwinkel $(\varkappa r) \ll 1$ („KWS") kann man den Integranden entwickeln (wie im Falle von Gl. (2-10)) und erhält die Guiniersche Näherung [2.29]

$$I_{KWS} \approx N_B V_B (f_A - f_B)^2 \exp(-4\pi^2 \varkappa^2 R_G^2/3) , \qquad (2\text{-}14b)$$

aus der sich insbesondere für kugelförmige Teilchen der Teilchenradius $R^2 = 5/3 \, R_G^2$ bestimmen läßt.

2.4 Feldionenmikroskopie (FIM) und Rastertunnelmikroskopie

2.4.1 Untersuchung von Kristallbaufehlern

Das Feldionenmikroskop ermöglicht es, die Anordnung einzelner Atome in der Oberfläche einer Metallspitze sichtbar zu machen und – in Verbindung mit einem Massenspektrometer – chemisch zu identifizieren [2.14]. Eine neuere apparative Anordnung für diesen Zweck ist in Abb. 2.16 skizziert [2.15]. Die Spitze von Radius ≈ 100 nm aus dem zu untersuchenden Material steht in etwa 10 cm Abstand vor einem Leuchtschirm; der Zwischenraum ist zunächst auf 10^{-8} Pa evakuiert und wird dann mit einem „Bildgas" (He, Ne oder einem anderen Edelgas) auf 10^{-2} Pa gefüllt. Zwischen Spitze (als Pluspol) und Bildschirm wird dann eine Spannung V_0 von etwa 10 kV angelegt, die an der Oberfläche der Probe ein Feld von einigen 10 V/nm erzeugt. Atome des Bildgases werden durch Polarisationskräfte an die Spitze gezogen, dort thermalisiert und durch Tunneleffekt ionisiert, besonders an Stellen stärkerer Oberflächenrauhigkeit. Das dann positiv geladene Gasion wird radial vom

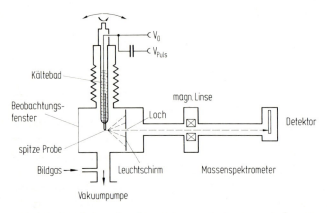

Abb. 2.16. Feldionenmikroskop mit beweglicher Spitze und angeschlossenem Massenspektrometer [2.15]

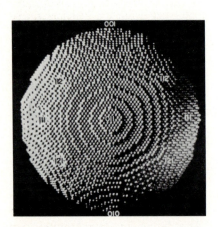

Abb. 2.17. Modell einer Metallspitze mit [011]-Orientierung, aufgebaut aus harten Kugeln

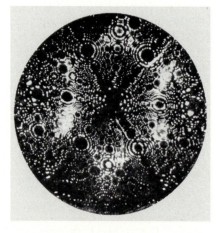

Abb. 2.18a. Feldionenbild einer Wolframspitze [2.15]

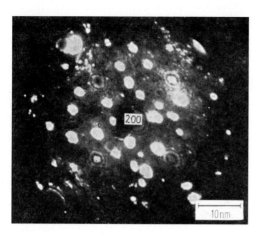

Abb. 2.18b. Feldionenbild von Kupfer mit Kobalt-Ausscheidungen (H. Wendt)

Ionisationsort zum Bildschirm beschleunigt, wo es Szintillationen auslöst. Die Intensität auf dem Bildschirm stellt ein mehr oder weniger treues Abbild der Terrassengeometrie der Spitze dar: Die Terrassenstufen ionisieren am stärksten, erscheinen also am hellsten, wie das Kugelmodell der Abb. 2.17 zeigt, im Vergleich zur Ionen-Mikrophotographie einer W-Spitze der Abb. 2.18. Die Auflösung liegt bei 0,3 nm. Besteht das Material der Spitze aus 2 Phasen, so kann sich die Bildgasionisation an ihnen unterscheiden; so werden kleine Teilchen einer 2. Phase in der Matrix sichtbar (Abb. 2.18b). Kristallbaufehler in der Spitze, wie z. B. Versetzungen, Korngrenzen, Stapelfehler, Antiphasengrenzen geordneter Strukturen, werden ebenfalls so sichtbar gemacht, auch Leerstellen oder Zwischengitteratome, wie sie u. a. beim Beschuß mit energiereichen Teilchen (Strahlenschädigung) entstehen. Hier ist freilich Vorsicht geboten bei der Interpretation, weil es sich um Fehler in einer *Oberflächenschicht* handelt, die noch dazu durch die hohe elektrische Feldstärke verzerrt ist.

2.4.2 Die Atomsonde

Eine Untersuchung in die Tiefe der Probe ist möglich durch sukzessives Abtragen der Spitze, wie es atomlagenweise durch kurze Spannungsimpulse V_{Puls} in Abb. 2.16 (von einigen 10^{-8} s Dauer) erzwungen werden kann („Feldverdampfung"). Die abgetragenen Ionen der Spitze werden ebenfalls auf den Leuchtschirm zu beschleunigt. Dieser hat ein etwa 1 mm großes Loch, durch das die von einem bestimmten Punkt der Spitze ausgehenden Ionen in ein Massenspektrometer fliegen. Es analysiert die chemische Natur eines atomaren Oberflächenbereichs der Spitze nach dem Flugzeitprinzip in einer Massenauflösung von 1:250 (bei $T < 80$ K). Durch Mikromanipulation der Spitze kann man jeden auf dem Leuchtschirm atomar aufgelösten Ort der Spitze auf den Eingang des Massenspektrometers abbilden und damit Teilchen einer 2. Phase „in statu

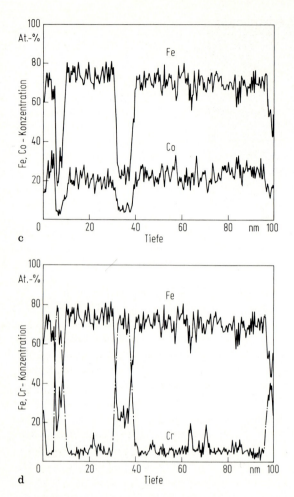

Abb. 2.18c, d. Konzentrationsprofile einer heterogenen Fe-28%Cr-15%-Co-Legierung [2.28] über der Tiefe der Feldverdampfung

nascendi" morphologisch, strukturell und chemisch analysieren. Abbildungen 2.18c, d zeigen als Beispiel Konzentrationstiefenprofile für Eisen, Chrom und Kobalt in einer entmischten permanentmagnetischen Legierung Fe-28%Cr–15%Co. [2.28]. Es haben sich offenbar chromreiche Gebiete (68%) neben solchen mit 22% Co bei nur 6% Cr gebildet. Hier ist der Metallkunde wirklich ein Instrument äußerster Präzision und Vielseitigkeit an die Hand gegeben, dessen Möglichkeiten zunehmend genutzt werden [2.27].

2.4.3 Raster-Tunnel-Mikroskopie (STM)

Wird eine Metallspitze einer ebenen Probe bis auf einen Abstand < nm nahegebracht, so „tunneln" unter einer angelegten Spannung Elektronen von der

Abb. 2.18e. STM Topogramm bei konstantem Strom der (111) Oberfläche eines $Pt_{25}Ni_{75}$ Einkristalls: Bildgröße 125×100 Å^2 [2.34]

Oberfläche in die Spitze oder umgekehrt. (Eine glatt abgerundete Spitze, wie sie für FIM günstig ist, würde hier leider nicht die gewünschte atomare Auflösung des STM erzeugen!). Man fährt die Spitze bei konstant gehaltenem Tunnelstrom über die Probe hinweg und erhält deren Topographie in atomarem Maßstab. Zusätzlich kann man punktweise aus einer Stromspannungs-Kennlinie die chemische Natur der Probenatome lokal erschließen. Andere Nahfeld-Mikroskopien arbeiten mit magnetischen oder mechanischen Kräften bei der Abtastung einer Oberfläche. UHV-Bedingungen sind wesentlich, um wirklich die metallische Oberfläche zu beobachten [2.33].

Ein erstes Beispiel einer metallkundlich relevanten STM- Beobachtung zeigt Abb. 2.18e [2.34]. Ein $Pt_{25}Ni_{75}$ (111)-Einkristall wird mit einer W-Spitze abgetastet bei einem Druck von 10^{-10} mbar. Bei 5 mV Spannung und konstantem Tunnelstrom von 16 nA zeigt das Topogramm helle Atompositionen, die 0,3 nm höher liegen als die dunklen. Die Zusammensetzung an der Oberfläche hat sich auf 47%Pt, 51%Ni eingestellt, wobei gute Gründe bestehen, Pt mit den dunklen, Ni mit den hellen Punkten zu identifizieren. Warum die letzteren höher liegen in der Oberfläche, bleibt unklar – hat vielleicht mit adsorbiertem Sauerstoff zu tun. Es wird jedenfalls eine geordnete $L1_0$–$Pt_{50}Ni_{50}$–Struktur in der Oberfläche beobachtet.

2.5 Thermische Analyse [2.3, 2.16]

Die in den vorangehenden Abschnitten besprochenen Methoden erlauben es – mit teilweise erheblichem Aufwand –, den strukturellen und mikrostrukturellen Zustand eines Metalles oder einer Legierung mit zunehmender Genauigkeit zu beschreiben. Eine Änderung dieses Zustands verläuft i. allg. unter Abnahme der Freien Energie des Systems. Messungen einer entsprechenden Wärmeaufnahme bzw. -abgabe geben also direkte Auskunft über die die Zustandsänderung treibenden Kräfte. Deshalb gehört die „thermische Analyse" seit Beginn zum Rüstzeug der Metallkunde. Dem Physiker ist sie nur in Form einer Messung der spezifischen Wärme vertraut, also der pro Grad *Temperaturerhöhung* benötigten Wärmemenge. Diese zeigt im Falle einer Zustandsänderung eine Anomalie (im Falle des Schmelzens z. B. eine Singularität). In der Metallkunde wird meist eine *Abkühlungskurve* aufgenommen, weil eine gleichmäßige Abkühlung (z. B. durch Rühren der Schmelze bis zur Erstarrung) besser zu realisieren ist als eine gleichmäßige Erwärmung der Probe. Dementsprechend deutlicher werden dann die Anomalien in der Temperatur-Zeit-Kurve bei der Zustandsänderung.

Die normale Abkühlkurve einer auf die Temperatur T_1 aufgeheizten Probe, die bei $t = 0$ in einen Isolierbehälter der Temperatur T_0 gebracht wird, folgt dem Gesetz für die Differenz zwischen Probentemperatur T und T_0

$$(T - T_0) = (T_1 - T_0) \exp(- t/t_0) , \qquad (2\text{-}20)$$

wo t_0 proportional der Masse und spez. Wärme der Probe ist und noch von der Geometrie und dem Wärmekontakt zur Umgebung abhängt. Die Abkühlungsgeschwindigkeit soll möglichst klein sein. Temperaturgradienten in der Probe sind zu vermeiden; die Probenmasse soll groß gegen die der Tiegel und Thermoelemente sein. Tritt jetzt in der Probe eine Zustandsänderung auf, z. B. eine Umwandlung 1. Ordnung, die bei fester Temperatur Wärme freisetzt, so wird ein „Halteintervall" in der Abkühlung beobachtet, Abb. 2.19a. Die Haltetemperatur

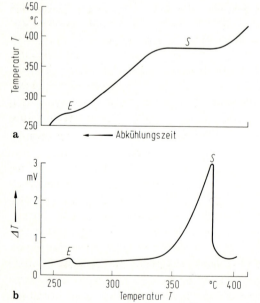

Abb. 2.19a, b. Thermische Analyse einer Zn-11,3 At.-% Al-Legierung. S Erstarrung; E eutektoider Zerfall. **a** Abkühlungskurve; **b** Differentialthermoanalyse

gibt die der Umwandlung an, die Länge des Intervalls die Menge des sich umwandelnden Materials und deren Umwandlungswärme. Allgemeinere Umwandlungen (statt der oben betrachteten 1. Ordnung) ändern ebenfalls den normalen Verlauf der Abkühlungskurve.

Der bei Festkörper-Umwandlungen oft schwache thermische Effekt wird durch eine Differenz-Schaltung der Abkühlkurven einer neutralen und einer sich umwandelnden Probe (die durch wärmeleitendes Material verbunden sind) verstärkt sichtbar (Abb. 2.19b, *Differential-Thermo-Analyse*, DTA). Daher gibt es wohldurchdachte Anordnungen, die insbesondere eine quantitative Eichung der auftretenden Wärmetönung durch Simulation des $\Delta T(t)$-Verlaufs mit einer elektrischen Zusatzheizung gestatten. Die Umwandlungswärme kann so auf etwa 5% genau gemessen werden, ganz abgesehen von der Möglichkeit, Auftreten und Temperaturverlauf von Umwandlungen empfindlich festzustellen. Natürlich kann man auch Änderungen anderer physikalischer Eigenschaften verfolgen, um Zustandsänderungen beurteilen zu können, jedoch ist oft die Eichung schwieriger als im Falle der kalorischen Effekte, die ja für das Einsetzen der Umwandlung verantwortlich sind.

2.6 Mechanische Untersuchungsmethoden

Da die Metalle hauptsächlich ihrer mechanischen Eigenschaften wegen technisch interessant sind, spielen entsprechende Untersuchungsmethoden eine wesentliche Rolle in der Metallkunde. Dabei ist hier nicht an elastische Eigenschaften gedacht, sondern an Effekte bleibender, plastischer Verformung. Unabhängig von deren Mechanismus sollen hier Kenngrößen der plastischen Verformung an Hand verschiedener mechanischer Untersuchungsverfahren definiert werden, deren Grenzen damit zugleich sichtbar werden.

2.6.1 Der Zugversuch [2.17]

Eine stabförmige Probe von rechteckigem oder kreisförmigem Querschnitt wird axial mit konstanter Verlängerungsgeschwindigkeit verformt (Dynamischer Versuch). Man registriert die in jedem Zeitpunkt zu weiterer Verformung notwendige Kraft K als Funktion der Zeit oder Verlängerung $(l - l_0)$.

Eine typische Kurve zeigt Abb. 2.20. Nur für kleine Kräfte erfolgt die Verlängerung elastisch, d. h., daß sie bei Entlastung wieder auf Null zurückgeht. Größere Verlängerungen gehen bei Entlastung nicht auf Null zurück, sind also plastischer Natur. Zunehmende plastische Verformungen bedürfen immer größerer Kräfte, d. h., die Probe verfestigt sich. Wird die Verfestigungsrate null, dann bricht die Probe.

Um diese Erscheinung quantitativ beschreiben zu können, werden Meßgrößen eingeführt, die von Ausgangslänge (l_0) und -querschnitt (q_0) der Probe unabhängig sind: die (Nenn-)Spannung $\sigma_n = K/q_0$ und die

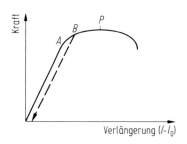

Abb. 2.20. Zur Verlängerung einer Zugprobe mit vorgegebener Geschwindigkeit notwendige Kraft. Bis *A* erfolgt die Verlängerung (nahezu) *elastisch* (Hookesches Gesetz). Bei Entlastung im Punkt *B* bleibt ein Teil der Verlängerung bestehen, ist somit *plastisch*

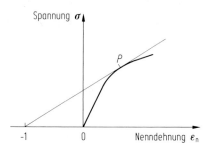

Abb. 2.21. Die Considère-Konstruktion einer Tangente durch den Punkt $\varepsilon_n = -1$ an die Verfestigungskurve ergibt den Bereich stabiler Zugverformung (bis zum Punkt *P*)

(Nenn-)Dehnung $\varepsilon_n = (l - l_0)/l_0$. Wegen der Volumenkonstanz, die bei plastischer Verformung i. allg. beobachtet wird, nimmt allerdings der Querschnitt q mit der Dehnung ab, entsprechend $q \cdot l = q_0 \cdot l_0$. Die wahre Spannung $\sigma = K/q$ kann danach leicht aus σ_n und ε_n berechnet werden. Sie ist in jedem Punkt der $\sigma(\varepsilon_n)$-(Verfestigungs)-Kurve (nahezu) gleich dem Verformungswiderstand (der „Fließspannung") des Materials, obwohl begrifflich, als von außen angelegte Spannung, klar von diesem zu unterscheiden. Auch die Verlängerung der Probe sollte auf die jeweilige Länge statt auf die Ausgangslänge bezogen werden. Das definiert die sog. logarithmische Dehnung

$$\varepsilon = \int_{l_0}^{l} \frac{dl'}{l'} = \ln \frac{l}{l_0} = \ln(1 + \varepsilon_n), \qquad (2\text{-}21)$$

die im Grenzfall $\varepsilon_n \ll 1$ mit der Nenndehnung ε_n zusammenfällt.

Alle diese Definitionen setzen voraus, daß sich die Probe gleichmäßig über ihre Länge verformt. Das setzt zunächst eine durch geeignete Fassungen sauber begrenzte Ausgangslänge ($l_0 \gg \sqrt{q_0}$) voraus. Dann darf die Verformung bei kleinen Querschnittsschwankungen δq über die Probenlänge nicht instabil werden, d. h., in verjüngten Probenelementen muß die Verformungsgeschwindigkeit durch Verfestigung kleiner werden bei weiterer Verformung, was sich durch die *Bedingung plastischer Stabilität* $\delta \dot{q}/\delta q < 0$ ausdrücken läßt. (Die Variationszeichen meinen Änderungen längs der Probe.) Die Bedingung bedeutet, daß in zufälligen lokalen Einschnürungen ($\delta q < 0$) die Querschnittsabnahme-Geschwindigkeit ($-\dot{q}$) kleiner als anderswo auf der Probe sein muß ($\delta \dot{q} > 0$), damit die Verformung an diesen Stellen nicht instabil wächst. Dieser Quotient läßt sich wie folgt aus Materialparametern der Probe ermitteln: Es gelten folgende Beziehungen

$$\delta K = 0 = \sigma \delta q + q \delta \sigma, \qquad (2\text{-}22)$$

2.6 Mechanische Untersuchungsmethoden

d. h., auf jedes Probenelement wirkt die gleiche Last;

$$\delta\sigma = \frac{\partial\sigma}{\partial\varepsilon}\bigg|_{\dot\varepsilon}\delta\varepsilon + \frac{\partial\sigma}{\partial\dot\varepsilon}\bigg|_{\varepsilon}\delta\dot\varepsilon , \qquad (2\text{-}23)$$

d. h., die Fließspannung des Materials hängt von der lokalen Verformung und Verformungsgeschwindigkeit ab, wobei

$$\delta\varepsilon = -\frac{\delta q}{q}, \quad \delta\dot\varepsilon = -\frac{\delta\dot q}{q} + \frac{\dot q \cdot \delta q}{q^2} \quad (\dot\varepsilon = -\dot q/q). \qquad (2\text{-}24)$$

Definiert man einen relativen Verfestigungskoeffizienten

$$\Theta \equiv \frac{1}{\sigma}\frac{\partial\sigma}{\partial\varepsilon}\bigg|_{\dot\varepsilon}$$

und eine Geschwindigkeitsempfindlichkeit

$$m' \equiv \frac{1}{\sigma}\frac{\partial\sigma}{\partial\ln\dot\varepsilon}\bigg|_{\varepsilon}$$

die natürlich noch von σ, ε, $\dot\varepsilon$ abhängen können, so ergibt die Zusammenfassung der letzten 3 Gleichungen

$$\frac{\delta\dot q}{\delta q}\cdot\frac{q}{\dot q} = \frac{1}{m'}(-1 + \Theta + m'). \qquad (2\text{-}25)$$

Der Faktor $q/\dot q$ ist negativ im Zugversuch. Plastische Stabilität im Zugversuch erfordert also (bei $m' \geqq 0$)

$$\Theta + m' \geqq 1 . \qquad (2\text{-}26)$$

Zwei Grenzfälle kommen vor: (1) $m' \ll \Theta$. Dann verformt sich die Zugprobe stabil im Bereich der *Considère-Konstruktion*, Abb. 2.21, bis zum Punkt P der Verfestigungskurve, der durch die Bedingung

$$\frac{d\sigma}{d\varepsilon} = \sigma \quad \text{oder} \quad \frac{d\sigma}{d\varepsilon_n} = \frac{\sigma}{1+\varepsilon_n} \quad \text{oder} \quad \frac{d\sigma_n}{d\varepsilon_n} = \frac{dK}{dl} = 0 \qquad (2\text{-}27)$$

gekennzeichnet ist. Die darüber hinausgehende Dehnung ist auf eine Einschnürung beschränkt, in der es schließlich zum Bruch kommt.

(2) $\Theta \approx 0$, bei Hochtemperaturverformung. Dann ist stabile Dehnung gerade noch möglich für $m' \approx 1$, d. h., $\sigma \sim \dot\varepsilon$, d. h., ein viskos fließendes Material. Dieser Fall sehr großer homogener Dehnungen wird bei „superplastischen" Legierungen realisiert (s. Abschn. 12.5.2).

Beim *Druckversuch* hat man statt der o. g. die Eulersche Instabilität des Knickens langer Proben ($l_0 \geqq 4\sqrt{q}$) [2.18]. Im Druckversuch wird offensichtlich, daß sehr starke Verformungen nur durch ε, nicht durch ε_n sinnvoll beschrieben werden: Ein Grenzwert $\varepsilon_n^{Druck} \Rightarrow (-1)$ steht $\varepsilon_n^{Zug} \Rightarrow \infty$ gegenüber, während $|\varepsilon|$ in beiden Fällen unendlich werden kann.

2.6.2 Der Kriechversuch

Bei sog. statischer Versuchsführung („Kriechen") wird die Last (besser die Spannung σ) an der Probe konstant gehalten und die Dehnung als Funktion der Zeit (oder $\dot{\varepsilon}$ als Funktion von ε) registriert. Im Falle der Gültigkeit einer Zustandsgleichung $f(\dot{\varepsilon}, \varepsilon, \sigma) = 0$ erhält man aus Kriechkurven (unter verschiedenen σ) dieselbe Information wie aus Verfestigungskurven (mit verschiedenen $\dot{\varepsilon}$). Der Zunahme der Fließspannung mit der Dehnung für $\dot{\varepsilon}$ = const. entspricht im Kriechversuch eine Abnahme von $\dot{\varepsilon}$ mit der Dehnung bei σ = const. Die plastische Instabilität im Zugversuch äußert sich als „tertiäres" Stadium des Kriechens, in dem $\dot{\varepsilon}$ wieder zunimmt.

Eine besondere Art des Kriechens unter abnehmender Spannung liegt im *Relaxations-Experiment* vor: Eine Probe wird mit $\dot{\varepsilon}$ = const bis zur Spannung σ_0 verformt. Dann wird die Verformungs-Maschine gestoppt, worauf die Probe zunächst unter der Spannung σ_0 kriecht. Jede Verlängerung dε entlastet nun die Probe um $(-d\sigma) = \hat{E} \, d\varepsilon$, worauf wiederum die Kriechgeschwindigkeit abnimmt. $\hat{E}$ ist ein elastischer Modul des Systems Maschine/Probe. Aus dem gemessenen Zeitgesetz der Relaxation $\sigma(t)$ erhält man das Materialverhalten $\dot{\varepsilon}(\sigma) = -\dot{\sigma}(t)/\hat{E}$. Eine Verfestigung des Materials während der Relaxation ist wegen des meist großen $\hat{E}$ zu vernachlässigen. Die oben definierte Materialgröße m' ergibt sich direkt aus dem Zeitgesetz der Spannungsrelaxation: $m' = \partial \ln \sigma / \partial \ln \dot{\sigma}$.

2.6.3 Die Härteprüfung [2.3]

Bei den oben beschriebenen mechanischen Untersuchungen wird die Probe weitgehend zerstört. Das ist nicht der Fall bei der Messung der „Härte", bei der der Verformungswiderstand gemessen wird, den das Material dem Eindringen eines härteren Prüfkörpers entgegensetzt. Als solche kommen z. B. Stahlkugeln (Härte nach Brinell HB) oder eine Diamantpyramide mit quadratischer Grundfläche und 136° Öffnungswinkel (Härte nach Vickers HV) in Betracht. Als Härte wird der Quotient der Prüflast und der Oberfläche des entstandenen Eindrucks bezeichnet (in kp/mm^2 oder MPa). Der Spannungszustand unter dem Prüfkörper ist kompliziert, insbesondere unter der Kugel; dementsprechend ist es auch der plastische Materialfluß, den der Prüfkörper erzeugt. Man kann deshalb keinen allgemein gültigen Zusammenhang zwischen der Härte und einer Fließspannung im einachsigen Zugversuch erwarten, selbst wenn man den Durchmesser des Eindrucks relativ zu dem des Prüfkörpers in gewissen Grenzen konstant hält (0,2 bis 0,7) und die Lastdauer vorschreibt. Oft ist HB $\approx$ HV $\approx 3\sigma_0$, wo σ_0 eine geeignet definierte Spannung am Beginn der dynamischen Zugverformung ist. Meist werden besondere Härteprüfmaschinen verwendet, wenn nicht, wie im Falle der Mikrohärtemessung, der Prüfdiamant direkt auf der Frontlinse eines Metallmikroskops angebracht ist. Härtemessungen sind in der Metallkunde von großer praktischer Bedeutung. Für eine Diskussion der mechanischen Grundlagen des Härteeindruckversuchs siehe [2.19].

2.7 Untersuchung der Anelastizität

Ein reversibles mechanisches Verhalten des Festkörpers, das aber von der Beanspruchungsdauer abhängt, nennt man nach Zener [2.20] „anelastisch". Es wird oft von Atombewegungen im Festkörperinneren bestimmt und steht demzufolge zwischen elastischer und plastischer Verformung, wie sie oben beschrieben wurde. Anelastische Phänomene werden meist bei zyklischer Beanspruchung untersucht, bei denen sich die Anelastizität oder Innere Reibung dann als Energieverlust pro Schwingung, also als Dämpfung, bemerkbar macht. Der „zeitabhängig-lineare Standardfestkörper" läßt sich allgemein beschreiben durch die Beziehung

$$\sigma + \tau_1 \dot\sigma = \hat{E}_R(\varepsilon + \tau_2 \dot\varepsilon) \ . \tag{2-28}$$

Die Bedeutung der 3 Konstanten dieser Gleichungen wird erhellt aus folgenden Versuchsführungen:

a) Zur Zeit $t = 0$ werde die Dehnung ε_0 schlagartig aufgebracht, danach ist $\dot\varepsilon = 0$. Die Spannung relaxiert dann mit der Relaxationszeit τ_1 vom Anfangswert σ_0 auf einen Gleichgewichtswert $\hat{E}_R \varepsilon_0$. Die Lösung von Gl. (2-28) ist

$$\sigma(t) = \hat{E}_R \varepsilon_0 + (\sigma_0 - \hat{E}_R \varepsilon_0) e^{-t/\tau_1} \ , \tag{2-29}$$

$\hat{E}_R$ ist der „relaxierte elastische Modul".

b) Zur Zeit $t = 0$ werde plötzlich die Spannung σ_0 an die ungedehnte Probe angelegt. τ_2 ist die Relaxationszeit der Dehnung zu ihrem Endwert $\sigma_0/\hat{E}_R$ zufolge

$$\varepsilon(t) = \frac{\sigma_0}{\hat{E}_R} + \left(\varepsilon_0 - \frac{\sigma_0}{\hat{E}_R}\right) e^{-t/\tau_2} \ . \tag{2-30}$$

c) In der sehr kleinen Zeit δt werde σ_0 um $\Delta\sigma$ erhöht. Integration von (2-28) über die Zeit ergibt für $\delta t \to 0$

$$\tau_1 \Delta\sigma = \hat{E}_R \tau_2 \Delta\varepsilon \ . \tag{2-31}$$

Wir definieren einen unrelaxierten Modul $\Delta\sigma/\Delta\varepsilon \equiv \hat{E}_U$, der gegeben ist durch

$$\hat{E}_U = \hat{E}_R \frac{\tau_2}{\tau_1} \ . \tag{2-32}$$

Normalerweise ist $\hat{E}_U > \hat{E}_R$, also $\tau_2 > \tau_1$.

Für zyklische Beanspruchung $\sigma = \sigma_0 e^{i\omega t}$ erwarten wir $\varepsilon = \varepsilon_0 e^{i(\omega t - \varphi)}$ und erhalten für den Phasenwinkel φ aus (2-28)

$$\tan \varphi = \frac{\omega(\tau_2 - \tau_1)}{1 + \omega^2 \cdot \tau_1 \tau_2} \ . \tag{2-33}$$

Wir definieren ferner einen Modul $\hat{E}_\omega = \sigma_0/\mathrm{Re}\,\varepsilon\,(t=0)$ als das Verhältnis der Spannung zu dem Teil der Dehnung, der in Phase mit der Spannung ist. Aus

(2-28) ergibt sich

$$\hat{E}_\omega = \hat{E}_R \frac{1 + \omega^2 \tau_2^2}{1 + \omega^2 \cdot \tau_1 \tau_2} \, . \tag{2-34}$$

Mit den Definitionen $\tau \equiv \sqrt{\tau_1 \tau_2}$ und $\hat{E} \equiv \sqrt{\hat{E}_U \hat{E}_R}$ schreiben sich (2-33) und (2-34) schließlich

$$\tan \varphi = \frac{\hat{E}_U - \hat{E}_R}{\hat{E}} \frac{\omega \cdot \tau}{1 + \omega^2 \tau^2} \equiv \frac{\Delta \hat{E}}{\hat{E}} \frac{\omega \tau}{1 + \omega^2 \tau^2} \, , \tag{2-35}$$

$$\hat{E}_\omega = \hat{E}_U - \frac{\hat{E}_U - \hat{E}_R}{1 + \omega^2 \tau^2} \equiv \hat{E}_U - \frac{\Delta \hat{E}}{1 + \omega^2 \tau^2} \, . \tag{2-36}$$

Diese Funktionen sind in Abb. 2.22 über ($\omega \tau$) im log. Maßstab dargestellt. Bei $\omega \tau = 1$ ist $(\tan \varphi)_{max} = (1/2) \Delta \hat{E}/\hat{E}$ maximal und $\hat{E}_{1/\tau} = (\hat{E}_U + \hat{E}_R)/2$ gerade um die Hälfte abgefallen.

Der relative Energieverlust pro Schwingung ist im Falle erzwungener Schwingungen $\Delta u/u = 2\pi \sin \varphi$ und damit für kleine φ mit $2\pi \cdot \tan \varphi$ identisch. Im Falle frei abklingender Schwingungen der Frequenz ω ist das log. Dekrement $= \pi \cdot \tan \varphi$. Aus solchen Messungen und aus Messungen des Frequenzgangs des Moduls $\hat{E}$ kann man sowohl die mittlere Relaxationszeit τ wie auch die Relaxationsstärke $\Delta \hat{E}/\hat{E}$ ermitteln, die für den Mechanismus der Inneren Reibung charakteristisch sind. Es sind 3 Frequenzbereiche zugänglich: Stäbe von einigen mm Durchmesser und einigen cm Länge haben Eigenschwingungen im kHz-Bereich. Mit Schwingquarzen kann man Signale von MHz-Frequenzen durch Festkörper senden. Schließlich wird im Torsionspendel die Probe als Federstab mit einer großen Schwingmasse gekoppelt, so daß Frequenzen im Hz-Bereich untersucht werden können. Nicht alle Energieverluste in Festkörpern lassen sich als Relaxationserscheinungen durch den zeitabhängig-linearen Standardfestkörper beschreiben, der z. B. keine Amplitudenabhängigkeit der inneren Reibung erlaubt. Auch sind höhere Ableitungen nach der Zeit nicht berücksichtigt, was z. B. Trägheitseffekte ausschließt (s. Abschn. 11.4.2).

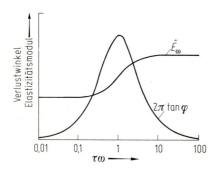

Abb. 2.22. Elastizitätsmodul E_ω und Energieverlust pro Schwingung $\Delta u/u \approx 2\pi \cdot \tan \varphi$ in Abhängigkeit von der Schwingungsfrequenz ω des Standardfestkörpers

2.8 Mößbauer-Effekt [2.21 bis 2.23]

Die rückstoßfreie Kernresonanzabsorption von γ-Strahlung wurde 1958 von R. L. Mößbauer entdeckt und wird seitdem zunehmend auch in der Metallkunde verwendet. Man benötigt dazu eine Quelle mit einem Ausgangsisotop, das zu einem angeregten Zustand eines Mößbauer-Isotops zerfällt, siehe Abb. 2.23. Der angeregte Kernzustand geht unter Aussendung eines γ-Quants in den Grundzustand über. Dabei muß die Rückstoßenergie von dem (in einen Kristall eingebauten) Atom aufgenommen werden. Es besteht nun eine durch den Debye-Waller-Faktor, Gl. (2-11), beschriebene Wahrscheinlichkeit dafür, daß der Rückstoß *keine* Gitterschwingungen anregt, sondern vom Festkörper als ganzem aufgenommen wird. Dann ist die Mößbauer-Spektrallinie des Übergangs außerordentlich scharf (relative Linienbreite $\approx 10^{-13}$). Sie kann von einem zweiten Mößbauerisotop in einem Absorber mit einer nur kleinen Energieverschiebung $\Delta E_\gamma \approx (v/c) E_\gamma$, die man durch einen Dopplereffekt der mit der Geschwindigkeit v relativ zum Absorber bewegten Quelle ausgleicht, absorbiert werden (c = Lichtgeschwindigkeit). In der metallkundlichen Anwendung haben

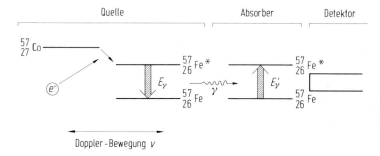

Abb. 2.23. Kernprozesse in Quelle und Absorber bei der Resonanzabsorption am Beispiel des Eisens

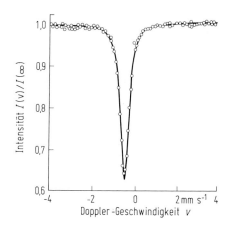

Abb. 2.24. Mößbauer-Spektrum einer ^{57}Co-Quelle bei 80 K mit einem Absorber aus austenitischem Stahl (300 K), (Linienverschiebung 0,438 mm/s, Linienbreite 0,471 mm/s). (Nach U. Gonser [2.21])

sich ^{57}Fe, ^{119}Sn und einige Seltene Erden als geeignetste Mößbauer-Isotope erwiesen. Bei ^{57}Fe sind die Energie des γ-Quants $E_\gamma = 14{,}4$ keV, die Linienbreite $\approx 10^{-8}$ eV und die benötigte Dopplergeschwindigkeit in der Größenordnung $v \approx 0{,}1$ mm/s. Abbildung 2.24 zeigt ein typisches Absorptionsspektrum von ^{57}Fe-Kernen, die im Absorber in einem austenitischen Stahl sitzen, in der Quelle dagegen in Kupfer. Die Abweichung in der Linienlage (von $v \sim \Delta E_\gamma = 0$) und Linienbreite (von der natürlichen Linienbreite) wird durch die (unterschiedlichen) Umgebungsverhältnisse der Kerne in Quelle und Absorber bedingt. Diese Verhältnisse können nun mit Hilfe des Mößbauer-Effektes untersucht werden.

Wechselwirkungen des Mößbauer-Kerns mit seiner Umgebung

a) *Elektrische Monopolwechselwirkung* („Isomerieverschiebung")
Der Kern mit dem mittleren quadratischen Radius $\langle R^2 \rangle$ steht in Coulombwechselwirkung mit der Elektronenhülle, die am Kernort eine s-Elektronendichte $|\psi(0)|^2$ besitzt. Sind die Radien im Grund- und angeregten Zustand um $\Delta R/R$ verschieden und unterscheiden sich die Elektronendichte in Quelle und Absorber, jeweils am Kernort, um $\Delta |\psi(0)|^2$, so wird die Linie verschoben um

$$\Delta E_\gamma = k \frac{\Delta R}{R} (|\psi(0)|^2_{\text{Abs}} - |\psi(0)|^2_{\text{Qu}}) \ . \tag{2-37}$$

k ist eine für das Isotop charakteristische Konstante. Ist der Kernradiusfaktor bekannt, kann man Unterschiede in der Valenzelektronendichte ermitteln, die wiederum von den Bindungsverhältnissen des Atoms im Kristall abhängen. Beispiel: Cu mit 0,6 At.-% Fe, abgeschreckt von 875 °C, zeigt die Überlagerung zweier Linien I und II, Abb. 2.25a, die gelösten bzw. als γ-Fe ausgeschiedenen Atomen entsprechen. Beim Anlassen vergrößert sich der Anteil II. Durch längeres Anlassen – auch bei Temperaturen unterhalb der im Phasendiagramm auftretenden (γ → α)-Umwandlung – können große Ausscheidungen von kfz γ-Fe erhalten werden. Auf diese Weise läßt sich γ-Fe bei tiefen Temperaturen untersuchen, was auch zur Bestimmung der Néel-Temperatur (Übergang von paramagnetischer zu antiferromagnetischer Ordnung) von 67 K führte. Erfolgt jedoch eine Kaltverformung – z. B. durch Hammerschlag auf die Probe – so findet die (γ → α)-Fe-Umwandlung statt. Dies ist am Auftreten des typischen 6-Linien-Spektrums erkenntlich, das die Wechselwirkung des inneren magnetischen Feldes mit den magnetischen Kernmomenten anzeigt. Die Mößbauer-Spektroskopie eignet sich dazu, den jeweiligen Anteil der Umwandlung durch Linienintegration zu verfolgen.

b) *Magnetische Dipolwechselwirkung* („Hyperfeinaufspaltung")
Das am Kernort effektiv herrschende magnetische Hyperfeinfeld H_{eff} spaltet die Energieniveaus des Grund- und des angeregten Zustandes entsprechend einem Kern-Zeeman-Effekt auf. Abbildung 2.26 zeigt die 6 erlaubten Übergänge für Dipolstrahlung bei ^{57}Fe, die das Spektrum des α-Eisens in Abb. 2.25d erklären.

2.8 Mößbauer-Effekt

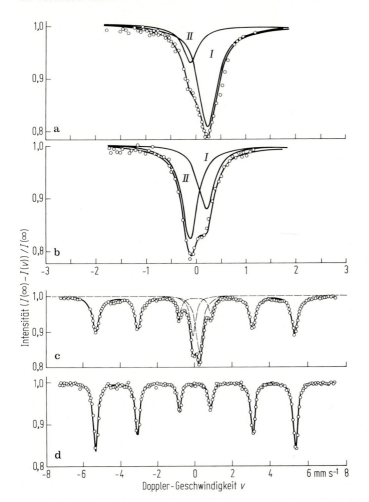

Abb. 2.25. Mößbauer-Spektra von Cu–Fe-Legierungen nach verschiedenen Wärmebehandlungen (**a–c**). Bei Teilbild **c** wurde außerdem noch eine Kalt-Verformung vorgenommen. Teilbild **d** zeigt das Spektrum von reinem α-Fe, das auch als Standard für die Geschwindigkeits-Skala dient. (Nach U. Gonser [2.21])

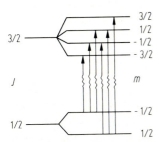

Abb. 2.26. Kern-Zeeman-Aufspaltung von Zuständen des ^{57}Fe. Die 6 erlaubten Übergänge für Dipolstrahlung sind eingezeichnet

Bei bekanntem magnetischen Kerndipolmoment kann H_{eff} aus der Aufspaltung entnommen werden. Das ist in diesem Falle für das antiferromagnetische γ-Eisen (s. Abschn. 6.1.2) wie auch für das ferromagnetische α-Eisen geschehen. Auf die Interpretation von H_{eff} durch Elektronenspin- und Bahnanteile kann hier nicht eingegangen werden. Besonders aufschlußreich ist auch der Einfluß des Kohlenstoffs auf das effektive Hyperfeinfeld benachbarter Eisenatome: Er hängt davon ab, ob der Kohlenstoff in den für Martensit oder für (verschiedene) Karbide charakteristischen Positionen sitzt (vgl. Abschn. 6.1.2). Man kann somit die martensitische Umwandlung (incl. des Anteils an Restaustenit, γ-Fe) und Rückumwandlung unter Zerfall in Ferrit + Karbid quantitativ studieren (s. Kap. 13).

Neben den beiden o. g. Wechselwirkungen ist besonders in nichtkubischer Umgebung eine elektrische Quadrupolwechselwirkung von Interesse. Bei Diffusionsvorgängen tritt eine Linienverbreiterung auf, wenn der Mößbauerkern über mehrere, während der Atom- (oder Spin-)Bewegung wechselnde Nachbarschaftsverhältnisse mittelt. Für weitere Details siehe [2.21].

2.9 Stereographische Projektion [2.1 bis 2.3]

Winkelbeziehungen zwischen Kristallflächen und -richtungen lassen sich nur unzureichend aus perspektivischen Darstellungen oder algebraischen Formeln ablesen. Dafür bietet sich die *Stereographische Projektion* an, die zu den unent-

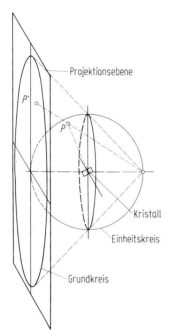

Abb. 2.27. Sterographische Projektion der Kristallrichtung P in den Punkt P' der Projektionsebene. (Nach [2.1])

2.9 Stereographische Projektion

behrlichen Hilfsmitteln der Physikalischen Metallkunde gehört. Man stellt sich dazu einen kleinen Kristall im Mittelpunkt einer großen Kugel vor. Die Kristallachsen oder -ebenen werden bis zum Schnitt mit der Kugel verlängert gedacht, wo sie diese in Punkten bzw. Großkreisen schneiden. Die Kugeloberfläche mit diesen Markierungen wird nun von einem Punkt der Kugeloberfläche aus auf eine an den diametralen Punkt gelegte Tangentialebene projiziert, Abb. 2.27. Es ist ausreichend, allein eine Halbkugel abzubilden, weil jede Kristallrichtung die Kugeloberfläche zweimal durchstößt. Der Äquator begrenzt nun als Grundkreis die Projektion nach außen: Die stereographische Projektion hat folgende Eigenschaften:

1. Ein Kreis auf der Kugel wird als ebener Kreis abgebildet; sein Mittelpunkt allerdings i. allg. nicht in den des ebenen Kreises.

2. Großkreise auf der Kugel werden als Kreisbögen abgebildet, die den Grundkreis in zwei diametralen Punkten schneiden.

3. Die Projektion ist winkeltreu; man kann also die Schnittwinkel von Großkreisen auf der Kugel in der Projektion ausmessen.

4. Die Projektion ist nicht flächentreu: Punktverteilungen auf der Kugel werden also in der Projektion mit einer verzerrten Dichteverteilung wiedergegeben.

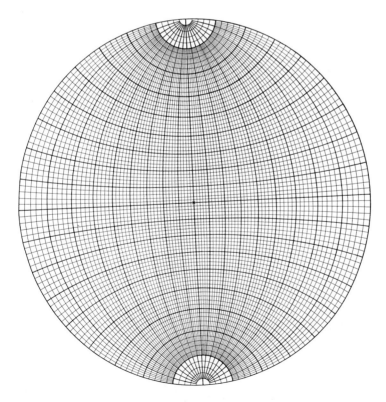

Abb. 2.28. Wulffsches Netz mit 2°-Unterteilung. (Nach [2.1])

Bei der praktischen Arbeit mit der stereographischen Projektion benutzt man das *Wulffsche Netz,* Abb. 2.28. Es wird mit einem Transparentpapier belegt, auf dem stereographisch projizierte Kristallflächen und -richtungen eingetragen sind. Die Mittelpunkte von Netz und Transparentpapier werden nun stets zur Deckung gebracht. Mit Hilfe des Wulffschen Netzes lassen sich folgende Aufgaben durchführen:

1. *Messung des Winkels zwischen zwei Kristallrichtungen*
Dazu sind ihre Projektionen durch Drehung des Papiers auf denselben Großkreis des Netzes zu bringen, auf dem dann der Winkel abgelesen werden kann.

2. *Wälzen der Projektion um eine Achse*
Man bringt Drehachse und N-S-Achse des Wulffschen Netzes zur Deckung und verschiebt jeden Punkt der Projektion auf einem Breitenkreis des Wulffschen Netzes um den gleichen Winkel.

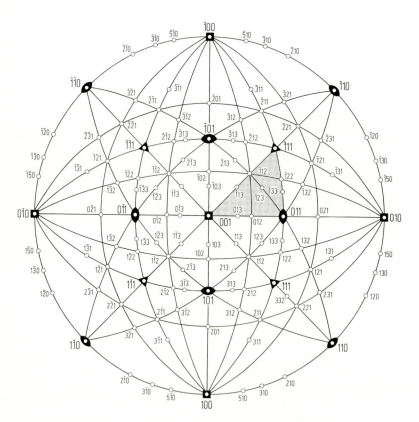

Abb. 2.29. Standard-(001)-Projektion des kubischen Gitters. (Nach [2.1])

3. *Herstellung der Standardprojektion eines Kristalls*
Bei dieser ist die Projektionsebene eine niedrig indizierte Ebene des Kristalls, z. B. die (001)-Ebene des kubischen Gitters in Abb. 2.29. Aus Symmetriegründen läßt sich jede beliebige Kristallrichtung dieses Gitters im „Standarddreieck" [001]–[011]–[$\bar{1}$11] einzeichnen.

Man kann unbekannte Kristallrichtungen indizieren, indem man die Winkel zwischen ihnen (und bekannten Kristallrichtungen) mit solchen in der Standardprojektion vergleicht.

3 Gefüge und Phase, Korn- und Phasengrenzen

3.1 Definitionen und Abgrenzungen

Die in der Metallkunde behandelten Materialien sind zumeist kristallin. Schmelzen und Dampf werden nur als Grenzfälle betrachtet, neuerdings auch glasartige Materialien (unterkühlte Schmelzen). Wir setzen voraus, daß wir von jeder Substanz die (Kristall-)*Struktur* kennen. Sie wird nach den bekannten Röntgenmethoden ermittelt und in ihrem Aufbau nach Atomlagen, Symmetrien, Einheitszelle etc. kristallographisch beschrieben. (Auch für nichtkristalline Substanzen läßt sich eine strukturelle Beschreibung geben, die von den Atomen allerdings nicht so streng befolgt wird wie im Kristall.) Makroskopische Metallkörper bestehen, wie in der Übersicht gesagt wurde, nun aber i. allg. nicht aus einem einzigen Kristall, sondern aus vielen Kristall-„Körner". Die Proben haben eine *Mikrostruktur*, ein *Gefüge*. Die Körner unterscheiden sich voneinander durch ihre Orientierung, u. U. aber auch in der (Kristall-) Struktur oder Zusammensetzung. Im ersten Fall spricht man von einem homogenen, im letzten von einem heterogenen System. Die in sich homogenen Bestandteile des letztgenannten heißen *Phasen*. Ihre Kristallstrukturen, Zusammensetzungen und auch Volumenanteile in der Probe stellen sich so ein, daß die Freie Enthalpie des Systems im Gleichgewicht ein Minimum ist. Phasen im hier definierten Sinne gehen durch Umwandlungen 1. Ordnung (thermodynamisch durch Unstetigkeiten in der 1. Ableitung der Enthalpie nach der Temperatur definiert) ineinander über, wie z. B. den Schmelzprozeß (s. Kap. 5).

Die Erkenntnisse, die man mit den im vorigen Kapitel beschriebenen, hochauflösenden Methoden über die Mikrostruktur der Metalle und Legierungen erhalten hat, machen eine Präzisierung der Begriffe *Gefüge* und *Phase* notwendig (vgl. [3.1]). Wir betrachten zunächst ein homogenes System, das also aus makroskopisch identisch zusammengesetzten und strukturierten Kristallen verschiedener Form und Größe besteht. Die Korngrenzen, die den Zusammenhang zwischen den verschieden orientierten Körnern herstellen, haben eine (positive) Grenzflächenenergie $\tilde{E}$ (mJ/m^2). Ihr Vorhandensein entspricht also nicht dem energetischen Minimum des Systems, sondern ist nur durch die Vorgeschichte des Metalls bedingt: Z. B. geht bei der Erstarrung einer Schmelze die Kristallisation i. allg. von verschiedenen und von verschieden orientierten „Keimen" aus, die dann zu einem kristallinen Aggregat von Körnern zusam-

3.1 Definitionen und Abgrenzungen

menwachsen. Ähnliches gilt für die Kristallisation aus der Dampfphase, die elektrolytische Abscheidung oder die in Kap. 15 zu besprechende „Re-Kristallisation" eines verformten Metalls bei der Erwärmung (im festen Zustand). Im thermodynamischen Gleichgewicht, das in Kap. 5 behandelt werden wird, hätte das Metall keine Korngrenzen. Dasselbe gilt für die eindimensionalen Kristallbaufehler, die Versetzungen: Auch ihre Energie $E_L b$ (pro Gitterkonstante Länge) ist weit höher als kT, auch sie sind nicht im thermodynamischen Gleichgewicht, sondern nur durch kinetische Prozesse, wie das Kristallwachstum, entstanden. (Davon wird in Kap. 4 noch ausführlich zu sprechen sein.)

Wir definieren also
Gefüge oder Mikrostruktur als die Gesamtheit aller nicht im thermodynamischen Gleichgewicht befindlichen Kristallbaufehler eines Metalls (nach Art, Zahl, Verteilung, Größe, Form).

Es gibt durchaus *Kristallbaufehler, die im thermodynamischen Gleichgewicht* vorhanden sind, die also nicht zur Mikrostruktur obiger Definition zählen, obwohl sie Abweichungen vom idealen Kristallbau darstellen: Das sind zunächst *nulldimensionale* Fehlstellen oder Punktfehler wie leere Gitterplätze, deren Bildung in einer Gleichgewichtskonzentration (Molenbruch)

$$c_L(T) = \exp(S_{LB}/k) \cdot \exp(-E_{LB}/kT) \tag{3-1}$$

einen Gewinn an *Freier* Energie für den Kristall darstellt, obwohl pro Leerstelle die Bildungsenergie E_{LB} aufgebracht werden muß. Denn die vielen Möglichkeiten der Verteilung dieser (geringen) Leerstellen-Konzentration auf die Gitterplätze bringen einen großen Entropiezuwachs mit sich, der insgesamt die Freie Energie für $T > 0$ erniedrigt (s. Kap. 5). S_{LB} ist die Bildungsentropie einer Leerstelle, die im wesentlichen von Änderungen der Gitterschwingungen nahe der Leerstelle herrührt, siehe Abschn. 6.2.2. Diese thermischen Leerstellen gehören also zur *Definition einer* (kristallinen) *Phase als Kristall im thermodynamischen Gleichgewicht* mit seiner Umgebung.

Neben thermischen Leerstellen treten im Gleichgewicht bei manchen, durch eine bestimmte Elektronenkonzentration charakterisierten Intermetallischen Verbindungen sog. chemische Leerstellen auf (s. Abschn. 6.3). NiAl ist z. B. mit 3 Valenzelektronen pro 2 Atome stabil. Fehlen Ni-Atome zur vollen Stöchiometrie, dann können sie vom Standpunkt konstanter Valenzelektronenkonzentration e/a durch leere Gitterplätze ersetzt werden, ohne daß $e/a = 3/2$ geändert wird. Solche chemischen („strukturellen") Leerstellen gehören also zu Phase Ni_xAl für $x \neq 1$ im thermodynamischen Gleichgewicht. Werden Leerstellen hingegen durch Bestrahlung mit energiereichen Teilchen erzeugt (s. Kap. 10), so gehören diese nicht zur Phase, sondern sind Teil des Gefüges. Letztere Leerstellen kann man durch Glühung ausheilen, d. h. zum Verschwinden bringen, erstere nicht. Die Unterscheidung ist also thermodynamisch sinnvoll.

Ähnliche Probleme treten bei *Antiphasengrenzen* (APB) in geordneten Legierungen auf (Kap. 7). Dieser Kristallbaufehler wird durch einen Wechsel in der Atombesetzung des Gitters verursacht. Zum Beispiel ist die geordnete Legierung

CuAu II auf Würfelebenen abwechselnd mit Cu oder mit Au besetzt (Abb. 3.1). Nach jeder 5. Würfelebene wechselt aber die Besetzung, d. h., es tritt eine APB auf. Diese regelmäßige Folge von APB wird in Elektronentransmission tatsächlich beobachtet, Abb. 3.2. (Entsprechend Abschn. 2.2.1.2(a) wird also bei Überstruktur-Reflexen eine Verschiebung $u = a/2 \langle 101 \rangle$ an der APB sichtbar.) Zusätzliche APB können durch plastische Verformung, d. h. durch Versetzungen mit einem Burgersvektor $b = u$ eingeführt werden: Diese gehören dann zum Gefüge, erstere zur Phase CuAu II (diese zur Mikrostruktur, erstere zur Struktur).

Auch bei *Stapelfehlern* muß unterschieden werden. Die dichtest gepackten Ebenen der kubisch-flächenzentrierten (kfz) Struktur sind nach dem Schema *ABCABC* gestapelt, die der hexagonal dichtesten Packung (hdp) nach *ABABAB*. Durch Stapelfehler in regelmäßiger Anordnung entstehen neue Stapelvarianten oder Strukturen (Phasen), während der Stapelfehler, den eine Shockley-Partial-Versetzung (s. Abschn. 11.3.3.1) im Zuge der plastischen Verformung in der kfz Struktur hinterläßt, zum Gefüge gehört.

Zum Begriff der Phase gehört wohlgemerkt nicht die *Homogenität* ihrer Zusammensetzung und Eigenschaften (z. B. die der Mikrohärte). Es kann sich im thermodynamischen Gleichgewicht durchaus ein Konzentrationsgefälle zur Phasengrenze hin aufbauen (wobei die (partielle) Freie Enthalpie homogen wird,

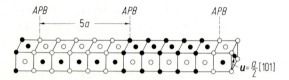

Abb. 3.1. Die Kristallstruktur von CuAu II (offene und volle Kreise bezeichnen Cu- und Au-Atome). Die c-Achse ist vertikal (s. Abb. 7.3)

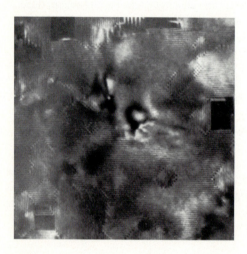

Abb. 3.2. TEM von CuAu II mit regelmäßiger Anordnung von APB (anti-phase boundaries) (J. Pashley, Cambridge, England). 25000 ×

s. Kap. 5). Auch die sog. einphasige Entmischung einer Legierung gehört in diesen Zusammenhang: Hierbei bereitet sich der Zerfall eines Mischkristalls (d. h. einer homogenen Legierung) in zwei Phasen durch u. U. metastabile Zwischenzustände vor, bei denen in Bereichen, die in wenigstens einer Dimension noch atomare Größenordnung haben, sich Atome einer Legierungssorte anreichern oder sich periodische, sehr schwache Konzentrationsschwankungen durch die ganze Legierung ausbilden wie im Falle der spinodalen Entmischung (s. Kap. 9). Man spricht erst von zwei Phasen in diesen Fällen, wenn sich wirklich eine Phasengrenze gebildet hat, wozu gehört, daß die beteiligten Phasen in allen 3 Dimensionen mehr als atomare Dicke haben. Das liegt daran, daß man auch der Phasengrenze eine Struktur und damit eine gewisse Dicke zuschreiben muß, wie in den nächsten Abschnitten deutlich werden wird.

3.2 Struktur von Korngrenzen

Ein Element einer Korngrenze zwischen 2 Kristallen gleicher Struktur wird durch 5 Orientierungsparameter (Eulersche Winkel) beschrieben: Eine Drehung um den Winkel Θ um eine Achse u, die durch 2 Winkel auf der Einheitskugel bestimmt ist, führt die beiden Kristalle ineinander über. Die Grenzfläche wird durch eine Normale n (2 Winkel) festgelegt. Über diese Grenze hinweg stehen sich die beiden Kristalle in nahezu atomarem Abstand gegenüber. Die letzten Atome auf beiden Ufern sind Wechselwirkungskräften von Nachbarn auf beiden Seiten ausgesetzt: Es wird sich hier eine *Übergangsstruktur* bilden. (Bei der Einstellung des energetischen Minimums muß man kleine Relativverschiebungen der beiden Körner zulassen.)

Wie sieht diese als Funktion der 5 Parameter der Korngrenze aus? Diese Frage läßt sich für eine Kleinwinkel-Korngrenze (KW-KG), für die $\Theta \ll 1$ ist, am leichtesten lösen.

3.2.1 Struktur von KW-KG [3.2]

Der einfachste Fall, der einer symmetrischen Biegegrenze $n \perp u$, Abb. 3.3, ist identisch mit einer Anordnung von parallelen *Stufenversetzungen* (parallel auch zu u, Abschn. 11.1.1) in einem Abstand $h = b/\Theta$, b = Burgersvektor (hier die Gitterkonstante des kubisch primitiven Gitters). Man kann die Stufenversetzung geradezu durch die Aufgabe definieren, zwei Körner in der gezeigten Weise optimal aneinander zu fügen. Eine weniger symmetrische Biegegrenze, deren Grenzfläche einen Winkel φ mit der Symmetrieebene einschließt, zeigt Abb. 3.4, nach W. T. Read und W. Shockley. Hier sind offenbar schon 2 Sorten von Stufenversetzungen, mit zueinander senkrechten Burgersvektoren, zur Beschreibung der Korngrenze notwendig. Deren Abstände sind

$$h_\vdash = \frac{b}{\Theta \sin \varphi} \quad \text{und} \quad h_\perp = \frac{b}{\Theta \cos \varphi}.$$

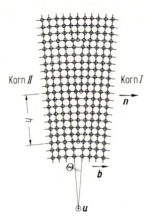
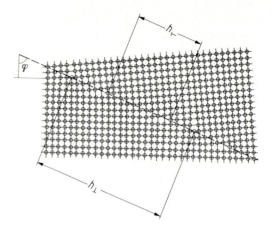

Abb. 3.3 Symmetrische Biegegrenze, entsprechend einer vertikalen Anordnung von Stufenversetzungen im Abstand h

Abb. 3.4. Asymmetrische Biegegrenze, aufgebaut aus 2 Sorten von Stufenversetzungen mit zueinander senkrechten Burgersvektoren

F. C. Frank hat ein Verfahren angegeben, um die in einer beliebigen KW-KG enthaltenen Versetzungen geometrisch zu ermitteln (die so gefundene Anordnung ist nicht immer eindeutig und sie ist auch nicht immer stabil), siehe [11.4].

Ein anderer besonders einfacher Grenzfall ist der der symmetrischen *Drehgrenze*, $n\|u$, Abb. 3.5: Sie entspricht in diesem Gitter einem quadratischen Netz von zwei Scharen von *Schraubenversetzungen*. Die Maschenweite des Netzes ist wieder $h = b/\Theta$.

Eine solche Versetzungsstruktur von Kipp-KW-KG ist in bester Übereinstimmung mit Beobachtungen am *Seifenblasen-Modell*, das die Gitterstruktur durch eine ebene Packung von gleich großen Seifenblasen simuliert. Abbildung 3.6 zeigt eine Biegegrenze mit Versetzungsstruktur und einige Großwinkel-Korngrenzen (GW-KG) nebst Leerstellen [3.2].

Die KW-KG-Struktur wird auch bestätigt durch direkte Beobachtungen, die an Metallen mit Hilfe von TEM (2.2.1.2), metallographischer Beobachtung (2.1) von Ätzgruben, die die Durchstoßpunkte der Versetzungen durch die Oberfläche markieren, und mit Hilfe des FIM (2.4) angestellt wurden. Die FIM-Aufnahme (Abb. 3.7) zeigt, daß die Atome auf beiden Seiten der $20°$ $-\langle 110\rangle$-Biegegrenze in Wolfram bis an die Grenzfläche heran auf ihren regulären Gitterpositionen sitzen. Das Versetzungsmodell der KW-KG wird in diesem Falle allerdings überstrapaziert, da bei $\Theta \approx 20°$ der Versetzungsabstand h in die Größenordnung des Atomabstandes kommt und die Versetzungen damit ihre Identität verlieren. Die gezeigte Grenze ist stückweise gerade und kristallographisch orientiert: Rechts parallel zu $\{100\}$ unten, links parallel zu $\{110\}$ oben. Das soll im folgenden verständlich gemacht werden.

3.2 Struktur von Korngrenzen

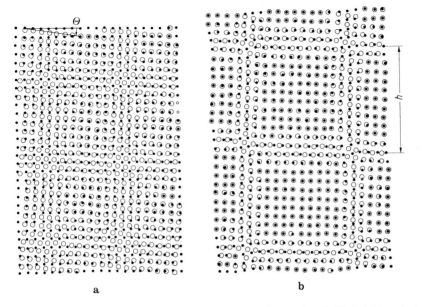

Abb. 3.5. Zwei gegeneinander verdrehte Netzebenen (offene und volle Kreise) (a) und ein diese Verdrehung bewirkendes quadratisches Netz von Schraubenversetzungen (Abstand h)

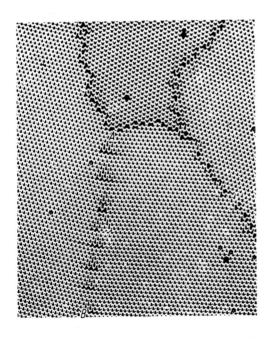

Abb. 3.6. Seifenblasenfloß mit einer Biegegrenze AB, mehreren GW-KG und Leerstellen. (Nach C. S. Smith [3.2])

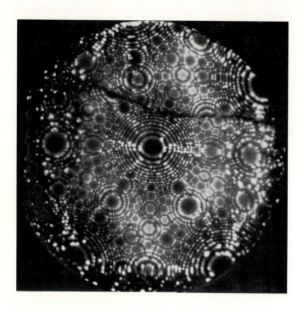

Abb. 3.7. Feldionenbild einer Korngrenze (oben, waagerecht) in Wolfram bei 4 K (J. M. Galligan, Brookhaven NL, USA)

3.2.2 Struktur einer GW-KG [3.3, 3.4, 15.6]

Die Struktur allgemeiner KG ist weniger gut bekannt als die von KW-KG. Das Seifenblasenmodell läßt vermuten, daß auch die GW-KG aus einer periodischen Anordnung „struktureller Einheiten", von Bereichen guter und schlechter Passung zwischen den beiden Körnern besteht (Abb. 3.6). Einen wesentlichen Fortschritt haben der Begriff des *Koinzidenzgitters* von M. L. Kronberg und F. H. Wilson (s. [3.4]) und Computer-Rechnungen (s. [3.3, 3.9, 3.10]) gebracht. Das Koinzidenzgitter ist die Gesamtheit der Gitterplätze, die beiden Körnern gemeinsam ist, wenn man ihre Atomanordnung über die KG hinweg ineinander fortgesetzt denkt. Abbildung 3.8 zeigt zwei kfz Kristalle, die gegeneinander um $38{,}2°$ um eine $\langle 111 \rangle$-Achse verdreht sind. $1/7$ (allgemein $1/\Sigma$) der Gitterplätze gehören zum Koinzidenzgitter. Es ist zu vermuten, daß Korngrenzenelemente dann eine niedrige Energie haben werden, wenn sie „speziell" orientiert sind, d. h., wenn sie eine hohe Dichte von Koinzidenzplätzen enthalten. In Wirklichkeit hängt $\tilde{E}$ stark von der Orientierung der Grenzfläche ab, und insbesondere vom Abstand der Netzebenen parallel zu dieser [3.11].

Ein Grenzfall ist die kohärente Zwillingsgrenze, die nur aus Koinzidenzplätzen besteht: Sie vermittelt zwischen zwei zur Grenzfläche spiegelsymmetrischen Kristallen (Abb. 3.9).

Die o. g. numerischen Rechnungen gehen nun von solchen Speziellen KG aus und versuchen, die Wechselwirkungsenergie aller beteiligten Atome durch Verschiebungen (Relaxationen und Translationen) der beiden Körner zu einem Minimum zu machen. (Die Abhängigkeit der KG-Energie von diesen Translationen zeigt, daß die o. g. 5 Parameter nicht ausreichen, um eine KG vollständig zu beschreiben.) Die Wechselwirkung wird näherungsweise durch Zentralkräfte

3.2 Struktur von Korngrenzen

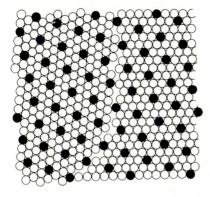

Abb. 3.8. Koinzidenzgitter (volle Kreise) zweier Kristalle, die um 38,20° um ⟨111⟩ (senkrecht zur Bildebene) verdreht sind

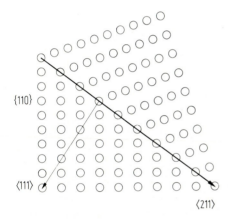

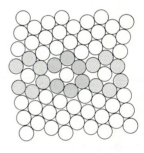

Abb. 3.9. Kohärente Zwillingsgrenze im kfz Gitter

Abb. 3.10. 37,8°-symmetrische Biegegrenze mit strukturellen Einheiten (Atome gleicher Schraffierung) [3.3]

zwischen Nächsten Nachbarn (NN) nach einem Modell-Potential beschrieben, dessen Parameter den Verhältnissen bei Gold angepaßt wurden. Das Ergebnis der Rechnung für eine ebene, hexagonale Anordnung und eine symmetrische 38°-Biegegrenze zeigt Abb. 3.10. Man erkennt die Periodizität der Atomanordnung in Richtung der KG. Die strukturelle Einheit wird aus 7 Atomen gebildet (gleich schraffiert, mit deren Zentralatom). Den schraffierten Bereich kann man als Übergangsstruktur zwischen den beiden Körnern ansehen. Die zweidimensionalen Rechnungen zeigen weiter, daß KG, die nicht den speziellen Orientierungsbeziehungen (hoher Koinzidenzgitterdichte) entsprechen, aus strukturellen Einheiten der beiden nächstliegenden Speziellen Grenzen zusammengesetzt sind: z. B. eine 28°-Grenze aus 50% Einheiten der Speziellen 38°- und 50% der Speziellen 18°-Grenzen. Da die strukturellen Einheiten der verschiedenen Grenzen nicht nahtlos zusammenpassen, sind Gitterverzerrungen in der Nähe solcher nicht-spezieller KG zu erwarten, was z. B. zu Wechselwirkungen mit Fremdatomen abweichender Größe führt, die Spezielle KG nicht zeigen. Das beeinflußt die Beweglichkeit der erstgenannten KG (s. Abschn. 15.3.1). Korngrenzen mit einigen Grad Abweichung von Σ-Grenzen lassen sich durch überlagerte KW-KG beschreiben. Auf diese Weise überdecken Σ-Grenzen mit $\Sigma \leq 30$ einen großen Teil der bei der Rekristallisation beobachteten KG (s. Kap. 15). Unsymmetrisch gelegene KG lassen sich ebenfalls aus dem Strukturmodell der Speziellen, symmetrischen KG durch Einbau von Stufen ableiten. Die mittlere Lage der KG ist gegen die Symmetrieebene der beiden Körner geneigt und besteht aus Segmenten von symmetrischen Grenzen. Solche Stufen werden elektronenmikroskopisch als feine Linien in KG sichtbar, wie sie H. Gleiter [3.5] in Al-Legierungen beobachtet hat.

3.3 Energie von Korngrenzen und ihre Messung

Die im vorigen Abschnitt genannten Rechnungen zur Struktur von Speziellen GW-KG liefern auch deren Flächenenergie $\tilde{E}$ (bei $T = 0$), in der Größenordnung von 900 mJ/m² für Gold. Das ist mit der Oberflächenenergie von Au bei 0 K zu vergleichen: 2000 mJ/m². Die Energie von KW-KG setzt sich aus der Selbst- und Wechselwirkungsenergie der beteiligten Versetzungen zusammen, die bei großen Abständen h natürlich deren Dichte $(1/h) \sim \Theta$ proportional ist. Für größere Θ sollte eine Sättigung in $\tilde{E}(\Theta)$ auftreten, die nur durch steile Einbrüche bei den Speziellen KG unterbrochen wird. Solche KG, wie z. B. die Zwillingsgrenze, sollten extrem kleine Energien haben, siehe Abb. 3.14.

Obwohl Korngrenzen als Teil des Gefüges generell nicht im thermodynamischen Gleichgewicht sind, können sie doch in Kornecken ein lokales *mechanisches Gleichgewicht* annehmen, das zur Messung der Korngrenzenenergie $\tilde{E}$ benutzt werden kann. Wir betrachten die Situation der Abb. 3.11. Durch Glühung bei hohen Temperaturen seien die Grenzen zwischen den Körnern 1, 2 und 3 im Punkt ihres Zusammenstoßens ins Gleichgewicht gebracht worden. Mechanisches Gleichgewicht bedeutet in erster Näherung Kräftegleichgewicht der in Richtung der KG ziehenden Korngrenzenspannungen $\tilde{E}_{12}, \tilde{E}_{23}, \tilde{E}_{13}$ im

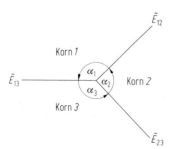

Abb. 3.11. Kräftegleichgewicht der Korngrenzenspannungen $\tilde{E}_{ik}$ in einer Kornecke

3.3 Energie von Korngrenzen und ihre Messung

Mittelpunkt. (Freie Korngrenzenenergien in J/m² können als Korngrenzenspannungen in N/m aufgefaßt werden, wenn $\tilde{E}$ nicht wesentlich von einer Vergrößerung der Korngrenzenfläche bei der Einstellung des Gleichgewichts beeinflußt wird.) Schreibt man sich die horizontalen und vertikalen Kraftkomponenten getrennt auf, so erhält man für das Kräftegleichgewicht

$$\frac{\tilde{E}_{12}}{\sin \alpha_3} = \frac{\tilde{E}_{23}}{\sin \alpha_1} = \frac{\tilde{E}_{31}}{\sin \alpha_2} \,. \tag{3-2}$$

Diese Beziehung ermöglicht eine Relativmessung der Energien verschiedener Korngrenzen, z. B. in Bezug auf die theoretisch gut bekannte Energie einer KW-KG oder auf die Energie einer freien Oberfläche (im Gleichgewicht mit dem Dampf).

Eine gewisse Vorsicht ist bei Gl. (3-2) geboten, weil sie eine Abhängigkeit von $\tilde{E}$ von der Korngrenzenlage nicht enthält; d. h., in Wirklichkeit treten i. allg. nicht nur Tangentialkräfte $\tilde{E}$ auf, wie in Abb. 3.11, sondern auch Momente $\partial \tilde{E}/\partial \alpha$. Diese spielen eine wesentliche Rolle, wenn eine der Grenzflächenenergien klein ist, relativ zu den anderen, wie z. B. bei einer kohärenten Zwillingsgrenze (z), die auf die freie Oberfläche (s) stößt, Abb. 3.12 und 3.13. Die horizontale Gleichgewichtsbedingung muß dann lauten [3.6]

$$\tilde{E}_z - 2\tilde{E}_s \cos \frac{\Theta}{2} - 4 \left| \frac{\partial \tilde{E}/\tilde{E}_s}{\partial \Theta} \right| \sin \frac{\Theta}{2} = 0 \,. \tag{3-3}$$

Da $\Theta \approx \pi$, ist der letzte Term nicht vernachlässigbar. $\tilde{E}_z$ kann durch genaue Vermessung der Oberflächenfurche bestimmt werden, die die Durchstoßgerade einer Zwillingsgrenze durch die Oberfläche nach Hochtemperaturglühung kennzeichnet. Ähnliche Gleichgewichte wurden mit TEM im Kristallinnern vermessen, wobei sich zeigt, daß Spezielle Grenzen in der Tat oft eine kleinere

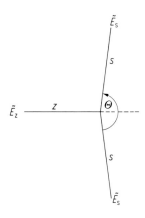
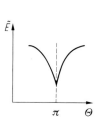

Abb. 3.12. Eine Zwillingsgrenze (z) kleiner Energie $\tilde{E}_z$ stößt auf eine Oberfläche (s) und steht dort im Gleichgewicht mit der Oberflächenspannung $\tilde{E}_s$

Abb. 3.13. Korngrenzenenergie-Verlauf zu Abb. 3.12 und Verallgemeinerung für $\theta > \pi$

Energie haben als allgemeine GW-KG. Eine Übersicht über Ergebnisse an Cu (ohne Berücksichtigung der Abhängigkeit von $\tilde{E}$ von der KG-Lage) zeigt Abb. 3.14.

Gleiter u. M. [3.8] haben eine elegante Methode zur Auffindung von relativen Orientierungen zweier Körner mit kleiner KG-Energie entwickelt. Sie beruht auf dem Sintern kleiner einkristalliner Kugeln (100 µm Durchmesser) auf eine einkristalline Platte (Abschn. 8.4.4). Abbildung 3.13a zeigt, wie sich beim Glühen die Kugel (b) in eine spezielle Orientierung Θ niedriger Energie relativ zur Platte (p) dreht, indem Diffusionsflüsse in Pfeilrichtung einen Keil des Materials von A nach B verschieben. Eine Röntgenaufnahme der Orientierung vieler Kugeln auf der Platte zeigt die Verschärfung der Verteilung in Θ nach dem Glühen. Eine genauere Betrachtung [3.12] zeigt, daß die Kugelrotationen vor Erreichen des $\tilde{E}$- Minimums zum Stillstand kommt, weil die die Abweichung davon bewirkenden Versetzungen einer KW-KG immer weitere Abstände haben, die durch Diffusion zu überwinden sind. Die Rotation einzelner Kugeln läßt sich mit dem Raster-Elektronenmikroskop genau verfolgen [3.12].

Die obigen Betrachtungen betreffen ebene Schnitte senkrecht zur Schnittgeraden dreier Körner. Sind alle $\tilde{E}$ gleich, dann sind alle $\alpha_1 = 120°$, wie auch näherungsweise in Schliffbildern beobachtet wird. Vier Körner treffen sich in einem Punkt. Die 4 Schnittgeraden zwischen je 3 Körnern bilden dort im Gleichgewicht (bei konstantem $\tilde{E}$) Winkel von $109°\,28'$ miteinander. Das kann mit einer räumlichen Anordnung von Seifenhäuten, die man in einer Glasflasche durch Schütteln herstellt, veranschaulicht werden. Im zweidimensionalen Fall ergibt die Forderung der 120°-Winkel eine Erfüllung der Ebene mit Sechsecken gleicher Größe. Es gibt aber keine 3dimensionale Figur, deren identische Wiederholung den Raum dicht auszufüllen gestattet, wobei sich gleichzeitig auch die Oberflächenspannungen stabil kompensieren [3.2, 3.6]. Ein regelmäßiger 14-Flächner (dem Physiker als 1. Brillouinzone des kfz Gitters bekannt) füllt den Raum dicht, Abb.3.15, hat aber nicht ganz die richtigen Winkel (wenn man nicht doppelt gekrümmte Grenzflächen einführt beim „Kelvin-Tetrakaidekaeder"). Ein regelmäßiger 12-Flächner mit 5seitigen Flächen erfüllt beinahe die mechanischen Gleichgewichtsbedingungen, doch nicht den Raum. Empirisch zeigt sich an Seifenhäuten und Metallkörnern, daß die mittlere Seitenzahl pro Kornfläche etwas größer als 5 ist und die mittlere Flächenzahl $12\tfrac{1}{2}$.

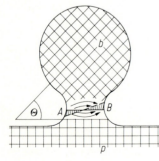

Abb. 3.13a. Eine Kugel (b) dreht sich beim Sintern auf einer Platte (p) durch Diffusion von A nach B

3.4 Phasengrenzflächen

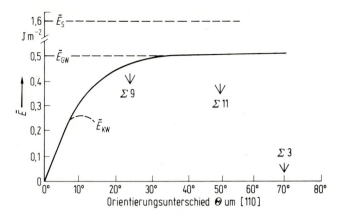

Abb. 3.14. Abhängigkeit der Grenzflächenenergie $\tilde{E}$ vom Drehwinkel Θ zwischen den Körnern, schematisch für Kupfer nach [3.7]. Grenzwerte für KW-KG, GW-KG und Oberflächen angegeben. Bei a, b liegen Spezielle Grenzen kleiner Energie, bei Σ kohärente Zwillingsgrenzen

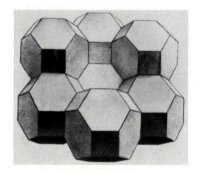

Abb. 3.15. Anordnung von regelmäßigen 14-Flächnern zur Ausfüllung des Raums bei näherungsweisem Grenzflächengleichgewicht. (Nach C. S. Smith [3.2])

Cyril S. Smith [3.2] konnte mit einer Kombination topologischer und mechanischer Argumente zeigen, daß die mittlere Zahl der Seiten pro Kornfläche $5\frac{1}{7}$ sein sollte (statt 6 in der Ebene!). Abweichungen von dieser Zahl lassen auf eine Tendenz zum Kornwachstum schließen (s. Kap. 15). Topologische Gesichtspunkte sind außerordentlich nützlich bei dem Versuch („quantitative Metallographie" oder „Stereometrie" genannt), die 3dimensionale Morphologie von Gefügen durch Analyse 2dimensionaler Schnitte quantitativ zu bestimmen oder auch ein Phasendiagramm eines n-Stoffsystems ($n > 3$) zu entwerfen (s. Kap. 5.7), das graphisch nur in Schnitten dargestellt werden kann [3.7].

3.4 Phasengrenzflächen [3.2, 3.6]

Wenn sich benachbarte Körner nicht nur durch ihre Orientierung, sondern auch durch ihre (Kristall-) Struktur und/oder ihre Zusammensetzung als verschiedene Phasen (α, β) unterscheiden, sprechen wir von Phasengrenzen. Auch ihnen läßt sich eine spezifische Grenzflächenenergie $\tilde{E}_{\alpha\beta}$ zuordnen, die im Prinzip wie die Korngrenzenenergie ($\tilde{E}_{\alpha\alpha}$) berechnet und gemessen wird.

Setzen wir zunächst große strukturelle Unterschiede zwischen den Phasen α und β voraus, so daß wir es mit dem Pendant zur GW-KG zwischen α/α zu tun haben, der „*inkohärenten*" Grenzfläche. Kleine Volumenanteile der 2. Phase(β) werden sich oft in den GW-KG der primären Phase(α) bilden, da dann die gesamte Grenzflächenenergie reduziert werden kann. Abb. 3.16 zeigt eine typische Anordnung eines β-Keims im Zusammenstoß dreier α-Körner: Der Dieder-Winkel Θ mißt das Gleichgewicht der Grenzflächenspannungen zufolge Gl. (3-3) (hier ohne Orientierungsabhängigkeit der – ohnehin inkohärenten – Grenzfläche α/β)

$$\tilde{E}_{\alpha\alpha} = 2\tilde{E}_{\alpha\beta} \cos\frac{\Theta}{2}. \tag{3-4}$$

Oft sind die $\tilde{E}_{\alpha\beta}$ kleiner als die $\tilde{E}_{\alpha\alpha}$. Falls $2\tilde{E}_{\alpha\beta} \leq \tilde{E}_{\alpha\alpha}$, wird $\Theta = 0$ und die zweite Phase breitet sich in den Korngrenzen der Matrix aus. Das kann verheerende technologische Folgen haben, falls β tiefer schmilzt als α und die Legierung in einem Temperaturbereich benutzt werden soll, in dem β flüssig ist: Sie fällt dann auseinander (Beispiel: Quecksilber in α-Messing).

Nützlich kann andererseits die flüssige Benetzung durch Metalle beim Sintern (Abschn. 8.4.4) von keramischen Pulvern sein („Hartmetalle" wie Wolframkarbid mit Kobalt, die als Schneidwerkzeuge benutzt werden).

Manchmal genügt das Analogon zur KW-KG, eine *kohärente* Grenzfläche, zur Verbindung zwischen strukturell ähnlichen Phasen, wie sie bei der Entmischung homogener Legierungen im Anfangsstadium oft auftreten. Unterschiede in der Gitterkonstante bei gleicher Kristallstruktur können durch Versetzungen in der Grenzfläche ausgeglichen werden, wie Abb. 3.17 zeigt. Man spricht in

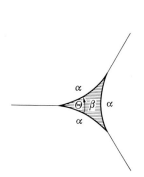

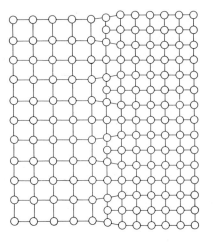

Abb. 3.16. Eine zweite Phase β in der Kornecke dreier α-Körner

Abb. 3.17. Semikohärente Grenzfläche zwischen zwei kubischen Gittern

3.4 Phasengrenzflächen

diesem Fall einer nur mit Hilfe von Versetzungen aufrechterhaltenen Kohärenz von *semikohärenten* Grenzflächen (Beispiel in Abschn. 9.1.1).

Die Betrachtungen dieses Kapitels zeigen, daß die quantitative Beschreibung von Korngrenzen erst in den Anfängen steht. Experimentell werden hochauflösende Beobachtungsmethoden wie FIM (Abschn. 2.4) und quantitative Metallographie weitere Informationen liefern. Theoretisch ist bei genauerer Kenntnis interatomarer Wechselwirkungen (Kap. 6) und Einsatz von Computern eine detaillierte Beschreibung der KG möglich.

4 Erstarrung von Schmelzen [4.1, 4.4]

Die meisten kristallinen Metalle und Legierungen werden durch den Prozeß der Erstarrung aus der schmelzflüssigen Phase hergestellt. In diesem Zustand läßt sich die Mischung von Komponenten wie auch die Reinigung eines Metalls am besten durchführen. Man kann durch Gießen dem Material oft auch die gewünschte Form geben. Das Gefüge wird weitgehend durch den Vorgang der Erstarrung bestimmt. Bei hinreichend rascher Erstarrung verbleibt das Material im Zustand einer unterkühlten und eingefrorenen Schmelze, dem *Glas*. Die Kristallisation beginnt mit der *Bildung* von festen *Keimen*, die dann durch *Wachstum* die Schmelze aufzehren. Diese beiden Prozesse sind generell für die Bildung neuer Phasen bestimmend. Bei der Erstarrung von in der Schmelze homogenen Legierungen treten inhomogene Verteilungen der Komponenten im festen Zustand auf. Oft werden sogar mehrere kristalline Phasen gebildet. Darüber geben die Phasen- oder *Zustandsdiagramme* Auskunft, die in diesem Kapitel empirisch eingeführt werden. (Ihre thermodynamische Begründung folgt in Kap. 5.) Wir behandeln zunächst reine Metalle.

4.1 Homogene Keimbildung [1.3]

Ein Kristall hat eine kleinere Freie Energie f_s pro Volumeneinheit (eigentlich Freie Enthalpie, was aber bei Atmosphärendruck keinen Unterschied macht) als die Schmelze, f_L, sobald die Temperatur T unter den Schmelzpunkt T_s abgesenkt wird. In erster Näherung kann die Differenz $\Delta f_v = f_L - f_s$ proportional zur Unterkühlung $\Delta T = T_s - T$ gesetzt werden ($\Delta f_v = \alpha \Delta T$). Bei geringer Unterkühlung sind aber die durch thermische Schwankungen entstehenden kleinen Kristalle (hier angenommen als kugelförmige Keime vom Radius r) instabil und lösen sich wieder auf: Die Energie der benötigten Phasengrenzfläche $\Delta F_0 = \tilde{E}_{SL} \cdot 4\pi r^2$ macht die Freie-Energie-Bilanz der Kristallisation positiv. Wachstumsfähige Keime müssen aber die Bedingung $d(\Delta F_{ges})/dr < 0$ erfüllen. Die Gesamtdifferenz der Freien Energie zwischen einem kugelförmigen Keim und der Schmelze ist

$$\Delta F_{ges}(r) = -\Delta f_v \cdot \frac{4\pi}{3} r^3 + \tilde{E}_{SL} 4\pi r^2. \tag{4-1}$$

4.1 Homogene Keimbildung

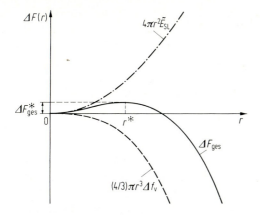

Abb. 4.1. Freie Energie-Beiträge zur Keimbildungsarbeit für verschiedene Keimradien

Die Funktion ist in Abb. 4.1 dargestellt. Sie durchläuft ein Maximum bei

$$r^* = \frac{2\tilde{E}_{SL}}{\Delta f_v} = \frac{2\tilde{E}_{SL}}{\alpha \Delta T} \tag{4-1a}$$

mit der Höhe $\Delta F^*_{ges} = \dfrac{16\pi \tilde{E}^3_{SL}}{3\Delta f_v^2} = \dfrac{16\pi \tilde{E}^3_{SL}}{3\alpha^2 \Delta T^2}$. Größere Keime wachsen unter Energiegewinn: r^* wird umso kleiner, je größer die Unterkühlung ist. Wie groß muß ΔT sein, damit thermische Fluktuationen gerade einen Keim erzeugen? Im thermischen Gleichgewicht bestimmt ein Boltzmannfaktor das Auftreten von Schwankungen der Energie ΔF^*_{ges} zufolge

$$N^* = N \exp\left(-\frac{\Delta F^*_{ges}}{kT}\right). \tag{4-2}$$

N^* ist die wahrscheinliche Zahl der kritischen Keime pro Zahl N der Atome in der Schmelze bei der Temperatur T. Die kritische Unterkühlung ΔT_c ergibt sich also für $N^* = 1$ aus (4-1) und (4-2) zu

$$\frac{\Delta T_c^2}{T_S^2} = \frac{16\pi \tilde{E}^3_{SL}}{3T_S^2 \alpha^2 kT \ln N}. \tag{4-3}$$

Der Faktor α läßt sich aus der Entropie des Schmelzens abschätzen, die mit der Schmelzwärme pro cm³, L_v, verknüpft ist zufolge

$$\frac{d}{dT}(\Delta f_v) = \Delta S = \frac{L_v}{T_S},$$

d. h.

$$\alpha = L_v/T_S. \tag{4-4}$$

Leider ist $\tilde{E}_{SL}$ theoretisch nur ungenügend bekannt. Experimentell hat D. Turnbull an Quecksilberdispersionen mit einigen μm Tröpfchengröße Werte für $\Delta T_c/T_S$ bis zu 0,2 gefunden. Daraus ergibt sich mit Gl. (4-3) die Grenzflächenenergie pro Atomfläche $\tilde{E}_{SL} a^2 \approx L_v a^3 \cdot 0{,}4$, etwa gleich der halben Schmelzwärme pro Atom. Der kritische Keim enthält etwa 200 Atome. Natürlich sind die obigen Abschätzungen nur grobe Näherungen: Es wurde nicht berücksichtigt, daß kritische Keime der Dichte n^* die Verteilung mit der Rate $j = v n^*$ verlassen, wobei v die Frequenz der thermisch aktivierten Atomsprünge zum Keim ist. Die Freie Energie des Keims ΔF^*_{ges} kann genauer abgeschätzt werden [4.2].

4.2 Heterogene Keimbildung

Ohne eine feindisperse Unterteilung der Schmelze wie in den o. g. Versuchen an Hg lassen sich i. allg. nur Unterkühlungen von einigen °C erreichen. Das liegt an dem Einfluß, den bereits wenige Fremdkörper auf die Gesamtschmelze haben. Als Fremdkörper wirkt z. B. auch die Tiegelwand. Dort ist eine wesentlich geringere Keimbildungsarbeit zu leisten, wie Abb. 4.2 und 4.3 zeigen. Das kritische Keimvolumen (und damit ΔF^*_{ges} und ΔT) nimmt mit abnehmendem Kontaktwinkel Θ bei gleichbleibendem Keimradius r^* auf Null ab. Der Kontaktwinkel Θ ist wieder durch das Gleichgewicht der Grenzflächenspannungen zur Unterlage (U) bestimmt zufolge

$$\tilde{E}_{LU} = \tilde{E}_{SU} + \tilde{E}_{SL} \cos \Theta \,. \tag{4-5}$$

Die Wirksamkeit einer *Unterlage* als Katalysator bei der Kristallisation ist durch den Grad der Kohärenz ihres Kristallgitters mit dem des Keims, ihre chemische Natur und ihre Topographie gegeben [4.2].

Abb. 4.2. Keimbildung an einer Wand

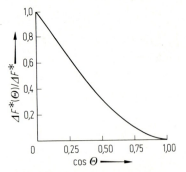

Abb. 4.3. Verhältnis der heterogenen Keimbildungsarbeit (Kugelabschnitt) zur homogenen (Vollkugel gleichen Radius') als Funktion des Grenzwinkels Θ der Benetzung

4.3 Kristallwachstum

Die atomaren Schritte beim Wachstum von Kristallen in die Schmelze sind denen des Kornwachstums im festen Zustand verwandt und sind wie diese vor allem durch die Struktur der Grenzfläche bedingt. Die SL-Grenzfläche (Grenzfläche fest-flüssig) ist entsprechend der höheren Temperatur und Unordnung der Schmelze wahrscheinlich „aufgelockerter" als die einer GW-KG. Der experimentelle Wert $\tilde{E}_{SL} \approx 0{,}4 \cdot L_v a$ entspricht dem „halbgeschmolzenen Zustand" der Grenzflächenatome. Die Rauhigkeit der Grenzfläche ist wesentlich für die Bewegung der Grenzfläche bei der Kristallisation: Weitere Atome lagern sich an Kanten in der Grenzfläche an, ehe neue Kanten auf perfekten, dichtest gepackten Kristallflächen gebildet werden. Der Kristall wächst also am langsamsten senkrecht zu den „glatten" Kristallebenen; diese bilden sich oft bevorzugt aus, wie die Erfahrung zeigt. Bei kleinen Kristallen, wie den o. g. nahezu kugelförmigen Keimen, sind immer genug Randatome vorhanden, während bei nahezu ebenen Grenzflächen alle Kanten u. U. zum Rand laufen können und glatte Kristallflächen zurücklassen, auf denen wieder Keimbildung erfolgen muß. Dies kann vermieden werden, wenn *Schraubenversetzungen* (Abschn. 11.1.1) die Grenzfläche durchstoßen; sie bilden dort sich reproduzierende Kanten: Bei gleicher Anlagerungsgeschwindigkeit an der Kante ist die Winkelgeschwindigkeit am Durchstoßpunkt größer als außen; es bildet sich eine Wachstumsspirale aus, Abb. 4.4. Solche Spiralen sind offenbar vor allem beim Kristallwachstum bei geringer Unterkühlung wesentlich und auch beobachtet worden. Die Geschwindigkeit des Kristallwachstums ist dann proportional zu ΔT.

Wesentlichen Einfluß auf die Form der SL-Grenzfläche hat auch der Temperaturverlauf in ihrer Umgebung, der wiederum durch die Art des Abflusses der Kristallisationswärme bedingt ist. Wir können dabei voraussetzen, daß die Temperatur der Grenzfläche stets gleich T_S ist. Die Geschwindigkeit der Grenzfläche ist dann durch die des Abflusses der Wärme bestimmt. Dafür gibt es zwei Möglichkeiten, die Abb. 4.5 zeigt. Im Falle (a) wird die Wärme, die von L nach S einfließt, und die Kristallisationswärme durch S abgeführt. Die Grenzfläche ist stabil, weil durch eine Ausbuchtung nach rechts mehr Wärme einflösse und weniger abgeführt würde, die S-Ausbuchtung also wieder aufschmölze. Im Falle (b) wird die Wärme auch durch L abgeführt, und das geht umso besser, je weiter die Ausbuchtung in L hineinreicht: Die ebene Grenzfläche ist also instabil, es

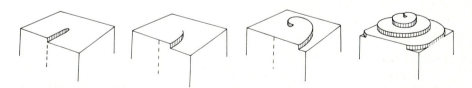

Abb. 4.4. Entwicklung einer Wachstumsspirale auf einem Kristall, dessen Oberfläche eine Schraubenversetzung durchstößt [1.1]

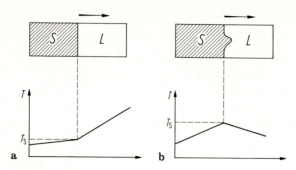

Abb. 4.5a,b. Erstarrung an einer fortschreitenden SL-Grenzfläche bei verschiedenen Temperaturverläufen

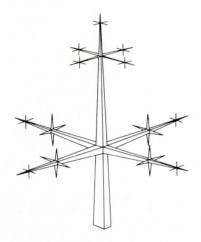

Abb. 4.6. Ein Dendrit

bilden sich kristalline Spitzen mit Seitenarmen („Tannenbäume") aus, sog. *Dendriten*, Abb. 4.6. Diese Dendriten verlaufen kristallographisch, in kfz Metallen z. B. in Würfelrichtungen, was wohl auf der oben diskutierten Anisotropie der Geschwindigkeit der SL-Grenzfläche beruht. Zwischen den Dendritenarmen bestehen aber Orientierungsdifferenzen bis zu einigen Graden. So bedeutet dendritisches Wachstum einerseits eine Gefügeregelung (Gleichorientierung) oder *Textur*; andererseits sorgt es für eine ausgeprägte Mikrostruktur von KW-KG. Die Dendritenlänge $l = v \cdot t$ wächst im stationären Zustand proportional zum Quadrat der Unterkühlung ΔT der Schmelze an. Das kann man qualitativ so einsehen: Einerseits ist der Wärmestrom I durch die Spitze (eine Halbkugel vom Radius r) proportional zu $2\pi r \cdot \Delta T$; andererseits ist das pro sec erstarrte Volumen $\pi r^2 \cdot v \sim I \sim 2\pi r \cdot \Delta T$. Der Radius r muß im Gleichgewicht der kritische Radius $r^* \sim (\Delta T)^{-1}$ nach (4-1a) sein. Also ist $v \sim \Delta T^2$, in der Größenordnung 1 cm/s. Die Restschmelze zwischen den Dendriten wird durch die Kristallisationswärme aufgeheizt und erstarrt langsam. Siehe auch [4.16].

Um ein kontrolliertes Gefüge zu erhalten, ist es also einerseits wesentlich, die Abkühlungsbedingungen der Schmelze zu kontrollieren. Andererseits bietet die heterogene Keimbildung Möglichkeiten, die technisch oft unerwünschte Grobkornbildung zu vermeiden.

4.4 Einkristallzucht und Versetzungsentstehung

Ein Grenzfall kontrollierter Mikrostruktur liegt beim Einkristall vor, zu dessen Herstellung es eine Reihe von Verfahren gibt, die auf den oben beschriebenen Prinzipien der Keimbildung und des Kristallwachstums beruhen. Andererseits ist die Einkristallzucht nicht nur eine Anwendung der o. g. Prinzipien, sondern auch eine Kunst. Das gilt besonders, wenn es um die Herstellung perfekter Kristalle geht, wie sie heute nicht nur für wissenschaftliche Untersuchungen, sondern auch technologisch als Halbleiterbauelemente, für Laser, als magnetische Speicher für Rechner etc. in großem Umfang gebraucht werden.

4.4.1 Methoden der Kristallzucht aus der Schmelze [4.3]

Bei der *Bridgman-Technik* wird aus einem Ofen ein Tiegel (z. B. aus Graphit) abgesenkt, der die Metallschmelze enthält. Der Tiegel hat eine Spitze, in der nur ein Keim gebildet wird, oder enthält am unteren Ende bereits einen Kristallkeim, an den die Schmelze ankristallisiert. Bei der *Chalmers-Technik* liegt der Ofen horizontal; ein Schiffchen wird aus dem Ofen gezogen.

Bei der *Czochralski-Technik*, die bei Halbleitern und Ionenkristallen viel benutzt wird, wird ein Kristallkeim in eine Schmelze getaucht und langsam unter Drehung wieder herausgezogen. Geschieht das gerade so schnell, wie Wärme durch den wachsenden Kristall abgeführt wird, dann bleibt der Durchmesser des gezogenen Kristalls konstant. Beim tiegelfreien *Zonenschmelzen* wird ein vielkristalliner Stab in einer Schicht senkrecht zur Stabachse aufgeschmolzen – z. B. durch induktive oder Elektronenstrahl-Heizung. Die Schmelze wird durch ihre Oberflächenspannung zwischen den benachbarten festen Ufern gehalten. Bewegt man jetzt die Heizwicklung und damit die Schmelzzone den Stab entlang, so erstarrt das Material hinter der Schmelzzone als Einkristall.

Andere Methoden benutzen Umwandlungen im festen Zustand (s. Kap. 15) oder aus dem Dampf. Besondere Ziele bei der Kristallzucht sind es, bestimmte Orientierungen des Kristallgitters zur Probenoberfläche, eine bestimmte Form des Einkristalls, eine feste Zusammensetzung des Legierungs-Einkristalls (s. u.) und eine hohe Perfektion des Kristallgitters zu erhalten.

4.4.2 Entstehung von Versetzungen beim Kristallwachstum [4.2]

Kristalle lassen sich in der Nähe des Schmelzpunktes bereits durch sehr kleine Spannungen (≤ 1 MPa) plastisch verformen. Solche Spannungen können aus verschiedenen Gründen auch beim Kristallwachstum auftreten und Versetzungen – als Träger der plastischen Verformung – erzeugen. Wir sehen von dem trivialen Grund plastischer Verformung durch äußere mechanische Spannungen, etwa hervorgerufen durch das eigene Gewicht des Einkristalls oder thermische Ausdehnungsunterschiede zum Tiegelmaterial, ab. Versetzungen werden häufig erzeugt durch:

a) *Thermische Spannungen*

Während des Kristallwachstums und der Abkühlung der Kristalle entsteht oft ein radialer Temperaturgradient in der Probe. In Abb. 4.7 üben die Oberflächenbereiche des Kristalls auf das Innere einen Druck aus, während sie selbst unter Zug stehen. Eine Temperaturdifferenz von einigen °C reicht aus, um in einer Probe von 1 cm Radius plastische Verformung und damit Versetzungen zu erzeugen, wenn Versetzungsquellen vorhanden sind (s. Kap. 11).

b) *Konstitutionelle Spannungen*

Schwankungen der Zusammensetzung eines Mischkristalls oder nicht ganz reinen Metalls rufen Spannungen hervor, wenn die Fremdatome einen anderen Radius als die Wirtsatome haben. Diese Spannungen können durch den synchronen Einbau von Stufenversetzungen kompensiert werden [4.2].

c) *Leerstellenübersättigung*

Die Konzentration an thermischen Gleichgewichtsleerstellen nimmt nach Gl. (3-1) exponentiell ab, wenn der Kristall vom Schmelzpunkt abgekühlt wird. Finden die überzähligen Leerstellen nicht schnell genug Senken (Versetzungen, Grenzflächen), so scheiden sie sich als sog. prismatische Versetzungsringe aus, Abb. 4.8 (Abschn. 10.2). Langsame Abkühlung erzeugt weniger Versetzungen.

Natürlich können sich Versetzungen auch aus dem Keim oder von der Tiegelwand her in den Kristall fortsetzen. Alles für die Versetzung oben gesagte gilt auch für Versetzungswände, d. h. KW-KG. Um die Dichte beider zu vermindern, baut man Engstellen, „Hälse", in den Tiegel ein, an denen die

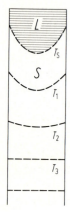

Abb. 4.7. Temperaturverteilung in einem erstarrenden Zylinder. Flächen konstanter Temperatur $T_s > T_1 > T_2$

Abb. 4.8. Leerstellen kondensieren auf einer Gitterebene (a). Daraus entsteht ein prismatischer Versetzungsring (b)

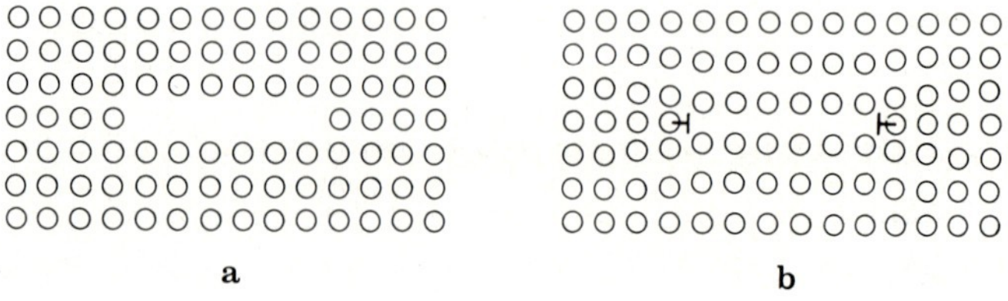

Defekte auflaufen und enden. Auch ist eine langzeitige Glühung wenig unterhalb T_S, evtl. mit periodischer Temperaturvariation (um Leerstellen zu „pumpen"), geeignet, um Versetzungen „klettern" zu lassen und gegenseitig zu vernichten, siehe Abschn. 12.3. Die normale eingewachsene Versetzungsdichte von Metallen, $N_0 \approx 10^7$ cm pro cm^3, läßt sich dadurch u. U. auf $10^5/\text{cm}^2$ und weniger erniedrigen.

4.5 Verteilung gelöster Fremdatome bei der Erstarrung

Bereits geringe Zusätze von Fremdatomen (FA) beeinflussen die Erstarrung stark. Normalerweise neigen FA dazu, in der Schmelze zurückzubleiben, statt mit den Wirtsatomen zu kristallisieren. Das liegt z. B. daran, daß die Schmelze Atome abweichender Größe leichter akkommodieren kann als der Kristall. Als ein Ergebnis der Anreicherung von FA in der Schmelze wird deren Erstarrungstemperatur abgesenkt. Bei durch den Wärmeabfluß gegebenem, auch positivem Temperaturgradienten in der Schmelze kann das zu Instabilitäten der SL-Grenzfläche wegen einer sog. *konstitutionellen Unterkühlung* führen (Abschn. 4.5.4). Natürlich kann die Anreicherung von FA in der Schmelze nicht beliebig weitergehen. Wir können sie aber nicht mehr als Störung der Erstarrung des reinen Metalls diskutieren, sondern müssen in einem vollständigen Temperatur-Konzentrations-Diagramm die Bereiche fester und flüssiger Phasen berücksichtigen. Solche *Phasen- oder Zustandsdiagramme* werden im nächsten Abschnitt im Zusammenhang mit einer langsamen Erstarrung, die Gleichgewichtszustände durchläuft, besprochen. Nicht dem thermodynamischen Gleichgewicht folgende Erstarrungsvorgänge verdienen dann eine ausgiebige Diskussion. Eine vollständigere Analyse und thermodynamische Begründung von Zustandsdiagrammen geschieht in Kap. 5.

4.5.1 Zustandsdiagramme und Erstarrung von Legierungen

Ein Zustandsdiagramm für die Legierung aus den Komponenten A und B ist eine „Landkarte", in der die Existenzgebiete (im thermodynamischen Gleichgewicht) verschiedener Phasen für weite Bereiche der Temperatur T und Konzentration c an B-Atomen (in einer Matrix A) angegeben sind. Es sind nicht beliebige Diagramme möglich, wie die Thermodynamik in Kap. 5 zeigen wird. Sie läßt sich für den augenblicklichen Bedarf (für den Fall konstanten Drucks 1 bar), in der *Gibbsschen Phasenregel* zusammenfassen, die später abgeleitet werden wird. Danach sind unabhängige Veränderungen am System, d. h. solche von T oder c, genannt eine Ausübung von f Freiheitsgraden des Systems, nur in dem Umfang erlaubt, wie die Differenz zwischen der Zahl n der Komponenten und der Zahl r der im Gleichgewicht vorhandenen Phasen angibt, zufolge

$$f - 1 = n - r. \tag{4-6}$$

Für ein Einstoffsystem ($n = 1$) können zwei Phasen (z. B. S und L) nur bei fester Temperatur (T_S), also $f = 0$, miteinander im Gleichgewicht stehen. Für $n = 2$, ein binäres System, kann eine einzelne Phase, $r = 1$, in einem endlichen (c, T)-Bereich existieren ($f = 2$). Zwei Phasen ($r = 2$) können bei einer ganzen Reihe frei einstellbarer T_i miteinander im Gleichgewicht sein ($f = 1$). Dann ergeben sich aber die zugehörigen Zusammensetzungen c_i zwangsläufig aus dem Diagramm, können also nicht mehr unabhängig gewählt werden. Umgekehrt stehen 2 Phasen über ganze Bereiche ihrer Zusammensetzungen miteinander im Gleichgewicht, doch legt die Wahl der Temperatur die Zusammensetzungen fest. Es gibt im binären Diagramm also *2-Phasen-Gebiete*: Die Zusammensetzungen der beiden Phasen wird in Abhängigkeit von der Temperatur durch die Randkurven $c(T)$ des Gebietes bestimmt.

4.5.1.1 Der einfachste Fall ist in Abb. 4.9 dargestellt für das System Cu–Ni: Das Zustandsdiagramm wird durch zwei Kurven in drei Gebiete eingeteilt, das Gebiet der flüssigen Phase L, das Gebiet der festen Phase S und das Zweiphasengebiet (S + L) zwischen den beiden Kurven. Bei der Temperatur T_2 stehen ein Festkörper der Zusammensetzung c_3 und eine Schmelze der Zusammensetzung c_2 miteinander im Gleichgewicht, wobei die mittlere Zusammensetzung des Systems c_0 für dieses Gleichgewicht zwischen c_2 und c_3 variieren kann. Die Mengen M_L der Schmelze (Zusammensetzung c_2) und M_S des Kristalls (c_3) bei einer mittleren Zusammensetzung C_0 verhalten sich dann umgekehrt wie die Abschnitte ($c_0 - c_2$) und ($c_3 - c_0$) auf der ($T = T_2$)-Verbindungsgeraden (der sog. Konoden). Das ist unmittelbar anschaulich als *Hebelgesetz* und folgt rechnerisch aus der Erhaltung der durch c_0 vorgegebenen Zahl von A- und B-Atomen bei der Verteilung auf die beiden Phasen

$$M_L c_2 + M_S c_3 = (M_L + M_S) c_0$$

oder

$$M_L / M_S = (c_3 - c_0)/(c_0 - c_2) \ . \tag{4-7}$$

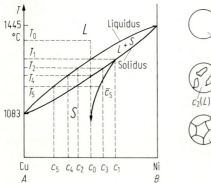
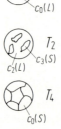

Abb. 4.9. Zustandsdiagramm Cu–Ni mit räumlicher Verteilung der Phasen und Zusammensetzungen bei 3 Temperaturen. Verlauf der mittleren Konzentration $\bar{c}_S$ bei der Abkühlung im Falle fehlenden Konzentrationsausgleichs in der festen Phase

4.5 Verteilung gelöster Fremdatome bei der Erstarrung

Wir wollen nun die *Erstarrung einer Schmelze* der Zusammensetzung c_0 bei Absenkung der Temperatur verfolgen unter zwei Bedingungen:

a) *Vollständige Gleichgewichtseinstellung in L und S*

(Diese Voraussetzung liegt auch dem Zustandsdiagramm zugrunde, ist aber wegen des langsamen Konzentrationsausgleichs innerhalb S oft nicht erfüllt.) Bei T_1 wird aus der c_0-Schmelze das erste feste Material der Zusammensetzung c_1 gebildet. Da $c_1 > c_0$ verarmt die Restschmelze an B (Ni): Ihre Zusammensetzung bewegt sich bei weiterer Abkühlung auf der sog. *Liquidus*-Kurve herunter bis zur Konzentration c_4. Dementsprechend wird auch der Kristall bei weiterer Abkühlung $T_1 \to T_2 \to T_4$ ärmer an B: Bei T_2 hat er die Zusammensetzung $c_3 < c_1$ und zwar, nach obiger Voraussetzung, durchgehend. Auch der zuerst erstarrte c_1-Kristall hat seine Zusammensetzung dem Gleichgewicht entsprechend geändert. Die letzte Schmelze der Zusammensetzung c_4 steht dann im Gleichgewicht mit einem Kristall, der insgesamt wieder die Zusammensetzung c_0 hat: Seine Zusammensetzung folgt der *Solidus*-Kurve. Wegen des langsamen Konzentrationsausgleichs im festen Zustand ist der beschriebene Ablauf aber wenig realistisch.

b) *Gleichgewichtseinstellung nur in L, nicht innerhalb S*

Wiederum hat das zuerst erstarrte Material, im Gleichgewicht mit der c_0-Schmelze bei der Temperatur T_1, die Zusammensetzung c_1. Die Schmelze reichert sich dementsprechend an A an. Bei T_2 hat sie die Zusammensetzung c_2, aus der an der Erstarrungsfront eine Kristallschicht der Zusammensetzung c_3 hervorgeht, die auf dem zuerst gebildeten Kristall c_1 aufwächst. Da kein Konzentrationsausgleich in S möglich ist, bewegt sich die *mittlere* Konzentration $\bar{c}_S$ des Festkörpers nur asymptotisch an c_0 heran, wie Abb. 4.9 zeigt. Dementsprechend sind Restschmelzen c_4, c_5, ... vorhanden und ein stark vergrößertes Erstarrungsintervall. Das Gefüge, das aus diesem Prozeß entsteht, ist durch Umhüllungen der zuerst gebildeten Kristalle durch solche anderer Konzentration gekennzeichnet (Abb. 4.10). Man kann diesen Prozeß – in einer eindimensionalen Anordnung – zur Reinigung eines Metalls benutzen; das wird quantitativ in 4.5.2 behandelt werden.

Abb. 4.10. Umhüllung der zuerst erstarrten Kristalle durch solche geringerer Ni-Konzentrationen in Cu-40%Ni. 100×

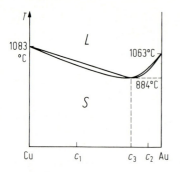

Abb. 4.11. Zustandsdiagramm Kupfer–Gold

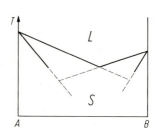

Abb. 4.12. Der Schnitt von zwei Mischkristall-Zustandsdiagrammen führt auf ein eutektisches

Wenn auf beiden Seiten des binären Diagramms die Erstarrungstemperaturen durch Zusatz abgesenkt werden, kann der Fall des Systems Cu–Au auftreten, Abb. 4.11. Es bleibt also bei dem Fall des Systems Cu–Ni, also einer *vollständigen Reihe von Mischkristallen* im festen Zustand, nur berühren sich Liquidus und Solidus im Punkt des gemeinsamen Minimums: Die Legierung c_3 erstarrt also wie ein reines Metall („kongruent"), während für c_1 und c_2 das weiter oben Gesagte zutrifft.

4.5.1.2 Eine andere Möglichkeit zeigt Abb. 4.12: Im Schnittpunkt der beiden Liquiduslinien steht die Schmelze im Gleichgewicht mit 2 festen Phasen. Hier ist also nach Gibbs $f = 0$, es ist kein Erstarrungsintervall mehr möglich, die Schmelze muß scharf bei T_E erstarren, wie Abb. 4.13 für das System Pb–Sn zeigt. Das System heißt „*eutektisch*" und hat ein gleichmäßig-feinlamellares Gefüge, das bei der Erstarrung im Punkt E entsteht. Die Entstehung dieses Gefüges wird unten noch genauer besprochen werden. Für andere Ausgangskonzentrationen der Schmelze, z. B. c_0, erstarren unterhalb T_1 zunächst Kristalle entsprechend der linken Soliduslinie AB, während sich die Schmelze mit abnehmender Temperatur auf der zugehörigen Liquiduslinie AE auf E zu bewegt. Dort findet die eutektische Reaktion statt, und es bilden sich feste Phasen der Konzentrationen c_1 und c_2 bei der Temperatur T_E. Das Gefüge besteht dann aus primären Mischkristallen der Zusammensetzung des Solidus CB, im Grenzfall völligen Gleichgewichts also der Zusammensetzung c_1 des Punktes B, und aus sekundären Mischkristallen der Konzentrationen c_1 und c_2. Im Gleichgewicht sind also nur 2 Phasen da (c_1 und c_2), obwohl das Gefügebild, wegen der verschieden feinen Verteilung, drei zu haben scheint, Abb. 4.14. Die räumliche Verteilung der Phasen geht allerdings in die Gibbssche Regel nicht ein. Bei weiterer Abkühlung unter T_E müßten sich die festen Phasen im Gleichgewicht entsprechend den *Löslichkeitslinien* BF und HG im festen Zustand umwandeln. Hier gibt es kinetische Probleme, von denen in Abschn. 4.6 noch die Rede sein wird.

4.5 Verteilung gelöster Fremdatome bei der Erstarrung

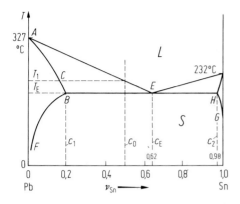

Abb. 4.13. Zustandsdiagramm Blei–Zinn

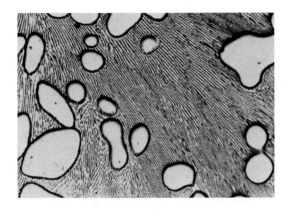

Abb. 4.14. Schliffbild von Zn-8%Al mit primären Zn-Mischkristallen und Eutektikum. Ofenabkühlung. 145×

4.5.2 Eindimensionale, sog. „normale" Erstarrung

Wir versuchen eine quantitative Behandlung der Umverteilung von FA, die bei der Erstarrung von Mischkristallen mit einfachen Zustandsdiagrammen stattfindet, um einerseits darauf aufbauende Methoden der Reinigung von Metallen zu beschreiben, andererseits die Gefüge zu verstehen, die sich bei solchen Prozessen bilden. Dazu vereinfachen wir die Verhältnisse durch folgende Voraussetzungen:

a) Die SL-Grenzfläche fällt mit der Querschnittsebene eines langen, schmalen Tiegels zusammen und bewegt sich mit konstanter Geschwindigkeit R.

b) Das Zustandsdiagramm kann in dem hier interessierenden Bereich durch *gerade* Liquidus/Soliduslinien beschrieben werden, deren Steigungen ein konstantes Verhältnis

$$\frac{c_S}{c_L} = k_0$$

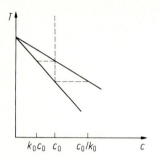

Abb. 4.15. Zur Definition eines Verteilungskoeffizienten k_0 bei linearen Liquidus-/Solidus-Linien

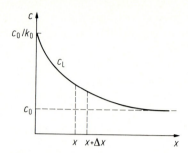

Abb. 4.16. Stationäre FA-Verteilung in der Schmelze vor einer fortschreitenden SL-Grenzfläche (bei $x = 0$)

bilden (Abb. 4.15). (Der Verteilungskoeffizient k_0 kann auch größer als 1 sein, siehe Abb. 4.9 auf der Cu-Seite.)

c) Diffusion ist vernachlässigbar in der festen Phase, bestimmt aber allein den Konzentrationsausgleich in der Schmelze (also nicht die Konvektion).

d) An der Grenzfläche herrscht stets Gleichgewicht, d. h. dort ist stets die Konzentration des erstarrenden Kristalls k_0 mal derjenigen der Schmelze an der Grenzfläche.

Unter diesen Voraussetzungen beginnt die Erstarrung einer Schmelze der Konzentration c_0 an FA mit einem Kristall der Zusammensetzung $k_0 c_0$. Die Schmelze wird dadurch für $k_0 < 1$ an Zusatz angereichert und kristallisiert konzentrierteres Material aus. Im stationären Zustand schließlich haben S und L die Konzentration c_0, während sich vor der Grenzfläche in L eine Konzentrationsspitze der Höhe c_0/k_0 aufgebaut hat, Abb. 4.16. Die Form dieser Spitze läßt sich unter Vorgriff auf die in Kapitel 8 zu behandelnde Diffusionskinetik leicht angeben: Der Diffusionsstrom (Zahl der FA, die pro s durch einen cm² Querschnitt wandern) ist proportional dem dortigen Konzentrationsgradienten und definiert einen Diffusionskoeffizienten der FA in L zufolge $j(x) = -D\,dc/dx$. Eine Schicht zwischen x und $x + \Delta x$ verliert damit pro sec $dj/dx \cdot \Delta x$ FA, bekommt aber in dieser Zeit durch die Verschiebung des Profils mit der Geschwindigkeit R insgesamt $d/dx(R \cdot c) \cdot \Delta x$ FA zugeführt. Im stationären Zustand lautet daher die Differentialgleichung für $c(x)$

$$\frac{d}{dx}\left(-D\frac{dc}{dx}\right) = R\frac{dc}{dx}. \tag{4-8}$$

Der Diffusionskoeffizient D (cm²/s) in L wird hier als konstant vorausgesetzt (s. Kap. 8). Die Lösung der Gleichung mit den richtigen Randbedingungen ist

$$c_L = c_0 \cdot \left\{1 + \frac{1 - k_0}{k_0} \cdot \exp\left(-\frac{R}{D}x\right)\right\}. \tag{4-9}$$

4.5 Verteilung gelöster Fremdatome bei der Erstarrung

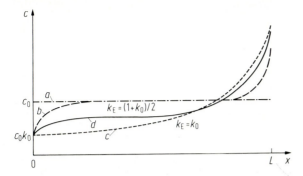

Abb. 4.17. FA-Verteilung nach eindimensionaler Erstarrung von 0 nach L unter verschiedenen Bedingungen: *a* vollständige Diffusion in S und L; *b* Diffusion in L; *c* Konvektion in L; *d* teilweise Konvektion in L

Die Breite der Spitze, D/R, ist typisch etwa 1/10 mm. Das Material in der Spitze ist dem zuerst erstarrten Teil der Probe entnommen und wird im zuletzt erstarrenden Teil „abgeladen". Das Profil nach der Erstarrung zeigt Abb. 4.17, Kurve *b* (im Vergleich mit dem Fall völligen Diffusionsausgleichs in S und L, Kurve *a*).

In Wirklichkeit muß man auch *Konvektion* in der Schmelze berücksichtigen, die allerdings eine Randschicht der Dicke *d* an der Grenzfläche nicht erfaßt: Durch diese Schicht muß der Zusatz nach wie vor diffundieren (C. Wagner). In diesem Fall definiert man zweckmäßig einen pauschalen Verteilungskoeffizienten k_E als das Verhältnis von c_S an der Grenzfläche zu c_L^∞, der mittleren Konzentration in L *außerhalb der Diffusionsschicht*. Im oben behandelten Fall $D/R < d$, bei dem die Konvektion die Spitze nicht erreicht und deshalb vernachlässigt werden kann, ist im Mittelteil der Probe offenbar $k_E = 1$. Im anderen Grenzfall $D/R > d$ baut Konvektion die „Diffusionsspitze" ab, und c_S bleibt im Mittelteil kleiner als c_0. Günstigstenfalls, bei reiner Konvektion, ist $k_E = k_0$ (obwohl es hier keinen horizontalen Bereich im Konzentrationsprofil gibt). Der allgemeine Zusammenhang zwischen k_E und den die FA-Umverteilung bestimmenden Parametern ist

$$k_E = k_0 \bigg/ \left[k_0 + (1 - k_0)\exp\left(-\frac{Rd}{D}\right) \right]. \quad (4\text{-}10)$$

Zwei Profile mit Konvektion sind als Kurven *c* und *d* in Abb. 4.17 eingetragen. Im Falle vollständiger Konvektion erhält man für einen großen Teil der Probe eine Reinigung von FA um den Faktor $k_0 < 1$ (für $k_0 > 1$ eine Anreicherung an FA).

4.5.3 Zonenreinigung [4.5]

Bessere Reinigungseffekte erhält man nach W. Pfann, wenn man nicht die ganze Probe auf einmal aufschmilzt, sondern nur eine parallel zur Querschnittsebene

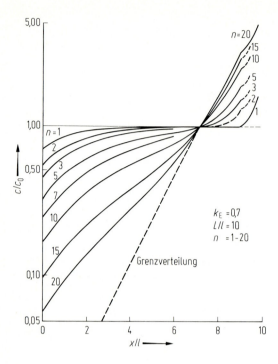

Abb. 4.18. Relative Konzentrationsverteilungen nach n Zonendurchgängen. (Nach [4.5])

liegende Zone, die man dann mit der Geschwindigkeit R die Probe entlang führt. Der Vorteil liegt darin, daß man den Erstarrungsvorgang nun beliebig wiederholen kann mit steigendem Reinigungseffekt, ohne diesen bei jedem Aufschmelzen, wie im Falle der normalen Erstarrung, wieder zu verlieren. Als zusätzlicher Parameter tritt jetzt die Länge l der aufgeschmolzenen Zone relativ zur Probenlänge L auf. Abbildung 4.18 zeigt den progressiven Reinigungseffekt nach n Zonendurchgängen. Dieser wird natürlich bei kleineren Verteilungskoeffizienten noch größer. Je näher k_E bei eins liegt, desto größer muß n sein für einen erwünschten Reinigungseffekt. Für $k_0 > 1$ gibt es natürlich eine Anreicherung von FA am Anfang der Probe. Die Technik der Zonenreinigung, die übrigens auch tiegelfrei-vertikal, mit Hilfe der Oberflächenspannung der geschmolzenen Zone ausgeführt werden kann (s. Abschn. 4.4.1), ist für die Herstellung reiner Halbleiter heute von entscheidender Bedeutung.

4.5.4 Konstitutionelle Unterkühlung [4.1]

Der rasche Abfall der FA-Konzentrationsspitze vor der SL-Grenzfläche, den wir in 4.5.2 berechnet haben, erhöht die Liquidustemperatur T_L entsprechend dem Zustandsdiagramm und kann damit eine Unterkühlung hervorrufen, die zu einer Instabilität der Grenzfläche ähnlich der in 4.3 besprochenen führt, Abb. 4.19. Die Bedingung dafür ergibt sich aus einem Vergleich von T_L mit der

4.5 Verteilung gelöster Fremdatome bei der Erstarrung

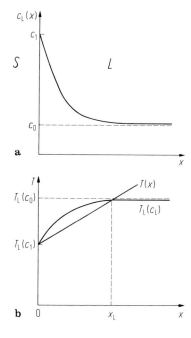

Abb. 4.19. Verlauf der FA-Konzentration c_L vor der LS-Grenzfläche (**a**) und zugehöriger Verlauf der Liquidustemperatur T_L, verglichen mit dem tatsächlichen Temperaturverlauf (**b**)

wahren Temperatur vor der Grenzfläche (im Abstand x). Unter der Voraussetzung (b) in 4.5.2 ist $T_L(x) = T_S - mc_L(x)$, wobei T_S die Erstarrungstemperatur des Grundmetalls ist und m die Steigung der Liquidusgeraden. $c_L(x)$ ist der Konzentrationsverlauf zufolge Gl. (4-9). Die tatsächliche Temperatur am Ort x in L ist

$$T(x) = T_S - m\frac{c_0}{k_0} + \frac{dT}{dx}\bigg|_L \cdot x \ . \tag{4-11}$$

Die ersten beiden Terme ergeben zusammen die Gleichgewichtstemperatur an der Grenzfläche zufolge Voraussetzung (d) in 4.5.2. Im Bereich $T_L \geq T$, $0 \leq x \leq x_L$ liegt sog. *konstitutionelle Unterkühlung* vor. Es gibt einen kritischen Temperaturgradienten an der Grenzfläche, für den der unterkühlte Bereich für eine gegebene Wachstumsgeschwindigkeit gerade verschwindet ($x_L = 0$), nämlich

$$\frac{dT}{dx}\bigg|_L = R\frac{mc_0(1-k_0)}{Dk_0} \ . \tag{4-12}$$

Ähnliches ergibt sich für $k_0 > 1$. Die Unterkühlung läßt wieder die SL-Grenzfläche gegen kleine Abweichungen vom ebenen Verlauf instabil werden. Eine sich bildende Ausbeulung erzeugt nun eine Diffusion von FA seitwärts, parallel zur Grenzfläche. Die Anhäufung dieser FA in den Bereichen P und Q (Abb. 4.20)

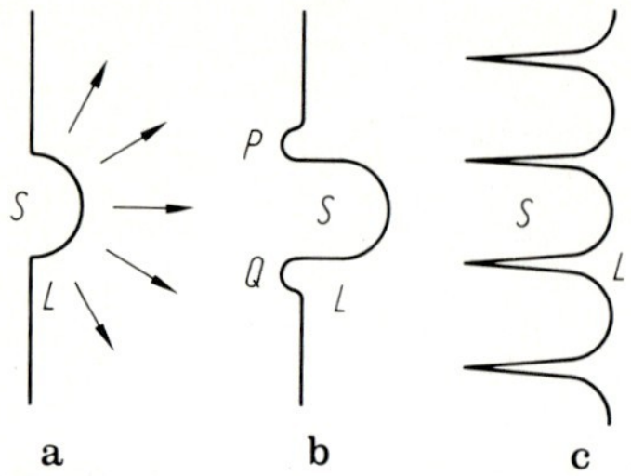

Abb. 4.20a–c. Zur Entstehung von Zellwänden in Mischkristallen

senkt dort die Liquidustemperatur und beseitigt die Unterkühlung, das Material bleibt flüssig, und es bildet sich ein Zellgefüge aus, wie in Abb. 4.20c angedeutet wird. Für $k_0 < 1$ sind die Zellwände reich an FA und nach dem in 4.4.2 gesagten auch an *Versetzungen*. Der Abstand λ der Zellwände wird durch eine Konkurrenz der FA-Diffusionsgeschwindigkeit parallel zu und in der Grenzschicht und der Wachstumsgeschwindigkeit R senkrecht dazu bestimmt (d. h. $\lambda^2 = Dt$ nach Kap. 8 und $t \sim R^{-1}$, $\lambda \sim \sqrt{D/R}$ nimmt also mit zunehmender Wachstumsgeschwindigkeit R ab). Quantitative Untersuchungen der Instabilität sind schwierig, da infinitesimale Abweichungen von der ebenen Grenzfläche nicht genügen: Es muß sich zunächst ein Konzentrationsprofil vor der Grenzfläche aufbauen [4.2]. Experimentell stellt man ein hexagonales Zellgefüge von „bleistiftförmigen" Zellen etwa parallel zur Wachstumsrichtung fest. In den oft kristallographisch orientierten Zellwänden reichert sich für $k_0 < 1$ der Zusatz an. Für $k_0 > 1$ sind diese an Zusatz verarmt. Eine notwendige Bedingung für das Auftreten eines Zellgefüges ist jedenfalls diejenige für das Vorhandensein konstitutioneller Unterkühlung, Gl. (4-12); dies wurde experimentell bestätigt. Wird die FA-Konzentration vor der SL-Grenzfläche sehr groß, können sich einzelne Ausbeulungen so weit in die Schmelze vorschieben, daß sie seitliche Arme bilden können: Das führt zur Ausbildung von Dendriten, wenn $dT/dx|_L \cdot k_0/c_0 \sqrt{R}$ einen bestimmten Grenzwert unterschreitet [4.1], [4.16].

4.6 Eutektische Erstarrung [4.6, 4.7]

Eutektische Legierungen können in einer Vielfalt von Mikrostrukturen erstarren, selbst wenn die Erstarrungsfront makroskopisch in einer Richtung mit der Geschwindigkeit R fortschreitet. Abbildung 4.21 zeigt einige Beispiele kontinuierlicher (Lamellen oder Stäbe) und diskontinuierlicher Gefüge (kugelförmige oder unregelmäßige Anordnungen der beiden festen Phasen α und β). Die morphologische Vielfalt zeigt an, daß eine ganze Reihe von Einflußgrößen das Wachstum der eutektischen Phasengemische bestimmt: Die Grenzflächenenergien zwischen α und β bzw. zwischen diesen und der Schmelze, die Diffusion in der Schmelze, die Volumenbruchteile der Phasen α, β am Eutektikum, kristallographische Vorzugsrichtungen für das Wachstum und die Grenzflächen, die

4.6 Eutektische Erstarrung

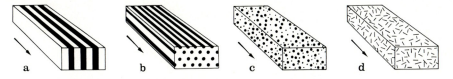

Abb. 4.21a–d. Verschiedene eutektische Gefüge, schematisch. (Nach [4.4])

Größe der Wachstumsgeschwindigkeiten beider Phasen usw. Es interessiert insbesondere der Periodizitätsabstand S der Lamellen oder Stäbe als Funktion der mittleren Wachstumsgeschwindigkeit R: Für diesen ist nach Cl. Zener ein bestimmtes S^* zu erwarten als Kompromiß der mit $1/S$ zunehmenden totalen Grenzflächenenergie zwischen α und β und der proportional zu S zunehmenden Länge des Diffusionsweges vor und parallel zur Erstarrungsfront.

Wir wollen S^* für lamellare Eutektika abschätzen. Die Geometrie zeigt Abb. 4.22. Zunächst muß in den Punkten P Gleichgewicht der Grenzflächenspannungen herrschen, d. h. $\tilde{E}_{\alpha\beta} = 2\tilde{E}_L \cos \Theta$ für den symmetrischen Fall gleicher Grenzflächenspannungen $\tilde{E}_L$ zur Schmelze. Das hat charakteristische Krümmungen der SL-Grenzfläche zur Folge, die allerdings im Normalfall $\tilde{E}_L \gg \tilde{E}_{\alpha\beta}$ nicht sehr stark sind, in dem α und β z. B. in einer engen kristallographischen Orientierungsbeziehung zueinander stehen, die Grenzfläche semi-kohärent ist. (Für $\tilde{E}_{\alpha\beta} > 2\tilde{E}_L$ ist kein lamellares Wachstum möglich; es bildet sich ein diskontinuierliches Gefüge.) Dann wird der Gewinn an Freier Energiedichte beim Erstarren durch den Einbau von $\alpha\beta$-Grenzflächen vermindert, entsprechend

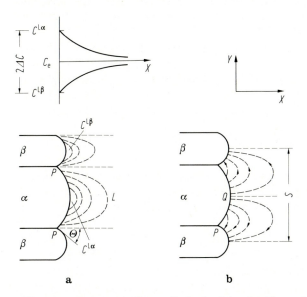

Abb. 4.22. a B-Konzentrationsprofile in der Schmelze (L) vor den Phasen α, β des wachsenden Eutektikums; **b** Diffusionsstrom von B vor der nach rechts laufenden Grenzfläche

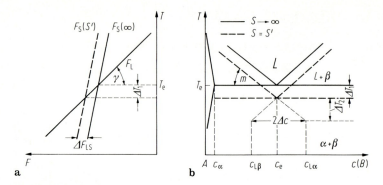

Abb. 4.23. Unterkühlung ΔT_1 des Eutektikums als Folge des Grenzflächenbeitrags zur Freien Energie F_S (**a**). Eine weitere Unterkühlung ΔT_2 resultiert aus der Konzentrationsdifferenz $2\Delta c$ vor der Grenzfläche (**b**)

$$\Delta f_{LS} = \Delta f_{LS}(S \to \infty) + \frac{2\tilde{E}_{\alpha\beta}}{S}. \qquad (4\text{-}13)$$

Diese Energieänderung entspricht einer Unterkühlung ΔT_1 der eutektischen Erstarrung, wie Abb. 4.23 zeigt, also $\Delta T_1 = \gamma(\tilde{E}_{\alpha\beta}/S)$, ($\gamma = $ const). Eine weitere Unterkühlung ΔT_2 ist notwendig, um den Konzentrationsausgleich vor der SL-Grenzfläche zu treiben. Wie Abb. 4.22 zeigt, werden B-Atome von α zurückgewiesen und reichern sich vor α bei Q an (und umgekehrt A vor β). Nur im Punkt P liegt wirklich die eutektische Zusammensetzung c_e vor. Diese Anhäufungen der „falschen" Atome vor α und β müssen im stationären Zustand durch Diffusion beseitigt werden. (Die Konzentrationen $c_{L\alpha}$, $c_{L\beta}$ in L vor α bzw. β liegen auf der Verlängerung der Liquiduslinien auf der falschen Seite der eutektischen Konzentration, wie in Abb. 4.23 eingezeichnet.) Das Diffusionsproblem ist (allerdings vor einer als *eben* vorausgesetzten Grenzfläche) von K. A. Jackson und J. D. Hunt [4.8] gelöst worden. Wir können das wesentliche Ergebnis durch die folgende Abschätzung plausibel machen: Der Gradient von B-Atomen vor der Grenzfläche ist $2\Delta c/(S/2)$, wenn man ein symmetrisches eutektisches System annimmt. Der Diffusionsstrom parallel zur Grenzfläche ist infolgedessen $j_y \approx 4 D_L \Delta c/S$ (D_L ist der Diffusionskoeffizient in der Schmelze). j_y muß im stationären Zustand genau so viele B-Atome wegschaffen, wie aus der eutektischen Schmelze von α zurückgewiesen werden, d. h. $2j_y = (c_e - c_\alpha)R$. Daraus ergibt sich

$$\Delta c \approx (c_{L\alpha} - c_e) \approx (c_e - c_\alpha) \cdot \frac{RS}{8D_L}. \qquad (4\text{-}14)$$

Mit der Steigung m der Liquiduslinie ist

$$\Delta T_2 = m\Delta c = mRS \frac{c_e - c_\alpha}{8D_L}. \qquad (4\text{-}15)$$

4.6 Eutektische Erstarrung

Mit Zener wird nun angenommen, daß S sich so einstellt, daß $\Delta T = \Delta T_1 + \Delta T_2$ minimal bleibt (oder bei gegebenem ΔT, daß Eutektikum mit maximaler Geschwindigkeit wächst). Die Bedingung $d(\Delta T)/dS = 0$ führt auf

$$S^{*2} \cdot R = \frac{\gamma \tilde{E}_{\alpha\beta}}{m} \cdot \frac{8 D_L}{c_e - c_\alpha}. \qquad (4\text{-}16)$$

Eine derartige Beziehung ist vielfach experimentell bestätigt worden, nicht nur für Lamellen, Abb. 4.24, sondern auch für Stäbe, die für kleine Volumenanteile ($< 1/\pi$) einer der beiden Phasen bevorzugt werden. Der Abstand S paßt sich durch endende Lamellen oder Querabscherungen von Lamellen der jeweiligen Wachstumsgeschwindigkeit an. Anisotropes $\tilde{E}_{\alpha\beta}$ führt zu bevorzugter Bildung von Lamellen gegenüber Stäben, wenn nicht sogar zu diskontinuierlichem Gefüge, wenn Wachstums- und Lamellenrichtungen auseinanderklaffen. Diskontinuierliches Gefüge erhält man im Falle des „Grauen Gußeisens" (Eutektikum γ-Eisen-Kohlenstoff), das Kugelgraphit bildet. Die Grenzflächenenergie $\tilde{E}_{CL}$ ist hier parallel zur Basisebene des Graphits extrem klein; diese stellt sich

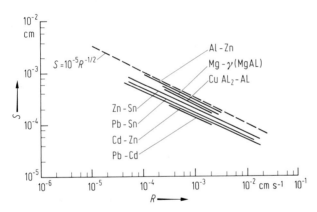

Abb. 4.24. Lamellenabstand S als Funktion der Erstarrungsgeschwindigkeit R für verschiedene Eutektika im Vergleich mit der Theorie, Gl. (4-16)

Abb. 4.25. Kugelgraphit, bestehend aus Lamellen, deren Basisebenen die Grenzen zum umgebenden γ-Eisen bilden. (Internat. Nickel Co. Nach [4.1]) 165 ×

stets senkrecht zur Schmelze ein (Abb. 4.25). Auch wenn die Wachstumsgeschwindigkeiten R_α, R_β verschieden sind, so kommt es zum Überwachsen von α über β, d. h. zu diskontinuierlichen eutektischen Gefügen. Das kann durch 3. Komponenten beeinflußt sein, die von α und β in verschiedener Weise zurückgewiesen werden. Diskontinuierliche Gefüge, wie sie z. B. durch Na-Zusatz zu Al–Si-Legierungen entstehen („Veredelung" von „Silumin"), sind technisch wegen ihrer guten mechanischen Eigenschaften (s. Kap. 14) oft erwünscht. Auch sehr fein verteilte Gefüge, die durch sehr schnelle Erstarrung von Legierungen mit einer von der eutektischen abweichenden Zusammensetzung entstehen, sind heute technisch interessant.

4.7 Metallene Gläser

In neuerer Zeit hat die rasche Abkühlung von Legierungsschmelzen große Bedeutung erlangt, weil sie in vielen Fällen auf nicht-kristalline, d. h. glasartige Festkörper führt. Ein Glas entsteht aus einer unterkühlten Schmelze, sobald die Viskosität den Wert 10^{13} Poise (10^{12} Pa·s) überschreitet. Dann sind Atombewegungen weitgehend eingefroren. Abbildung 4.25a zeigt den Verlauf des spez. Volumens als Funktion der Temperatur. Bei normaler Abkühlung aus der Schmelze kristallisiert das Material bei der (Liquidus-)Temperatur T_S unter Kontraktion. Gelingt es, durch Abschrecken die Schmelze zu unterkühlen, ohne daß kristalline Keime auftreten, dann ist sie unterhalb einer Glastemperatur T_g metastabil glasig. Ihre thermische Kontraktion entspricht bei weiterer Abkühlung der des Kristalls, nur ist das spezifische Volumen des Glases um etwa 1% größer. Es wurde nämlich „freies Volumen" eingeschreckt, das beim Anlassen

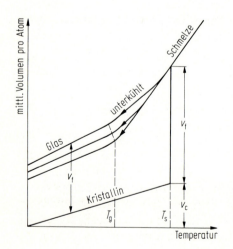

Abb. 4.25a. Mittl. Volumen pro Atom im Kristall V_c, in der Schmelze und im Glas, letztere um das freie Volumen V_f vergrößert, als Funktion der Temperatur (T_g Glastemperatur, T_s Schmelztemperatur)

unterhalb T_g (in Form eines „Relaxationsvorganges") z. T. ausheilt. Bei Anlassen in der Nähe von T_g kristallisiert das Material allerdings (bei einer Temperatur $T_x \approx T_g + 20°$). Die rasche Abkühlung (mit Geschwindigkeiten um 10^5 K/s) wird durch Aufspritzen der Schmelze auf ein kaltes Rad erreicht, das mit einer Umfangsgeschwindigkeit von einigen km/min rotiert. Es entsteht so ein etwa 50 μm dickes „Metglas"-Band, das heute schon viele cm breit sein kann. Auch dünner Glas-Draht läßt sich durch Aufspritzen auf eine rotierende Wassertrommel erzeugen. Schließlich kann man die Oberfläche massiver metallischer Werkstücke verglasen, indem man sie mit einem Laser- oder Elektronenstrahl rasterförmig aufschmilzt. Für eine rasche Erstarrung sorgt hier die Wärmeableitung in die dicke Unterlage.

Der Zustand: Glas = nichtkristallin wird durch Röntgenuntersuchung bestätigt. Man erwartet für sehr fein-kristallines Material verbreiterte Debye-Scherrer-Ringe durch Reflexion monochromatischen Röntgenlichts an begrenzten Netzebenen. Für Gläser findet man stattdessen nur einen diffusen reflektierten Ring um die Einstrahlrichtung, der anzeigt, daß die nächsten Nachbarn eines Atoms vorzugsweise in einer Schale eines bestimmten Abstandes sitzen. (Durch Fourier-Umkehr, Gl. (2-19), läßt sich die sog. radiale Verteilungsfunktion der Atome um ein Aufatom im Glas u. U. bis zu 3 Nachbarn bestimmen.) Noch deutlicher zeigt die FIM-Untersuchung (Abschn. 2.4) die regellose Anordnung der Atome im Glas. Dabei ist allerdings zu beachten, daß bisher nur bestimmte Legierungen, nicht Reinmetalle, in den Glas-Zustand überführt werden. Dementsprechend müssen partielle radiale Verteilungsfunktionen für die Legierungskomponenten mit Hilfe verschiedener Strahlungen ermittelt werden. Der Vergleich zeigt, daß auch im Glas i. allg. eine chemische Nahordnung der Legierungspartner besteht, besonders nach einer Relaxationsglühung.

Welche Legierungen sich bei gegebener maximaler Abkühlungsgeschwindigkeit in den Glaszustand überführen lassen, ist die metallphysikalisch interessanteste Frage. Die Metgläser lassen sich grob wie folgt einteilen:

a) $T_{80}M_{20}$-Gläser, die also zu 80% aus einem Übergangsmetall (wie Fe, Co, Ni, Pd) und zu 20% aus einem Metalloid (wie B, C, Si, P) bestehen, z. B. $Fe_{40}Ni_{40}B_{20}$, $Pd_{80}Si_{20}$;

b) $T^{(1)}T^{(2)}$-Gläser aus einem „späten" Übergangsmetall (wie oben) und einem „frühen" (wie Ti, Zr, Nb) wie $Ni_{60}Nb_{40}$, CuZr;

c) AB-Gläser zwischen Mg, Ca, ... auf der einen Seite und Al, Zn, Cu, ... auf der anderen Seite, z. B. $Mg_{70}Zn_{30}$, aber auch $Be_{40}Zr_{10}Ti_{50}$.

Die (Gleichgewichts-)Zustandsdiagramme dieser Legierungen zeigen tiefe Eutektika: In Abb. 4.25b sind die fern vom Gleichgewicht möglichen Glaszusammensetzungen zusätzlich eingezeichnet. Ein tiefes Eutektikum zeigt selbst schon eine Tendenz zur Verbindungsbildung (eine negative Mischungswärme, Abschn. 5.6) in der Schmelze an, aber offenbar in Form anderer „molekularer" Einheiten als im Kristall. (In der Tat werden im Glas Fe_3B-Einheiten beobachtet, während die nächste kristalline Phase die Zusammensetzung Fe_2B hat). Das

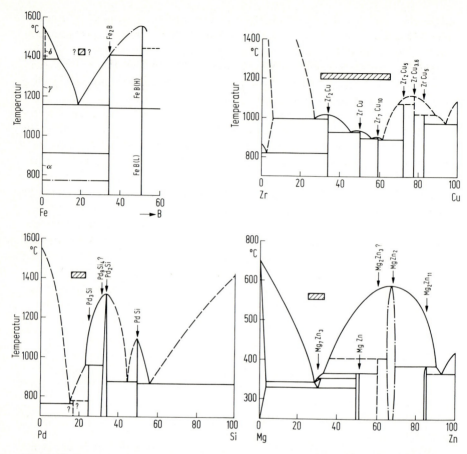

Abb. 4.25b. Zustandsdiagramme glasbildender Legierungen. Glasbereiche nach Abschrecken schraffiert

tiefe Eutektikum ist natürlich auch vom kinetischen Standpunkt aus günstig für die Erhaltung der Schmelze bei tiefen Temperaturen.

Die Frage, warum tiefe Eutektika bzw. leichte Glasbildung gerade bei einem T:M-Verhältnis von 4:1 auftreten, hat Polk [4.9] in einem Modell untersucht, das von einer dichten Zufallspackung gleich großer harter Kugeln (für die T-Atome) ausgeht. Er zählt und klassifiziert die Lücken in dieser Packung nach Größe und Häufigkeit und findet, daß er die drei größten Lückenformen, deren Durchmesser zwischen 0,71 und 0,82 des Kugeldurchmessers beträgt, gerade mit M-Atomen gefüllt hat bei einem T:M-Verhältnis von 4:1. Die M-Atome haben dann nur T-Nachbarn, wie es der beobachteten partiellen radialen Verteilungsfunktion und einer chemischen Nahordnung entspricht. Neben diesem sterischen Argument gibt es, wie bei den Hume-Rothery-Regeln für die Stabilität kristalliner Legierungsphasen (s. Abschn. 6.3), auch elektronische Bedingungen

4.7 Metallene Gläser

für gutes Glasbildungsvermögen. Zum Beispiel zeigt Häussler [4.15] für aufgedampfte Legierungen von Cu oder Au mit mehrwertigen B-Metallen, daß eine einheitliche amorphe Phase für $e/a = 1,8$ auftritt. Dann ist die Periode der Friedel-Oszillationen, Abb. 6.24, mit dem nächsten Nachbarabstand identisch, was energetisch günstig ist.

Das freie Volumen V ist ein wichtiger Faktor auch für wesentliche Eigenschaften von Metgläsern wie die relativ gute Verformbarkeit bei extremen Festigkeiten (s. Abschn. 12.7). Wird das freie Volumen bei Relaxationsglühungen ausgeheilt, versprödet das Glas – wozu offenbar auch eine Entmischung in zwei nichtkristalline Phasen beiträgt [4.10]. Neutronenbestrahlung erzeugt dagegen freies Volumen, verbessert insofern die Duktilität. Auf der anderen Seite beschleunigt Bestrahlung die Entmischung und damit endlich eine Versprödung [4.11], Abschn. 10.5.

Die Literatur zu diesem aktuellen Forschungsgebiet wächst rapide. Hier kann nur auf einige zusammenfassende Berichte verwiesen werden [4.12 bis 4.14].

5 Thermodynamik von Legierungen

Wir haben in den vorangegangenen Kapiteln schon gelegentlich auf die Thermodynamik Bezug genommen und insbesondere den Zustand des thermodynamischen Gleichgewichts postuliert. Wir müssen für diesen nunmehr quantitative Bedingungen angeben, wenn wir Zustandsdiagramme begründen und physikalisch interpretieren wollen. Dazu setzen wir einige Grundkenntnisse der klassischen Thermodynamik voraus, insbesondere über die dort definierten Zustandsfunktionen wie Innere Energie, Entropie usw. eines Systems unter verschiedenen gegebenen Bedingungen. Für eine mikroskopische Interpretation dieser makroskopischen Zustandsgrößen benutzen wir die statistische Thermodynamik, die über die Energien und Verteilungen aller beteiligten Atome mittelt. Im Falle von Legierungen, der für die Metallkunde von größtem Interesse ist, sind die Anordnungen der beteiligten Atome allerdings nur für sehr vereinfachte Modellsysteme bekannt, aus denen sich dann modellartige Zustandsfunktionen und -diagramme herleiten lassen. Die Anpassung an die Realität muß weitgehend empirisch erfolgen durch Messung der Zustandsfunktionen in der Thermochemie. Die Betrachtungen dazu, die wir für binäre und ternäre Legierungen durchführen wollen, haben mehr physikalisch-chemischen Charakter. Ergänzende physikalische Argumente, die für einige wenige Strukturen entwickelt wurden, folgen in Kap. 6.

5.1 Gleichgewichtsbedingungen [5.1, 5.2, 5.6]

In einem (thermisch und materiell) isolierten System nimmt bekanntlich die *Entropie S* ein Maximum an, wenn Gleichgewicht herrscht. Die Gleichgewichtseinstellung in Legierungen vollzieht sich allerdings häufiger bei konstanter Temperatur T, also in Kontakt mit einem Thermostaten (Ofen). Bleibt bei der Reaktion (neben der Teilchenzahl) das Volumen V konstant, was eine gute Näherung in kondensierten Systemen ist, so nimmt in diesem Fall die (Helmholtzsche) *Freie Energie* $F = E - TS$ ein Minimum an. E ist die Innere Energie des Systems. Streng genommen wird meist der Druck p konstant gehalten, nicht das Volumen V. Dann leistet das System bei der Gleichgewichtseinstellung eine Arbeit $A = p\,dV$ gegen den Druck, wenn das Volumen um dV zunimmt. In

5.1 Gleichgewichtsbedingungen

Gleichgewicht gilt dann nicht länger, daß F nur zunehmen kann, d. h.

$$\delta F_{T,V} = dE - T\,dS \geqq 0, \tag{5-1}$$

sondern daß die vom System geleistete Arbeit nicht größer als die Abnahme von F sein kann, und daß die *Freie Enthalpie* (Gibbssche Freie Energie) $G = F + pV = E + pV - TS$ bei konstantem Druck ein Minimum annimmt, d. h.

$$\delta G_{T,P} = dE - T\,dS + p\,dV = 0. \tag{5-2}$$

Der Term $p\,dV$ ist aber bei Atmosphärendruck klein in Legierungen, so daß wir meist mit der Freien Energie rechnen können. ($H = E + pV$, die *Enthalpie* ersetzt als Zustandsfunktion die Energie in Systemen unter konstantem Druck, nicht unter konstantem Volumen, also bei konstanter Entropie.)

Zulassen müssen wir hingegen bei vielen Reaktionen, daß dem System während der Reaktion Materie hinzugefügt wird (die z. B. von einer anderen Phase abgegeben wird). Werden dn_i Atome der Komponente i hinzugefügt, so ändert sich G (bei konstanten T und p) proportional zu dn_i um $\mu_i\,dn_i$. μ_i ist das *Chemische Potential* der Komponente i. Wurden mehrere Komponenten hinzugefügt, so besagen der 1. und 2. Hauptsatz allgemein

$$\left. \begin{array}{l} dG = V\,dp - S\,dT + \sum_i \mu_i\,dn_i \\ \text{oder} \\ dF = -p\,dV - S\,dT + \sum_i \mu_i\,dn_i \\ \text{oder} \\ dE = T\,dS - p\,dV + \sum_i \mu_i\,dn_i\,. \end{array} \right\} \tag{5-3}$$

Danach kann definiert werden

$$\mu_i = \left.\frac{\partial E}{\partial n_i}\right|_{S,V,n_j} = \left.\frac{\partial F}{\partial n_i}\right|_{T,V,n_j} = \left.\frac{\partial G}{\partial n_i}\right|_{T,p,n_j}. \tag{5-4}$$

Die μ_i werden auch als *Partielle* (molare) *Freie Energien* (Enthalpien) bezeichnet. Die Chemischen Potentiale μ_i sind intensive thermodynamische Größen wie Druck und Temperatur. Wir werden in Kap. 8 sehen, daß eine μ_i-Differenz einen Diffusionsstrom der Komponente i bewirkt (wie eine Temperaturdifferenz einen Wärmestrom!).

Die Gleichgewichtsbedingungen (5-1) und (5-2) lauten dann

$$\sum_i \mu_i\,dn_i = 0\,. \tag{5-5}$$

Man kann Gl. (5-3) für konstante T, V so integrieren, daß die Verhältnisse der $(n_i + dn_i)$ zueinander sich nicht ändern und damit auch die μ_i bei einem proportional sich vergrößernden System konstant bleiben. Damit gilt

$$F = \sum_i n_i \mu_i = \sum_i n_i \left.\frac{\partial F}{\partial n_i}\right|_{T, V, n_j} \tag{5-5a}$$

in Analogie zu einem wechselwirkungsfreien, rein additiven System ohne Durchmischung aus den Komponenten i mit den (molaren) Freien Energien F_i

$$F^0 = \sum_i n_i F_i \,.$$

Eine andere Art der Erweiterung eines wechselwirkungsfreien auf ein wechselwirkendes System ist die Einführung von „Mischungstermen" wie in

$$F = \sum_i n_i F_i + F^M \,. \tag{5-5b}$$

Beispiel: Binäres System aus A- und B-Atomen mit den Phasen α und β im Gleichgewicht bei konstanten T, V. Jede Änderung von F kann als die Summe der Änderungen in den beiden Phasen angesetzt werden. Also ist im Gleichgewicht

$$\sum_{i=A,B} \mu_i^\alpha \, dn_i^\alpha + \sum_{i=A,B} \mu_i^\beta \, dn_i^\beta = 0 \tag{5-6}$$

mit $dn_i^\alpha = -dn_i^\beta$, d. h.

$$(\mu_A^\alpha - \mu_A^\beta) \, dn_A + (\mu_B^\alpha - \mu_B^\beta) \, dn_B = 0 \,. \tag{5-7}$$

Entsprechend unseren Voraussetzungen sollen aber α und β sowohl hinsichtlich eines Austauschs von A als auch von B im Gleichgewicht sein, womit die Gleichgewichtsbedingungen lauten

$$\mu_A^\alpha = \mu_A^\beta \quad \text{und} \quad \mu_B^\alpha = \mu_B^\beta \tag{5-8}$$

oder

$$\left.\frac{\partial F}{\partial n_A}\right|_{T, V, n_B}^\alpha = \left.\frac{\partial F}{\partial n_A}\right|_{T, V, n_B}^\beta \quad \text{und} \quad \left.\frac{\partial F}{\partial n_B}\right|_{T, V, n_A}^\alpha = \left.\frac{\partial F}{\partial n_B}\right|_{T, V, n_A}^\beta \,.$$

In der letzteren Formulierung werden wir die Gleichgewichtsbedingungen zwischen zwei Phasen anhand der Zustandsdiagramme später als Tangentenregel diskutieren. Eine Verallgemeinerung der obigen Betrachtung ergibt die *Gibbssche Phasenregel* (für p = const). Für n Komponenten haben wir $(n-1)$ Konzentrationsvariable in jeder der r Phasen festzulegen, dazu deren gemeinsame Temperatur. Das sind $(r \cdot (n-1) + 1)$ Variable. Zwischen diesen bestehen aber $n \cdot (r-1)$ Gleichgewichtsbeziehungen der Art (5-8) (zwischen 2 binären Phasen also 2!). Die Zahl der Freiheitsgrade f des Systems ist die Differenz zwischen allen Variablen, die das System bestimmen, und der Zahl der Bedingungsgleichungen für Gleichgewicht, also

$$f = r \cdot (n-1) + 1 - n \cdot (r-1) = n - r + 1, \tag{5-9}$$

was in Kap. 4 bereits verwendet wurde.

5.2 Statistische Thermodynamik von idealen und regulären binären Lösungen [5.3 bis 5.5]

Ein System von abgeschlossenem Volumen sei in Kontakt mit einem (sehr viel größeren) Thermostaten, der praktisch seine Temperatur bestimmt („kanonische Gesamtheit"). Dann ist die Wahrscheinlichkeit, das System in einem Zustand der Energie E_i zu finden, durch die Boltzmann-Verteilung gegeben

$$W(E_i) = \omega_i\, e^{-E_i/kT} / \sum_i \omega_i\, e^{-E_i/kT}. \tag{5-10}$$

ω_i ist die Zahl der Realisierungsmöglichkeiten des Zustandes der Energie E_i (quantentheoretisch die Dichte der Eigenwerte im entsprechenden Energieintervall oder der Entartungsgrad des Zustandes). Für ein großes System hat $W(E)$ ein scharfes Maximum, bedingt durch die starke Zunahme von ω mit wachsendem E bei entsprechender Abnahme der e-Funktion. Wir werden (5-10) auch auf einzelne Atome im Kristall anwenden. Im folgenden sei aber unter E_i die Innere Energie der Legierung im Kontakt mit dem Thermostaten verstanden. $S = k \ln \omega$ ist die Entropie des Systems bei gegebener Energie E. Der Nenner, die *Zustandssumme* $Z = \sum_i \omega_i\, e^{-E_i/kT}$ enthält alle für die Thermodynamik wesentlichen Informationen über das System. Aus Z ergeben sich die thermodynamischen Zustandsfunktionen, insbesondere die Freie Energie

$$F = -kT \ln Z. \tag{5-11}$$

E_i, ω_i und Z enthalten Anteile, die von der Anordnung der A- und B-Atome in der Legierung nur schwach abhängen (z. B. über die Gitterschwingungen). Diese Anteile sind für die folgenden Betrachtungen uninteressant und ergeben nur einen Faktor in Z und einen Summanden in F. Es geht hauptsächlich um die Berechnung der Zahl $\omega(v_{AB})$ der Realisierungsmöglichkeiten einer durch eine bestimmte Zahl v_{AB} von AB-Bindungen charakterisierten Energie $E(v_{AB})$. Diese Berechnung ist nur für vereinfachte Modelle möglich.

5.2.1 Modell der idealen Lösung

Die Energie E soll von der Anordnung der Nv_B B-Atome in der Matrix von Nv_A A-Atomen unabhängig sein ($v_A + v_B = 1$). Dann ist ω^M die Zahl aller unterscheidbaren Anordnungen der (unter sich selbst nicht unterscheidbaren) A- bzw. B-Atome auf die Gitterplätze. Man realisiert diese Anordnungen durch alle möglichen Vertauschungen der N Atome, ausgenommen die der A-Atome unter

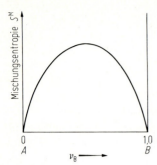

Abb. 5.1. Mischungsentropie einer idealen Lösung als Funktion des Molenbruchs v_B

sich und die der B-Atome unter sich. Damit wird nach der Kombinatorik

$$\omega^M = \frac{N!}{(Nv_A)!(Nv_B)!}. \tag{5-12}$$

Mit der Stirlingschen Formel ergibt sich die *Mischungsentropie*

$$S^M = +k \ln \omega^M = -Nk(v_A \ln v_B + v_B \ln v_B). \tag{5-13}$$

Ihr Verlauf über der Konzentration v_B ist in Abb. 5.1 dargestellt. Sie mündet mit unendlicher Steigung bei $v_B = 0$ und 1 ein. Deswegen ist es so schwierig, vom Standpunkt der Freien Energie aus, Materialien sehr rein zu bekommen. Die Freie Energie der idealen Lösung ist $F^{id} = E_0 - TS^M$ und das chemische Potential der Komponente B in der Legierung nach Gl. (5-5a) $\mu_B^{id} = \mu_B^0 + kT \ln v_B$ (μ_B^0 hängt nicht von v_B ab).

Es sei darauf hingewiesen, daß wir nur Vertauschungen von A- und B-Atomen berücksichtigt haben (Substitutionslegierungen), nicht die Besetzung zusätzlicher Plätze („Zwischengitterplätze") durch die gelösten Atome (interstitielle Legierungen). Für letztere gelten etwas andere Beziehungen (s. [5.5]).

5.2.2 Modell der regulären Lösung

Dieselbe Legierung wird in der Näherung paarweiser Wechselwirkung zwischen nächsten Nachbarn (NN) betrachtet. Jedes Atom hat n NN der gleichen oder anderen Sorte: Ein A-Atom hat nP^{AB} B-Nachbarn, nP^{AA} A-Nachbarn, mit denen es mit der Energie ε_{AB}, ε_{AA} wechselwirkt (bei Anziehung sei $\varepsilon_{ij} < 0$). P^{AB} ist also die schon in 2.3.2 definierte Wahrscheinlichkeit dafür, einen B-Nachbarn bei einem A-Atom zu finden. Entsprechendes gilt für ein B-Atom. Die gesamte Bindungsenergie eines Mischkristalls gegebener Atomanordnung ist

$$E = Nv_A \frac{n}{2} \{P^{AA} \cdot \varepsilon_{AA} + P^{AB} \cdot \varepsilon_{AB}\} + Nv_B \frac{n}{2} \{P^{BB} \cdot \varepsilon_{BB} + P^{BA} \cdot \varepsilon_{AB}\}. \tag{5-14}$$

5.2 Statistische Thermodynamik von idealen und regulären binären Lösungen

Hier darf jede Bindung nur einmal gezählt werden, deshalb der Faktor 1/2. Es gelten wieder die Summenregeln (wie in 2.3.2) $P^{AA} + P^{AB} = P^{BB} + P^{BA} = 1$; $P^{AB} \cdot v_A = P^{BA} \cdot v_B$.

Damit wird

$$E = \frac{Nn}{2}(v_A \varepsilon_{AA} + v_B \varepsilon_{BB} + 2v_A P^{AB} \cdot \varepsilon) \ . \tag{5-15}$$

$\varepsilon \equiv \varepsilon_{AB} - 1/2 \cdot (\varepsilon_{AA} + \varepsilon_{BB})$ ist die Vertauschungsenergie, die man gewinnt ($\varepsilon < 0$) oder aufwendet ($\varepsilon > 0$), wenn man eine AB-Bindung aus zwei AA- bzw. BB-Bindungen herstellt. Für $\varepsilon = 0$ kommt man praktisch auf den Fall der idealen Lösung zurück.

Gl. (5-15) erfordert nun die Kenntnis der Paarverteilung P^{AB} im Mischkristall, um E, selbst unter Voraussetzung eines bekannten ε, berechnen zu können. Dieses Problem ist in Strenge ungelöst, obwohl die diffuse Mischkristall-Röntgenstreuung, Abschn. 2.3.2, die Paarverteilung im Prinzip für beliebig weit entfernte Paare experimentell zugänglich werden läßt. Man kann mit den dort definierten Nahordnungskoeffizienten α_m schreiben

$$E - E_0 \equiv E^M = Nnv_A \cdot v_B \sum_{m=1}^{\infty} \varepsilon_m (1 - \alpha_m) \ , \tag{5-15a}$$

wobei ε_1 (für die NN-Skala) das oben definierte ε ist und die ε_m für $m > 1$ entsprechende Vertauschungsenergien für weiter entfernte Nachbarn sind (vgl. Abschn. 7.2.2 und [5.12]). Da die α_m nach Gl. (2-19) praktisch die Fourierkoeffizienten der diffusen Röntgen-Intensität des Mischkristalls sind, wird die Mischungsenergie durch Gl. (5-15a) auf Meßgrößen zurückgeführt.

Näherungsweise, bei relativ hoher Temperatur, nimmt man beim Modell der regulären Lösung an, daß die NN-Wechselwirkung so schwach ist ($|\varepsilon| < kT/4$), daß sie die statistische Verteilung der A- und B-Atome unbeeinflußt läßt, womit $P^{AB} \approx v_B$, $\alpha_1 = 0$, erwartet und die ideale Mischungsentropie S^M (Gl. (5-13)) benutzt werden kann. Dann ist

$$F^M = F - \frac{Nn}{2}(v_A \varepsilon_{AA} + v_B \varepsilon_{BB})$$

$$= Nnv_A v_B \varepsilon + NkT(v_A \ln v_A + v_B \ln v_B) \ . \tag{5-15b}$$

Die rechte Seite beschreibt die gesamte Wechselwirkung der A- und B-Atome über die einfache Addition der reinen Komponenten hinaus: Sie wird als Freie *Mischungs*energie $F^M = E^M - S^M T$ entsprechend (5-5b) bezeichnet. Das Chemische Potential, z. B. der B-Komponente, ergibt sich mit Gl. (5-5a) direkt, wenn man die Identität $v_A v_B = v_A^2 v_B + v_B^2 v_A$ benutzt (etwas umständlicher – wegen des Zusammenhanges $v_A + v_B = 1$ – auch durch Differentiation)

$$\mu_B^{reg} = \frac{n}{2} \varepsilon_{BB} + n\varepsilon v_A^2 + kT \ln v_B \ . \tag{5-16}$$

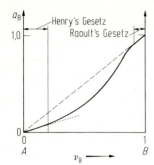

Abb. 5.2. Gesetze von Henry und Raoult als Grenzfälle für den Verlauf der Aktivität einer Komponente der binären Legierung mit ihrer Zusammensetzung ($\varepsilon < 0$)

Man vergleicht nun μ_B^{reg} mit μ_B^{id}, indem man eine *Aktivität* a_B der Komponente B in der Legierung definiert, die an Stelle der Konzentration v_B der idealen Lösung tritt, so daß μ_B^{reg} dieselbe Form wie μ_B^{id} erhält:

$$\mu_B^{reg} \equiv \mu_B^0 + kT \ln a_B \, , \tag{5-17}$$

d. h.

$$\ln \frac{a_B}{v_B} = \frac{n\varepsilon}{kT} v_A^2 \, ,$$

$$\frac{a_B}{v_B} \equiv \gamma_B \quad \text{ist der Aktivitätskoeffizient .}$$

Ist er konzentrationsunabhängig (hier offenbar für $v_A \to 1$, $v_B \to 0$), sagt man, die Komponente B befolge „Henrys Gesetz". Ist er gar gleich eins, was nach unserem Modell für ideale Lösungen, $(\varepsilon/kT) \to 0$, oder für die fast reine Komponente, $v_A \to 0$, der Fall sein sollte, sagt man, die Komponente B befolge „Raoults Gesetz" (Abb. 5.2.).

5.3 Messung von Mischungsenergien und Aktivitäten [5.2, 5.6]

Beide Größen sind Maße für die Wechselwirkung der Legierungspartner. Sie sind auf verschiedene Weisen meßbar und erlauben damit eine Prüfung der obigen Modelle, aus denen wir im folgenden Abschnitt weitreichende Folgerungen hinsichtlich der Zustandsdiagramme ziehen wollen. Natürlich stellt auch der Vergleich der berechneten Zustandsdiagramme mit der Erfahrung eine Prüfung der Lösungsmodelle dar; jedoch ist sie dadurch wesentlich eingeschränkt, daß Zustandsdiagramme Informationen über die Konkurrenz verschiedener Phasen liefern, statt über die Energetik einer bestimmten Phase. Neuerdings werden im CALPHAD-Verfahren die Freien Energien der beteiligten Phasen durch Reihenentwicklungen dargestellt, deren Koeffizienten durch

Anpassung an die gemessenen Zustandsdiagramme gewonnen werden [5.14]. Die Thermochemie, die sich mit den im folgenden zu besprechenden Messungen beschäftigt, kann energetische Aussagen nicht nur über realisierte Legierungszustände machen, sondern auch über solche, die wegen der Konkurrenz anderer Phasen normalerweise nicht realisierbar sind. Diese führen dann zu extrapolierten Phasengrenzen zwischen metastabilen Legierungszuständen wie z. B. die gestrichelten Kurven in Abb. 5.12d, 5.14d, 6.10. Vernünftige Extrapolationen von Phasengrenzen dienen umgekehrt zur Konsistenzprüfung von Zustandsdiagrammen [5.10b]. Auch thermochemisch hergeleitete Zustandsdiagramme sind oft genauer als z. B. metallographisch ermittelte wegen der langsamen Einstellung des thermodynamischen Gleichgewichts bei tiefen Temperaturen.[1]

Vielfach benutzte thermochemische Meßmethoden sind:
1. Die direkte Messung der Reaktionswärme $H^M \approx E^M$ bei der irreversiblen Mischung der Komponenten A und B in einem Kalorimeter bei festen p, T. ($\varepsilon_{AA}, \varepsilon_{BB}$ können durch die Sublimationswärme abgeschätzt werden: $H_A^S = -(nN/2)\varepsilon_{AA}$.)
2. Die Messung der Partiellen Freien Mischungsenergie $\partial F^M/\partial n_i$ als geleistete Arbeit bei der reversiblen Überführung von 1 mol der reinen Substanz i in eine große Menge der Legierung
a) durch isotherme Destillation: es gilt $(\partial F^M/\partial n_i) = RT \ln(p_i/p_i^0)$. Der zu messende Partialdruck p_i über der Legierung verglichen mit dem über der reinen Komponente p_i^0 dient also als Sonde für die energetischen Verhältnisse in der Mischung. Der Vergleich mit Gl. (5-17) zeigt, daß die Aktivität $a_i = p_i/p_i^0$ auf diese Weise direkt gemessen wird. Für ideale Lösungen gilt $a_i = v_i$; für den Dampf p_i kann dann ideales\Gasverhalten angenommen werden. Wegen Gl. (5-5) und (5-5a) gilt $\sum_i n_i d\mu_i = 0$ im Gleichgewicht (Gibbs-Duhem-Beziehung), womit sich in einem binären System μ_2 ergibt, wenn μ_1 bekannt ist.
b) durch elektrolytische Überführung in einer galvanischen Zelle [5.14]:

| reines Metall i | Ionenleiter mit Z_i-wertigen Ionen des Metalls i | Metall i in der Legierung . |

Bei der Überführung eines Mols Ionen (entspricht für $Z_i = 1$ einer Ladung von $\mathfrak{F} = 96485$ Coulomb) entsteht die im offenen Kreis zu messende EMK U zwischen Metall und Legierung, die die Arbeit $\partial F^M/\partial n_i = Z_i \cdot \mathfrak{F} \cdot U$ leistet.

Beispiele gemessener $F(c)$-Diagramme

In vielen Fällen hat die gemessene Mischungswärme E^M einen parabolischen Verlauf mit der Zusammensetzung, wie ihn Gl. (5-15b) nahelegt. Abbildung 5.3 zeigt das für flüssige Zink-Cadmium-Legierungen. Man kann die partiellen

---

[1] Im Gegensatz su den metallographisch beobachteten Zustandsdiagrammen könnte man die thermochemisch erschlossenen auch „Gleichgewichtsdiagramme" nennen.

molaren Mischungswärmen (chemischen Potentiale) durch die eingezeichnete Tangentenkonstruktion graphisch ermitteln. Eine genauere Analyse der thermochemischen Daten zeigt allerdings, daß das Modell der regulären Lösung höchstens qualitativ richtig ist. Es treten asymmetrische Verläufe von E^M über der Zusammensetzung auf. Insbesondere werden starke Abweichungen der gemessenen von der idealen Mischungsentropie S^M, Gl. (5-13), beobachtet, sog. Exzeß-Entropien $S^{M,\,XS}$, die z. B. durch Nichtadditivität der spez. Wärme der Gitterschwingungen der Komponenten verursacht werden können, im Gegensatz zur sog. Neumann-Koppschen Regel.

Es sind komplizierte Lösungsmodelle notwendig, um solche Abweichungen zu beschreiben. Nachdem man mit Gl. (5-15a) die Mischungsenergie durch die diffuse Mischkristall-Röntgenstreuintensität ausdrücken konnte, wird das in [5.12] auch für die Exzeß-Konfigurationsentropie vorgeschlagen. In erster Näherung ist, bei Summation über alle reziproken Gittervektoren $\mathbf{k} = \mathbf{g}$,

$$S^{M,\,XS} \approx \frac{k}{2} \cdot \sum_{\varkappa} \ln \alpha_{\varkappa} , \qquad (5\text{-}17\,\text{a})$$

mit

$$\alpha_{\varkappa} \equiv \sum_{m} \alpha_m \, e^{2\pi i \varkappa r_m} = I_{\text{diff}}^{\text{Laue}}(\mathbf{k})/v_A \cdot v_B (f_A - f_B)^2 ,$$

nach Gl. (2-19). Bisher beschränkt sich die experimentelle Bestimmung thermodynamischer Funktionen aus der diffusen Röntgenintensität auf den Nahordnungskoeffizienten α_1 der NN, Abb. 5.4, der mit unserer früheren Annahme, $P^{AB} = v_B$, gleich Null sein sollte, z. B. im System Al-Zn. Setzt man diese P^{AB}-Messungen von P. Rudman und B. Averbach in Gl. (5-15a) ein, erhält man eine gute Darstellung der gemessenen Mischungswärme, Abb. 5.5. In dieser Legierung besteht eine Ausscheidungstendenz, also bevorzugte Zn/Zn-Paare,

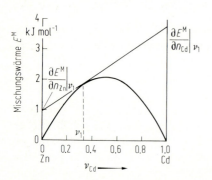

Abb. 5.3. Mischungswärme pro Atom flüssiger Zn–Cd-Legierungen bei 700 K. Die Tangente ergibt die partiellen Mischungswärmen für $v_{Cd} = v_1$

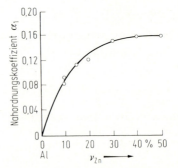

Abb. 5.4. Nahordnungskoeffizient α_1 in AlZn bei 400 °C nach Messungen der diffusen Röntgenstreuung von Rudman und Averbach

5.4 Erweiterte Lösungsmodelle

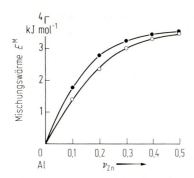

Abb. 5.5. Vergleich der röntgenographisch (●) und kalorimetrisch (○) gemessenen Mischungswärmen in AlZn

siehe Kap. 9. Im ganzen gesehen hat das Modell der regulären Lösung aber mehr prinzipielle Bedeutung als realistischen Beschreibungswert. Wir geben im folgenden einige weiterführende Ansätze wieder.

5.4 Erweiterte Lösungsmodelle [5.4, 5.5]

Es wird zunächst die Annahme fallengelassen, daß die *Paarbindungsenergien* ε_{AA}, ε_{BB}, ε_{AB} in Gl. (5-14) unabhängig von der Zusammensetzung, d. h. von der Art der Nachbarschaft des Paars sind. Die Durchführung analog Abschn. 5.2 ergibt mit $P^{AB} = v_B$ wieder $E^M(v_B)$. So erhält man die Möglichkeit, auch asymmetrische Verläufe von $E^M(v^B)$ zu deuten. Zweitens muß man die Gitterparameter der Ausgangssubstanzen (immer noch gleiche Struktur vorausgesetzt!) an die der Legierung anpassen, d. h. man muß *Gitterverzerrungen* bei der Mischung energetisch in Rechnung stellen. Stammen die Gitterverzerrungen von einer Versetzung (Abschn. 11.2.1), so ist deren Wechselwirkungsenergie mit den B-Atomen des Größenunterschieds $\delta = (\gamma_B - \gamma_A)/\gamma_A$ zur Freien Energie an der Position (γ, α) relativ zur Versetzung zu addieren (s. Abb. 14.1), neben der Versetzungsenergie E_1 selbst,

$$F^d = (1 - v_B)\mu_A + v_B\mu_B + E_L(\gamma, \alpha) + E_P v_B , \qquad (5\text{-}17\text{ b})$$

wo $E_P = +\dfrac{3Gb\delta\Omega}{\pi\gamma}\sin\alpha$ (Gl. 14-1) .

Damit ergibt sich (nach Gl. (5–21c)) eine dem chemischen Potential entsprechende, aber nicht-lokal bestimmte intensive thermodynamische Variable[1] μ_i^{di}

$$\mu_A^d = \mu_A^0 + E_L + kT \ln a_A , \qquad (5\text{-}17\text{ c})$$

$$\mu_B^d = \mu_B^0 + E_L + E_P + kT \ln a_B .$$

---

[1] Siehe auch Definition des elektrochemischen Potentials in Abschn. 8.5.1.

Im Gleichgewicht mit einer 2. Phase, z. B. einer Ausscheidung an der Versetzung, sind dann die chemischen Potentiale von A und B in den beiden Phasen gleich, womit sich (bei gleichem G, δ) auch dieselbe Gleichgewichtskonzentration mit und ohne Versetzung ergibt. Das ist von großer Bedeutung für die Gültigkeit von Zustandsdiagrammen bei versetzungshaltigen Proben und für die Keimbildung von Ausscheidungen an Versetzungen (s. Abschn. 9.1.1)

Um schließlich die Paarwahrscheinlichkeiten P^{AB} besser zu beschreiben, geht die *quasichemische Theorie* von der „Reaktion" aus:

$$(A - A) + (B - B) \rightleftharpoons 2(A - B), \tag{5-18}$$

für die das Massenwirkungsgesetz lautet (vgl. (5-14))

$$\frac{(P^{AB} v_A)^2}{\left(P^{AA} \frac{v_A}{2}\right)\left(P^{BB} \frac{v_B}{2}\right)} = K e^{-2\varepsilon/kT}. \tag{5-19}$$

Damit diese Gleichung für $T \gg 2\varepsilon/k$ wieder in den statistischen Ansatz $P^{AB} = v_B$ übergeht (unter Beachtung der Summenregeln für die P^{ij}), muß $K = 4$ gelten. Für hohe Temperaturen läßt sich (5-19) nach (ε/kT) entwickeln. In erster Näherung wird (5-19) dann durch

$$P^{AB} \approx v_B \left(1 - v_A v_B \frac{2\varepsilon}{kT}\right) \tag{5-20}$$

gelöst. Auf diese Weise können temperaturabhängige Abweichungen vom Parabelverlauf von E^M gedeutet werden. Gleichung (5-20) entspricht für $\varepsilon \neq 0$ einem von Null verschiedenen Nahordnungskoeffizienten (nach Gl. (2-18)),

$$\alpha_1 = \frac{v_B - P^{AB}}{v_B} = + \frac{v_A v_B 2\varepsilon}{kT}, \tag{5-21}$$

wie er in Abb. 5.4 wiedergegeben ist. Offenbar ergibt sich daraus für Al–Zn wegen $\alpha_1 > 0$ ein positives ε, was einer energetischen Bevorzugung gleichartiger NN-Atome entspricht (Ausscheidung).

5.5 Herleitung binärer Zustandsdiagramme aus einem Lösungsmodell

5.5.1 Wir diskutieren zunächst die Freie Mischungsenergie F^M *der regulären Lösung* in Abhängigkeit von v_B und T zufolge Gl. (5-15b). Für sehr hohe Temperaturen (oder für $\varepsilon = 0$) bestimmt das zweite Glied der rechten Seite den Verlauf von $F(v_B)$: Entsprechend unserer Diskussion von S^M, Abb. 5.1, ergibt sich eine nach oben geöffnete „Parabel". Dies zeigt aber, daß die homogene Mischung der Komponenten der stabile Gleichgewichtszustand der Legierung

5.5 Herleitung binärer Zustandsdiagramme aus einem Lösungsmodell

ist. Man vergleiche dazu die Freie Energie der homogenen Lösung der Zusammensetzung v_B in Abb. 5.6a mit derjenigen eines heterogenen Gemisches zweier Phasen beliebiger Zusammensetzungen A_1 und B_1 oder A_2 und B_2, die sich natürlich additiv aus den Freien Energien der Volumenanteile der beteiligten Phasen zusammensetzt, entsprechend den Punkten auf den Verbindungsgeraden von A_1 und B_1, A_2 und B_2. Dies drückt auch der 2. Term auf der linken Seite von Gl. (5-15b) aus. Im Falle der Legierung der Zusammensetzung v_B liegen die Freien Energien der Gemische F_1, F_2 höher als diejenige der Lösung F_3. Nach Gl. (5-1) ist also die homogene Phase thermodynamisch stabil. Anders sieht es im Falle eines $F(v)$-Verlaufs wie in Abb. 5.6b aus: Die v_B-Legierung kann ihre Energie durch Zerfall in zwei Phasen A_1/B_1, A_2/B_2 von $F \to F_1 \to F_2$ absenken. Der Zustand niedrigster Energie, F_3, entspricht der gemeinsamen Tangente an die $F(v)$-Kurve in den Punkten A_3/B_3, damit also einem Zerfall in die beiden Phasen mit den Zusammensetzungen v_B^α, v_B^β. Diese *Doppeltangenten-Konstruktion* steht für die früher hergeleiteten Gleichgewichtsbedingungen (5-8), $\mu_B^\alpha = \mu_B^\beta$, $\mu_A^\alpha = \mu_A^\beta$, für das Gleichgewicht zwischen 2 Phasen α, β im binären System aus A- und B-Atomen. Das kann man wie folgt einsehen:

Die Freie Energie pro Atom des Systems nach Gl. (5-5a) mit $j = \alpha, \beta$

$$F^j = (1 - v_B^j) \mu_A^j + v_B^j \mu_B^j \tag{5-21a}$$

wird nach v_B^j differenziert unter Beachtung der Gibbs-Duhem-Beziehung

$$\frac{\partial F^j}{\partial v_B^j} = \mu_B^j - \mu_A^j . \tag{5-21b}$$

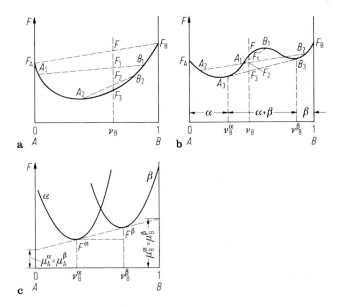

Abb. 5.6. Freie Energie-Kurven, die auf **a** homogene, **b** heterogene Legierungen führen; **c** Erläuterung des Gleichgewichts zweier Phasen

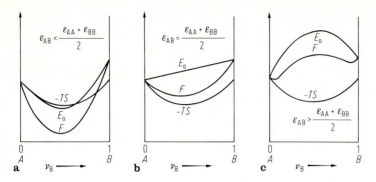

Abb. 5.7a–c. Freie Energie von Mischkristallen für verschiedene Wechselwirkungsparameter

Zusammengefaßt ergeben die beiden Gleichungen

$$\mu_A^j = F^j - v_B^j \frac{\partial F^j}{\partial v_B^j}; \qquad \mu_B^j = F^j + (1 - v_B^j) \frac{\partial F^j}{\partial v_B^j}. \qquad (5\text{-}21\ \text{c})$$

Geometrisch bedeutet das nach Abb. 5.6c die Doppeltangentenbedingung.

Genau der Fall der Abb. 5.6b tritt nun bei der regulären Lösung auf *für* $\varepsilon > 0$ *und tiefe Temperaturen*, Abb. 5.7c. Die Mischungsenergie hat dann das entgegengesetzte Vorzeichen zu ($-TS^M$) und kann von diesem Entropieterm bei tiefer Temperatur nicht kompensiert werden, außer bei kleinen Konzentrationen v_A, v_B: Wegen des in 5.2.1 diskutierten singulären Verhaltens von $\left.\frac{\partial S^M}{\partial v_i}\right|_{v_i \to 0}$ überwiegt dort stets die Mischungsentropie. $\varepsilon > 0$ bedeutet, daß $(\varepsilon_{AA} + \varepsilon_{BB})/2$ energetisch tiefer liegt als ε_{AB}, daß sich also gleichartige NN-Paare bilden, was der eben besprochenen Tendenz des Zerfalls in zwei Phasen entspricht. Diesen Fall wollen wir im folgenden in seiner T-Abhängigkeit noch genauer diskutieren. Der andere, $\varepsilon < 0$, ist qualitativ weniger aufregend, wie Abb. 5.7a zeigt: Hier bleibt die homogene Legierung stabil, es bilden sich bevorzugt ungleichnamige NN aus, es kommt zur „Nahordnung" (Kap. 7). Es ist $(\partial^2 F/\partial v_1^2) > 0$ im gesamten Bereich, was zwar eine notwendige, aber keineswegs hinreichende Stabilitätsbedingung ist, wie der Bereich der Doppeltangente in Abb. 5.7c zeigt, sobald weitere Phasen auftreten.

5.5.2 Löslichkeitslinien

Für das Modell der regulären Lösung ist in Abb. 5.8 die Freie Energie pro Atom, $F(v_B)/N$, nach Gl. (5-15b) für verschiedene normierte Temperaturen $T' = kT/n\varepsilon$ und $\varepsilon > 0$ aufgetragen. Man erkennt bei Temperaturen $T' \leq 0.5$ die Existenz einer *Mischungslücke* nach der Tangentenkonstruktion, hier speziell mit einer waagerechten Tangente. Die Mischungslücke wird durch einen kritischen Punkt abgeschlossen, dessen Temperatur T_c sich aus der maximalen

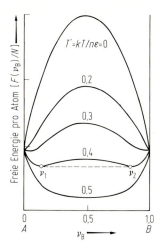 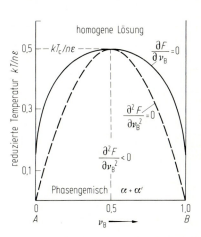

Abb. 5.8. Freie Energien der regulären Lösung mit $\varepsilon > 0$ für verschiedene reduzierte Temperaturen

Abb. 5.9. Löslichkeitskurve und Spinodale nach dem Modell der regulären Lösung

Mischungsenergie für $v_B = 1/2$ zu $(2/N)\,E^M|_{max} = kT_c$ ergibt. Die Grenze des 2-Phasengebietes ist durch die Bedingung $\partial F/\partial v_B = 0$ gegeben; danach berechnen sich die Positionen $\check{v}_B$ der $F^M(v)$-Minima aus

$$n\varepsilon(1 - 2\check{v}_B) + kT[\ln \check{v}_B - \ln(1 - \check{v}_B)] = 0 \ . \tag{5-22}$$

Die Grenzkurve $\check{v}_B(T)$ des Zwei-Phasen-Bereichs ist in Abb. 5.9 eingetragen. Damit haben wir das Zustandsdiagramm der Legierung bei tiefen Temperaturen berechnet. Im Zwei-Phasen-Gebiet stehen eine α- und eine α'-Phase der durch den Schnitt der $T = $ const-Geraden (Konoden) mit der $\check{v}_B(T)$-Kurve gegebenen Zusammensetzungen v^α, $v^{\alpha'}$ untereinander im Gleichgewicht. Während sich die mittlere Zusammensetzung der Legierung zwischen $\check{v}_B = v^\alpha$ und $\check{v}_B = v^{\alpha'}$ bewegt, bleibt die Zusammensetzung der beiden Phasen bei fester Temperatur konstant. Nur ihre Mengenanteile an der Legierung ändern sich nach dem früher besprochenen Hebelgesetz. Die Zusammensetzung der beiden Phasen entspricht der Sättigungskonzentration der Komponente A und B und umgekehrt, der sog. Löslichkeit. Deshalb kann man die Phasengrenzkurve auch als Löslichkeitskurve $\check{v}_B(T)$ ansehen. Ihre mathematische Form, Gl. (5-22), kann für $\check{v}_B \ll 1$ vereinfacht werden zu

$$\check{v}_B \approx \exp\left(-\frac{n\varepsilon}{kT}\right). \tag{5-23}$$

Tatsächlich ist ein solcher Verlauf zu beobachten, Abb. 5.10, wenn auch mit einem Präexponentialfaktor größer als eins. Diesen deutet Cl. Zener als einen Faktor $\exp(S_V/k)$ mit S_V als einer zusätzlichen Schwingungsentropie oder Lageunsicherheit, die durch die Gitterverzerrungen des Fremdatoms hervorgerufen wird (s. Kap. 6). In Abb. 5.9 ist noch der Ort $\tilde{v}_B(T)$ der Wendepunkte der

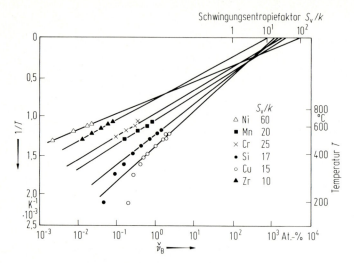

Abb. 5.10. Experimentelle Löslichkeiten in Aluminium mit Zeners Schwingungsentropiefaktor

$F(v)$-Kurven, $\partial^2 F/\partial v_B^2 = 0$, eingezeichnet, die man durch Differentiation von Gl. (5-22) erhält und die die sog. *Spinodale* bilden:

$$\tilde{v}_B(1 - \tilde{v}_B) = \frac{kT}{2n\varepsilon}. \tag{5-24}$$

Wir werden bei der Besprechung der Ausscheidungskinetik sehen, daß die Komponenten der Legierung innerhalb der Spinodalen (d. h. für $\partial^2 F/\partial v_B^2 < 0$) einfach „auseinanderdiffundieren" können, weil an der Spinodalen das Vorzeichen des sog. „chemischen" Diffusionskoeffizienten wechselt, so daß Diffusion dort Konzentrationsunterschiede aufbaut, nicht ausgleicht. Zwischen $\tilde{v}_B$ und $\tilde{v}_B(T)$ muß die Entmischung dagegen durch Keimbildungs- und Wachstumsvorgänge ablaufen (s. Kap. 9). Natürlich sind alle obigen Betrachtungen nur qualitativ im Modell der regulären Lösung gültig, das ggf. durch thermochemische Messungen und bessere theoretische Modelle zu korrigieren ist. (s. [5.13]).

5.6 Freie Energien bei allgemeinen binären Zustandsdiagrammen [1.2, 5.7]

Der einfachste Fall ist ein im flüssigen wie im festen Zustand völlig, ja ideal mischbares System. Es ergeben sich für $F^L(v)$, $F^S(v)$ zwei nach oben geöffnete „Parabeln", deren relative Lage sich mit der Temperatur, etwa wie in Abb. 5.11 gezeigt, verschiebt. Sind die Schmelzpunkte der Reinmetalle verschieden, muß die S-„Parabel" etwas gekippt sein. Damit kommen Durchschneidungen der

5.6 Freie Energien bei allgemeinen binären Zustandsdiagrammen

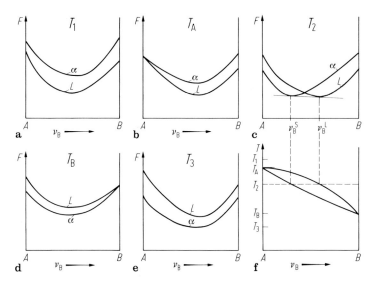

Abb. 5.11a–f. (Schmelze L, feste Phase S = α). Ableitung eines Zustandsdiagramms aus Freie-Energie-Kurven für verschiedene Temperaturen

beiden Parabeln und Tangentenkonstruktionen zustande, die auf das bekannte Zustandsdiagramm mit Liquidus und Solidus bei sonst völliger Mischbarkeit führen. Solche $F(v)$-Parabeln sind thermochemisch für einige Systeme gemessen worden; daraus können dann Zustandsdiagramme abgelesen werden. Mit zunehmend positivem ε, d. h. $E^M > 0$, entsteht in dem Diagramm eine Mischungslücke, eine kongruent erstarrende Legierung und schließlich ein *eutektisches System*, wie Abb. 5.12 zeigt. Die zu letzterem gehörende Folge von $F(v)$-Kurven für S und L bei verschiedenen Temperaturen zeigt Abb. 5.13. Die eutektische Temperatur T_E ist dadurch charakterisiert, daß die Tangenten der SL-Zweiphasengebiete $L + \alpha_1$, $L + \alpha_2$: zusammenfallen (T_4 in Abb. 5.13). Eine ähnliche Konstruktion ergibt sich, wenn statt der $F^S(v)$-Kurve zwei $F^{S\alpha}(v)$-, $F^{S\beta}(v)$- Parabeln existieren, die Kristallen verschiedener Strukturen entsprechen. Wenn die beiden miteinander legierten Metalle verschiedene Strukturen haben, müssen bei der thermodynamischen Behandlung diejenigen Energien und Entropien berücksichtigt werden, die aufzuwenden sind, um zunächst gleiche, wenn auch für eine Komponente metastabile, Struktur herzustellen. L. Kaufman (s. Kap. 6, [6.4]) hat gezeigt, wie man diese Größen thermodynamisch erhält, und daß man mit ihrer Kenntnis und der Annahme des Modells der regulären Lösung viele Zustandsdiagramme zwischen den Übergangsmetallen erstaunlich befriedigend berechnen kann.

Wenn die Schmelzpunkte der reinen Komponenten eines binären Systems sehr verschieden sind, kommt mit zunehmender Mischungsenergie $E^M > 0$ ein ganz anders Zustandsdiagramm zustande, wie Abb. 5.14 zeigt. Es findet eine *peritektische Reaktion* statt, wenn das α_2 entsprechende $F^S(v)$-Minimum durch

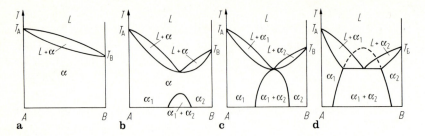

Abb. 5.12. Veränderung des Zustandsdiagramms von (a) zu (d) mit wachsendem Parameter ε, zunehmender Mischungsenergie $E^M > 0$

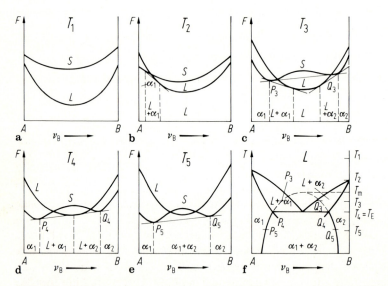

Abb. 5.13a–f. Ableitung eines eutektischen Zustandsdiagramms aus der Freien Energie für S und L in Abhängigkeit von der Temperatur

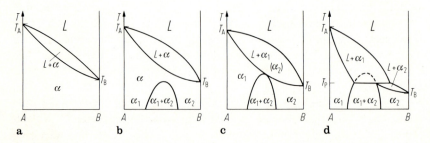

Abb. 5.14a–d. Wie Abb. 5.12, jedoch bei stark verschiedenen Schmelztemperaturen der Reinmetalle

5.6 Freie Energien bei allgemeinen binären Zustandsdiagrammen

die $F^{S\alpha_1}$ und F^L verbindende Tangente (statt durch die F^L-Kurve allein) hindurchtritt, Abb. 5.15. Das peritektische Diagramm entspricht in der Nähe von T_p einem an der T_p-Geraden gespiegelten eutektischen Diagramm, also mit umgekehrter Temperaturskala. Es gibt einen peritektischen Punkt, in dem eine entsprechend zusammengesetzte α_2-Phase beim Erwärmen unter Zersetzung schmilzt.

Schließlich betrachten wir Zustandsdiagramme von Legierungen, die *intermetallische Verbindungen* (Kap. 6) mehr oder weniger stöchiometrischer Zusammensetzung A_xB_y bilden. Das ist offenbar dann der Fall, wenn Paare ungleichartiger NN energetisch günstig sind, $\varepsilon < 0$. Abbildung 5.16 zeigt, wie mit zunehmend negativer Mischungsenergie E^M sich die Zustandsdiagramme

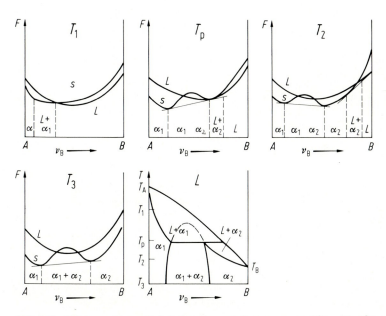

Abb. 5.15. Ableitung eines peritektischen Zustandsdiagramms aus $F^L(v_B, T)$, $F^S(v_B, T)$

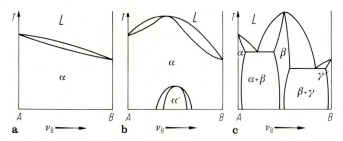

Abb. 5.16. Veränderung des Zustandsdiagramms (a) → (c) mit zunehmend negativem ε bzw. E^M. β ist die intermetallische Verbindung A_xB_y

verändern, bis die intermetallische Verbindung A_xB_y sich aus der Schmelze bildet. Diese hat trotz einer steilen $F(v)$-Parabel oft einen endlichen Homogenitätsbereich. (Ob die Zusammensetzung A_xB_y aber überhaupt im Homogenitätsbereich der Verbindung liegt, hängt von der Lage der $F(v)$-Parabeln der Nachbarphasen ab, wie Abb. 5.17 erkennen läßt.) Eine solche intermetallische Verbindung bildet sich oft schon bei relativ hoher Temperatur aus der Schmelze. Liquidus und Solidus bilden ein gemeinsames Maximum, und das Zustandsdiagramm unterteilt sich in zwei der üblichen Formen, eines zwischen A und A_xB_y und eines zwischen A_xB_y und B, siehe Abb. 5.18. Oft bildet sich eine intermetallische Verbindung β auch durch eine peritektische Reaktion aus $L + \alpha$, siehe Abb. 5.19. Eine solche Verbindung schmilzt inkongruent, im Gegensatz zu der kongruent schmelzenden Verbindung der Abb. 5.18.

Bedenkt man weiter, daß alle obigen Zustandsdiagramme mehr oder weniger entarten können, indem sich eine oder mehrere der beteiligten Phasen quantitativ stark verbreitern oder auf Null zusammenziehen, daß wir ferner

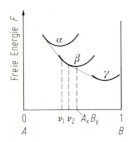

Abb. 5.17. Freie Energien dreier Phasen α, β, γ. Die Verbindung ist zwischen v_1 und v_2 stabil, nicht aber bei ihrer stöchiometrischen Zusammensetzung A_xB_y

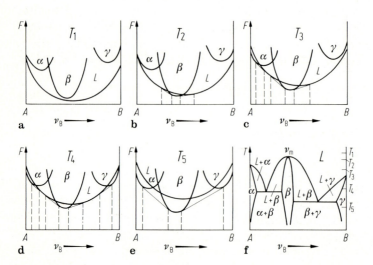

Abb. 5.18a–f. Freie Energien und daraus folgendes Zustandsdiagramm mit intermetallischer Verbindung β, die sich direkt aus der Schmelze L bildet

5.7 Ternäre Zustandsdiagramme

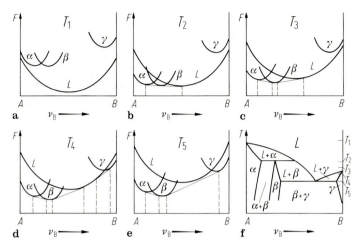

Abb. 5.19a–f. Ableitung eines Zustandsdiagramms, in dem sich die intermetallische Verbindung β peritektisch bildet

bisher stets völlige *Mischbarkeit im flüssigen Zustand* vorausgesetzt haben, also den oft beobachteten „monotektischen Zerfall" $L_1 \rightarrow L_2 + \alpha$ nicht beachtet haben, so versteht man die ungeheure Mannigfaltigkeit, der im „Hansen" [5.8] und seinen Ergänzungsbänden [5.1–5.10a] oder im „Massalski" [5.10b] registrierten binären metallischen Zustandsdiagramme. Sie werden ferner kompliziert durch Reaktionen im festen Zustand, die durch *Allotropie*, d. h. die Existenz verschiedener Strukturen, der beteiligten Komponenten oder durch ähnliche energetische Situationen zwischen verschiedenen festen Phasen, wie oben zwischen S und L geschildert, hervorgerufen werden. (Statt peritektisch, eutektisch nennt man die entsprechenden Festkörperreaktionen peritektoid, eutektoid.) Wir werden auf diese später ausführlich eingehen. Zur Beherrschung dieser Vielfalt sind atomistische und Bindungsgesichtspunkte notwendig, nicht allein thermodynamische.

5.7 Ternäre Zustandsdiagramme [5.7]

Legierungen mit mehr als 2, hier 3 Komponenten sind in der Metallkunde durchaus normal. Ihre Zusammensetzung gibt man in einem gleichseitigen Dreieck an, das durch äquidistante Linien parallel zu den Dreiecksseiten unterteilt ist, Abb. 5.20. In den Ecken hat man 100% A, B oder C. Auf der Linie *PR* haben die Legierungen 70% A-Anteil, auf *Ta* 10% an B und auf *bS* 20% an C. Der Punkt *Q* als Schnittpunkt der 3 Isokonzentrationsgeraden entspricht also einer Legierung der 3 genannten Anteile an A, B und C. Elementare Geometrie garantiert, daß die Summen der Längen $bQ + QP + aQ = 100\%$ ist. Um die

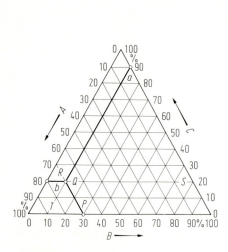
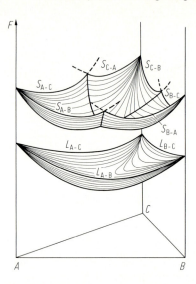

Abb. 5.20. Darstellung der Zusammensetzung eines ternären Systems

Abb. 5.21. Freie Energien einer flüssigen (L) und dreier fester Phasen (S) eines ternären Systems

Temperatur oder Freie Energie als Funktion der Zusammensetzung darzustellen, benötigt man die 3. Dimension, und das bedingt räumliches Vorstellungsvermögen, Zeichen- und Lesekunst. Ansonsten lassen sich, in Übereinstimmung mit der Gibbsschen Phasenregel, die meisten Überlegungen an binären Systemen auf ternäre übertragen, wenn man sie dimensionsmäßig um 1 höher stuft. Wir wollen im folgenden nur ein Beispiel eines ternären Diagramms behandeln, nämlich eines, dessen binäre Randsysteme sämtlich eutektisch sind. Abbildung 5.21 zeigt die Freie Energie-Flächen für L und die drei dafür mindestens benötigten S-Phasen über der Konzentrationsebene. Bei dieser Temperatur ist offenbar die Schmelze überall stabil. Beim Absenken der Temperatur, d. h. Anheben im wesentlichen der F^L-Fläche, soll diese die F^S-Fläche in der Nähe von A zuerst durchschneiden. Eine Tangentialebenenkonstruktion ergibt dann für jede Temperatur ein Zweiphasengebiet, siehe Abb. 5.22a. Das Ergebnis stellt man in einem isothermen Schnitt, wie in Abb. 5.22b gezeigt, dar. Die Tangentialebene berührt die beiden Energieflächen i. allg. nur in je einem Punkt; durch Abrollen der Ebene gewinnt man aber alle $s - l$-Punkte, welche koexistierenden Zusammensetzungen der beiden Phasen entsprechen und in Abb. 5.22b durch Geraden (Konoden – engl. tie lines) verbunden sind. (Im binären Fall sind Konoden trivialerweise T = const-Geraden im 2-Phasenbereich.) Es ist zur vollständigen Beschreibung des metallkundlichen Zustandes unbedingt erforderlich, die Konoden in die 2-Phasengebiete einzuzeichnen. Man kann zeigen, daß sich Konoden nicht schneiden können; sonst kann man ihre Lage aber nicht ohne weiteres raten. Auf den Konoden kann man die Anteile der beiden Phasen

5.7 Ternäre Zustandsdiagramme

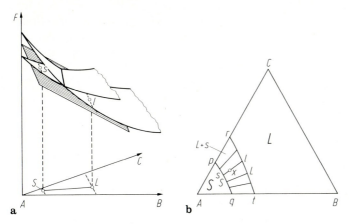

Abb. 5.22. Eine Tangentialebenenkonstruktion an die Freie-Energie-Flächen definiert Gleichgewicht zwischen s und l im ternären System (**a**). Isothermer Schnitt durch ein so gewonnenes ternäres Zustandsdiagramm mit Zwei-Phasengebiet (L + S) und verschiedenen Konoden (**b**). Die Mengen von l und s im Punkt x bestimmen sich nach dem Hebelgesetz

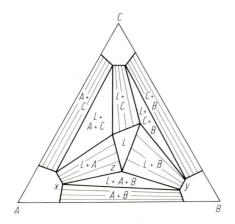

Abb. 5.23. Schnitt durch ternäres Zustandsdiagramm bei Temperatur oberhalb der ternären eutektischen, aber unterhalb aller binären T_E

wieder nach dem Hebelgesetz bestimmen. Bei weiterer Abkühlung, d. h. Anhebung des F^L-Paraboloids, liegen dann in den binären Randsystemen Zweiphasengleichgewichte zwischen den A-, B- und C-reichen Mischkristallen energetisch am günstigsten, während in der Mitte das F^L-Paraboloid noch am tiefsten liegt. Zwischen ihm und denen der Eck-Mischkristalle stellen Tangentialebenen ebenfalls Zweiphasengebiete her (Abb. 5.23). Andererseits gibt es je eine Tangentialebene, welche zwei Mischkristallparaboloide und die F^L-Fläche berührt (in den Punkten x, y, z). Im Dreieck x, y, z sind *drei Phasen* miteinander im Gleichgewicht, deren Zusammensetzungen die der Eckpunkte x, y, z sind und deren Mengenanteile m_x, m_y, m_z für jede Legierung u im Inneren des Dreiecks sich wieder nach einer Hebelkonstruktion berechnen: Das mit den Massen m_i in den Ecken belastete und in u punktförmig unterstützte Dreieck soll im mechanischen Gleichgewicht sein. Kühlen wir weiter ab, schrumpft L zu einem Punkt zusammen, in dem *Vierphasengleichgewicht* zwischen der Schmelze und den drei Eckmischkristallen besteht (nach der Phasenregel ohne weiteren Freiheitsgrad). Das ist der ternäre eutektische Punkt. Bei noch tieferer Temperatur haben wir dann Gleichgewichte zwischen den 3 Mischkristallen, wie Abb. 5.24 zeigt. Das vollständige ternäre Diagramm ist in Abb. 5.25 zu sehen.

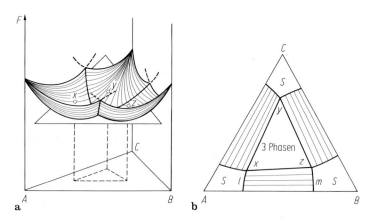

Abb. 5.24. Ein Dreiphasengleichgewicht im ternären System wird mittels der Tangentialebene ermittelt (**a**) und im isothermen Schnitt dargestellt (**b**). $(l - m)$ = Konode

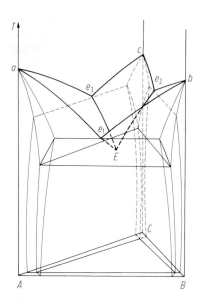

Abb. 5.25. Perspektivische Darstellung eines ternären Zustandsdiagramms mit ternärem eutektischem Punkt E

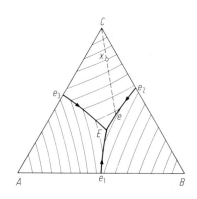

Abb. 5.26. Projektion der Liquidusfläche des ternären Diagramms der Abb. 5.25 auf die Grundfläche

Will man den Erstarrungsvorgang verfolgen, wie wir es für binäre Systeme in 4.5.1.1 getan haben (vollständige Gleichgewichtseinstellung vorausgesetzt), so projiziert man sich am besten die *Liquidusfläche* auf die Konzentrationsebene, Abb. 5.26. Die „Höhenschichtlinien" geben gleiche Liquidus-Temperaturen T_i an. Der ternäre eutektische Punkt E liegt am tiefsten. Auf ihn führen die eutektischen „Rinnen" $e_i E$ hinunter. Eine Legierung der Zusammensetzung x scheidet zuerst C-reiche Mischkristalle ab bei der Abkühlung unter T_L. Die Schmelze bewegt sich etwa auf der Kurve xe, bis sie die Rinne $e_2 E$ erreicht. Dort werden C- und B-reiche Mischkristalle in ähnlicher Weise abgeschieden, wie in einem binären Eutektikum. Schließlich erreicht die Schmelzzusammensetzung den Punkt E, wo ihr Rest zum ternären Eutektikum erstarrt. Es gibt also 3 ganz verschiedene Stadien der Erstarrung, nämlich von einer, zwei und drei Phasen nacheinander bei derselben Schmelze.

Manchmal werden auch vertikale Schnitte durch ternäre Diagramme benutzt, was aber den Nachteil hat, daß man die Zusammensetzungen der auftretenden Phasen nicht erkennen kann. Wird aber ein binäres Diagramm durch eine intermetallische Verbindung β in der in 5.6 gezeigten Weise in eines zwischen Aβ und eines zwischen βB unterteilt, so unterteilt sich oft auch das ternäre Diagramm entlang βC und ein Schnitt, der dieses „quasibinäre Randsystem" darstellt, ist informativ und einfach. Bei ternären Systemen und erst recht bei quaternären sind topologische Überlegungen und analytische Darstellungen von großer Bedeutung. Zum Beispiel unterscheiden sich nach R. Vogel und G. Masing benachbarte Phasenbereiche in ternären Systemen nur um eine Phase, während die anderen Phasen gleich bleiben. Die Regel läßt sich auf n-näre Systeme erweitern [5.11]. Eine gewisse Vereinfachung der Zustandsdiagramme mit $n > 3$ könnte darin liegen, daß es wahrscheinlich keine quaternären intermetallischen Verbindungen gibt, so daß zur Berechnung der höheren Mehrstoffsysteme die Kenntnis der thermochemischen Daten der Randsysteme ausreichen würde, Lange Zeit wurde ein Metallkundler als jemand definiert, der Zustandsdiagramme lesen kann. Die Thermodynamik ist dabei eine unerläßliche Hilfe.

6 Strukturen metallischer Phasen und ihre physikalische Begründung

6.1 Zwei wichtige binäre Systeme

6.1.1 Kupfer-Zink („Messing") [2.1]

Abbildung 6.1 zeigt das Zustandsdiagramm, das durch eine Kaskade von 5 Peritektika gekennzeichnet ist, die von der Kupfer- zur Zinkseite fällt. Die δ-Phase bei 73 At.-% Zink zerfällt bei Abkühlung in γ und ε in einer eutektoiden Reaktion (s. Abschn. 9.5).

Die α-Phase ist kubisch-dichtest gepackt, also kubisch-flächenzentriert (kfz) wie Kupfer; die β-Phase ist kubisch-raumzentriert (krz). Unterhalb von 468 bis 454 °C bildet sich in der β'-Phase eine geordnete Verteilung der zu je etwa 50% vorhandenen Kupfer- und Zink-Atome auf die Gitterplätze des krz Gitters aus, wie Abb. 6.2 zeigt. Es fällt auf, daß sich das β-Feld oberhalb der β'-β-Umwandlungstemperatur mit zunehmender Temperatur verbreitert, und daß die primäre Löslichkeit von Zink in Kupfer damit rückläufig („retrograd") wird – im Gegensatz zu Gl. (5-22). Der mit der Entordnung verbundene Entropiegewinn stabilisiert offenbar β, senkt die F_β-Parabel mit wachsender Temperatur stärker

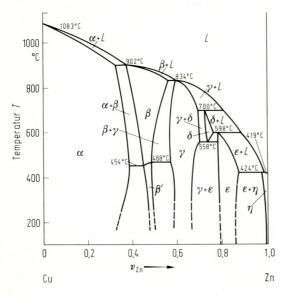

Abb. 6.1. Zustandsdiagramm Kupfer–Zink [2.1]

6.1 Zwei wichtige binäre Systeme

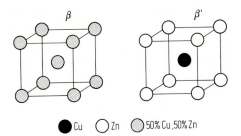

Abb. 6.2. Besetzung der Gitterplätze in β-und β'-Messing

ab, als F_α und F_γ sinken. Die γ-Phase ist komplex-kubisch mit 52 Atomen pro Elementarzelle. Man kann sie sich aus $3 \times 3 \times 3$ Elementarzellen des krz β'-Messing hergestellt denken, in dem man 2 Atome entfernt und die restlichen etwas verschiebt. Auch δ hat eine sehr große und komplizierte kubische Elementarzelle. ε und η sind dagegen von hexagonaler Struktur, „hdp", was wörtlich „hexagonal dichtest-gepackt" heißt. hdp setzt eigentlich ein „ideales" Achsenverhältnis $(c/a)_{id} = \sqrt{8/3} = 1{,}633$ voraus, wohingegen das von ε „unterideal" ist, das von η „überideal", siehe Abb. 6.3 für ein idealisiertes Messing-Diagramm. Hier ist sogar eine dritte hdp Phase, ζ, statt β eingetragen, mit nahezu idealem Achsenverhältnis. Diese Phase erscheint bei CuZn nur martensitisch (s. Kap. 13) nach Verformung bei tiefer Temperatur, während sie bei messing-analogen

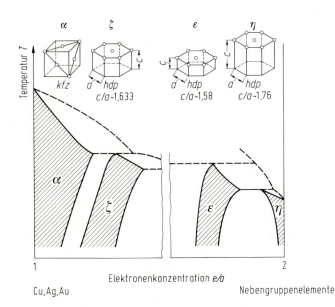

Abb. 6.3. Idealisiertes Zustandsdiagramm der Messing-ähnlichen Legierungen mit Zustandsbereichen der kfz und hdp Phasen

Legierungen, wie Ag–Cd, durchaus bei ähnlichen Temperaturen stabil ist wie es ε und η sind. Die unterschiedlichen c/a machen also aus diesen hdp Strukturen verschiedene Phasen.

Die wesentliche Aufgabe dieses Kapitels ist es, die Vielfalt von Strukturen, die schon in einfachen binären Zustandsdiagrammen auftreten, in einen systematischen Zusammenhang zu bringen und ihre Existenz physikalisch zu begründen. Es handelt sich dabei zweifellos nur um erste Ansätze einer Theorie von Legierungsstrukturen, um „Strukturargumente"; mehr ist hier nicht möglich. Vorab müssen wir noch ein zweites wichtiges System besprechen, bei dem schon das reine Metall mehrere stabile Phasen besitzt und das andere Element zunächst auf Zwischengitterplätzen aufnimmt.

6.1.2. Eisen-Kohlenstoff („Stahl") [6.1, 6.2]

Abbildung 6.4 zeigt das Zustandsdiagramm einmal im Gleichgewicht mit Graphit, zum anderen mit der ziemlich stabilen Verbindung Fe_3C, „Zementit". (Fe_3C ist orthorhombisch und hat eine Elementarzelle aus 12 Fe- und 4 C-Atomen.) Die Unterschiede der beiden Zustandsdiagramme sind i. allg. klein, wenn man es nicht mit Gußeisen, d. h. mit niedrigschmelzenden Fe–C-Legierungen in der Umgebung des Eutektikums (17,3 At.-% C) zu tun hat. Das Eutektikum („Ledeburit") und die eutektoide Reaktion (Bildung von „Perlit"), die bei 3,61 At.-% C durch die Allotropie des Eisens bedingt ist, bestimmen im wesentlichen dieses Zustandsdiagramm. Dazu kommt eine peritektische Reaktion bei hohen Temperaturen und kleinen C-Gehalten sowie eine nicht eingezeichnete metastabile Phase bei tiefer Temperatur, „Martensit". (Diese wird ausführlich in Kap. 13 behandelt werden.)

Reines Eisen ist unterhalb von 911 °C (α-Eisen, „Ferrit") und oberhalb von 1400 °C (δ-Eisen) kubisch-raumzentriert, dazwischen kubisch-flächenzentriert (γ-Eisen, „Austenit"). δ stellt offenbar die Hochtemperatur-Fortsetzung von α dar. Die ferromagnetische Umwandlung in α bei $T_{CF} = 768$ °C ist von zweiter Ordnung, ergibt selbst keine neue Phase, bedingt aber die (γ → δ)-Umwandlung, wie F. Seitz und Cl. Zener aus einer scharfsinnigen Analyse der spezifischen Wärme erschlossen haben. γ-Eisen ist unterhalb von 80 K antiferromagnetisch, wie Beobachtungen an kfz Eisenteilchen zeigen, die in Kupfer stabilisiert wurden. Das ist erstaunlich, denn die kfz Struktur erlaubt keine räumliche Anordnung von antiparallelen Spins bei allen NN (im Gegensatz zur krz Struktur!), weil NN eines kfz Atoms auch NN untereinander sind. Beide magnetischen Umwandlungen stabilisieren ihre Gitterstrukturen bei tiefen Temperaturen, wobei offenbar die ferromagnetische Energieabsenkung größer ist, da α bei $T = 0$ stabil ist. Bei hohen Temperaturen bewirkt die Entropie der magnetischen Entordnung, d. h. die bei T_{CF} aufzubringende Extra-spezifische-Wärme c_v, ebenfalls eine Stabilisierung der zugrunde liegenden Strukturen. (Nach der Thermodynamik ist $S = -\partial F/\partial T = \int (c_v/T) dT$.) Abbildung 6.5 zeigt diese c_v-Kurven für kfz und krz mit einigen Extrapolationen, die aber von substitutionellen Legierungen des Eisens her gut möglich sind. Aus diesen erhält man die

6.1 Zwei wichtige binäre Systeme

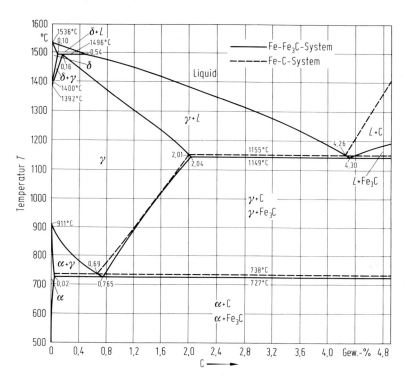

Abb. 6.4. Zustandsdiagramm Eisen–Kohlenstoff (Graphit, gestrichelt; ausgezogene Linien im Gleichgewicht mit Fe$_3$C) [5.8]

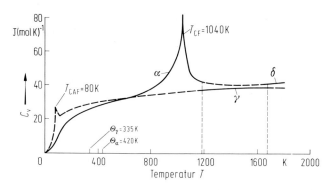

Abb. 6.5. Spezifische Wärmen C_V pro Mol für α- und γ-Eisen. (Nach [6.2] und [6.4])

Freien Energien der beiden Phasen F_α, F_γ und $\Delta F^{\alpha\gamma} = F_\alpha - F_\gamma$, wie in Abb. 6.6 gezeigt. γ ist stabil, wo $\Delta F^{\alpha\gamma} > 0$ ist und umgekehrt. Zener zerlegt $\Delta F^{\alpha\gamma}$ in zwei Anteile:

Der eine, „NM", wird von tiefen Temperaturen her extrapoliert und rührt einerseits von der größeren spezifischen Schwingungswärme von γ her, d. h.

zufolge $c_v \sim (T/\Theta)^3$ von dessen kleinerer Debyetemperatur Θ. Andererseits stabilisiert auch die zur Zerstörung der antiferromagnetischen Ordnung aufzuwendende spezifischen Wärme die γ-Struktur. Obwohl diese beiden Einflüsse die spezifische Wärme von γ *bei tiefer Temperatur* größer als die von α werden lassen, wirken sie sich durch den Prozeß der zweimaligen Integration erst *bei hoher Temperatur* auf F_γ aus, so daß Eisen schließlich bei 911 °C von α in γ übergeht. Warum bei tiefer Temperatur überhaupt α-Eisen stabil ist, obwohl es die kleinere spezifische Wärme hat, ergibt sich aus obigen (Entropie-) Betrachtungen nicht. Thermochemische Überlegungen führen L. Kaufman [6.4] zu dem Schluß, daß ein sich nicht ferromagnetisch ordnendes Eisen bei tiefer Temperatur hdp Struktur hätte. Ein solches Eisen wird unter 150 bar hydrostatischen Drucks beobachtet, der sich damit als wichtiger zusätzlicher Parameter bei der Untersuchung der Stabilität metallischer Phasen erweist. Es ist also der Ferromagnetismus, der die Innere Energie von α bei tiefer Temperatur soweit absenkt, daß α die stabile Tieftemperaturphase (bei Atmosphärendruck) ist.

Bei der ferromagnetischen Curie-Temperatur T_{CF} ist wiederum Extra-spezifische-Wärme zur Spinentordnung aufzubringen. Dadurch sinkt F_α ab und die in Abb. 6.6 aufgetragene Differenz $\Delta F^{\alpha\gamma}$ ändert sich in entgegengesetzter Richtung zum Verlauf bei tiefer Temperatur. Zener beschreibt das durch einen 2., ferromagnetischen Anteil $\Delta F^{\alpha\gamma}_{FM}$, den er in Abb. 6.6 dem Tieftemperaturast $\Delta F^{\alpha\gamma}_{NM}$ überlagert. Ersterer stabilisiert bei hoher Temperatur wieder α (d. h. δ). Das kann man durch folgende Abschätzung zeigen: Wegen der drei möglichen Einstellungen jedes atomaren magnetischen Momentes im Gitter im entordneten Zustand ist der magnetische Entropiegewinn am Curiepunkt $\Delta S = R \ln 3 = 9{,}1$ J/(mol·K), was der Änderung der Steigung $\partial \Delta F/\partial T = -\Delta S$ der Kurve in Abb. 6.6 von $+5{,}9$ J/(mol·K) unterhalb von T_{CF} auf $-2{,}9$ J/(mol·K) weit oberhalb entspricht. Nicht die nächste Phasenumwandlung oberhalb von T_{CF},

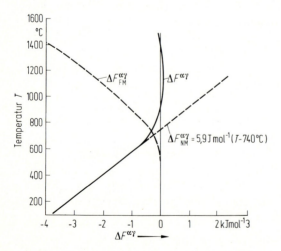

Abb. 6.6. Differenz der Freien Energien für α- und γ-Eisen und ihre Aufspaltung nach Cl. Zener [6.2]

sondern erst die übernächste ($\gamma \to \delta$) wird also durch den bei T_{CF} ablaufenden Prozeß quantitativ bestimmt! Auch wird die Temperatur der ($\alpha \to \gamma$)-Umwandlung durch die ferromagnetische erhöht, wie Abb. 6.6 zeigt.

Der *Zusatz von Kohlenstoff* erweitert offenbar das γ-Feld, verringert (schließt) den Existenzbereich von α auf der Temperaturachse. Maximal 8,9 At.-% C lösen sich in γ (häufiger als 2,0 Gewichts-% angegeben), aber nur 0,095 At.-% (0,02 Gew.-%) C in α. Das liegt an der Größe der *Zwischengitterplätze*, die in der kfz bzw. krz Struktur zur Verfügung stehen und eingenommen werden: Abbildung 6.7a zeigt die Oktaederlücke in γ, die größte, die in der kfz Struktur zur Verfügung steht, Abb. 6.7b die Oktaederlücke in α. Hier stünde eine etwas größere, die Tetraederlücke, zur Verfügung (Abb. 6.7c), die aber im wesentlichen nicht eingenommen wird. Der Radius des C-Atoms ist 0,08 nm, der der Oktaederlücke in γ ist 0,052 nm; der Radius der Oktaederlücke in α ist 0,019 nm (im Gegensatz zu 0,036 nm für die Tetraederlücke). Alle Abschätzungen setzen kugelförmige Eisen-Ionen voraus, die sich gerade berühren (also anders als in Abb. 6.7 gezeichnet!). Der Vorteil der α-Oktaederlücke ist offenbar ihre Anisotropie, die beim Einbau des C-Atoms im wesentlichen nur 2 Eisen-Ionen zu verschieben zwingt, im Gegensatz zu der isotropen Tetraederlücke zwischen 4 Eisen-Ionen in Abb. 6.7c.

Die Anisotropie der Verzerrung um ein C-Atom in α-Eisen veranlaßt dieses, unter einer einachsigen äußeren Zugspannung (z. B. in einer waagerechten Würfelrichtung, Abb. 6.7b) seinen Platz zu wechseln, um die äußere Gitterdehnung zur Verminderung seiner Verzerrungsenergie zu benutzen. Eine äußere Spannung in $\langle 111 \rangle$-Richtung hat dagegen keinen Platzwechsel des C-Atoms zur Folge, da sie alle 3 Würfelrichtungen gleich beansprucht, die ja im statistischen Mittel gleich häufig von C-Atomen besetzt sind. Diese C-Platzwechsel geben zu *anelastischen Effekten* („Snoekeffekt") im Sinne von Abschnitt 2.7 Anlaß und werden in großem Umfang zur Messung des C-Gehaltes von α-Eisen wie auch der Platzwechselhäufigkeit (Diffusion) von C in α-Fe benutzt (s. Abschn. 8.2.3). In γ-Eisen gibt es wegen der symmetrischen Lücke natürlich keinen solchen

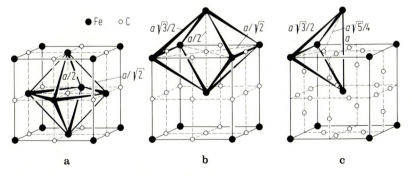

Abb. 6.7a–c. Zwischengitterplätze für Kohlenstoff in Eisen. **a** Oktaederlücke in γ-(kfz)-Eisen; **b** Oktaeder-Lücke; **c** Tetraeder-Lücke in α-(krz)-Eisen

Effekt. Die lokalen tetragonalen Verzerrungen von α-Fe durch Kohlenstoff geben Anlaß zu hoher Festigkeit, besonders auch im Martensit, der metastabilen Tieftemperaturphase, die durch Gleichrichtung aller durch Kohlenstoffatome hervorgerufenen dipolartigen Verzerrungsfelder sogar eine tetragonal raumzentrierte Struktur hat (s. Kap. 13).

Abschließend sei hier noch angedeutet, daß *ternäre Eisenlegierungen* mit interstitiellen C-Atomen und weiteren substitutionellen Legierungszusätzen

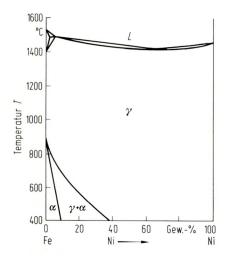

Abb. 6.8. Zustandsdiagramm Eisen–Nickel

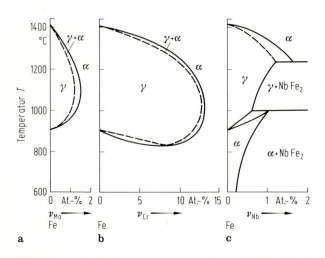

Abb. 6.9a–c. Geschlossene γ-Bereiche in den Zustandsdiagrammen. **a** FeMo; **b** FeCr; **c** FeNb

6.1 Zwei wichtige binäre Systeme

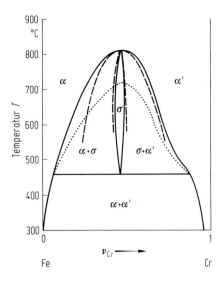

Abb. 6.10. Zustandsdiagramm Eisen–Chrom unterhalb 900 °C nach O. Kubaschewski. (Ausgezogene Kurven thermochemisch, gestrichelte metallographisch erhalten. Die punktierte Kurve wurde aus den thermochemischen Messungen für den Zerfall des krz Mischkristalls in $(\alpha + \alpha')$ berechnet.)

z. B. als „Edelstähle" technisch eine große Rolle spielen. Diese Zusätze verändern das γ-Feld in verschiedener Weise:

a) Die „γ-Öffner" wie Ni, Co, Mn ergeben austenitische, also nichtferromagnetische, oft gut verformbare und rostfreie Stähle (Abb. 6.8).
b) Die „γ-Schließer" (oder Verenger) Al, Si, Ti, Mo, V, Cr, Nb bilden Karbide und intermetallische Phasen mit α-Eisen (Abb. 6.9).

γ-Eisen und Nickel sind beide kfz, sie bilden eine vollständige Mischkristallreihe über einen weiten Temperaturbereich, abgesehen von der Bildung der Ordnungsphase FeNi$_3$ unterhalb von 500 °C. α-Eisen und Chrom sind beide krz, auch sie bilden eine vollständige Mischkristallreihe bei hohen Temperaturen. Bei 815 °C tritt aber zuerst die intermetallische σ-Phase auf, siehe Abb. 6.10 und Abschn. 6.4.3. Außerdem zeigen thermochemische Messungen von O. Kubaschewski eine wirkliche Entmischungstendenz in diesem System, zwei krz Phasen α, α', die metallographisch und daher auch im Zustandsdiagramm gar nicht sichtbar werden, wohl aber in neueren FIM-Untersuchungen [2.28].

Zener hat die Veränderung des γ-Feldes durch substitutionelle („sub") Zulegierung auf das $\Delta F^{\alpha\gamma}(T)$-Diagramm, Abb. 6.6, zurückgeführt: Der Zusatz wird entweder α oder γ begünstigen, $\Delta F^{\alpha\gamma}$ negativer oder positiver machen, und zwar in erster Näherung linear in der Zusatzkonzentration c_{sub}. Man kann also die $\Delta F^{\alpha\gamma}$-Achse in Abb. 6.6 als c_{sub}-Koordinate ansehen, und damit das $\Delta F^{\alpha\gamma}(T)$-Diagramm als (doppeltes) Zustandsdiagramm. Statt $\Delta F^{\alpha\gamma} > 0$ ist die Konzentration der γ-Schließer aufgetragen zu denken, die α begünstigen, und man sieht den γ-„Bauch" z. B. von FeMo, Abb. 6.9a, vor sich. Statt $\Delta F_{\alpha\gamma} < 0$ steht die Konzentration der γ-Öffner wie Nickel, siehe Abb. 6.8. Einen „Hängebauch" wie für FeCr, Abb. 6.9b, erhält man, wenn man berücksichtigt, daß Chrom-Zusatz außerdem die Curie-Temperatur von Eisen zunehmend absenkt.

6.2 Strukturen reiner Metalle und elastische Instabilitäten

Wenn wir verstehen wollen, warum bestimmte Strukturen in binären Legierungssystemen auftreten, müssen wir zunächst die Strukturen der reinen Metalle physikalisch begründen. Das ist eine Aufgabe der Elektronentheorie der Metalle, die jedoch noch weitgehend ungelöst ist, selbst wenn man nur die „einfachen" Metalle des periodischen Systems betrachtet. Der Grund dafür ist wohl, daß die Bindungsenergie E_0 eines Metalls von seiner Struktur, d. h. Atomanordnung weitgehend unabhängig ist. Zum Beispiel macht die Umwandlungswärme von Natrium von der krz zur hdp Struktur (bei 36 K) nur $E_0/1000$ aus. Es sind also sehr gute Modelle und genaue Rechnungen erforderlich, bevor man voraussagen kann, welche Struktur ein bestimmtes Metall aus energetischen Gründen haben sollte. Die Frage ist nicht so „akademisch", wie manche Festkörperphysiker geneigt sind anzunehmen, „da man die stabile Struktur sowieso kenne". Den Metallkundler interessiert, *wie stabil* die Struktur ist – *relativ zu anderen* möglichen, die beim Zulegieren begünstigt werden können. Bei allotropen Umwandlungen wird die Freie-Energie-Differenz zwischen den verschiedenen Modifikationen außerdem direkt als treibende Kraft der Umwandlung sichtbar.

Zur Berechnung der Energie eines Metalls, das durch s- und p-Elektronen gebunden ist, wird heute in großem Umfang die *Pseudopotential-Methode* benutzt [6.3]. Sie erlaubt es, die Elektronen als nahezu Freie Elektronen zu beschreiben, indem sie von einem schon durch Elektronen abgeschirmten effektiven Potential der Ionenrümpfe ausgeht. Dieses ist dann klein gegen die Fermienergie, was eine Störungsrechnung erlaubt. In der neuerdings meist verwendeten Dichte-Funktional-Theorie gelingt es, auch wesentliche Austausch- und Korrelationsterme der Elektronenwechselwirkung in ein lokales Potential einzubeziehen [6.16]. Die Elektronenenergie ist im wesentlichen nur vom spezifischen *Volumen* des Metalls abhängig, das ja in der Tat von Änderungen der *Struktur* wenig berührt wird (s. Abschn. 6.4). Der nächstkleinere Energiebeitrag läßt sich durch ein kugelsymmetrisches zwischenatomares Wechselwirkungspotential („Paarpotential") ausdrücken, von dem wir im folgenden noch Gebrauch machen werden. Leider versagt die Methode, sobald d- oder f- Elektronen beteiligt werden, und das ist bei fast allen metallkundlich interessanten Elementen der Fall. Hier gibt es bisher kaum elektronentheoretische Abschätzungen der strukturabhängigen Energiebeiträge. Sie geben von der sog. *Tight-binding*-Näherung auf der Basis atomarer d-Orbitale aus [6.15]. Danach findet man einen systematischen Gang in den Strukturen, wenn man von der oben beschriebenen typisch metallischen zur kovalenten Bindung übergeht, siehe dazu Kittel [1.1]. Unsere Diskussion hier muß sich auf derartige qualitative Gesichtspunkte beschränken. Auch müssen wir Entropiebeiträge, hier die der Gitterschwingungen, berücksichtigen, wenn wir die Stabilität bestimmter Strukturen bei endlicher Temperatur untersuchen wollen. Natürlich muß auch das Gitterschwingungsspektrum im Prinzip aus einer Elektronentheorie folgen als

Reaktion des Elektronensystems auf Gitterverzerrungen. Wir hatten im vorigen Abschnitt, am Beispiel des Eisens, schon den strukturbestimmenden Einfluß der ferromagnetischen Ordnungsentropie kennengelernt. Vom empirischen Standpunkt sind die Umwandlungswärmen allotroper Strukturänderungen besonders interessant, weil sie den strukturellen Anteil der Bindungsenergie sichtbar werden lassen.

6.2.1 Dichteste Packungen

Bei reinen Metallen sind zwei Formen dichtester Atompackungen ($n = 12$ NN) realisiert, kfz und hdp. Erstere tritt bei den Edelmetallen der I. Gruppe: Cu, Ag und Au auf, aber auch z. B. bei den diesen benachbarten Übergangsmetallen der Gruppe VIII und dem dreiwertigen Aluminium (s. Tab. 6.1). Letztere ist mit nahezu *idealem Achsenverhältnis* im wesentlichen nur bei Übergangsmetallen wie Kobalt (Gr. VIII, unterhalb 450 °C) und dem zweiwertigen Magnesium vorhanden. „hdp" Strukturen mit nicht-idealem Achsenverhältnis haben z. B. die zweiwertigen Elemente Zink ($c/a = 1,86$) und Cadmium (1,89). Hier hat man es eigentlich nur mit 6 NN (in der Basisebene) zu tun und sieht einen Einfluß der $n = (8 - N)$-Regel, N = Gruppennummer im Periodischen System, siehe 6.2.4. Kfz und hdp Strukturen sind als dichteste Kugelpackungen eng miteinander verwandt und unterscheiden sich nur in der Stapelfolge der $\{111\}$-Ebenen, siehe Abb. 6.11. In der kfz Struktur werden nacheinander die Plätze *ABCABC* von in $\langle 111 \rangle$-Richtung aufeinanderfolgenden dichtesten Ebenen besetzt, in der hdp *ABABAB*. Eine Verschiebung in einer $\{111\}$-Ebene um den Vektor $a/6 \langle 112 \rangle$ führt einen („intrinsischen") Stapelfehler in die kfz Struktur ein, d. h. eine hdp Schicht atomarer Dicke: $ABCAB|ABCABC$. In der hpd Struktur entsteht analog ein Stapelfehler $ABAB|CAC$. Die Stapelfehlerenergie γ pro cm² Stapelfehlerfläche mißt (in zwei Dimensionen) den (Freien) energetischen Unterschied der beiden Packungen. Bei der Temperatur einer allotropen Umwandlung kfz–hdp (wie bei Co) wird $\Delta F^{\alpha \gamma} \approx \gamma/a = 0$ (a = Abstand der $\{111\}$). In der Tat werden dann Stapelfehler häufig beobachtet. Je mehr die Bindung nur vom spezifischen Volumen des Metalls abhängig ist, desto kleiner sollte γ sein. Gerichtete (kovalente) Bindungsanteile bevorzugen bestimmte Atompackungen, was einem relativ hohen γ entspricht. Tabelle 6.2 gibt eine Reihe elektronenmikroskopisch gemessener Stapelfehlerenergien wieder (s. Abschn. 2.2.1.2).

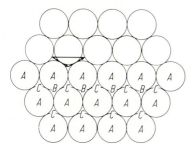

Abb. 6.11. Dichteste Atompackung in der (111)-Ebene (*A*) mit zwei Sorten besetzbarer Plätze in der nächsten Ebene: *B* oder *C*. Die eingezeichneten Vektoren *CB* bzw. *BC* führen Stapelfehler ein und setzen sich zu einer identischen Translation *CC* zusammen

Tabelle 6.1. Periodisches System (Auszug) mit

Gruppennr. Elektr. Konfig.	I A s^1	II A s^2	III A ds^2	IV A d^2s^2	V d^3s^2	VI A d^5s	VII A d^5s^2
	³Li kub 8 hex 12 [1,64]	⁴Be hex 12 [1,57]					
	¹¹Na kub 8 hex 12 [1,63]	¹²Mg hex 12 [1.62]					
	¹⁹K kub 8	²⁰Ca kub 8 kub 12	²¹Sc hex 12 kub 12	²²Ti kub 8 hex 12 [1,59]	²³V kub 8	²⁴Cr kub 8	²⁵Mn kub 8 kub 12 komplex
	³⁷Rb kub 8	³⁸Sr kub 8 hex 12 [1,64] kub 12	³⁹Y kub 8 hex 12 [1,57]	⁴⁰Zr kub 8 hex 12 [1,59]	⁴¹Nb kub 8	⁴²Mo kub 8	⁴³Tc hex 12 [1,60]
	⁵⁵Cs kub 8	⁵⁶Ba kub 8	⁵⁷⁻⁷¹La Selt. Erden kub 12 hex 12 [1,61-1,58]	⁷²Hf kub 8 hex 12 [1,58]	⁷³Ta kub 8	⁷⁴W kub 8	⁷⁵Re hex 12 [1,62]
				⁹⁰Th kub 8 kub 12		⁹²U kub 8 komplex	

Erläuterung: Kristallsysteme kub = kubische, hex = hexagonale, tetr = tetragonale, rh = rhombische, rhd = rhomboedrische oder komplexe Struktur
Mehrere übereinanderstehende Gitterstrukturen werden mit zunehmender Temperatur
Achsenverhältnisse [c/a]

Tabelle 6.2. Stapelfehlerenergie γ in mJ/m² bei 300 K bezüglich der stabilen Struktur

Cu	Ag	Au	Al	Ni	Co	Zn
60	20	40	200	130	25	250

L. Kaufman [6.5] hat aus thermodynamischen Messungen und einer Analyse binärer Zustandsdiagramme die Enthalpie $-\Delta H^{\alpha \to \zeta}$ — und Entropiedifferenz $\Delta S^{\alpha \to \zeta}$ für Übergangsmetalle in teilweise metastabiler kfz (α) und hdp (ζ) Struktur erschlossen. Die Ergebnisse zeigt Abb. 6.12. Interessanterweise hängen ΔH und ΔS im wesentlichen nur von der Gruppennummer ab, selten auch von

6.2 Strukturen reiner Metalle und elastische Instabilitäten

Kristallsystemen und Achsenverhältnisse

	VIII A			I B	II B	III B	VI B	V B	VI B
d^6s^2	d^7s^2	d^8s^2	$d^{10}s^1$	$d^{10}s^2$	s^2p	s^2p^2	s^2p^3	s^2p^4	
					⁵B komplex	⁶C kub 4 (Graphit 3)	⁷N hex 12 [1,65] kub 1 u. 7	⁸O kub 12 rhd 6 komplex	
					¹³Al kub 12	¹⁴Si kub 4	¹⁵P rh 3	¹⁶S komplex	
²⁶Fe kub 8 kub 12 kub 8	²⁷Co kub 12 hex 12 [1,62]	²⁸Ni kub 12	²⁹Cu kub 12	³⁰Zn hex 12 (6) [1,86]	³¹Ga rh 7 (1)	³²Ge kub 4	³³As rhd 3	³⁴Se komplex hex 2 [1,14]	
⁴⁴Ru hex 12 [1,58]	⁴⁵Rh kub 12	⁴⁶Pd kub 12	⁴⁷Ag kub 12	⁴⁸Cd hex 12 (6) [1,89]	⁴⁹In tetr 4	⁵⁰Sn tetr 4 kub 4	⁵¹Sb rhd 3	⁵²Te hex 2 [1,33]	
⁷⁶Os hex 12 [1,58]	⁷⁷Ir kub 12	⁷⁸Pt kub 12	⁷⁹Au kub 12	⁸⁰Hg rhd 6	⁸¹Tl kub 8 hex 12	⁸²Pb kub 12	⁸³Bi rhd 3	⁸⁴Po komplex kub 6	

⁹⁴Pu
6 Strukturen!

} mit Zahl der NN
angenommen.

der Periodennummer. Die Anomalie bei Co ist offenbar nicht einem magnetischen Energiebeitrag zuzuschreiben, da sowohl α wie ζ ferromagnetisch sind. Abbildung 6.12 kann noch um $\Delta H_{Al}^{\alpha \to \zeta} = 5476$ J/mol und $\Delta H_{Mg}^{\alpha \to \zeta} = 1944$ J/mol ergänzt werden. Man erkennt, daß bei Co ΔH und ΔS gleiches Vorzeichen haben, womit sich bei einer Temperatur T_u notwendigerweise die (ζ → α)-Umwandlung nach $\Delta H - T_u \Delta S = 0$ ergibt. Kobalt wird oberhalb 420 °C kfz. Am Anfang der langen Perioden fördert ΔH stark, und schwächer auch ΔS, die hdp Struktur, bei Co wirken sie gegeneinander, sonst in den Gruppen VIII und IA beide schwächer für die kfz Struktur. Wenn der Schmelzpunkt von Zink höher läge als $\Delta H/\Delta S = (-1880 \text{ J/mol})/(-1,7 \text{ J/mol K}) \approx 1100$ K (statt 730 K), dann würde Zink aus Entropiegründen die kfz Struktur annehmen (oder die krz Struktur nach Abb. 6.13).

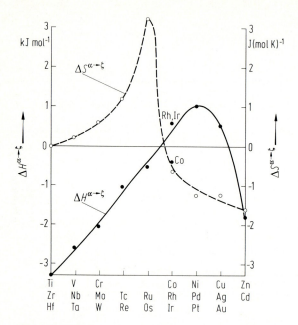

Abb. 6.12. Transformations-Enthalpien und -Entropien, die aufzuwenden sind, um 1 mol eines Übergangsmetalls aus der kfz (α-) in eine (ζ)-Struktur zu überführen. (Stabiles α ist u. a. durch $\Delta H_{\alpha \to \zeta} > 0$ und $\Delta S_{\alpha \to \zeta} < 0$ garantiert, ζ durch das umgekehrte Vorzeichen.) (Nach [6.4])

Erfreulicherweise ist die empirisch erschlossene Abb. 6.12 in jüngster Zeit auch in qualitativ ähnlicher Form elektronentheoretisch hergeleitet worden, allerdings unter einer ganzen Reihe von Annahmen [6.6]. Die Pseudopotentialmethode, die d- und f-Elektronen nicht berücksichtigt, gibt für Cu, Ag, Au hdp (oder krz) als die stabile Struktur, d. h. ein negatives γ (kfz), im Gegensatz zur Erfahrung. Die Bindung durch die (inneren) d-Elektronen hat Gemeinsamkeiten mit der kovalenten Bindung (s. Abschn. 6.2.3), wobei aber bei dichtesten Packungen jede atomare Wellenfunktion in mehreren interatomaren Bindungen beteiligt ist. Deshalb gibt es auch keine eigentliche Energielücke zwischen bindenden und lösenden d-Elektronenzuständen der Übergangsmetalle, wohl aber ein Minimum in der Mitte des d-Bandes, das in der spezifischen Elektronenwärme und anderen Eigenschaften sichtbar wird. Nach der Hundschen Regel werden die Elektronen des lösenden Teilbandes bis zur halben Besetzung mit einer, dann mit der anderen Spinrichtung eingebaut, was qualitativ den Verlauf des atomaren magnetischen Momentes mit der Zahl der d-Lücken erklärt („Slater"-Kurve), siehe [1.1, 6.8].

6.2.2 Kubisch raumzentrierte (krz) Struktur

Diese Struktur ist nicht so dicht gepackt (8 NN im Abstand $0{,}866a$, allerdings 6 weitere NNN im Abstand a). Sie kommt besonders bei den Übergangsmetallen der IV. und V. Gruppe vor im ganzen Temperaturbereich der festen

6.2 Strukturen reiner Metalle und elastische Instabilitäten

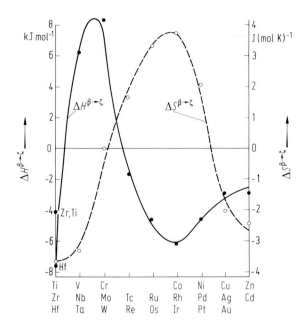

Abb. 6.13. Wie Abb. 6.12, jedoch für die Umwandlung krz (β) in hdp (ζ)

Phase. Es gibt eine Reihe allotroper Umwandlungen von krz (β) in dichteste Packungen als stabile Tieftemperaturphasen (α, ζ). Eisen haben wir schon besprochen. Weitere Beispiele sind Ti, Zr, Hf, aber auch Na ($T_u = 36$ K) und Li ($T_u = 72$ K). Letztere Umwandlungen sind besonders befriedigend für die Theorie, weil man bei diesen einfachsten Metallen mit je einem s-Elektron pro Atom am ehesten rein metallische, nur volumenabhängige Bindung und dichteste Packung erwarten sollte. Auch für diese Struktur lassen sich thermochemisch wieder relative Stabilitätsgrößen $\Delta H^{\beta \to \zeta}$, $\Delta S^{\beta \to \zeta}$ angeben, Abb. 6.13. Danach wirken bei Hf, Zr, Ti ΔH und ΔS gegeneinander: *Die krz Struktur dieser Elemente bei erhöhter Temperatur ist nur entropie-stabilisiert.* Dasselbe gilt offenbar für δ-Eisen, Na, Li (und für viele krz Legierungen). Die Gründe hierfür wollen wir nun untersuchen.

Wir betrachten zunächst einen kubisch primitiven Kristall, dessen NN Atome durch Federn verbunden sind, Abb. 6.14. Wir können diesen Kristall ohne Beanspruchung der Federn auf die Basisebene zusammenklappen. Das Gitter ist also hinsichtlich dieser Bewegung instabil. Dasselbe ist für ein krz Gitter auf der {110}-Ebene für Schiebung in $\langle 110 \rangle$-Richtung der Fall, Abb. 6.15. Solange also die Bindung durch *Zentralkräfte* vermittelt wird, die mit der Entfernung rasch abfallen, (das ist eine realistische Näherung, siehe [6.3]), so daß die Bindung im wesentlichen zwischen NN lokalisiert ist, ist das krz Gitter scherinstabil auf der {110}-Ebene. Es klappt *bei tiefer Temperatur* in eine dichtere Packung zusammen (Martensitumwandlung, siehe Kap. 13). Bei *hoher Temperatur* dagegen gehört zu einer Gitterbewegung geringer Steifigkeit, d. h. zu

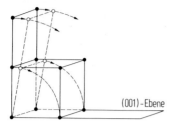
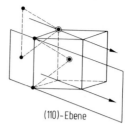

Abb. 6.14 und 6.15. Instabilität hinsichtlich einer Scherung beim kub. primitiven (Abb. 6.14) und krz Gitter (Abb. 6.15) bei Nächster-Nachbar-Wechselwirkung mit Zentralkräften

einer Gitterschwingung kleiner Frequenz, eine hohe *Schwingungsentropie* („Lageunbestimmtheit"), die diese Struktur thermodynamisch stabilisiert. (Man zeigt in der Theorie der Gitterschwingungen, daß die Schwingungsentropie bei hohen Temperaturen wie $k \ln(kT/\hbar\omega_j)$ singulär wird, wenn die Schwingungsfrequenz ω_j gegen Null geht [6.7].) Nach J. Friedel [6.7a] hat das krz Gitter eine höhere Schwingungsentropie als das kfz schon wegen seiner geringeren Zahl von NN, die kleinere Schwingungsfrequenzen ω_j zur Folge hat.

6.2.3 (8-N)-Strukturen [2.1]

Die bekannte Stabilität der 8er-Elektronenschalen (Edelgaskonfiguration) von Atomen führt zu charakteristischen Kristallstrukturen bei den Elementen der IV. bis VI. Haupt-(B)-Gruppe des Periodischen Systems. Die Atome bilden kovalente Bindungen wie beim Heitler-Londonschen H_2-Molekül (s. [1.1]): Sie tauschen Elektronen entgegengesetzten Spins aus und vervollständigen damit ihre atomaren Elektronenschalen. Ein 4wertiges Atom erhält eine vollständige 8er-Schale durch kovalente Bindungen zu 4 NN, ein 5-wertiges zu 3 NN, ein 6-wertiges zu 2 NN. Hume-Rotherys $(8 - N)$-*Regel* besagt also, daß im Falle kovalenter Bindung sich bei Elementen der Gruppe N eine solche Struktur ausbildet, daß jedes Atom $(8 - N)$ Nachbarn hat. Kovalente Bindung tritt vor allem bei Elementen der vor den Edelgasen stehenden Gruppen auf, von denen die in Gruppe IV–VI(B) meist Metalle und Halbleiter sind. Es tritt nämlich oft eine Energielücke zwischen bindenden und lösenden Elektronen-Zuständen im Kristall auf (antiparalleler und paralleler Spin beim H_2-Molekül); dann ist der Kristall bei gerader Elektronenzahl ein Halbleiter (s. [1.1]).

In der IV. Gruppe haben C, Si, Ge (und graues Zinn) Diamantstruktur, in der jedes Atom tetraederförmig von 4 Atomen umgeben ist, Abb. 6.16. Sie entsteht aus der kfz Struktur durch doppelte Besetzung der {111}-Ebene in ⟨111⟩-Richtung, entsprechend einer Stapelfolge $A\alpha B\beta C\gamma A\alpha B\beta$, Abb. 6.17. Die Struktur ist relativ offen: Sich berührende Kugeln füllen hier nur 34% des Raumes, verglichen mit 74% bei den dichtesten Packungen. (Blei, ebenfalls in der IV. Gruppe, ist ein kfz Metall, folgt also nicht der $(8 - N)$-Regel.) Diese versagt auch In der III. Gruppe mit dem kfz Metall Al und dem hdp/krz Tl und den Metallen Ga und In, die komplizierte Strukturen haben (Ga 7 NN, In 4 NN,

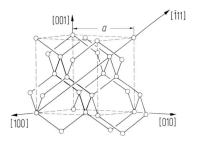

Abb. 6.16. Die kubische Einheitszelle der Diamantstruktur

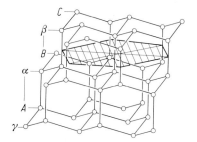

Abb. 6.17. Die Stapelfolge der {111}-Ebenen der Diamantstruktur

siehe Tabelle 6.1). Zwei der Diamantstruktur verwandte Strukturen, Sphalerit und Wurtzit, werden von sog. *III–V-* und *II–VI-Verbindungen* gebildet, bei denen die eine Hälfte der Atome (von der Gruppe III (II)) die Plätze der Ebenen AB... und die andere Hälfte (von der Gruppe V(VI)) die Plätze der Ebenen $\alpha\beta$... einnehmen. Die mittlere Elektronenzahl pro Atom, 4, folgt pauschal wieder der $(8-N)$-Regel. (Bei Wurtzit ist die Stapelfolge hdp $A\alpha B\beta A\alpha$...) Der Elektronenausgleich zwischen III- und V-wertigem Atom erfolgt in Wirklichkeit nur teilweise; diese Verbindungen haben einen ionischen Bindungsanteil, z. B. GaAs, ZnO, siehe [1.1]. In der Gruppe V haben As, Sb, Bi eine rhomboedrische Struktur, die aus der kubisch-primitiven durch eine derartige Verzerrung entsteht, daß 3 (statt 4) NN erzeugt werden. Se und Te aus der VI. Gruppe haben trigonale Kettenstruktur mit 2 NN. Es ist hier nicht beabsichtigt, eine vollständige Analyse der Strukturen im Periodischen System zu versuchen, sondern nur an metallkundlich interessanten Beispielen den Zusammenhang zwischen Struktur und Bindung zu erläutern, der nun eine gewisse Ordnung in die in binären Legierungen auftretenden Strukturen bringen soll.

6.3 Hume-Rothery-Phasen und Elektronen in Legierungen

6.3.1 Hume-Rotherysche Regeln [6.9]

W. Hume-Rothery und Mitarbeiter haben nach Untersuchungen hauptsächlich an Cu und Ag eine Reihe von Regeln aufgestellt, die die Faktoren erkennen lassen, die das Auftreten bestimmter Strukturen in gewissen Konzentrationsbereichen binärer AB-Legierungen begünstigen.

a) Ist der *Atomradius* r_B von B mehr als 15% verschieden von dem von A, r_A, so wird die α-Phase (Struktur von A) schon bei geringen B-Zusätzen instabil. Wir werden dies in 6.4 auf einen Grenzwert der elastischen Verzerrungsenergie relativ zu kT zurückführen. Bei gewissen größeren Atomgrößenfaktoren $\delta = (r_B - r_A)/r_A$ können aber Verbindungen energetisch günstig sein (s. Abschn. 6.4). Auch metallene Gläser sind dann u. U. besonders stabil.

b) Ist B wesentlich stärker „*elektronegativ*" als A, d. h. zieht in einer A-B-Bindung B Elektronen stärker an als A, so kommt es zur Ausbildung charakteristischer Verbindungen A_xB_y im Sinne der Chemie, die einen ionischen Bindungsanteil besitzen. Es ist schwierig, die Elektronegativität (EN) eines Atoms quantitativ-begründet zu fassen. Bringt man zwei makroskopische Stücke der Metalle A und B in Kontakt, so gleichen sich die chemischen Potentiale der Elektronen (d. h. die Fermienergien) aus, $E_{FB} = E_{FA}$, indem Ladung zum elektronegativeren Metall hinüberfließt. E_{FA} ist also ein Maß für die Elektronegativität EN_A des Partners *A* der Verbindung. Die exotherme Bildungswärme der (ionischen) Verbindung ist nach L. Pauling proportional zu $\varepsilon = -(EN_A - EN_B)^2$. Für Beispiele solcher Strukturen siehe 6.5. Es werden in neuerer Zeit zahlreiche Versuche gemacht, die Existenzgebiete bestimmter Typen von intermetallischen Verbindungen in Form zweidimensionaler Strukturkarten darzustellen [6.15]. Ihre mehr oder weniger willkürlich gewählten Variablen sind natürlich Funktionen der Atomgröße, Valenz, Elektronegativität der Legierungspartner. Miedema et al. [6.14] haben so kürzlich die Mischungswärme von Legierungen mit den EN_i in Beziehung gesetzt, die sie aus den Austrittsarbeiten bestimmt haben. Diese sind ja den Fermienergien proportional. Die eine Variable der Strukturkarte soll also proportional $(\Delta EN)^2$ sein wie bei Pauling. Der andere abstoßende Beitrag zur Mischungswärme rührt von der Elektronendichte auf der Grenze von den Wigner-Seitz-Zellen der A- und B-Atome her. Die zweite Miedema-Variable hängt also mit ihrer verschiedenen Ionengröße zusammen. Die Bedeutung der Miedema-Variablen ist kürzlich elektronentheoretisch von Pettifor untersucht worden [6.15].

c) Bestimmte Strukturen (Elektronenphasen) treten bevorzugt in charakteristischen Bereichen der *Valenzelektronenkonzentration e/a* auf. Darunter ist die Zahl aller Valenzelektronen der Legierung (entsprechend den Gruppennummern Z_i der Komponenten) pro Zahl der Atome zu verstehen, also $e/a = Z_A(1 - v_B) + Z_B v_B$. Von dieser Regel und ihrer zuerst von H. Jones versuchten physikalischen Begründung soll zunächst die Rede sein. Klar ist jedoch nach dem in Kap. 5 gesagten, daß das Auftreten einer Phase im Zustandsdiagramm nicht nur von ihrer eigenen Stabilität abhängt, sondern auch von der ihrer Nachbarn.

6.3.2 Elektronen-Phasen [2.1]

Wir betrachten zunächst Legierungen von Cu, Ag, Au mit Metallen aus den Gruppen II B, III B, ... („B-Metallen"). Die α-Phasen sind wie die Grundmetalle kfz. Die Ausdehnung des Bereichs der α-Phasen wird im wesentlichen durch e/a bestimmt, wenn die Parameter δ und ΔEN „günstig" sind, d. h. klein (Abschn. 6.3.1a und b). Abb. 6.18 zeigt, daß die Löslichkeit von B-Metallen in Ag, d. h. die Stabilität von α, etwa bis zu $(e/a)_\alpha \approx 1,4$ reicht. Das gilt für viele binäre Legierungen, siehe Abb. 6.3 und 6.19 (für Au liegt $(e/a)_\alpha$ bei 1,2 bis 1,3). Durch rasches Abkühlen lassen sich in einigen Fällen höhere Löslichkeiten

6.3 Hume-Rothery-Phasen und Elektronen in Legierungen

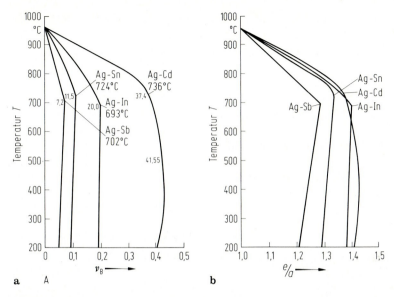

Abb. 6.18a, b. Ausdehnung der α-Phase in Silber-Mischkristallen. **a** aufgetragen über dem Molenbruch; **b** über der Elektronenkonzentration

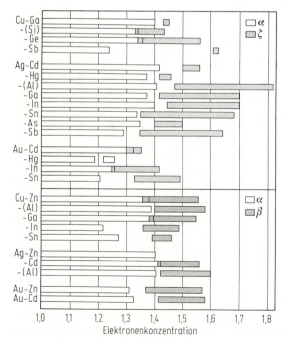

Abb. 6.19. Ausdehnung der Phasen α (primäre Löslichkeit), ζ und β für Mischkristalle von Cu, Ag und Au mit B-Metallen. (Nach [2.1])

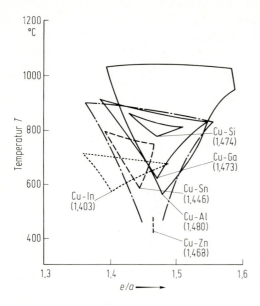

Abb. 6.20. Zustandsbereiche der ungeordneten β-Phase in Cu-Mischkristallen. (Nach [2.1])

erreichen [4.13]. Die Übereinstimmung mit den „magischen" e/a wird dann besser. Bei höheren B-Zusätzen, entsprechend $(e/a)_\beta = 1{,}5 = 21/14$, folgt in zahlreichen Fällen eine krz β-Phase, Abb. 6.20, oder eine hdp ζ-Phase. Über diese Strukturen und ihre relative Stabilität wurde bereits in 6.1.1 und 6.2.2 gesprochen, auch über eine hier möglicherweise bei tiefer Temperatur auftretende geordnete β'-Variante (die die krz Struktur stabilisiert, insbesondere gegen Scherungen). Dort wurde auch die V-Form des Existenzgebietes von β bei hoher Temperatur diskutiert und das Achsenverhältnis c/a von ζ. Bei $(e/a)_\gamma = 21/13 \approx 1{,}62$ ist schließlich die komplex kubische γ-Phase in vielen dieser Systeme stabil und bei $(e/a)_\varepsilon = 21/12 = 7/4 = 1{,}75$ die hexagonale ε-Phase, siehe 6.1.1. Was ist der physikalische Grund für diese magischen $(e/a)_{\alpha,\beta,\gamma,\varepsilon}$-Werte?

Es ist nicht unbedenklich, die Elektronentheorie reiner Metalle auf ungeordnete Legierungen anzuwenden, denen die fundamentale Periodizität der Atomanordnung fehlt. Andererseits zeigt die unveränderte Existenz der Braggreflexe, daß die Brillouinzonen (BZ) und Energiesprünge an deren Grenzflächen weiterhin vorhanden sind. Auch an der Existenz einer Fermioberfläche für die Elektronen im Mischkristall gibt es theoretisch und experimentell keinen Zweifel (vielleicht ist die Fermigrenze weniger scharf als im reinen Metall). Auf dieser Grundlage gibt H. Jones eine Zustandsdichte für die Valenzelektronen als Funktion ihrer Energie an, die etwa wie im reinen Metall aussieht, Abb. 6.21a. Der parabolische Verlauf ist für freie Elektronen bekannt. Bei Zulegierung eines höherwertigen Elements sollen die zusätzlichen Elektronen einfach weitere Zustände dieses „starren Bandes" auffüllen: Das ist die entscheidende Annahme von H. Jones. Wegen der an der BZ-Grenze vorhandenen Energiesprünge bleibt der Fermikörper keine Kugel bis zum Punkt C (wo eine Fermikugel die

6.3 Hume-Rothery-Phasen und Elektronen in Legierungen

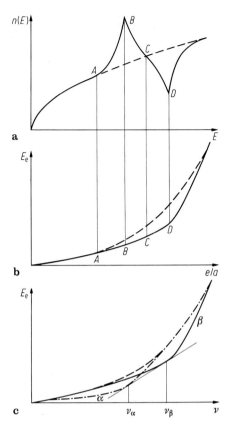

Abb. 6.21. a Zustandsdichte $n(E)$ und **b** gesamte Elektronenenergie

$$E_e = \int\limits^{E_F} E n(E)\,\mathrm{d}E$$

bei verschiedener Besetzung

$$e/a = \int\limits^{E_F} n(E)\,\mathrm{d}E$$

der Elektronenzustände für *eine* Struktur und für *zwei* Strukturen (**c**). (Man kann zeigen, daß die lokale Krümmung der Kurve in **b**: $\mathrm{d}^2 E_e/\mathrm{d}(e/a)^2 = 1/n(E)$, dem Kehrwert der Funktion $n(E)$ in **a** ist.)

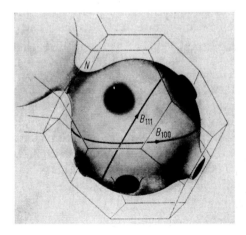

Abb. 6.22. Fermikörper von Kupfer in der 1. BZ mit „Hälsen" N und „Bäuchen" verschiedenen Umfangs (B_{111} bzw. B_{100}) [1.1]. (Nach Pippard)

BZ-Grenze berühren würde). Schon im Punkt A der Abb. 6.21a beult sich die Fermifläche auf die BZ-Grenze hin aus, und danach tritt Berührung in sog. Hälsen des Fermikörpers auf, Abb. 6.22. Von B an nimmt die Zustandsdichte ab; die Ecken der 1. BZ werden aufgefüllt, bis bei D Elektronen in die 2. BZ überlappen (s. [1.1]). Abbildung 6.21b zeigt die daraus folgende Elektronenenergie als Funktion der Lage der Fermienergie E_F für eine gegebene Struktur. Für eine andere Struktur mit anderen BZ findet Berührung bei einer anderen Lage von E_F, d. h. einer anderen Elektronenkonzentration, statt: Erste Berührung einer hypothetischen Fermi*kugel* mit einer BZ-Grenze der kfz Struktur erfolgt bei $(e/a)_\alpha = 1{,}36$, mit einer BZ-Grenze der krz Struktur bei $(e/a)_\beta = 1{,}48$. Es ist also günstiger, im Bereich der BZ-Auffüllung, d. h. kleiner Zustandsdichte einer Struktur, die Elektronen in einer noch nicht aufgefüllten BZ einer anderen Struktur unterzubringen, d. h. die Struktur mit e/a systematisch zu wechseln. Abbildung 6.21 c zeigt das daraus folgende Auftreten eines Zweiphasengebietes zwischen den Konzentrationen v_α und v_β nach der bekannten Doppeltangenten-Konstruktion. In ähnlicher Weise berührt die Fermikugel eine ganze Reihe von BZ-Grenzen der γ-Struktur bei $(e/a)_\gamma = 1{,}54$ und von hdp ζ (je nach Achsenverhältnis) bei $(e/a)_\zeta = 1{,}72$ – in offensichtlich guter Übereinstimmung mit den beobachteten Stabilitätsbereichen dieser Strukturen. In neuerer Zeit ist diese einfache und erfolgreiche Theorie jedoch stark kritisiert worden. Eine genauere Diskussion im nächsten Abschnitt bringt ein besseres Verständnis der Elektronen in Mischkristallen, wenn auch die Übereinstimmung verloren geht.

6.3.3 Elektronen in Legierungen

Seit den Messungen von B. Pippard ist bekannt, daß der Fermikörper von Kupfer (mit $(e/a) = 1$) keine Kugel ist, sondern die $\{111\}$-Flächen der kfz BZ in sog. Hälsen berührt, Abb. 6.22. In der Darstellung von Jones, Abb. 6.21a–c, befindet man sich im reinen Metall also schon rechts vom Punkt A. Jones hatte Berührung des Fermikörpers von α aber erst für $(e/a)_\alpha = 1{,}36$ (Punkt C) ins Auge gefaßt und diesen Punkt mit dem Umschlag von α in eine energetisch günstigere Struktur identifiziert. Das ist aber nach Abb. 6.21c nicht notwendig: Die Tatsache, daß der Fermikörper im reinen Metall schon BZ-Grenzen berührt, steht nicht im Widerspruch zur weiteren Stabilität der α-Phase bis zu einem Punkt (nahe D), der sich nach der Doppeltangentenkonstruktion bestimmt, vgl. [6.10]. Trotzdem wird auch die modifizierte Theorie nach Jones weiterhin stark kritisiert – wegen der Annahme eines starren Bandes: Heine und Weaire [6.3] bezweifeln, daß gerade bei den α- und β-Phasen eine nennenswerte Energieabsenkung auftritt, wenn die Fermifläche durch BZ-Grenzflächen tritt – es sei denn, daß dieses gleichzeitig bei vielen Flächen passiert, wie bei γ-Messing (den Grenzflächen der sog. „Jones-Zone", siehe 6.3.4). Man kann nach V. Heine nicht annehmen, daß die Energiesprünge an den BZ-Grenzen unabhängig von der Zusammensetzung der Legierung sind. Auch geht die Stapelfehlerenergie γ (kfz/hdp) als Maß für die (Freie) Energiedifferenz α/ζ schon weit vor der Annäherung an das Zweiphasengebiet ganz allmählich mit zunehmendem

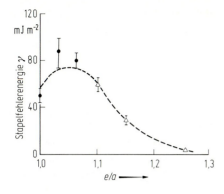

Abb. 6.23. Stapelfehlerenergie von Cu-Mischkristallen (mit Ga und Ge) verschiedener Elektronenkonzentration nach mechanischen Messungen (τ_{III}, Gl. (12-14) volle Kreise) und TEM-Beobachtungen (Dreiecke)

e/a auf Null, Abb. 6.23, nicht erst nahe $(e/a)_\alpha$, wie Jones' Theorie erwarten läßt. Eine bessere Theorie (mit „weichem Band") hat man allerdings noch nicht: Die Pseudopotential-Theorie kann die kfz Struktur schon der *reinen Edelmetalle* auch nicht unter Berücksichtigung von d-Elektronen plausibel machen, siehe [6.10a]. Wieviel kann sie dann bei den auf diesen aufbauenden Mischkristallen heute aussagen?

Sie gibt in der Tat ein gutes Bild von der *räumlichen Verteilung der Elektronen* in einem Mischkristall [6.10]. Ein Z-wertiges Atom kann in einer einwertigen Matrix nicht Z Elektronen an das homogene Elektronengas des Metalls abgeben: Die Überschußladung des Rumpfes „bindet" vielmehr $(Z-1)$ Elektronen zur elektrostatischen *Abschirmung* an sich. Diese gebundenen Zustände erscheinen unterhalb des besetzten Energiebandes: Da die Gesamtzahl der Zustände von N Elektronen konstant ist, müssen Zustände am oberen Bandrand fehlen, d. h., die Fermigrenze rückt bei dieser Zulegierung näher an den oberen Bandrand heran, wie es die naive Vorstellung von der „Auffüllung" der BZ mit den Valenzelektronen der Zusatzatome erwarten ließ (J. Friedel, s. [6.8]).

Für die Abschirmung einer Punktladung braucht man nun nach der Thomas-Fermi-Methode ein unbegrenztes Fourierspektrum von Elektronenwellen – das steht aber nicht zur Verfügung: Die kürzeste Wellenlänge $\lambda_F = 2\pi/k_F = 2\pi\hbar/\sqrt{2mE_F}$, entspricht der Fermigrenze. Das macht die Abschirmung unvollständig: Es bleiben langreichweitige Potential- und Ladungsinhomogenitäten, die sog. *Friedeloszillationen*, bestehen, siehe [6.10]. Die Friedeloszillationen führen auf eine Wechselwirkungsenergie zwischen zwei Atomen, die durch E_F, d. h. durch die Elektronenkonzentration, bestimmt ist. (Man kann die Abschirmungsschwierigkeit an der Fermigrenze auch durch eine wellenzahlabhängige Dielektrizitäts-„Konstante" $\varepsilon(k)$ beschreiben, die aber oberhalb von $k = 2k_F$ rasch ansteigt, so daß die Elektronen sich mehr als freie verhalten und damit die Annäherung an die BZ spüren wie in der Jones-Theorie beschrieben, s. [6.10a].) Damit ergibt sich ein Zusammenhang zwischen der Energie einer bestimmten Atomanordnung (Struktur) und e/a, die im Ortsraum dasselbe beschreibt, wie die oben besprochenen Effekte der Berührung der

Fermifläche mit den BZ-Grenzen im k-Raum. Die Beschreibung im Ortsraum ist für viele Zwecke anschaulicher, wie wir nun zeigen wollen. In großer Entfernung vom Z_B-wertigen B-Atom ist das abgeschirmte Potential gegeben durch [6.10]

$$V(r) = \alpha Z_B \cdot \frac{\cos 2k_F r}{k_F r^3 (2k_F + 1/a_B)^2} \, . \tag{6-1}$$

(α = const, a_B = Bohrscher Radius; im Argument des Cosinus kann noch eine Phasenverschiebung stehen, die wir aber in der Näherung paarweiser Wechselwirkung als klein annehmen.) Dieselbe funktionelle Abhängigkeit (Abb. 6.24) zeigen die zusätzliche Elektronendichte ($-\Delta\varrho(r)$) und die Wechselwirkungsenergie mit einem A-Atom $\varphi_{AB} \sim Z_A V(r)$.

Nehmen wir zunächst $Z_A = Z_B$ an, ein homogenes Material, dann haben wir es mit der Abschirmung des Pseudopotentials zu tun. Können sich die A-Atome ihre Plätze um B in gewissem Umfang „aussuchen" wie in der Schmelze, dann liegen sie bevorzugt in den Minima von $V(r)$, und ihre Dichteverteilung ähnelt dieser Funktion. Im Kristall sind die Plätze (bis auf kleine Verschiebungen) hingegen vorgegeben; in Abb. 6.24 sind die Plätze der NN markiert – für gegebenes Z_A, das ja k_F und damit die Periode des Cosinus bestimmt. Die ungünstige Lage der NN im Paarpotential der einwertigen Matrix wird durch einen Gewinn an volumenabhängiger Wechselwirkungsenergie kompensiert, die in $V(r)$ nicht berücksichtigt ist.

Wir betrachten nun ein *Fremdatom* in einem einwertigen Metall im Ursprung der Abb. 6.24 ($Z_A = 1$, $Z_B > 1$). Ein zweites Fremdatom wird aus der NN Position stärker abgestoßen als ein A-Atom. Dem entspricht der Fall $\varepsilon < 0$ in 5.5.1, d. h. Nahordnung, wie man sie für $CuZn$, $CuAl$ usw. auch beobachtet. Ferner ist eine Gitteraufweitung, $\delta > 0$, mit der Zulegierung zu erwarten. In

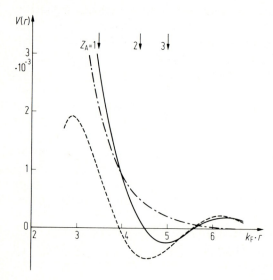

Abb. 6.24. Abgeschirmtes Potential (in atomaren Einheiten 27,21 eV) um ein B-Atom in einer Matrix der Wertigkeit Z_A (Fermiimpuls k_F). (Ausgezogen: selbstkonsistent nach Hartree, gestrichelt: asymptotische Näherung dazu, strichpunktiert: klassisch, nach Thomas-Fermi.) Die NN-Plätze für verschiedene Z_A sind markiert

einer dreiwertigen Matrix ($Z_A = 3$ wie Al) findet sich in der NN Position zu einem Cu-Atom ($Z_B = 1$) ein anziehendes Potential für ein zweites Fremdatom, die dortige „Überabschirmung" bedeutet hier *weniger* Elektronen als anderswo, was von einem zweiten, im Vergleich zur Al-Umgebung *negativ* geladenen Cu-Atom gern wahrgenommen wird. Hier findet sich also eine Entmischungstendenz, wie tatsächlich in *Al*Cu, *Al*Ag beobachtet. Man versteht damit, warum die Löslichkeit auf der Seite des höhervalenten Elementes im binären System empirisch stets kleiner ist als auf der des niedervalenten. Auch die Größenordnung der Mischungswärme und des Atomgrößenfaktors werden durch die Theorie befriedigend wiedergegeben, wenn sie zunächst auch nur für sehr verdünnte Legierungen gültig sein sollte, siehe [6.10]. Die Gruppennummer im Periodischen System, d. h. e/a, erweist sich als wesentlicher Parameter für das Legierungsverhalten.

6.3.4 Strukturänderungen zur Aufrechterhaltung günstiger e/a

BZ ergeben sich rein geometrisch aus der Gitterstruktur durch Konstruktion des Reziproken Gitters und Errichtung der mittelsenkrechten Ebenen auf allen Reziproken-Gitter-Vektoren. Jede BZ kann $e/a = 2$ Elektronen pro Atom aufnehmen. Eine *Jones-Zone* wird nur durch solche BZ-Flächen begrenzt, deren Strukturfaktor nicht verschwindet, an denen also wirklich Energiesprünge auftreten. Der Unterschied ist wesentlich, z. B. für die hdp Struktur (aber auch für γ-Messing). Abbildung 6.25 zeigt rechts ihre 2. BZ und links die Jones-Zone: Die 1. BZ wird durch $\{0001\}$- und $\{10\bar{1}0\}$-Ebenen (A) begrenzt und enthält maximal $e/a = 1$ Elektron pro Atom (die Einheitszelle der Struktur besteht aus 2 Atomen!). An den erstgenannten Flächen treten aber keine Energiesprünge auf. Die 2. BZ wird im wesentlichen durch 2 $\{0002\}$-Ebenen (B) und 12 $\{10\bar{1}1\}$-Ebenen (C) begrenzt (bis auf die aus A-Ebenen bestehenden Zwickel Z); sie kann $e/a = 2$ Elektronen aufnehmen. Die Jones-Zone leitet sich aus der Beobachtung starker Röntgenreflexe an A-Ebenen her; der maximale Elektronen-Inhalt der Jones-Zone hängt vom Achsenverhältnis c/a der Struktur ab zufolge [6.9]

$$\left.\frac{e}{a}\right|_{voll} = 2 - \frac{3}{4}\left(\frac{a}{c}\right)^2\left(1 - \frac{1}{4}\left(\frac{a}{c}\right)^2\right). \tag{6-2}$$

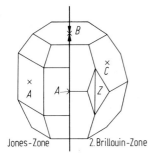

Abb. 6.25. 2. Brillouin-Zone (rechts) und Jones-Zone (links) der hdp Struktur

Die Legierung kann nun ihr Achsenverhältnis c/a bei konstantem Atomvolumen mit der Zusammensetzung so verändern, daß ein günstiges e/a (eine große Zustandsdichte nahe A in Abb. 6.21) im Sinne der Stabilität von ζ erreicht wird. Nicht nur eine volle Jones-Zone gibt günstige Berührungsverhältnisse (an allen ihren Begrenzungsflächen), sondern evtl. auch die Berührung einzelner Flächenscharen bei stark von $(e/a)_{\text{voll}} \approx 1{,}75$ abweichenden Elektronenkonzentrationen. Experimentell ergibt sich jedenfalls für viele Hume-Rothery-Phasen ein universeller, wenn auch im einzelnen noch nicht verstandener Zusammenhang zwischen c/a und e/a, Abb. 6.26 [6.9]. In ternären Legierungen, z. B. CuGaGe, mit ausgedehnten Existenzgebiet einer hdp ζ-Phase ändern sich c- und a-Gitterparameter erheblich mit der Zusammensetzung, während auf einem Schnitt

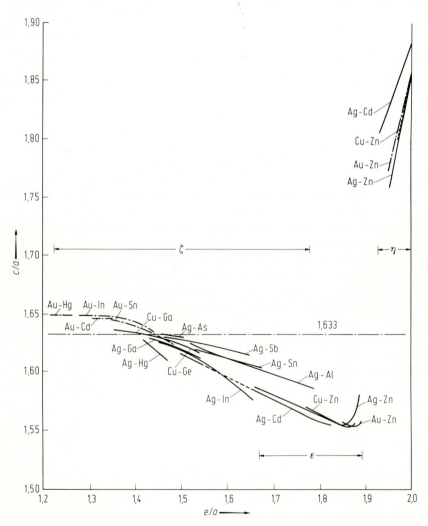

Abb. 6.26. Änderung des Achsenverhältnisses c/a von hdp Mischkristallen mit der Elektronen-Konzentration e/a. (Nach [6.9])

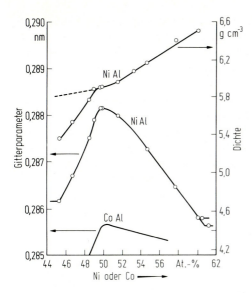

Abb. 6.27. Gitterparameter und Dichte von β-Mischkristallen mit chemischen Leerstellen bei mehr als 50% Al-Gehalt, so daß $e/a = 3/2$ erhalten bleibt. (Nach [6.9])

e/a = const auch c/a = const beobachtet wird. Das mittlere Volumen pro Atom der Legierung zeigt bei allen individuellen Änderungen der Gitterparameter i. allg. einen stetigen Gang durch den Legierungsbereich.

Bei Legierungen von Edelmetallen oder Al mit *Übergangsmetallen* ist es schwierig, e/a anzugeben. Es erweist sich oft als zweckmäßig, d-Elektronen nicht mitzuzählen und Fe, Co, Ni, Pd, Pt usw. mit der Wertigkeit Null bei den Hume-Rothery-Phasen aufzuführen. Interessante Beispiele sind die β-Phasen NiAl und CoAl, die offenbar Elektronenphasen mit $(e/a)_\beta = 3/2$ sind, wie man auch aus dem ternären Diagramm Cu–Ni–Al erkennt. Ni zählt also hier mit der Wertigkeit Null wie ein leerer Gitterplatz, und in der Tat wird bei nichtstöchiometrischen, Al-reichen Legierungen eine plötzliche Dichteabnahme und Gitterschrumpfung beobachtet, Abb. 6.27. Ähnliches wird auch für γ-CuAl, γ-CuGa beobachtet, an denen keine Übergangsmetalle beteiligt sind, und die bei Überschuß an Al (Ga) durch chemische („strukturelle") Leerstellen $(e/a)_\gamma = 1,7$ konstant halten.

Die Elektronenkonzentration oder mittlere Gruppennummer einer Legierung ist auch in vielen anderen Systemen ordnender Parameter für die Existenzbereiche bestimmter Phasen, ohne daß es bis heute eine elektronentheoretisch überzeugende Begründung dafür gibt.

6.4 Atomgrößen-bedingte Legierungsphasen

Um den Einfluß der Atomgrößen auf die Kristallstruktur zu untersuchen, muß man zunächst die *Atomgröße* definieren. Das geschieht meist durch die sog. Goldschmidt-Radien r_1, die die mittlere halbe Bindungslänge angeben. Diese müssen dann auf die jeweilige Koordinationszahl korrigiert werden. Die Korrektur bedeutet praktisch, daß das Volumen pro Atom bei allotropen Umwandlungen konstant bleibt, was meistens sehr gut erfüllt ist. Hume-Rothery verwendet in seiner o. a. 15-%-Größendifferenzregel für gute Löslichkeit die NN-Abstände d_i der Atomsorten, wie man sie aus den Gitterparametern ihrer Strukturen erhält. Empirisch wird auch hier ein aus den Gitterparametern des Mischkristalls auf 100% des Zusatzes extrapolierter „scheinbarer Atomdurchmesser" des Zusatzes verwendet. Neuerdings plädieren Massalski und King [6.11] für die Verwendung eines „Seitz-Radius", der sich aus dem mittleren Volumen Ω pro Atom berechnet nach $r_\Omega = (3\Omega/4\pi)^{1/3}$. Abbildung 6.28 zeigt diese Atomgrößenparameter am Beispiel des Systems AgAl. Tabelle 6.3 gibt die für viele Abschätzungen der Metallkunde wichtigen differentiellen Volumen-Größenfaktoren $(1/\Omega) \times d\Omega/dc_B \approx 3\delta$ für die wichtigsten Grundmetalle und

Tabelle 6.3. Volumen-Größenfaktoren (in %) von Cu-, Ag-, Au-, Al- und Fe-Mischkristallen

Zusatz	Grundmetall				
	Cu	Ag	Au	Al	α-Fe
Li			− 19,2	− 2,1	
Cu	−	− 27,7	− 27,8	− 37,8	+ 17,5
Ag	+ 43,5	−	− 0,6	+ 0,1	
Au	+ 47,6	− 1,8	−		+ 44,2
Be	− 26,4				− 26,2
Mg	+ 50,8	+ 7,1		+ 40,8	
Zn	+ 17,1	− 13,7	− 13,8	− 5,7	+ 21,1
Cd	+ 67,4	+ 14,8	+ 13,1		
Hg	+ 5,4	+ 14,0	+ 18,9		
Al	+ 20,0	− 9,2	− 10,2	−	+ 12,8
Ga	+ 24,1	− 5,1	− 4,3	+ 4,9	
In	+ 79,0	+ 23,5	+ 20,6		
Tl	+ 129,0	+ 39,4	+ 23,8		
Si	+ 5,1			− 15,8	− 7,9
Ge	+ 27,8	+ 1,7	+ 5,5	+ 13,1	+ 16,5
Sn	+ 83,4	+ 32,4	+ 28,8	+ 24,1	+ 67,7
Pb		+ 54,5		− 53,6	
P	+ 16,5				− 13,2
As	+ 38,8	+ 10,3	+ 17,7		
Sb	+ 92,0	+ 44,9	+ 34,6		+ 36,4
Ti	+ 25,7		− 7,7	− 15,1	+ 14,4
V			− 8,9	− 41,4	+ 10,5
Cr	+ 19,7		− 16,4	− 57,2	+ 4,4
Mo			− 14,8		+ 27,5
W					+ 33,0
Mn	+ 34,2	+ 0,1	− 5,3	− 46,8	+ 4,9
Fe	+ 4,6		− 19,9		−
Co	− 3,8		− 25,2		
Ni	− 8,4		− 21,9		+ 1,5
Pd	+ 28,0	− 17,2	− 14,2		+ 4,6
Pt	+ 31,2	− 20,1	− 12,6		+ 62,2

(Nach H. W. King: J. Mat. Sci. 1 (1966) 79)

6.4 Atomgrößen-bedingte Legierungsphasen

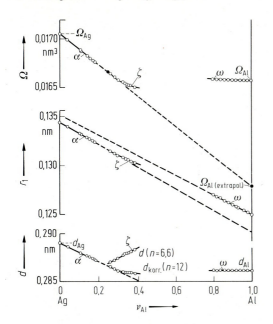

Abb. 6.28. Verschiedene Atomgrößenparameter in AgAl: Volumen Ω pro Atom, Goldschmidtradius r_1 und NN-Abstand d (abhängig von der Koordinationszahl n). (Nach [6.11])

Zusätze (B). Eine genauere Analyse der Verzerrungen in Mischkristallen ist mit der Methode der diffusen Röntgenstreuung möglich, wie wir in Abschnitt 2.3.1 ausgeführt haben. Frühere Untersuchungen der Atomgrößen in Legierungen gehen von der Vegardschen Regel aus, die einer linearen Interpolation der Gitterparameter der Komponenten entspricht, und versuchen, die Abweichungen von diesem Gesetz zu interpretieren.

6.4.1 Atomgröße und Löslichkeit

Abbildung 6.29 gibt die Atomgrößen (d_i) verschiedener Elemente in Beziehung zu ihrer Löslichkeit in Eisen. Die 15%-Grenze für $\delta = \Delta d_i/d$ erweist sich als maßgebend für ausgedehnte Löslichkeit in diesem und anderen Grundmetallen. Mit einem Fremdatom des Atomgrößen-(„misfit"-) Faktors δ ist nach der linearen Elastizitätstheorie eine (Freie) Verzerrungsenthalpie pro Atom

$$E_s = G_A \Omega_A \delta^2 \tag{6-3}$$

verbunden (G_A = Schubmodul des Grundmetalls). Setzen wir diese Energie gleich der maximalen Mischungsenergie in einem symmetrischen, regulären Modellsystem (Abschn. 5.5.2) – unter Vernachlässigung anderer, bei der Mischung auftretender Energiebeiträge –, so erhalten wir eine Mischungslücke mit einer kritischen Temperatur T_c, die sich aus $kT_c = 2E_s$ ergibt. Die Löslichkeit

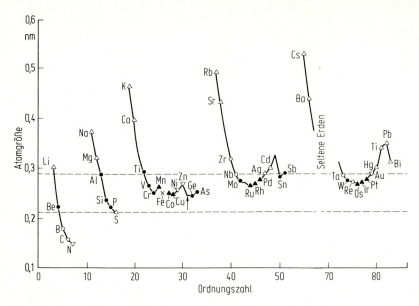

Abb. 6.29. Atomgröße von Legierungselementen in Eisen und ihre Löslichkeit: △ unlöslich, ▲ ▽ γ-Öffner, ● ○ γ-Schließer. Die gestrichelten Linien geben eine Abweichung von ± 15% zur Atomgröße von Eisen an. (Nach [6.9])

des Systems wird als begrenzt angesehen, wenn T_c oberhalb der Solidustemperatur, hier angenähert durch die Schmelztemperatur, T_{SA} von A liegt. Daraus ergibt sich die Hume-Rothery-Bedingung für begrenzte Löslichkeit in A

$$\delta \geq \sqrt{\frac{kT_{SA}}{2G_A\Omega_A}}. \tag{6-4}$$

Für die meisten Metalle ist $G\Omega \approx 30\,kT_s$ [6.7], womit ein Grenzwert von δ nahe 10% verständlich wird, siehe [5.2].

6.4.2 Laves-Phasen

Die Laves-Phasen bezeichnen die am häufigsten vorkommenden intermetallischen Verbindungen: Sie haben die kubische Struktur von $MgCu_2$ (C14-Typ) oder die hexagonalen von $MgZn_2$ (C15-Typ) oder $MgNi_2$ (C36-Typ). Die wesentliche Voraussetzung für die beteiligten A- und B-Atome von AB_2 scheint ein Radienverhältnis $r_A/r_B = 1{,}225$ zu sein. Damit wird eine sehr dichte Packung der Atome erreicht, die einer mittleren Koordinationszahl von 13,3 entspricht.

Die Lavesphasen können durch Stapelung von hexagonal-dichten Ebenen aufgebaut werden [6.16]: einer Schicht von kleinen B-Atomen in Form eines Kagomé-Netzes (Abb. 6.30b) und einer Dreifach-Schicht ABA aus großen und kleinen Atomen in den Stapelfolgen $t(\alpha c\beta)$ und $t'(\alpha b\gamma)$, die Zwillinge zueinander

6.4 Atomgrößen-bedingte Legierungsphasen

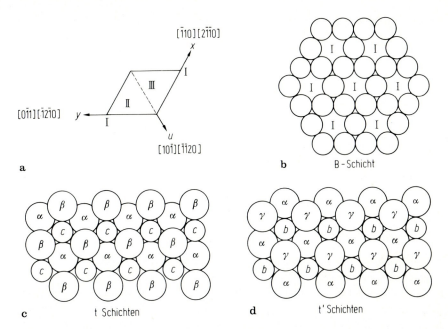

Abb. 6.30a–d. Schichtenaufbau der Lavesphasen: **(b)** kleine B-Atome, **(c, d)** Dreifachschichten großer A-Atome (α, β, γ) und kleiner B-Atome **(b, c)** auf I, II, III Plätzen [6.16]

sind (Abb. 6.30 c und d). A-Atome besetzen die Plätze I, II oder III der hexagonalen Basisebene, Abb. 6.30a, B-Atome (b, c) die Plätze II oder III. Aus einer B und einer t-Schicht mit ihren α-Atomen in den I-Löchern der B-Schicht bilden wir ein Viererpaket x, mit der t'-Schicht ein Viererpaket x'. (Ihre Stapelfolgen sind also $x = I\alpha c\beta$ und $x' = I\alpha b\gamma$.) Sind die Löcher in der B-Schicht auf den II- oder III-Plätzen der Basisebene, dann nennen wir die Pakete Y, Y' oder Z, Z'. Dann hat die C15-Struktur die kubische Stapelfolge XYZ, die bek. Variante C14 die Stapelfolge $XY'\ldots$ und die hexagonale C36-Struktur die gemischte Stapelfolge $XYZY'\ldots$. In dieser Beschreibung kann man auch die Entstehung längerperiodischer Strukturvarianten oder von Zwillingen verstehen, die durch Scherungen der kleinen Atome $t \Rightarrow t'$ erzeugt werden. Interessanterweise zeigt sich in ternären Lavesphasen, daß die Existenzgebiete der 3 Strukturen durch e/a bestimmt werden, Abb. 6.31. Das stark diamagnetische Verhalten der ternären $MgCu_2$–$MgZn_2$-Verbindungen in der Nähe von $e/a = 1{,}75$ bestätigt den Zusammenhang der Stabilitätsgrenze mit Berührungen zwischen BZ- und Fermiflächen [6.12]. Laves [6.13] weist darauf hin, daß in allen AB_2-Typen die AA- und BB-Abstände kleiner als die AB-Abstände sind, so daß sich in einem Harte-Kugel-Modell gleichartige Atome berühren! Die magnetisch wegen ihrer extrem hohen Kristallanisotropie interessanten Co_5-(Seltene-Erde)-Verbindungen mit $CaCu_5$-Struktur leiten sich von $MgZn_2$ ab, indem AA- durch AB-Kontakte ersetzt werden [6.12].

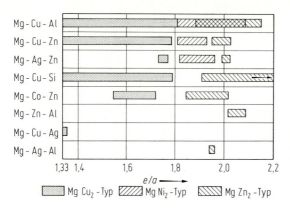

Abb. 6.31. Existenzbereich von verschiedenen Lavesphasen in Abhängigkeit von der Elektronenkonzentration. (Nach [6.9])

6.4.3 Intermetallische Phasen mit Übergangsmetallen [6.12]

Zu den *stöchiometrischen Phasen* mit wesentlicher Beteiligung der Übergangsmetalle gehören A_3B-Verbindungen mit β-Wolfram- (oder A15-) Struktur. A ist ein Übergangsmetall der Gruppen IV A–VI A und B ist der Gruppe VIII entnommen oder ist ein B-Metall (s. Tab. 6.1). Die B-Atome besetzen ein krz Gitter und haben 12 A-NN. Verbindungen dieser Struktur zeichnen sich als Supraleiter hoher Sprungtemperatur aus, wenn sie geeignetes e/a haben, wie Abb. 6.32 zeigt. Nach Ausweis der großen spezifischen Elektronenwärmen der Verbindungen nahe $(e/a)_{total} \approx 4{,}5$ hat man es hier mit einer hohen Zustandsdichte von d-Elektronen zu tun.

Unter den *Phasen veränderlicher Zusammensetzung* hat die σ-Phase besondere Aufmerksamkeit erlangt (s. Abschn. 6.1.2). Die Einheitszelle ist stark tetragonal ($c/a = 0{,}52$) und besteht aus 30 Atomen, von denen die meisten in zwei alternierend gestapelten quasi-hexagonalen Schichten liegen. Sie besetzen 5 kristallographisch äquivalente Positionen. Hier beginnt das Bauprinzip undurchsichtig zu werden, wenn man nicht neue Ordnungssysteme benutzt wie das der *Kasper-Polyeder* [6.13]. J. S. Kasper betrachtet zunächst alle Atome als chemisch gleichartig und findet in solchen Strukturen dann Anordnungen, in denen $n = 12, 14, 15$ oder 16 Atome auf X-Plätzen ein Atom auf einem Y-Platz in den Ecken konvexer Polyeder umgeben. In jeder Polyederecke treffen sich 5 oder 6 in den Ecken besetzte Dreiecke. Jeder Atomplatz kann als Y aufgefaßt werden. Abb. 6.33a zeigt die Kasper-Polyeder, die als einzige die obigen Voraussetzungen erfüllen. Abbildung 6.33b zeigt ein ebenes Analogon mit $n = 5$ und 7 und demonstriert die hohe Raumerfüllung, die man mit irregulären Anordnungen solcher Tetraeder erreicht. Man hat hier also ein anderes Raumerfüllungsprinzip als bei den dichtesten Packungen (12 NN), die sowohl Tetraeder-wie Oktaeder-Lücken haben (s. Abschn. 6.1.2). Bei Kasper werden nur Tetraeder, aber verschiedene, in unregelmäßiger Anordnung und mit nicht ganz identischen Bindungsabständen und -winkeln verwendet, was komplizierten Bindungsverhältnissen entgegenkommt. F. Laves stellt als strukturbestimmende geometrische Prinzipien der Kristallchemie fest: (a) hohe Raumerfüllung, (b) hohe Symmetrie, (c) eine große Zahl von „Kontakten",

6.4 Atomgrößen-bedingte Legierungsphasen

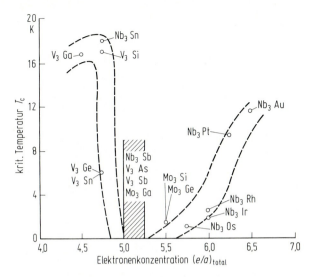

Abb. 6.32. β-Wolframstruktur A_3B: Kritische Temperatur der Supraleitung als Funktion der gesamten Elektronen-Konzentration (im schraffierten Bereich keine Supraleitung). (Nach [6.12])

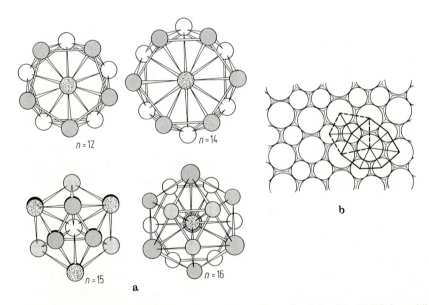

Abb. 6.33. a Die 4 Kasper-Polyeder mit verschiedener Koordinationszahl n [6.13]; **b** zweidimensionale Analogie zum Kasper-Polyeder aus A-Atomen (kleine Kreise $n = 5$) und B-Atomen (große Kreise, $n = 7$), die sich wechselseitig berühren [6.13]

Bindungen zwischen den die Struktur bildenden Atomen. Die Prinzipien stehen in Konkurrenz zueinander und ergeben zusammen mit den anderen, früher besprochenen Strukturargumenten die Vielfalt der beobachteten Kristallarten.

6.4.4 Interstitielle Verbindungen [2.1]

Hier interessieren besonders Verbindungen kleiner nichtmetallischer X-Atome: H (r_X = 0,053 nm), B (0,08 nm), C (0,077 nm) und N (0,074 nm) mit Übergangsmetallen M = Zr, Ti, V, Cr, W, ..., weil diese in Schneidwerkzeugen vielfach verwendet werden. G. Hägg hat eine Systematik dieser Verbindungen entwickelt, die vom Radienverhältnis r_X/r_M ausgeht. Ist dieses kleiner als 0,59, so ergeben sich einfache Strukturen der Verbindungen, sonst nicht. In den Verbindungen besetzen M-Atome i. allg. ein kfz oder hdp Gitter und die Metalloid-Atome (X) deren Zwischengitterplätze (s. 6.1.2). Die Verbindungen liegen in der Nähe der MX-, M_2X-, MX_2-, M_4X-Stöchiometrien. Bei MX kommt dann eine NaCl- oder Zinkblendestruktur heraus wie in ZrN, TiC, ZrH; bei Fe_2N, W_2C haben die M-Atome hexagonale Packung. Die Bindung ist sehr fest, wahrscheinlich kovalent. Bei Zementit, Fe_3C, hat man r_c/r_{Fe} = 0,61, also eine komplexe Struktur. C-Atome können dort durch B ersetzt werden, nicht durch N, obwohl $r_N < r_C < r_B$. Hier scheint ein Einfluß der Wertigkeit von X vorzuliegen.

6.5 Verbindungen normaler Valenz

Zwischen Metallen gibt es auch die normalen chemischen Valenzverbindungen; ein elektropositiver und ein elektronegativer Partner gehen eine Ionenbindung ein, deren Stärke durch

$$\varepsilon = \varepsilon_{AB} - \frac{\varepsilon_{AA} + \varepsilon_{BB}}{2} = -(EN_A - EN_B)^2$$

gemessen wird, mit einer etwas willkürlichen Elektronegativitätsskala EN_i, siehe Abschn. 6.3.1. Die Strukturen der „Salze", z. B. NaCl, CaF_2, kommen bei diesen Verbindungen häufig vor, z. B. bei MgSe, Mg_2Sn oder $Mg^{2+}Mg^{2+}Sn^{4-}$. Das NaCl-Gitter wird aus zwei ineinandergestellten kfz Gittern gewonnen, deren eines die Oktaederlücken des anderen besetzt (s. Abschn. 6.1.2). Werden die Tetraederlücken besetzt, so entsteht ein Flußspatgitter. Auch in der hdp Struktur kann man die Oktaederlücken besetzen und erhält dann die NiAs-Struktur, die von vielen Verbindungen aus Übergangselementen mit Metalloiden angenommen wird. Viele von diesen haben schon metallische Leitfähigkeit, also metallische Bindungsanteile. Nach einer Regel von E. Zintl können nur Elemente aus den Gruppen IV B bis VII B als negative Ionen in normalen Valenzverbindungen dienen (vielleicht auch In und Ga). Durch nur teilweise Besetzung der o. g. Lücken in dichtesten Packungen kann man neue Strukturen (Defektstrukturen) ableiten.

7 Geordnete Atomverteilungen

7.1 Überstrukturen, insbesondere lang-periodische [2.1]

Wir haben in 6.1 die geordnete β'-Struktur von CuZn kennengelernt, die aus dem ungeordneten β dadurch hervorgeht, daß die Ecken des krz Einheits-Würfels allein mit der einen Atomsorte, das Zentrum mit der anderen besetzt werden. Kristallographisch wird β mit A2, β' mit B2 bezeichnet (zur Nomenklatur der „Strukturbericht"-Typen A, B, ..., D, L, ... siehe [7.11]).

Eine geordnete Verteilung der Legierungspartner auf die Gitterplätze, d. h. die Bildung von „Untergittern", führt zu einer größeren Elementarzelle des Gitters, der sog. *Überstruktur*, und oft auch zu neuen Röntgen- (Überstruktur-) Reflexen, wenn gegenseitige Auslöschungen der von parallelen A- und B-besetzten Netzebenen reflektierten Wellen nicht vollständig sind. (Der „Strukturfaktor" $[f_A + f_B \exp(-i\pi(h + k + l))]$, siehe Gl. (2-7) mit $u_n = 0$, verschwindet nämlich nicht mehr für ungerade $(h + k + l)$, wenn $f_A \neq f_B$, siehe [2.2].) Weitere Überstrukturen, die auf A2 basieren, sind die von Fe_3Al (D0$_3$), Abb. 7.1, und die der Heuslerschen Legierung Cu_2MnAl (L2$_1$), die als eisenfreier Ferromagnet technische Anwendung findet (Al auf Untergitter X, Mn auf Untergitter Y in Abb. 7.1). Auf der Al-Struktur (kfz, ungeordnet) beruht die Überstruktur des Cu_3Au I (L1$_2$), Abb. 7.2, und die tetragonale Überstruktur CuAu I (L1$_0$), Abb. 7.3; auf der hdp (A3) die von Mg_3Cd (D0$_{19}$) mit einem Achsenverhältnis der geordneten Zelle von 0,8038.

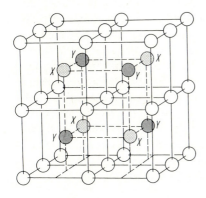

Abb. 7.1. Die Überstrukturen von Fe_3Al (D0$_3$) ($\bigcirc = X = Fe$, $Y = Al$) und von Cu_2MnAl (L2$_1$) ($\bigcirc = Cu$, $X = Al$, $Y = Mn$)

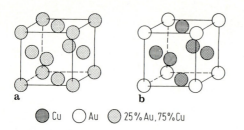
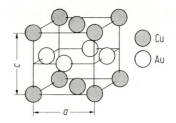

Abb. 7.2. Überstruktur von Cu_3Au I ($L1_2$) (**b**), die sich aus der kfz (A1) (**a**) herleitet

Abb. 7.3. Die Überstruktur CuAu I ($L1_0$)

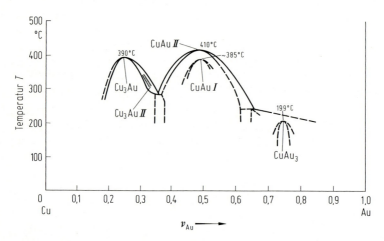

Abb. 7.4. Ausschnitt aus dem Zustandsdiagramm Cu–Au mit Überstrukturen und kritischen Temperaturen

Das Zustandsdiagramm CuAu, Abb. 7.4, zeigt noch verschiedene andere Überstrukturen, darunter die langperiodische von CuAu II, Abb. 3.1, die, wie schon in Abschn. 3.1 erwähnt, aus $2M = 10$ in **b**-Richtung aneinandergereihten Zellen der tetragonalen CuAu I-Struktur besteht. Dabei wird alle 5 Zellen eine *Antiphasengrenze* (APB (antiphase boundary), Abschn. 7.3) eingeschoben, wobei durch eine $1/2 (\boldsymbol{a} + \boldsymbol{c})$-Verschiebung Cu-Atome auf Au-Plätze kommen und umgekehrt. (Das Wort „Phase" wird im Zusammenhang mit APB anders verstanden als in der Thermodynamik: Die Ordnung ist „in Phase" im Sinne von „im Gleichschritt", in „Antiphase" also „außer Tritt".) Der mittlere Abstand zweier solcher APB ist $b \cdot (M + \delta)$, wo δ eine leichte Expansion des Gitters in der Periodenrichtung bezeichnet. Bei CuAu I treten $\{110\}$-Überstrukturreflexe auf. Das entspricht einem CuAu II mit $M \to \infty$. Für $M \to 1$ müssen diese Reflexe aber weitgehend mit den Reflexen der ungeordneten CuAu-Struktur verschmelzen, da dann wieder benachbarte Cu–Cu-$\{110\}$-Ebenen folgen und für Auslöschung sorgen. Es ergibt sich also für CuAu II mit endlicher Periode M, daß die

7.1 Überstrukturen, insbesondere lang-periodische

{110}-Überstrukturreflexe in Periodenrichtung aufgespalten sind, wie das in Abb. 7.5 dargestellte reziproke Gitter zeigt. Die *Aufspaltung* ist $2\varDelta = 1/Ma$ [7.1]. Das ist durch Elektronenbeugungsaufnahmen an aufgedampften CuAu-Filmen (mit c-Achse senkrecht zur Schicht) glänzend bestätigt worden. Die Periode M kann darüber hinaus durch TEM-Kontrast direkt vermessen werden, Abb. 3.2.

Setzt man den CuAu-Filmen dritte Elemente zu, so ändert sich die Periode M, und zwar wird sie bestimmt durch die Elektronenkonzentration der Legierung, Abb. 7.6. Das deutet nach dem in Abschnitt 6.3 gesagten auf den stabilisierenden Einfluß einer Berührung zwischen BZ und Fermifläche hin, in diesem Fall für die Überstruktur einer bestimmten Periode M. Abbildung 7.7 zeigt die BZ der ungeordneten kfz Struktur und die der geordneten CuAu I-Überstruktur mit einer der vergrößerten Elementarzelle entsprechend verkleinerten 1. BZ, die durch die zu den Überstrukturreflexen (001) und {110} gehörenden Ebenen begrenzt wird. Die Aufspaltung der {110}-Reflexe beim Übergang von CuAu I zu CuAu II führt zu einer Aufspaltung der B-Zone, wie sie in Abb. 7.8 im (001)-Schnitt gezeigt wird. Statt der die {110}-Ebenen berührenden Fermikugel von CuAu I, die $e/a = 0{,}86$ Elektronen faßt, Abb. 7.8a, können jetzt zwei Fermikugeln einbeschrieben werden, die jeweils die äußeren oder inneren {110}-Flächen berühren, Abb. 7.8b und c. H. Sato und R. Toth [7.1] berechnen das Elektronenvolumen dieser beiden Fermikörper (FK) zu

$$\left.\frac{e}{a}\right|_{\{110\}} = \frac{\pi}{12t^3} (2 \pm 2(a\varDelta) + (a\varDelta)^2)^{3/2} , \tag{7-1}$$

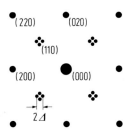

Abb. 7.5. Röntgen-Intensitätsverteilung in der (001)-Ebene des reziproken Gitters von CuAu II (lt. Abb. 7.3 und 3.1), Aufspaltung $2\varDelta$ der {110}-Überstrukturreflexe durch 2 Arten von AP-Domänen mit Periodenrichtungen [010] und [100]. Für CuAu I erhält man {110}-Intensität mit $2\varDelta = 0$, für ungeordnetes CuAu keine {110}-Intensität

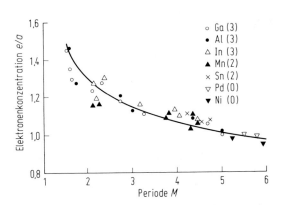

Abb. 7.6. APB-Abstände $M \cdot a = 1/2\varDelta$ in CuAu II mit Zusätzen dritter Elemente der angegebenen Valenzen, die die Elektronenkonzentration e/a verändern. (Nach [7.1])

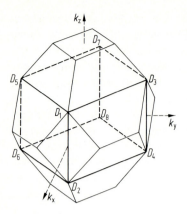

Abb. 7.7. 1. Brillouin-Zonen von CuAu (ungeordnet, äußere dünne Linien) und von der Überstruktur CuAu I (dicke Linien zwischen den Punkten D_i)

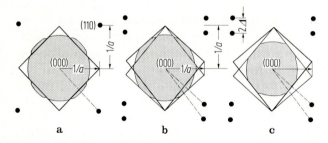

Abb. 7.8. Schnitt parallel zu (001) durch 1. Brillouin-Zonen von CuAu I (**a**) Abb. 7.7, und von CuAu II, (**b**) und (**c**), und durch die Fermikörper. Im Falle von CuAu II gibt es zwei energetisch günstige Fermikörper, die BZ-Flächen berühren, (**b**) und (**c**), statt sie zu überlappen, (**a**) für CuAu I. (Nach [7.1])

mit einem freien Parameter $t(=0,95)$, der das Verhältnis des Radius des tatsächlichen FK in $\langle 110 \rangle$-Richtung zu dem einer Kugel angibt. Die Kurve $e/a(\Delta)$ beschreibt die Meßergebnisse der Abb. 7.6 ausgezeichnet (mit dem +-Zeichen entsprechend der Berührung der Außen-{110}-Flächen). Die Stabilität einer $(e/a)_{\{110\}}$ zugehörigen Periode M ist also wieder in der erhöhten Zustandsdichte für Elektronen in der Nähe einer B-Zonengrenze mit Energiesprung zu suchen, wenn dieser Effekt nach dem in Abschn. 6.3 gesagten auch nicht überbewertet werden sollte. Ähnliche Effekte werden für andere Überstrukturen beschrieben [7.1]. Es bleiben allerdings eine Reihe von Fragen offen [7.2]:

a) Die obige elektronentheoretische Stabilisierung begünstigt als reines Energieargument CuAu II bei tiefen Temperaturen. Dort wird nach Abb. 7.4 aber die Struktur CuAu I beobachtet: Die Abweichung ist nach Tachiki und Teramoto eine Folge der zusätzlichen Verzerrungsenergie, die mit den APB von CuAu II verbunden ist. Andererseits besitzt CuAu II bei einer feinen, aber nicht ganz so regelmäßigen Unterteilung durch APBs, wie oben angenommen wurde, eine zusätzliche Entropie wegen der Zahl der APB-Anordnungsmöglichkeiten („Konfigurationsentropie"). Diese stabilisiert CuAu II bei höheren Temperaturen.

(b) Die Freie Energie aller APB, deren spezifische Energie $\tilde{E}$ und deren Energiedichte proportional zu $\tilde{E}/M$ ist, muß in die Stabilisierungsbilanz aufgenommen werden. $\tilde{E}$ selbst hängt von der Zusammensetzung (auch bei konstantem e/a) und der Temperatur ab. Es ist nicht klar, ob diese Effekte wirklich in den beobachteten M sichtbar werden. Dennoch stellt das Modell von Sato und Toth eine interessante Anwendung der Elektronentheorie der Legierungsstrukturen dar, wie wir sie in 6.3 dargestellt haben.

7.2 Unvollständige Ordnung, Ordnungsgrade

Wir sind im vorigen Abschnitt davon ausgegangen, daß die Ordnung vollständig, die Überstruktur ideal ausgebildet ist. Das ist schon aus Entropiegründen nicht der Fall, wie schon die in Kap. 5 besprochene quasi-chemische Theorie der Lösungen für den *Nahordnungskoeffizienten* α_1 für NN zeigt (Gl. (5–21)). Dieser wird in Abschnitt 2.3.2 im Zusammenhang mit seiner Messung durch die diffuse Röntgenstreuung definiert als der Überschuß der Zahl gleichartiger Nachbarn eines A-Atoms, verglichen mit der bei Zufallsverteilung; für Nahordnung ist also $0 \geqq \alpha_1 \geqq (-1)$ bei einer AB-Legierung. Nahordnungskoeffizienten α_m werden auch für entferntere ($m$te) Nachbarn eines Atoms definiert und gemessen, doch sind sie nicht voneinander und von α_1 unabhängig, weil die übernächsten Nachbarn, NNN, eines Atoms NN untereinander sein können (s. [7.2]). Für nichtstöchiometrische Legierungen ist vollständige Nahordnung ($\alpha_1 = -1$) sowieso nicht überall zu erreichen, wie Gl. (2-18) zeigt.

7.2.1 Fernordnung

Die Überstrukturen in 7.1 wurden aber nicht aus den Nachbarschaftsverhältnissen P_m^{AB} eines Atoms, also als Nahordnung, sondern aus der Besetzung von gewissen Untergittern 1, 2 mit einer speziellen Atomsorte, d. h. als *Fernordnung*, hergeleitet. Dementsprechend ist ein Fernordnungsgrad s zu definieren durch den Bruchteil der A-Atome auf dem richtigen Untergitter (1): $P_{A1} = (1/2)(1 + s)$, auf dem falschen (2): $P_{A2} = (1/2)(1 - s)$. Für regellose Verteilung ist $P_{Ai} = 1/2$ und $s = 0$. Für vollständige Fernordnung ist $s = 1$ und $P_{A2} = 0$ oder $s = -1$ und $P_{A1} = 0$. Wie bei Kittel [1.1] dargestellt ist, kann man mit diesem Parameter s die Energie einer regulären Lösung formulieren (Bragg-Williams-Theorie der Fernordnung), ähnlich wie wir es in Abschnitt 5.2.2 mit dem Parameter P^{AB} der Nahordnung getan haben (siehe Gl. (5-15), Nahordnungstheorie). Es werden wieder NN-Paarwechselwirkungsparameter zwischen den Untergittern (also ein Nahordnungskonzept!) benutzt. Die Verteilung der Atomsorten innerhalb jedes Untergitters wird als regellos angesehen, und für sie die Entropie der idealen

Mischung angesetzt. Der Vergleich der Ergebnisse der beiden Theorien (Fernordnung, Nahordnung) ergibt für eine 50%-ige AB-Legierung eine Energieabsenkung bei der Ordnung

$$\Delta E = E - \frac{Nn}{4} \cdot \left(\frac{\varepsilon_{AA} + \varepsilon_{BB}}{2} + \varepsilon_{AB} \right) = \frac{Nn}{4} \varepsilon (2P^{AB} - 1) = \frac{Nn}{4} \varepsilon s^2. \tag{7-2}$$

Mit der Definition des Nahordnungsgrades α_1 für eine Legierung AB aus Gl. (5-21) bedeutet diese Identität

$$-\alpha_1 = 2P^{AB} - 1 = s^2. \tag{7-3}$$

Diese einfache Beziehung zwischen zwei grundverschiedenen Auffassungen von Ordnung beruht letztlich auf der Verwendung gleichartiger Näherungsansätze in beiden Theorien (Nahordnung, Fernordnung), nämlich Berechnung der Mischungsenergie für NN-Paare, Verwendung der Mischungsentropie der *regellosen* Verteilung. Schwierigkeiten treten jedoch in der Definition von s auf, wenn auch nur *eine* APB im Gefüge vorhanden ist, also ein Phasensprung in der Besetzung der Untergitter mit A und B auftritt, wobei s Null werden kann, obwohl $\alpha_1 \approx -1$. Bei der Bestimmung von s aus der Intensität der Überstruktur-Röntgenreflexe kommt es allerdings nur darauf an, daß im kohärent streuenden Volumen keine APB liegt, α_1 wird nach Gl. (2-19) aus der diffusen Untergrundstreuung ermittelt. Beide stehen in der Tat oft nicht in dem von Gl. (7-3) geforderten Zusammenhang.

Die Temperaturabhängigkeit von s erhält man, indem man $(E(s) - TS^M(s))$ hinsichtlich s zu einem Minimum macht. S^M ist die Mischungsentropie, vgl. [1.1]. Dasselbe Ergebnis wird aus einer quasi-chemischen Theorie erhalten für die Reaktion im Fall einer AB-Legierung

$$\binom{A}{1} + \binom{B}{2} \rightleftharpoons \binom{A}{2} + \binom{B}{1}, \tag{7-4}$$

für die der Boltzmannsche Verteilungssatz besagt (mit $\varepsilon < 0$!)

$$\frac{P_{A2}}{P_{A1}} = \frac{1-s}{1+s} = \exp(+n\varepsilon s/kT). \tag{7-5}$$

$n\varepsilon s$ ist die Energiedifferenz zwischen den beiden Plätzen des A-Atoms, ausgedrückt durch die aller seiner Bindungen. Die Entordnungsenergie selbst nimmt also mit dem Ordnungsgrad ab, was als „Demoralisierungs-Effekt" bezeichnet wird. Gleichung (7-5) kann auch geschrieben werden als

$$\tanh x = \frac{2kTx}{n|\varepsilon|} \equiv s, \tag{7-5a}$$

für die eine graphische Lösung naheliegt, Abb. 7.9. Gleichung (7-5a) ergibt den in Abb. 7.10 gezeigten Verlauf $s(T)$. Im Grenzfall ist eine Gerade der Steigung 1 Tangente an den tanh im Nullpunkt; das definiert eine kritische Temperatur T_c durch $kT_c = n|\varepsilon|/2$. Das gemessene $s(T)$ für CuZn verläuft etwas steiler, wie

7.2 Unvollständige Ordnung, Ordnungsgrade

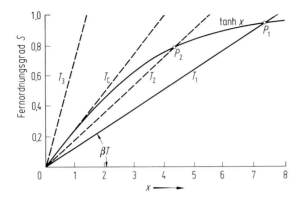

Abb. 7.9. Graphische Lösung der Gleichung $\tanh x = \beta T x$ für verschiedene $T_1 < T_2 < T_3$. Bei der Temperatur T_c fällt der Schnittpunkt P mit dem Ursprung zusammen

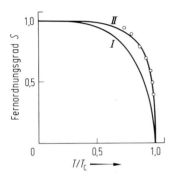

Abb. 7.10. Temperaturabhängigkeit des Fernordnungsgrades S nach Messungen von E. B. Warren u. Mitarb. an β'-CuZn im Vergleich mit Theorien: Kurve I nach Gl. (7-5a); Kurve II nach Abschn. 7.2.2 mit $\varepsilon_2 = \varepsilon_1/3$

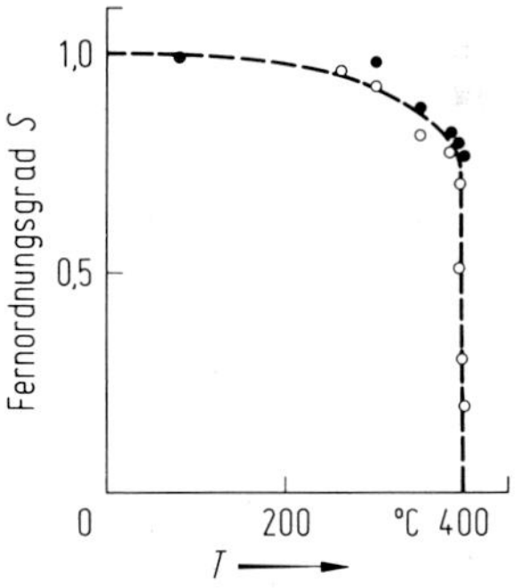

Abb. 7.11. $S(T)$ für Cu_3Au (● Proben auf Raumtemperatur abgeschreckt; ○ Überstrukturlinien bei der Glühtemperatur gemessen)

es verbesserte Theorien gut beschreiben (siehe [7.3]). Zum Vergleich mit dem Experiment eignet sich besonders die spezifische Wärme $c_v = (dE/ds) \times (ds/dT)$, die zur Entordnung aufgebracht werden muß. Abbildung 7.12 zeigt Meßergebnisse an CuZn. Man erkennt, daß auch oberhalb von T_c noch Entordnungsvorgänge ablaufen, daß also dort noch Nahordnung vorhanden ist, wie es auch die diffuse Röntgenstreuung zeigt, vgl. Abschn. 2.3.2. Der Verlauf von c_v bei Cu_3Au entspricht einer Phasenumwandlung 1. Ordnung, der Fernordnungsgrad ändert sich unstetig bei T_c, Abb 7.11. Das liegt daran, daß die der linken Seite von Gl. (7-5a) entsprechende Funktion für das AB_3-Gitter nicht wie $\tanh x$ mit monoton abnehmender Steigung verläuft, sondern von einer Geraden durch den Nullpunkt u. U. mehrfach geschnitten wird, siehe Abb. 7.13. Die stabile graphische Lösung (0 oder B) wird durch den Vergleich der schraffierten Flächen gefunden: Ist die Fläche oberhalb der schneidenden Geraden ($2kT_2x/n|\varepsilon|$) größer als die unterhalb, ist B stabil und umgekehrt. Bei

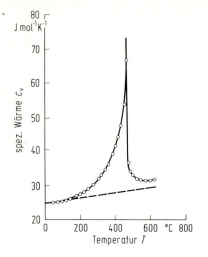

Abb. 7.12. Die spezifische Wärme beim Entordnen von CuZn

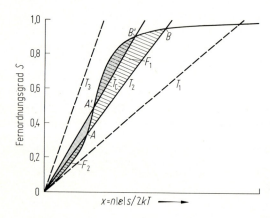

Abb. 7.13. Graphische Ermittlung des Fernordnungsgrades S für ein A_3B-Gitter. Von den 3 Lösungen für die Temperatur T_2 ist A instabil und B stabil nach dem Vergleich der schraffierten Flächen F_1 und F_2. Bei T_c sind B' und 0 stabile Lösungen, d. h., S steigt unendlich steil mit T an. Bei T_3 ist $S = 0$. (Nach [7.3])

der kritischen Temperatur sind die Flächen gleich (punktiert). Bei CuZn handelt es sich um eine Umwandlung höherer Ordnung, die spezifische Wärme bleibt endlich. Die Annäherung an einen kritischen Punkt mit den dort auftretenden Schwankungserscheinungen (kritische Opaleszenz) ist ein aktuelles Gebiet der Forschung. Sobald eine Gitterdeformation bei der Ordnungseinstellung die Gittersymmetrie ändert wie bei CoPt-Legierungen (kfz wird tetragonal flächenzentriert), ist die Umwandlung von 1. Ordnung mit einem zugehörigen Zweiphasengebiet zur ungeordneten Phase.

7.2.2 Ordnung und Paarpotential

Wir haben in Abschnitt 2.3.2 gezeigt, daß man die Nahordnungsparameter α_i verschiedener Nachbarschaften (i-te Schale) aus der diffusen Röntgenstreuung erhalten kann. Für Cu_3Au wurden z. B. bei 450 °C (oberhalb $T_c = 390$ °C)

7.2 Unvollständige Ordnung, Ordnungsgrade

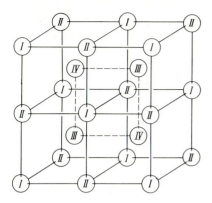

Abb. 7.14. Aufteilung des krz Gitters in 4 Untergitter

gemessen: $\alpha_1 = -0{,}19$; $\alpha_2 = +0{,}21$; $\alpha_3 = 0{,}00$; $\alpha_4 = 0{,}08$; $\alpha_5 = -0{,}05$ usw. (s. [7.4]). Das mit i oszillierende Vorzeichen ist aus der Überstruktur zu erwarten, siehe Abb. 7.2. Zur physikalischen Erklärung solcher entfernterer Vorzugsnachbarschaften braucht man Wechselwirkungsparameter ε_{ij} nicht nur zwischen NN, wie sie in der Vertauschungsenergie ε ($= \varepsilon_1$) bei der Theorie der regulären Lösung benutzt werden, sondern auch zwischen NNN (übernächsten Nachbarn), die auf eine Vertauschungsenergie ε_2 führen, vgl. Gl. (5-15a). Aus den gemessenen α_i können dann die ε_i bestimmt werden. Diese werden von Inden und Pitsch [7.5] bei den Überstrukturen im System Fe(–Co)–Si verwendet. Abbildung 7.14 zeigt die von diesen Autoren benutzte Aufteilung des krz Gitters in 4 Untergitter. Die Teilgitter I und II sind zu III und IV in NN-Position (8

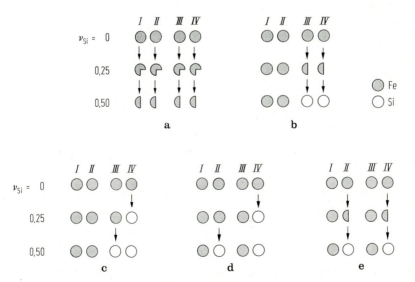

Abb. 7.15. Besetzung der Untergitter der Abb. 7.14 mit 2 Atomsorten Fe, Si bei verschiedenen Si-Anteilen v_{Si} und verschiedenen Wechselwirkungsparametern ε_1 und ε_2 (Fälle **a–e**). (Nach [7.5])

NN), aber I und II, sowie III und IV zueinander in NNN-Position (6 NNN). Abbildung 7.15 veranschaulicht qualitativ die verschiedenen möglichen Besetzungen dieser Untergitter mit Fe- und Si-Atomen für verschiedene Si-Konzentrationen und verschiedene ε_i: Wenn $|\varepsilon_i| \ll kT$ oder $\varepsilon_i = 0$, liegt eine ungeordnete Atomverteilung vor (Teilbild (a)); ist $\varepsilon_1 < 0$, $\varepsilon_2 \gtreqless 0$ wird die höchstmögliche Zahl ungleicher Paare unter den NN eingestellt (b); ist $\varepsilon_1 < 0$ und $\varepsilon_2 \lesssim 0$, aber $|\varepsilon_2| < 2|\varepsilon_1|/3$, so zeigt sich eine Ordnungstendenz auch unter den NNN (c); überwiegt die Ordnungstendenz der NNN, d. h. $|\varepsilon_2| > |2\varepsilon_1/3|$, so erwarten wir eine Atomverteilung wie in (d); in (e) wird schließlich eine Entmischungstendenz der NN ($\varepsilon_1 > 0$), Ordnungstendenz der NNN ($\varepsilon_2 < 0$) gezeigt. Die Atomverteilungen lassen sich quantitativ in einem Modell der regulären Lösung (bis zu NNN!) thermodynamisch berechnen. Speziell für FeSi (und FeAl) ergibt sich Übereinstimmung, mit der gemessenen Mischungsenthalpie, die durch $(8\varepsilon_1 + 6\varepsilon_2)$ bestimmt wird, siehe [7.5] und [5.3], und mit der gemessenen Entordnungsenergie (oder dem kritischen Punkt, Abschn. 5.5.2), die proportional zu $(8\varepsilon_1 - 6\varepsilon_2)$ sind, wenn $\varepsilon_1, \varepsilon_2 < 0$ und $\varepsilon_1/\varepsilon_2 \approx 2$ gewählt werden. Für FeCo ergibt sich Übereinstimmung, wenn $\varepsilon_1 < 0$, $\varepsilon_2 > 0$ und $|\varepsilon_1| \approx |\varepsilon_2|$ gewählt werden. Damit lassen sich die Zustandsdiagramme, Neutronenstreuintensitäten und Mößbauer-Spektren ausgezeichnet darstellen und auch Ordnungsreaktionen in ternären Systemen beschreiben. Für FeSi scheinen die Ordnungsumwandlungen A2 → B2 → D0$_3$ oberhalb der Curietemperatur mit zunehmendem Si-Gehalt

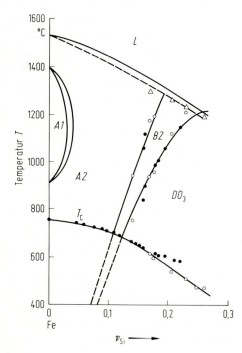

Abb. 7.16. Ausschnitt aus dem Zustandsdiagramm Eisen–Silizium mit 2 Überstrukturen und ferromagnetischem Bereich (unterhalb T_c). Berechnete Kurven [7.5] und Meßpunkte der Neutronenstreuung (○△) bzw. spez. Wärme (●)

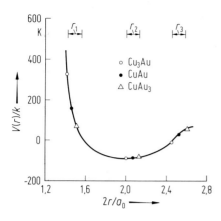

Abb. 7.17. Wechselwirkungspotential als Funktion des Abstands zweier Atome nach Röntgenmessungen der Nahordnungsparameter verschieden entfernter Nachbarn (r_i) in CuAu-Legierungen. (a_0 ist der Gitterparameter von Cu_3Au.) (Nach [7.4])

nicht von erster, sondern von höherer Ordnung zu sein, so daß also keine Zweiphasengebiete auftreten (Abb. 7.16).

Im System CuAu haben S. Moss und P. Clapp [7.4] eine ähnliche thermodynamische Analyse durchgeführt, die von einer Formulierung ähnlich der quasichemischen Theorie, Abschn. 5.4, Gl. (5-21), erweitert auf NNN, ausgeht. Dabei kann die Wechselwirkung eines Atoms mit seinen NNN durch die mit dazwischenliegenden NN dargestellt werden (s. [7.2]). Es wird eine vom Abstand r_i des i-ten Nachbarpaares (AB) abhängige Wechselwirkungsenergie $V_i^{AB}(r_i)$ angenommen, statt der konstanten Wechselwirkungsstärke $\varepsilon_{AB,i}$ des Abschn. 5.2.2. Das hat den Vorteil, daß Gitterparameteränderungen mit dem Ordnungsgrad erhalten werden, die in vielen Fällen eine Ordnungsumwandlung 1. Art verursachen [7.10]. Moss und Clapp können aus den α_i Vorzeichen und Größe der Wechselwirkungspotentiale V_i zwischen NN, NNN, NNNN bestimmen. Das Ergebnis in Abb. 7.17 zeigt eine dem Vorzeichen nach oszillierend mit der Entfernung abfallende Wechselwirkung, nicht unähnlich dem aus dem Pseudopotential folgenden Friedelschen Paarpotential, Abschn. 6.2. Abhängig vom Vorzeichen der V_i ergeben sich verschiedene Überstrukturen, für $V_1 < 0$ (und nicht zu großes $V_2 < |V_1|$) auch eine Entmischungstendenz, wie schon im Zusammenhang mit Abb. 6.24 festgestellt wurde. Damit ist der Anschluß an die Ergebnisse der Elektronentheorie (Kap. 6) gefunden, nach der die Paarwechselwirkung (neben einer nur vom Volumen der Gitterzelle abhängigen Bindungsenergie) zur Beschreibung der energetischen Verhältnisse in einer Legierung i. allg. ausreicht. Vielkörperwechselwirkungen spielen nur in wenigen beobachteten Fällen eine Rolle [7.10].

Berücksichtigt werden müssen in diesen Untersuchungen schließlich noch Energiebeiträge der Gitterverzerrungen auf Grund einer Atomgrößendifferenz, die stets Ordnung, nicht Entmischung bevorzugen, wie wir am Beispiel der intermetallischen (Laves-) Phasen gesehen haben. Die Gitterverzerrungen können aus der (diffusen) Huang-Streuung ermittelt werden (s. Abschn. 2.3.2).

7.3 Ordnungsdomänen und ihre Grenzen

7.3.1 Domänengefüge und Typen von APB

Wir hatten zur Beschreibung der Fernordnung Untergitter eingeführt, die mit der einen oder anderen Atomsorte besetzt werden, wenn sich Ordnung einstellt. Die Untergitter sind i. allg. gleichwertig, so daß bei einer an verschiedenen Stellen stattfindenden Keimbildung der Ordnung entweder die A-Atome oder die B-atome das Untergitter 1 besetzen (Abb. 7.18). Beim Zusammenwachsen gibt es notwendig Antiphasengrenzen (APB) im *Gefüge*, wie sie in Abschn. 3.1 und 7.1 (dort als Bestandteil der *Phase* CuAu II) schon eingeführt wurden. In diesem Modell wird ein kleiner Ordnungsgrad beschrieben durch kleine, ziemlich vollständig geordnete Domänen in einer ungeordneten Matrix. Wir hatten dagegen oben die röntgenographisch bestimmten Nahordnungsparameter α_i durch eine homogene Verteilung von AB-Paarungen interpretiert, also durch ein anderes Modell. Experimentelle Beobachtungen an CoPt mit FIM (Abschn. 2.4, Abb. 7.19) und an Fe_3Al mit TEM sprechen für das heterogene Modell, das auch durch Elektronenbeugung und durch Computer-Simulation einer Cu_3Au-Legierung oberhalb von T_c nahegelegt wird.

Eine APB wird erzeugt durch einen AP-Vektor *u*, der eine Verschiebung einer Atomsorte von einem Untergitter auf ein anderes bewirkt. Diese Verschiebung ist Ausdruck des Phasensprungs, der beim Zusammenwachsen von Ordnungsdomänen an ihren Grenzflächen auftreten kann (thermisch gebildete APB). Die Verschiebung kann aber auch mechanisch durch eine Versetzung erzeugt werden, deren Burgersvektor kleiner als der Translationsvektor der Überstruktur ist (unvollständige Versetzung der Überstruktur mit *b* = *u*, s. Abschn. 11.3.3). Jede im Kristall endende APB wird von einer solchen Versetzung begrenzt, siehe Abb. 7.20. Eine APB wird hier ausreichend beschrieben durch *u* und durch ihre Flächennormale *n*, wenn wir voraussetzen dürfen, daß die APB stückweise eben ist. Liegt *u* in der Grenzfläche, wie bei einer durch Translation erzeugten APB, so erwarten wir eine relativ kleine APB Flächenenergie $\tilde{E}_{APB}$,

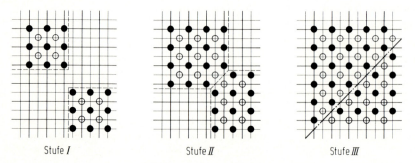

Abb. 7.18. Entstehung von APB (gestrichelt) durch Zusammenwachsen geordneter Bereiche, in denen A-(●), B-Atome (○) vertauschte Untergitter besetzt haben

7.3 Ordnungsdomänen und ihre Grenzen

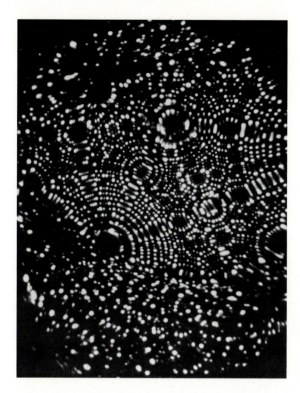

Abb. 7.19. Grenze zwischen geordnetem (oben) und ungeordnetem CoPt (unten) im Feldionenmikroskop, Co-Atome hell (T. T. Tsong und E. W. Müller, Penn. State Univ.)

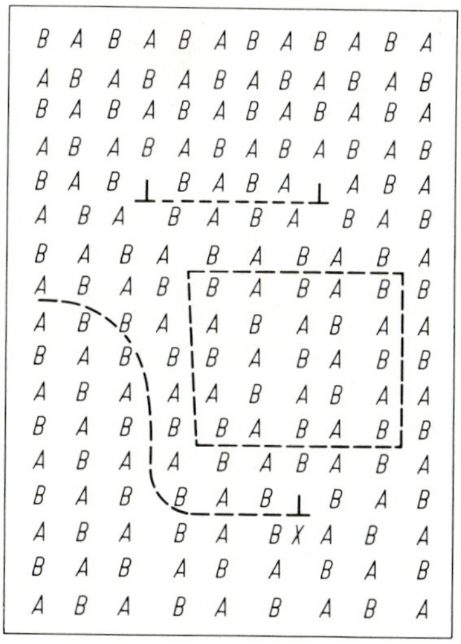

Abb. 7.20. AB-Überstruktur mit thermischen APB, von denen eine (bei x) in einer normalen Gitterversetzung endet (Partialversetzung der Überstruktur). Dazu wird eine aufgespaltene Versetzung der Überstruktur gezeigt, deren Partialversetzungen eine APB begrenzen

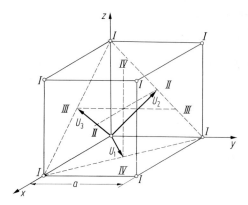

Abb. 7.21. Die Untergitter I (Au) und II–IV (Cu) von Cu$_3$Au und die 3 eine APB erzeugenden Vektoren u_i

weil dann keine Atome hinzugefügt oder weggenommen werden müssen (Typ 1 − APB). Im anderen Fall, $(u \cdot n) \neq 0$, ist $\tilde{E}_{APB}$ oft größer (Typ 2 − APB), siehe Abb. 7.22. Abbildung 7.21 zeigt die im Falle der L1$_2$-Struktur (Cu$_3$Au) vorliegenden Untergitter I–IV und die zugehörigen 3 Vektoren $u_i = a/2[110]$, $a/2[101]$, $a/2[011]$ Für $n = [001]$ ist die durch u_1 erzeugte APB vom Typ 1, die anderen sind vom Typ 2. Es gibt also 4 mögliche Ordnungsdomänen. Das ist auch die Mindestanzahl, die man braucht, um ein metastabiles Gefüge von APB (analog einem Seifenschaum) aufrechtzuerhalten, wie in Abschn. 3.3 für Korngrenzen erläutert wurde. Im Gegensatz zu L1$_2$ hat die B2-Überstruktur (Abb. 7.20) nur 2 mögliche Untergitter und Domänen, einen möglichen Vektor u und keine Möglichkeit, ein APB-Gefüge zu stabilisieren. Die APB müssen sich hier schließen oder in Versetzungen enden.

7.3.2 Energie von APB

Man kann in der Paarbindungsnäherung (Abschn. 5.2.2) unter Berücksichtigung von NN (oder auch NNN) die (Freie) Energie $\tilde{E}_{APB}$ abschätzen als Funktion der Orientierung der APB, d. h. von $n = (n_1, n_2, n_3)$. Im Falle von L1$_2$ ergibt sich mit der bekannten Paarvertauschungsenergie ε_1

$$\tilde{E}_{APB}\left(u = \frac{a}{2}[110]\right) = 2\varepsilon_1 n_1 s^2 / a^2 \sqrt{n_1^2 + n_2^2 + n_3^2}, \qquad (7\text{-}6)$$

wobei $n_1 \geq n_2$ vorausgesetzt wurde [7.6]. Für $n = [001]$, die Typ 1 − APB, wird $\tilde{E}_{APB} = 0$, was einer bevorzugten Lage der APB von Cu$_3$Au in den Würfelebenen entspricht. (Bei Berücksichtigung von NNN bleibt $\tilde{E}_{APB}$ auch für diese Orientierung endlich.) Die Orientierungsabhängigkeit von $\tilde{E}_{APB}$ für L1$_2$ ist in Abb. 7.22 bei stereographischer Projektion der möglichen n durch Linien konstanter Energie dargestellt. Neben dem Minimum für $n = [001]$ gibt es Maxima für [100], [010] und Sattelpunkte für [110], [1$\bar{1}$0]. In der DO$_3$-Überstruktur von Fe$_3$Al ist $\tilde{E}_{APB}$ durch einen starken Einfluß von NNN dagegen ziemlich isotrop, in der Größenordnung von 0,1 J/m^2.

7.3 Ordnungsdomänen und ihre Grenzen

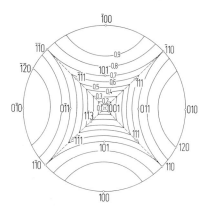

Abb. 7.22. Linien konstanter Energie $\tilde{E}_{APB}$ für eine durch $u = a/2$ [110] erzeugte APB in Cu_3Au als Funktion der Flächennormalen [hkl]. (NN-Wechselwirkung)

Abb. 7.25. Berechnete Ordnungsgeschwindigkeiten für eine A_3B Legierung mit $T_c = 205$ K. (Nach G. Dienes)

Diese Abschätzungen werden durch TEM bestätigt. Für die Kontrastbildung an APB gilt dabei das in Abschnitt 2.2.1.2 für Stapelfehler gesagte, wobei g ein Reziproker Gittervektor der Überstruktur ist. Abbildung 7.23 zeigt ein Domänengefüge in teilweise geordnetem Cu_3Au nach 75 h Glühung bei 380 °C. Die Domänengröße ist etwa 75 nm. (Es ist zu beachten, daß etwa 1/3 der APB für den abbildenden Überstrukturreflex außer Kontrast ist.) Die Würfelorientierung der APB bestätigt die starke Anisotropie von $\tilde{E}_{APB}$, die Gl. (7-6) vorhersagt. Ein Vergleich von thermisch erzeugten mit mechanischen APB zeigt gelegentlich, daß die letztgenannten schärfer im Kontrast sind. Der Phasensprung in der Besetzung der Untergitter wird bei ersteren offenbar durch Diffusion zu einem Profil endlicher Breite verwaschen (einige Gitterkonstanten Breite für $T < T_c$). Das gilt besonders bei nicht-stöchiometrischen Legierungen, wo die überzähligen Atome einer Sorte ohne Aufwand an Energie APB vom Typ 2 bilden können. Mit Hilfe der FIM sind die Vorstellungen von der Struktur von

APB genauer Prüfung zugänglich. Eine Domänenstruktur in massivem Material von Legierungen, die sich bei der Ordnung tetragonal verzerren (wie für CuAu I erwähnt) ist mit einem Gefüge an Gitterfehlern verbunden, die die Verzerrungen kompensieren (s. Kap. 13).

7.4 Ordnungskinetik [7.7]

Die zeitliche Einstellung von Ordnung in einer Legierung wird durch atomare Platzwechsel, Diffusion, bestimmt. Wir werden diese Phänomene allgemein in den nächsten Kapiteln behandeln. Hier kann nur ein qualitativer Überblick über die Kinetik der Ordnungseinstellung gegeben werden, der diesen Vorgang auf allgemeinere, später im einzelnen zu besprechende Prozesse zurückführt. Anders als bei Ausscheidungs- und Entmischungsvorgängen entstehen bei der Ordnungseinstellung keine größeren Konzentrationsunterschiede, die mehr oder weniger langreichweitigen Materialtransport bedingen. Es geht vielmehr um den Platzwechsel zwischen benachbarten Untergitter-Plätzen, deren vorzugsweise Besetzung mit einer Atomsorte in einem *Keimbildungsvorgang* beginnen kann (a). Die geschaffene Ordnungsdomäne wächst dann in das ungeordnete Material hinein, bis sie an andere *wachsende Domänen* stößt (b), (Abb. 7.18). Schließlich vergröbert sich das entstandene metastabile Domänengefüge bis zum APB-freien geordneten Kristall (c), (Ostwald-Reifung). Gleichzeitig mit diesen Vorgängen mag sich auch der *Ordnungsgrad* innerhalb einer Domäne zeitlich verändern. Dieser Fall (d) wird in Anlehnung an G. Dienes zuerst behandelt. (In jüngster Zeit hat de Fontaine [7.13] noch einen Prozeß der *spinodalen Ordnung* vorgeschlagen. Bei starker Unterkühlung unter die Ordnungstemperatur entstehen danach periodische Modulationen des Ordnungsgrades, die mit der Zeit kontinuierlich wachsen – ähnlich wie bei der in Kap. 9 zu besprechenden spinodalen Entmischung.)

d) *Homogene Ordnungseinstellung*

Wir gehen aus von der quasi-chemischen Ordnungsreaktion für die AB-Legierung Gl. (7-4), deren Rate mit den Bezeichnungen des Abschn. 7.2 lautet

$$\frac{dP_{A1}}{dt} = \overleftarrow{K} P_{A2} P_{B1} - \overrightarrow{K} P_{A1} P_{B2} \quad \text{oder} \quad 2 \frac{ds}{dt} = \overleftarrow{K}(1-s)^2 - \overrightarrow{K}(1+s)^2 \ . \quad (7\text{-}7)$$

Die Geschwindigkeitskonstanten $\overleftarrow{K}, \overrightarrow{K}$ werden nach Abb. 7.24 durch Arrheniusfaktoren beschrieben (mit einer atomaren Schwingungsfrequenz v_0)

$$\overleftarrow{K} = v_0 \exp\left(-\frac{Q}{kT}\right), \quad \overrightarrow{K} = v_0 \exp\left(-\frac{Q+V}{kT}\right). \quad (7\text{-}8)$$

Das Ergebnis der Ansätze (7-7) und (7-8) zeigt Abb. 7.25. Bei kleinen Ordnungsgraden s ist die Änderungsgeschwindigkeit $ds/dt = 0$. Es gibt ein Maximum von ds/dt bei mittleren s, besonders ausgeprägt knapp unterhalb von $T_c = 205$ K.

7.4 Ordnungskinetik

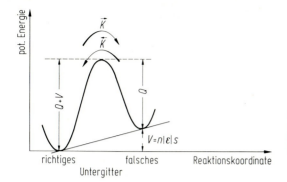

Abb. 7.24. Potentielle Energie eines Atoms in der Überstruktur und Platzwechsel mit den Geschwindigkeitskonstanten $\vec{K}$, $\overleftarrow{K}$

Isotherme $s(t)$ Kurven zeigen einen S-förmigen Verlauf, wie man ihn sonst bei Keimbildungs- und Wachstumstheorien erwartet, obwohl hier nichts Derartiges, den Ansätzen (a) und (b) Entsprechendes, angenommen wurde.

Im Falle der A_3B-Legierungen, deren Ordnungsumwandlung von 1. Ordnung ist (Abb. 7.13), ist die Ordnungseinstellung viel träger. Abbildung 7.25 zeigt, daß noch weit unterhalb von T_c die Geschwindigkeit $(ds/dt)_{t=0} < 0$ ist. Es muß also eine größere Schwankung abgewartet werden, die auf einen endlichen Ordnungsgrad führt, bevor die Ordnung weiter wächst. In Übereinstimmung mit der Erfahrung stellt sich die Ordnung in A_3B-Überstrukturen viel langsamer ein als in AB. Man kann Unordnung in CuZn praktisch nicht durch Abschrecken einfrieren, wohl aber in Cu_3Au.

b) *Wachstum von Ordnungsdomänen („Johnson-Mehl-Kinetik")*

Wie wir später bei der Besprechung der Rekristallisationskinetik annehmen werden (Kap. 15), gebe es zu Anfang, abhängig von der Temperatur, N Domänenkeime pro cm³, deren Größe mit der zeitunabhängigen Geschwindigkeit v (cm/s) in jeder Raumrichtung wachse, bis die Domänen aneinanderstoßen. Jede Domäne wächst dann zwischen t und $t + dt$ um $dV = 4\pi v^3 \cdot t^2 \, dt$, und der geordnete Volumenanteil X wächst in den noch nicht geordneten, $(1 - X)$, hinein, um

$$dX = 4\pi v^3 N t^2 \, dt \cdot (1 - X), \qquad (7\text{-}9)$$

d.h.

$$\left.\begin{array}{l} -\ln(1 - X) = \dfrac{4\pi}{3} v^3 N t^3 \\[4pt] \text{oder} \\[4pt] X = 1 - \exp\left(-\dfrac{4\pi}{3} v^3 N(T) t^3\right). \end{array}\right\} \qquad (7\text{-}10)$$

Für die lineare Wachstumsrate wird angesetzt

$$v = \frac{D(T)}{kT} \cdot \frac{\Delta E(s(T))}{a}, \qquad (7\text{-}11)$$

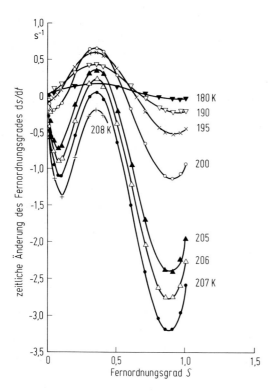

Abb. 7.25. Berechnete Ordnungsgeschwindigkeiten für eine A_3B Legierung mit $T_c = 205$ K. (Nach G. Dienes)

wo $D(T)$ die Diffusionskonstante als Maß für die sekundliche Zahl der Platzwechsel ist (s. Kap. 8) und ΔE der Energiegewinn pro Atomvolumen bei der Ordnungseinstellung, siehe Gl. (7-2). (Bei der Rekristallisation wird dieser Ansatz „Grenzengeschwindigkeit gleich Beweglichkeit mal treibende Kraft" noch näher begründet werden.) Die Temperaturabhängigkeit von v geht über ein Maximum unterhalb von T_c, weil bei tiefen Temperaturen D exponentiell klein wird und bei Annäherung an T_c der Faktor ΔE verschwindet. Qualitativ ist der nach dieser Theorie zu erwartende Zeitverlauf des beobachtbaren Ordnungsgrades $s_{eff} = \int s X(s)\, dV/V$ nicht wesentlich von dem unter (d) beschriebenen verschieden. Für kleine Zeiten nimmt X proportional zu t^3 zu, während für große Zeiten exponentiell eine Sättigung erreicht wird.

c) *Ostwald-Reifung der Domänen*

Das Wachstum von Domänen in das noch nicht geordnete Material hinein wurde oben mit dem Vorgang der (primären) Rekristallisation, d. h. der Aufzehrung eines verformten Gefüges durch neue, unverzerrte Kristalle, verglichen, siehe Kap. 15. Diese Vorgänge kommen zum Stillstand, wenn $X = 1$, das ungeordnete Volumen aufgezehrt ist, das Material also völlig mit geordneten Domänen erfüllt ist. Das entspricht aber noch nicht dem Zustand des stabilen Gleichgewichts, da die APBs zusätzliche Energien beinhalten. Als nächster ki-

7.4 Ordnungskinetik

netischer Vorgang setzt Domänenwachstum (zu vergleichen mit der Kornvergrößerung oder der sekundären Rekristallisation in Kap. 15) ein: Einzelne Domänen vergrößern sich auf Kosten benachbarter, so daß die gesamte APB-Fläche verkleinert wird. Wir hatten oben schon auf die delikate Natur des Gleichgewichts der APB-Grenzflächenspannungen in A_3B-Legierungen hingewiesen, welche ja vier mögliche Domänen besitzen. (In AB-Legierungen mit zwei Untergittern und Domänen gibt es gar keine mechanisch stabilen APB-Anordnungen.) Abbildung 7.26 zeigt eine statistische Anordnung von 4 Domänentypen (A, B, C, D) in A_3B und das erste Stadium ihrer Vergrößerung auf Grund der vorliegenden mechanischen Instabilität der $\tilde{E}_{APB}$.

Die mathematische Beschreibung des Vorgangs geht wieder von Gl. (7-11) aus, wobei nun als treibende Kraft des Domänenwachstums die spezifische Energie aller APBs (bezogen auf das Atomvolumen a^3) anzusetzen ist, also für einen mittleren Domänendurchmesser L

$$\Delta E \approx \frac{\tilde{E}L^2}{L^3} \cdot a^3 \quad \text{und} \quad v \equiv \frac{dL}{dt} = \frac{D(T)\tilde{E}a^2}{kT\,L} \equiv \frac{K}{L}. \tag{7-12}$$

Integration ergibt das Zeitgesetz der „*Ostwald-Reifung*"

$$L^2 - L_0^2 = 2Kt, \tag{7-13}$$

das gut erfüllt gefunden wird bei Cu_3Au für L zwischen 10 und 80 nm, wenn die tatsächliche Verteilung der Ausgangsdomänengrößen L_0 berücksichtigt wird [7.8].

Während also die Existenz des Prozesses (c) experimentell außer Frage steht, auch wohl kein Keimbildungsproblem (a) besteht, da durch Nahordnungsvorgänge immer genügend Keime vorhanden sind, kann doch keine Entscheidung zwischen den Mechanismen der homogenen Ordnung (d) und des Domänenwachstums (b) getroffen werden. Im Gegenteil: Es sieht so aus, als ob diese

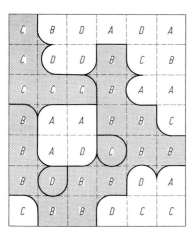

Abb. 7.26. Domänenwachstum (schraffiert) aufgrund des Ungleichgewichts der APB-Energien in einer zufälligen Anfangsverteilung von 4 Sorten (A, B, C, D) von quadratischen Domänen in A_3B-Überstruktur

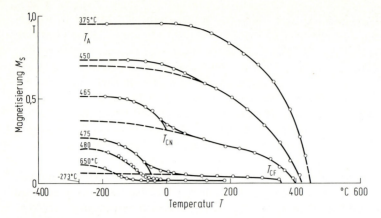

Abb. 7.27. Magnetisierungs-Temperatur-Verlauf für Ni_3Mn nach Glühen bei T_A und Abschrecken. (Nach Marcinkowski und Brown: J. appl. Phys. 32 (1961) 375)

beiden Prozesse, die auf Nahordnung (d) und Fernordnung (b) abzielen, nebeneinander und z. T. auch gegeneinander ablaufen. Das wird z. B. am System Ni_3Mn deutlich, das im geordneten Zustand ferromagnetisch ist. Es wird eine Curietemperatur T_{CF} von etwa 480 °C für den ferngeordneten Zustand beobachtet mit dem üblichen Temperaturverlauf der spontanen Magnetisierung M_s (Abb. 7.27). Proben, die von oberhalb 450 °C abgeschreckt wurden, zeigen einen $M_s(T)$-Verlauf mit einer Curietemperatur T_{CN} von weniger als 0 °C, der wohl dem nahgeordneten Zustand entspricht. Beide Ordnungsgrade nehmen mit der Zeit zu, in qualitativer Übereinstimmung mit den oben abgeleiteten Beziehungen, wobei allerdings bei einer mittleren Glühtemperatur von 425 °C der Volumenanteil mit Nahordnung erst zu und dann zugunsten dessen mit Fernordnung wieder abnimmt [7.12].

8 Diffusion [8.1, 8.6, 8.21]

Wir haben in vorangehenden Kapiteln schon verschiedentlich die Frage gestellt, wie lange es dauert, bis bestimmte Atome in einer festen Legierung von einem Ort zu einem anderen „diffundieren". Daß solche Atombewegungen im Festkörper möglich sind – im Gegensatz zur Regel „corpora non agunt nisi fluida" – weiß man seit Faraday. Die Kenntnis der Diffusion im Festkörper ist einerseits Voraussetzung für die Beschreibung der Kinetik von Festkörper-Reaktionen. Andererseits ist der atomare Mechanismus der Diffusion selbst von Interesse: Denn er gibt Aufschluß über die Eigenschaften von Gitterbaufehlern, hauptsächlich Leerstellen, ohne die im dichtest gepackten Metall keine Platzwechsel von Atomen möglich wären. Wir behandeln diese Gitterbaufehler in Kap. 10. In den folgenden Abschnitten wird der zeitliche Ablauf der Diffusion in einer Legierung im wesentlichen nach einem Kontinuumsmodell beschrieben.

8.1 Isotherme Diffusion mit konstantem Diffusionskoeffizienten

Wir setzen eine verdünnte einphasige Legierung voraus (von B in A, oder auch vom Isotop A* in A oder in AB). Die Verteilung der B-Atome sei in der x-Richtung inhomogen. Dann wird nach dem 1. Fickschen Gesetz ein Komponentendiffusionskoeffizient D_B (cm^2/s) dadurch definiert, daß die in x-Richtung je Sekunde durch den Einheitsquerschnitt tretende Anzahl von B-Atomen proportional dem dortigen Konzentrationsgradienten gesetzt wird: $j_B = -D_B \times \partial c_B/\partial x$. $c_B = N_v \cdot v_B$ ist die Zahl von B-Atomen je Volumeneinheit (N_v die Gesamtzahl aller Atome pro cm^3). Die zeitliche Änderung der zwischen x und $x + dx$ befindlichen B-Atome ist dann

$$\Delta x \frac{\partial c_B}{\partial t} = (j_B(x) - j_B(x + \Delta x)) = \Delta x \cdot D_B \frac{\partial^2 c_B}{\partial x^2}, \qquad (8\text{-}1)$$

falls D_B unabhängig vom Ort, d. h. von der Konzentration c_B ist. Solange wir ferner N_v konstant annehmen dürfen, lautet das 2. Ficksche Gesetz

$$\frac{\partial c_B}{\partial t} = D_B \cdot \frac{\partial^2 c_B}{\partial x^2}. \qquad (8\text{-}2)$$

Diese Differentialgleichung ist dem Physiker von der Wärmeleitung her bekannt, auch in 3 Dimensionen, wo dann auf der rechten Seite $(D_B \cdot \Delta c_B)$ steht. In diesem Falle interessiert besonders der Fall sphärischer Polarkoordinaten, in dem die Differentialgleichung lautet

$$\frac{\partial c_B}{\partial t} = D_B \cdot \left(\frac{\partial^2 c_B}{\partial r^2} + \frac{2}{r} \frac{\partial c_B}{\partial r} \right). \tag{8-3}$$

Eine große Zahl von Lösungen für Gl. (8-2) und (8-3) ist in [8.2] zusammengestellt. Die wichtigsten gehen von der Quellenlösung oder von der Fourier-Lösung aus. Im ersten Fall wird eine dünne Schicht von B-Material zwischen die Stirnflächen zweier langer Stäbe aus A-Material gebracht, die dann miteinander verschweißt werden. Wird in Stabrichtung x von der Schweißstelle aus gemessen, so ist die Konzentrationsverteilung zur Zeit t

$$c_B = \frac{m_B}{2\sqrt{\pi D_B t}} \exp\left(-\frac{x^2}{4 D_B t} \right). \tag{8-4}$$

$m_B = \int_{-\infty}^{+\infty} c_B(x, t) \, dx$ ist gleich der anfangs aufgebrachten Flächenbelegung; $c_B(x, 0)$ hat die Form einer δ-Funktion. Die „Halbwerts"-Breite der Gauß-Verteilung, d. h. die Breite der von den B-Atomen in der Zeit t im Mittel überstrichenen Schicht, ist $2\sqrt{D_B t}$. Aus der Lösung (8-4) lassen sich weitere, anderen Anfangsbedingungen angepaßte Lösungen durch Superposition, d. h. Integration, gewinnen. Das in diese Lösung eingehende Integral

$$\frac{2}{\sqrt{\pi}} \int_0^{x/2\sqrt{Dt}} \exp(-\xi^2) \, d\xi \equiv \mathrm{erf}\left(\frac{x}{2\sqrt{Dt}} \right)$$

ist als Fehlerfunktion tabelliert. Ein Beispiel zeigt Abb. 8.1.

Die zweite Art von Lösungen der Diffusionsgleichung (8-2) läßt sich im Gegensatz zur Quellenlösung (8-4) nach x und t separieren: $c_B(x, t) = A(x) B(t)$. Die Separation führt für $A(x)$ auf eine Fourierreihe, deren Amplituden exponen-

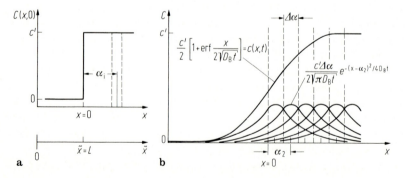

Abb. 8.1. **a** Anfangsverteilung des Zusatzes und **b** Verteilung nach der Diffusionszeit t, dargestellt als Summe von Quellenlösungen für Schichten der Dicke $\Delta\alpha$. (Nach [8.1])

tiell mit der Zeit abklingen:

$$c_B(x, t) = \sum_{n=1}^{\infty} A_n \sin(\lambda_n x) \exp(-\lambda_n^2 D_B t) \,. \tag{8-5}$$

Diese Art von Lösung ist besonders zweckmäßig, wenn die Randbedingungen im Endlichen erfüllt werden müssen; sie beschreibt z. B. die Entgasung einer Platte der Dicke h, für die die Randbedingungen $c_B = c_0$ für $0 < x < h$ bei $t = 0$ und $c_B = 0$ für $x = 0$ und h bei $t > 0$ gelten sollen. Dann ist $\lambda_n = n\pi/h$ und $A_n = 4c_0/n\pi$ für ungerade n, $A_n = 0$ für gerade n. Die höheren Fourierglieder, die die Ecken des Anfangsprofils beschreiben, fallen also schnell mit der Zeit ab. Von praktischem Interesse ist der mittlere Gasgehalt zur Zeit t (für $\bar{c}_B < 0{,}8 c_0$)

$$\bar{c}_B(t) = \frac{1}{h} \int_0^h c_B(x, t) \mathrm{d}x \approx c_0 \frac{8}{\pi^2} \exp(-\pi^2 D_B t/h^2) \,. \tag{8-6}$$

Die Halbwertszeit τ der Entgasung ist offenbar durch die Beziehung $h = \pi\sqrt{D_B \tau}$ festgelegt.

8.2 Atomare Mechanismen der Diffusion

8.2.1 Leerstellenmechanismus

Aus der Theorie der eindimensionalen Brownschen Molekularbewegung ist bekannt, daß sich ein B-Teilchen nach m Zufallsschritten der Länge a längs der x-Achse im Mittel um $\sqrt{\overline{x_m^2}} = \sqrt{m} \cdot a$ von seinem Ausgangsort entfernt hat ($m \gg 1$). $\overline{x_m^2}$ ist das mittlere Verschiebungsquadrat. Es ist zu vergleichen mit der mittleren quadratischen Breite der Verteilung (8-4): $\overline{x^2} = \int c_B(x) x^2 \mathrm{d}x / \int c_B(x) \mathrm{d}x = 2 D_B t$. Ist Γ_B die Sprungwahrscheinlichkeit je Sekunde, also $m = t \Gamma_B$, so ergibt der Vergleich

$$D_B = \tfrac{1}{2} a^2 \Gamma_B \,. \tag{8-7}$$

Im Falle einer dreidimensionalen Zufallsbewegung tragen nur 1/3 der Sprünge in $\overline{r^2}$ zu $\overline{x^2}$ bei, so daß der Zahlenfaktor in (8-7) 1/6 ist.

Im Festkörper ist ein Platzwechsel eines Atoms i. allg. nur möglich, wenn ein Nachbarplatz leer ist. Der *Leerstellenmechanismus* ist der vorherrschende Mechanismus der Diffusion von Gitteratomen in dichtest gepackten Metallen. Leerstellen sind schon im thermischen Gleichgewicht bei endlicher Temperatur vorhanden: Nach Gl. (3-1) ist die Wahrscheinlichkeit, einen Gitterplatz leer vorzufinden, durch $c_L(T)$ gegeben. Man erwartet also $\Gamma_B = n \cdot c_L \cdot v_L$, wo v_L die Sprungfrequenz des betrachteten Atoms in die Leerstelle hinein (oder die der Leerstelle) ist, n die Zahl der NN. Die thermischen Schwingungen des Atoms um seine Ruhelage haben eine Frequenz v_0 (etwa gleich der Debyefrequenz, $\approx 10^{13}/s$). Sie führen i. allg. nicht bis auf den leeren Nachbarplatz, weil weitere Nachbarn dieses Atoms den Durchtritt behindern, siehe Abb. 8.2. Nur unter Aufwand einer (Freien) Verzerrungsenthalpie F_{Lw} kann das springende Atom

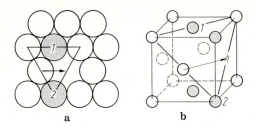

Abb. 8.2a, b. Beim Sprung eines Atoms in eine benachbarte Leerstelle müssen die Nachbaratome (schraffiert) ausweichen

sich Durchgang verschaffen. F_{Lw} wird thermisch aufgebracht, entsprechend einem Boltzmannfaktor

$$v_L = v_0 \exp\left(-\frac{F_{\text{Lw}}}{kT}\right). \tag{8-8}$$

Hier ist $F_{\text{Lw}} = E_{\text{Lw}} - TS_{\text{Lw}}$, E_{Lw} die Leerstellenwanderungsenergie, wobei die Wanderungsentropie S_{Lw} von der Änderung der Gitterschwingungen beim Durchtritt herrührt.[1] Wir denken uns hier den i. allg. nicht stark veränderlichen Faktor $\exp(S_{\text{Lw}}/k)$ mit v_0 zu v_0' zusammengezogen, ähnlich wie einen Faktor $\exp(S_{\text{LB}}/k)$ zu c_∞ bei Gl. (3-1). S_{LB} ist die Bildungsentropie der Leerstelle. Dann ist

$$D_B = \frac{n}{6} a^2 v_0' c_\infty \exp\left(-\frac{E_{\text{LB}} + E_{\text{Lw}}}{kT}\right) \equiv D_0 \exp\left(-\frac{E_{\text{LD}}}{kT}\right). \tag{8-9}$$

Eine solche exponentielle Temperaturabhängigkeit des Diffusionskoeffizienten wird experimentell vielfach beobachtet. Als Beispiel zeigt Abb. 8.3 den mit radioaktiven Isotopen A* in A gemessenen *Isotopendiffusionskoeffizienten* $D_{\text{A*}}$ verschiedener kubischer Metalle in reduzierter Auftragung. Wir werden die hieraus folgenden Werte des Vorfaktors D_0 und der Aktivierungsenergie E_{LD} der Diffusion noch näher besprechen. In Kap. 10 wird auch gezeigt, wie die Aufspaltung von D in seine Faktoren c_L und v_L im einzelnen nachgeprüft werden kann, d. h. auch die der Aktivierungsenergie $E_{\text{LD}} = E_{\text{LB}} + E_{\text{Lw}}$.

8.2.2 Korrelationseffekte

Wir müssen zunächst noch einmal auf das mittlere Verschiebungsquadrat zurückkommen im Falle der Diffusion eines Isotops A* in A, die über Leerstellen (L) abläuft. Die Situation *nach einem Platzwechsel* von A* (von Platz 6 auf 7) ist in der dichtest gepackten Ebene in Abb. 8.4 dargestellt. Neben A* liegt also eine Leerstelle, die von 7 nach 6 gesprungen ist. Ihr nächster Sprung wird mit

---

[1] Eine tiefergehende Analyse des Platzwechselvorganges durch St. Rice [8.15] geht von den thermischen Schwingungen der Atome in der Umgebung des Sattelpunktes aus. Diese überlagern sich mit einer quantitativ abschätzbaren zeitlichen Häufigkeit v_L zu Verschiebungen, die die Sattelpunktposition zu einem Sprung öffnen. Damit erübrigt sich der anfechtbare Ansatz (8-8).

8.2 Atomare Mechanismen der Diffusion

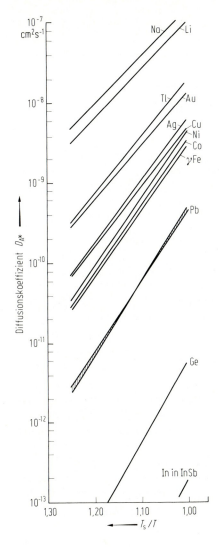

Abb. 8.3. Isotopendiffusionskoeffizient in kubischen Reinmetallen über der reziproken Temperatur

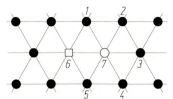

Abb. 8.4. Dichtest gepackte Ebene mit Leerstelle (□) und Isotop (○)

gleicher Wahrscheinlichkeit zu einem Platztausch mit irgendeiner ihrer NN führen (L hat dieselbe Wechselwirkung mit A* wie mit A). Anders bei A*: Sein nächster Platzwechsel führt mit größerer Wahrscheinlichkeit auf 6 zurück als auf 1–5, einfach weil die Leerstelle, die den vorigen Sprung gestattete, noch dort liegt. Der bevorzugte Rücksprung als ein zum vorhergehenden korrelierter Sprung verfälscht die Berechnung des mittleren Verschiebungsquadrates, die unkorreliert-statistisch erfolgte. Er zerstört auch die früher vorausgesetzte Identität eines „Selbstdiffusionskoeffizienten" in A, definiert durch $D_A = (a^2/6)\, c_L v_A$, mit dem tatsächlich meßbaren Isotopendiffusionskoeffizienten D_{A^*}.

Quantitativ wird ein *Korrelationsfaktor* f definiert mittels

$$f = \lim_{m\to\infty} \frac{\overline{r_m^2}(A^*)}{\overline{r_m^2}(L)} = \frac{D_{A^*}}{D_A}. \qquad (8\text{-}10)$$

In unserem Beispiel der Abb. 8.4 ist die Wahrscheinlichkeit für einen erneuten Platzwechsel zwischen 6 und 7 genau $1/6$ (oder allgemein $1/n$) der Leerstellensprungrate (für n NN). Passiert er, haben 2 Sprünge von A^* nicht zu $\overline{r_m^2}(A^*)$ beigetragen. Man erwartet also näherungsweise nach Gl. (8-10) $f \approx 1 - 2/n$. Eine genauere Rechnung ergibt für kubische Metalle $f = (1 + \overline{\cos\Theta})/(1 - \overline{\cos\Theta})$, wo Θ der Winkel zwischen dem vorhergehenden und folgenden Sprungvektor von A^* ist, und über alle möglichen Sprünge nach ihrer Häufigkeit gemittelt wird. (Also für einen Rücksprung: $6 \to 7 \to 6$: $\Theta = \pi$, $\cos\Theta = -1$.) Typische Werte für f sind: 0,78 für kfz und hdp; 0,73 für krz; für Diamantstruktur.[2]

Ist das die Messung von D_B ermöglichende markierte Atom wirklich ein *Fremdatom* (B in A), nicht nur ein Isotop von A, so wird Korrelation zu einem bestimmenden Problem, weil die Leerstelle anders mit B als mit A wechselwirken kann (s. 8.3.4). Sie kann z. B. fest an B gebunden sein, weil B ein übergroßes Atom ist, oder ein solches von größerer Valenz. Dann sind Rücksprünge die Regel, $f \ll 1$. Die Sprungrate des B-Atoms in die Leerstelle, Γ_B, ist dann viel größer als die eines A-Atoms, Γ_A. Das ergibt sich aus der Definition

$$f = \frac{\overline{r_m^2}(B)}{\overline{r_m^2}(A)} = \frac{D_B m/\Gamma_B}{D_A m/\Gamma_A},$$

d. h.

$$D_B = D_A f \frac{\Gamma_B}{\Gamma_A} = \frac{a^2}{6} f \Gamma_B \ll \frac{a^2}{6} \Gamma_B. \qquad (8\text{-}11)$$

---

[2] Zwei Isotope α und β der Atomgewichte m_α und m_β eines Elementes A unterscheiden sich in ihren Diffusionskoeffizienten in A um [8.16]

$$\left(\frac{D_\alpha}{D_\beta} - 1\right) = \left(\sqrt{\frac{m_\beta}{m_\alpha}} - 1\right) \cdot f \cdot \Delta K. \qquad (8\text{-}10\text{a})$$

Der erste Faktor auf der rechten Seite berücksichtigt die Abhängigkeit der Sprungfrequenz v_0 des diffundierenden Atoms von seiner Masse, siehe Gl. (8-8). Der letzte Faktor, ΔK, gibt den *Bruchteil der kinetischen Energie* an, der beim Durchtritt durch den Sattelpunkt *beim springenden Atom verbleibt*: Dieser Faktor $0 \leq \Delta K \leq 1$ trägt also der Beteiligung mehrerer Atome (verschiedener Massen!) an der zum Durchtritt des Atoms durch den Sattelpunkt führenden Gitterschwingung Rechnung.

f kann quantitativ angegeben werden für eine Situation ähnlich der in Abb. 8.4 gezeigten, in der jetzt allerdings Platzwechsel zwischen 6 und 7 häufiger sind als zwischen 6 und 1 oder 5. Es ergibt sich in 1. Näherung

$$\overline{\cos\Theta} = -\Gamma_B/(\Gamma_B + (n-1)\Gamma_A) \quad \text{und}$$

$$f \approx \frac{(n-1)\Gamma_A}{2\Gamma_B + (n-1)\Gamma_A}. \tag{8-12}$$

Bei Berücksichtigung weiterer Sprünge (außerhalb der NN) zeigt sich, daß das statistische Gewicht von Γ_A kleiner als $(n-1)$ ist, nämlich nur, 7,15 statt 11 für das kfz Gitter. Für konzentrierte Legierungen wird die Situation noch schwieriger, siehe [8.3].

8.2.3 Andere Diffusionsmechanismen

Wenn sich ein Atom (meistens ein kleineres Fremdatom) von einem Zwischengitterplatz zum nächsten bewegt (ein typischer Fall, Kohlenstoff in α-Eisen, wird später noch besprochen werden), so spricht man von einem *Zwischengittermechanismus* der Diffusion. Die Bewegung bedarf ebenfalls der thermischen Aktivierung; es gibt eine Wanderungsenergie-Schwelle E_w entsprechend Gl. (8-8) und Abb. 8.5. Die Diffusion ist offenbar unkorreliert, alle NN-Plätze sind gleichberechtigt, solange die Zwischengitteratome verdünnt genug sind. Eigenzwischengitteratome des Grundmetalls können ebenfalls gebildet werden, wenn auch unter großem Energieaufwand (s. Kap. 10). Nach Gl. (3-1), angewandt auf Eigenzwischengitteratome, ist aber ihre Gleichgewichtskonzentration klein und ihr Beitrag zur Diffusion nur deswegen nicht von vornherein auszuschließen, weil auch E_w klein ist. Unbewiesen ist bis heute auch die Existenz eines *Ringtausch-Mechanismus* der Diffusion, wie er in Abb. 8.6 angedeutet wird. Nach Cl. Zener ist es energetisch relativ vorteilhaft, wenn sich dabei mehr als 2 Atome synchron bewegen. In dichtesten Packungen ist die Aktivierungsenergie dieses Vorgangs zu groß für einen wirklichen Beitrag zur Diffusion, vielleicht aber nicht in offeneren Strukturen wie der krz, in der in der Tat ein gekrümmter Verlauf von $\ln D$ gegen $1/T$ statt des geraden der Gl. (8-9) in einigen Fällen

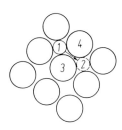

Abb. 8.5. Zwischengitteratom diffundiert in kfz Würfelebene

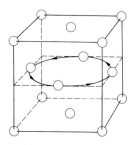

Abb. 8.6. Platzwechsel durch 4er-Ringtausch in kfz Würfelebene

beobachtet wird, was auf einen zweiten Diffusionsmechanismus hinweisen könnte.

Einer der bestuntersuchten Fälle von Diffusion, die nicht über Leerstellen abläuft, ist der von *Kohlenstoff in α-Eisen*. Nicht nur steht hier ein geeignetes Isotop, C^{14}, für Messungen nach dem in 8.1 beschriebenen Eindiffusionsverfahren zur Verfügung, sondern auch die in 2.7 beschriebene Methode der Anelastizitäts-Messung. Nach 6.1.2 dehnt ein C-Atom eine der drei Würfelkanten des α-Eisens um $\delta_x \approx 40\%$. Wird eine Zugspannung in Richtung einer Würfelkante angelegt, so wird diese ein wenig häufiger als die anderen mit C-Atomen besetzt, was zu einer anelastischen Relaxation führt. Die Stärke der Relaxation wird nach Abschn. 2.7 durch den Moduldefekt $\Delta \hat{E}/\hat{E}$ gemessen. Sie ergibt sich aus der Konkurrenz zwischen elastischer Verzerrungsenthalpie (s. Gl. (6-3)) und thermischer Energie aller C-Atome (analog der Herleitung des Curieschen Gesetzes) zu

$$\frac{\Delta \hat{E}}{\hat{E}} = \alpha \frac{\hat{E} \delta_x^2 \Omega_{Fe}}{kT} v_C. \tag{8-13}$$

(Dabei ist Ω_{Fe} das Molvolumen von Eisen, v_C der Molenbruch des Kohlenstoffs und α ein Zahlenfaktor, siehe [2.20].) Die Höhe des Dämpfungsmaximums (Abb. 2.22) bei der zyklischen elastischen Beanspruchung eines α-Eisendrahtes ist also ein direktes Maß für seinen Kohlenstoffgehalt, siehe Gl. (2-35). Das Dämpfungsmaximum („Snoekeffekt") tritt bei einer Frequenz $\omega = 1/\tau$ auf, wobei τ die Relaxationszeit, also die Zeit ist, die ein Kohlenstoffatom braucht, um von *einer* auf eine andere Würfelkante des Eisens zu springen, siehe Abb. 6.7b. Diese Zeit bestimmt aber (bis auf einen Faktor 3/2, siehe [2.20]) auch das mittlere Verschiebungsquadrat nach Gl. (8-7), so daß sich die Diffusionskonstante von C in α-Fe aus der anelastischen Messung ergibt mit (8-8)

$$D_C = \frac{a^2}{6} \Gamma_C = \frac{a^2}{9\tau} = \frac{a_0^2}{36} v_0' \exp\left(-\frac{E_w}{kT}\right) = D_0 \exp\left(-\frac{E_w}{kT}\right). \tag{8-14}$$

($a_0 = 2a$ ist die Länge der Würfelkante von Eisen, a der Sprungweg.) Eine Auftragung der anelastisch wie auch chemisch gemessenen Diffusionskoeffizienten von N in α-Fe folgt nach Abb. 8.7 dem Gesetz (8-14) über 15 Zehnerpotenzen in D! Die zugehörigen Diffusionswege $\sqrt{\overline{x^2}}$ variieren von einer Gitterkonstanten im Fall der anelastischen Messungen, die der Stickstoff bei Raumtemperatur in etwa 1 s zurücklegt, bis zu einigen mm Eindringtiefe, gemessen bei 900 °C mit Glühzeiten von Stunden Dauer. Die Steigung der Auftragung in Abb. 8.7 ergibt $E_w = 76$ kJ/mol, der Achsenabschnitt $D_0 = 0{,}004$ cm^2/s. Wir werden auf diese Größen im folgenden Abschnitt zurückkommen.

8.2.4 Aktivierungsenergie und D_0-Theorie, Diffusion in Gläsern

Die Auftragung der Abb. 8.3 zeigt parallele Geraden für ln D, wenn die Temperatur auf die Schmelztemperatur T_S bezogen ist. Das bedeutet, daß

8.2 Atomare Mechanismen der Diffusion

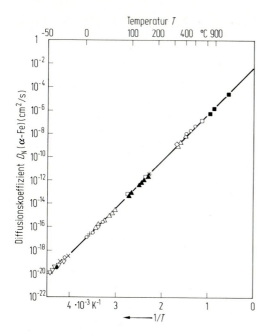

Abb. 8.7. Diffusionskoeffizient von Stickstoff in α-Eisen in Abhängigkeit von der Temperatur nach verschiedenen Meßmethoden

$E_{LD} = \text{const} \cdot T_S = 16{,}5 \cdot L_S$, wo L_S die atomare Schmelzwärme ist. N. Nachtrieb hat das so interpretiert, daß zum Platzwechsel eines Atoms im Gitter ein Atom und seine NN, im Mittel also 16,5 Atome, in die „schmelzflüssige Struktur" gebracht werden. Dieses Modell ist in dichtest gepackten Metallen sicher nicht richtig, wo ja die Diffusion nach einem Leerstellenmechanismus abläuft. Als Merkregel zur Abschätzung von E_{LD} ist die obige Gleichung aber nützlich. Typische Werte sind $E_{LD} \approx 2$ eV für $T_S \approx 1350$ K (Kupfer). Die Aktivierungsenergie der Zwischengitterdiffusion E_w von C in α-Fe beträgt nur die Hälfte dieses Wertes.

An dieser Stelle liegt es nahe, einige Anmerkungen zur Diffusion in Schmelzen und besonders in eingefrorenen Schmelzen, d. h. metallenen Gläsern (s. Abschn. 4.7), zu machen. Diese sind durch ein verschmiertes freies Volumen charakterisiert (statt wohldefinierter Leerstellen), das temperaturabhängig ist und, im Falle der Gläser, von den Abschreckbedingungen abhängt. Nach einer Glühung, d. h. im relaxierten Zustand des Glases, ist die Diffusion nahezu unabhängig vom hydrostatischen Druck [8.22], im Gegensatz zu kristallinen Legierungen, die nach einem Leerstellenmechanismus diffundieren. Auch ist der Isotopie-Effekt bei Metgläsern relativ klein durch einen Faktor $\Delta K \ll 1$, der einer Beteiligung vieler Atome beim Platzwechsel entspricht. Auch kann man durch Bestrahlung mit energiereichen Teilchen (s. Abschn. 10.4) das freie Volumen vergrößern und damit die Diffusion verstärken. Die Wanderung eines Atoms im metallenen Glas macht in einem noch nicht näher beschriebenen, aber nach Ausweis eines relativ kleinen D_0 (s. unten) auf der kooperativen Bewegung vieler Atome beruhenden Prozeß vom freien Volumen Gebrauch. Sie folgt einem Arrheniusgesetz mit einer Aktivierungsenergie, die proportional der Glastemperatur T_g ist. Metalloid- und Übergangsmetall-Atome diffundieren verschieden schnell in TM-Gläsern. Die Messung von $D(T)$ in metallenen Gläsern ist auf tiefe Temperaturen ($T < T_g$) beschränkt und deshalb bei sehr kleinen Diffusionswegen, kleinen D, sehr schwierig. Das erklärt zusammen mit der oben erwähnten Abhängigkeit des freien Volumens von der Abschreckgeschwindigkeit die starke Streuung in den Messungen der Abb. 8.7a, siehe [8.20].

Zur Abschätzung von D_0 für die Diffusion über das Zwischengitter nach Cl. Zener gehen wir aus von

$$D_0 = \frac{a^2 v_0}{6} \cdot \exp(S_w/k) \ . \tag{8-15}$$

Hier ist $S_w = -\mathrm{d}G_w/\mathrm{d}T|_p$, G_w die bei der Gitteraufweitung (um δ_w) beim Sprung zu leistende elastische Arbeit (bei konstantem T, p), Abb. 8.2. Nach Gl. (6-3) ist $G_w \approx \hat{E}\delta_w^2 \Omega$. Der Temperaturkoeffizient des elastischen Moduls ist $\beta = -\dfrac{\mathrm{d}\ln\hat{E}}{\mathrm{d}T/T_S} \approx 0{,}4$. Damit wird

$$S_w = \beta \frac{G_w}{T_S} \approx \left(\frac{G_w}{L_S}\right) \cdot \beta k \ . \tag{8-16}$$

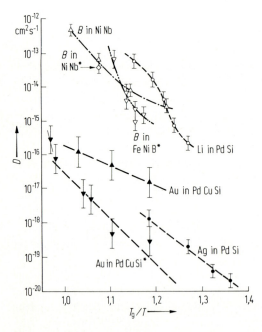

Abb. 8.7a. Diffusionsmessungen an Metallgläsern. Legierungen mit Stern sind vor dem Diffusionsexperiment geglüht worden

Für Zwischengitteratome in krz Metallen ist $G_w \approx 6L_S$ und $S_w \approx 2{,}4k$. Dann wird nach Gl. (8-15) $D_0 \approx 10^{-16} \cdot 10^{13} \cdot 10 = 10^{-2}$ cm^2/s von der richtigen Größenordnung. Für Diffusion über Leerstellen tritt nach Gl. (8-9) in D_0 noch der Faktor $c_\infty = \exp(S_{LB}/k)$ auf, mit der Bildungsentropie der Leerstelle S_{LB}, die nach dem zur Löslichkeit von Fremdatomen, Gl. (5-23), gesagten positiv und in derselben Größenordnung wie S_w sein dürfte. Beim Leerstellenmechanismus wird in der Tat $D_0 \approx 10^{-1}$ cm^2/s beobachtet. Daraus ergibt sich für viele Metalle der Diffusionskoeffizient am Schmelzpunkt $D(T_S) \approx 10^{-8}$ cm^2/s.

8.3 Diffusion mit konzentrationsabhängigem D

8.3.1 Boltzmann-Matano-Analyse

Wenn D selbst von der Zusammensetzung der Legierung und damit vom Ort in der Diffusionsprobe abhängt, was wir durch das Symbol $\tilde{D}$ kennzeichnen wollen, ist eine Bestimmung nach den in 8.1 angegebenen Methoden nicht möglich. Die Diffusionsgleichung (8-2) im eindimensionalen Fall

$$\frac{\partial c}{\partial t} = \frac{\partial}{\partial x}\left(\tilde{D}\frac{\partial c}{\partial x}\right) \tag{8-17}$$

wird mit der neuen Variablen $\eta = x/\sqrt{t}$ zu einer gewöhnlichen Differentialgleichung

$$-\frac{x}{2t^{3/2}}\frac{dc}{d\eta} = \frac{1}{t}\frac{d}{d\eta}\left(\tilde{D}\frac{dc}{d\eta}\right) \quad \text{oder} \quad -\frac{\eta}{2}\frac{dc}{d\eta} = \frac{d}{d\eta}\left(\tilde{D}\frac{dc}{d\eta}\right). \tag{8-18}$$

Für die Randbedingungen der Abb. 8.1 ($c = c_0$ für $x > 0$, $t = 0$; $c = 0$ für $x < 0$, $t = 0$; d. h. $c = c_0$ für $\eta \Rightarrow \infty$; $c = 0$ für $\eta \Rightarrow -\infty$) kann man Gl. (8-18) einmal integrieren und erhält

$$\tilde{D}(c) = -\frac{1}{2}\left(\frac{d\eta}{dc}\right)_c \int_0^c \eta\, dc' = -\frac{1}{2t}\left(\frac{dx}{dc}\right)_c \int_0^c x\, dc', \tag{8-19}$$

da ein Diffusionsprofil bei festem t betrachtet wird, d. h. $\eta = x/\sqrt{t}$ substituiert werden darf. $\tilde{D}$ wird graphisch aus Abb. 8.8 ermittelt:

Zunächst wird die „Matano-Ebene" ($x = 0$) aus der Erhaltungsbedingung $\int_0^{c_0} x\, dc = 0$ festgelegt (Gleichheit der schraffierten Flächen oberhalb und unterhalb der Kurve). Die kreuzweise schraffierte Fläche ist das Integral der Gl. (8-19) für $c = 0{,}2 \cdot c_0$, die Tangente in diesem Punkt der dortige Vorfaktor. Das Produkt ergibt im wesentlichen den Diffusionskoeffizienten bei dieser Konzentration. Wohlgemerkt wird das Problem der Ineinanderdiffusion der beiden (ineinander löslichen) Komponenten durch *einen*, den sog. *Interdiffusionskoeffizienten* beschrieben, der also mit $\tilde{D}$ bezeichnet wird. Es besteht aber kein Zweifel, daß dieser nur den Summations-Effekt des Zusammenwirkens zweier individueller Diffusionskoeffizienten $\tilde{D}_A$, $\tilde{D}_B$ darstellt. Diese möchten wir ermitteln. Bei

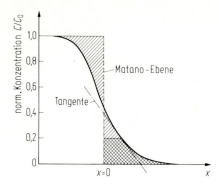

Abb. 8.8. Matano-Analyse zur Bestimmung des Interdiffusionskoeffizienten bei $c = 0{,}2c_0$

der quantitativen Analyse ergibt sich noch ein unerwarteter Differenzeffekt der $\tilde{D}_i$.

8.3.2 Kirkendall-Effekt und Darken-Gleichungen

Wir gehen wieder von der Diffusionspaarung der Abb. 8.1 aus. Die beiden Ausgangsmaterialien werden so miteinander verschweißt, daß kleine Oxideinschlüsse oder Drähtchen eines inerten hochschmelzenden Metalls die Schweißebene für alle Zeiten markieren. Wenn die beiden Komponenten nun verschieden schnell diffundieren, Abb. 8.9, dann findet sich nach der Glühung zusätzliches Material auf der Seite der langsameren Komponente, gemessen von der Schweißebene aus. Dort „quillt" das Material (in allen drei Dimensionen!). Auf der anderen Seite entstehen durch den bevorzugten Abfluß der schnelleren Komponente Leerstellen *über* die Gleichgewichtskonzentration *hinaus*. Diese koagulieren zu Poren, das Material schrumpft, siehe Abb. 8.12. Wird die ganze Probe außen festgehalten, dann bewegen sich die Markierungen der Schweißebene in die entgegengesetzte Richtung, Abb. 8.9c. Das ist der *Kirkendall-Effekt*. Er ist ursächlich mit der Erzeugung und Vernichtung von Leerstellen im Material verknüpft (s. Abschn. 8.3.3).

Offenbar kommt es für die Beschreibung des Diffusionsexperimentes auf das Bezugssystem an (Probenende oder Schweißebene). Nach L. Darken werde die $\tilde{x}$-Koordinate vom linken Ende der Diffusionsprobe der Abb. 8.1 aus gemessen, die x-Koordinate von der Schweißebene aus. Dann ist die Stromdichte von B durch die Schweißebene im x-Koordinatensystem

$$j_B(x = 0, t) = -\tilde{D}_B \frac{\partial c_B}{\partial x}\bigg|_{x=0} = -\tilde{D}_B \frac{\partial c_B}{\partial x}\bigg|_{\tilde{x}=L(t)} ; \qquad (8\text{-}20\text{a})$$

im $\tilde{x}$-System kommt ein Transportterm hinzu

$$j_B(\tilde{x} = L, t) = -\tilde{D}_B \frac{\partial c_B}{\partial \tilde{x}}\bigg|_{\tilde{x}=L} + v \cdot c_B \bigg|_{\tilde{x}=L} . \qquad (8\text{-}20\text{b})$$

v ist die Geschwindigkeit der Schweißebenenbewegung (an der Stelle $\tilde{x} = L(t)$) in Bezug auf das linke Probenende. Ähnliche Gleichungen gelten für die Kom-

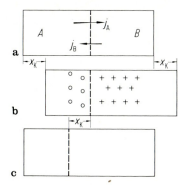

Abb. 8.9. Kirkendall-Verschiebung x_K der Schweißebene (gestrichelt), weil A schneller in B diffundiert als B in A. Auf der Seite der schneller diffundierenden Komponente entstehen Poren, auf der anderen Seite „quillt" das Material

ponente A. Die Kontinuitätsgleichung lautet für die Gesamtdichte an Atomen

$$\frac{\partial c}{\partial t} = \frac{\partial c_B}{\partial t} + \frac{\partial c_A}{\partial t} = -\left(\frac{\partial j_B}{\partial \tilde{x}} + \frac{\partial j_A}{\partial \tilde{x}}\right) = \frac{\partial}{\partial \tilde{x}}\left\{\tilde{D}_A \frac{\partial c_A}{\partial \tilde{x}} + \tilde{D}_B \frac{\partial c_B}{\partial \tilde{x}} - c \cdot v\right\}. \quad (8\text{-}21)$$

Wenn die Gesamtdichte konstant bleibt, ist $\partial c/\partial t = 0$ und der Ausdruck in geschweiften Klammern eine Konstante. Diese muß Null sein, da am linken Probenende, $\tilde{x} = 0$, die Konzentrationsgradienten und v verschwinden. Also ist die Geschwindigkeit der Schweißebenenmarkierungen (bei $\tilde{x} = L$)

$$v = \frac{1}{c}\left(\tilde{D}_A \frac{\partial c_A}{\partial \tilde{x}} + \tilde{D}_B \frac{\partial c_B}{\partial \tilde{x}}\right) = (\tilde{D}_A - \tilde{D}_B)\frac{\partial v_A}{\partial \tilde{x}}, \quad (8\text{-}22)$$

wenn man $c = \text{const}$, $\frac{\partial c_A}{\partial \tilde{x}} = -\frac{\partial c_B}{\partial \tilde{x}}$ und $v_i = c_i/c$ beachtet.

Substituiert man (8-22) z. B. in die auf B bezogene Gl. (8-20b), so erhält man eine Gleichung von der Art des 2. Fickschen Gesetzes

$$\frac{\partial c_B}{\partial t} = \frac{\partial}{\partial \tilde{x}}\left(\tilde{D}_B \frac{\partial c_B}{\partial \tilde{x}} - \tilde{D}_A \frac{c_B}{c}\frac{\partial c_A}{\partial \tilde{x}} - \tilde{D}_B \frac{c_B}{c}\frac{\partial c_B}{\partial \tilde{x}}\right) = \frac{\partial}{\partial \tilde{x}}\left(\frac{\tilde{D}_B c_A + \tilde{D}_A c_B}{c}\frac{\partial c_B}{\partial \tilde{x}}\right). \quad (8\text{-}23)$$

Diese Gleichung definiert den Interdiffusionskoeffizienten, den man aus der Matano-Auswertung erhält, zu

$$\tilde{D} = v_A \tilde{D}_B + v_B \tilde{D}_A. \quad (8\text{-}24)$$

(8-22) und (8-24) sind die berühmten *Darkenschen Gleichungen*. Aus ihnen kann man, nach Messung von $\tilde{D}$ und v, $\tilde{D}_A$ und $\tilde{D}_B$ getrennt berechnen. Im Falle einer Cu-22% Zn-Legierung ergibt sich bei 785 °C

$$\frac{\tilde{D}_{Zn}}{\tilde{D}_{Cu}} = 2{,}3 \quad \text{und} \quad \frac{\tilde{D}_{Zn}(v_{Zn} = 0{,}22)}{\tilde{D}_{Zn}(v_{Zn} \Rightarrow 0)} = 17.$$

Diese Änderungen sollen noch näher untersucht werden. Zunächst müssen wir noch einmal auf die Voraussetzungen der Darkengleichungen eingehen.

8.3.3 Thermodynamischer Faktor

Die Abwesenheit von Konzentrationsgradienten $\partial c_i/\partial x$ ist keine allgemeingültige Bedingung für Gleichgewicht in einer Legierung, d. h. für ein Verschwinden der Ströme j_i im Sinne des 1. Fickschen Gesetzes. Vielmehr ist nach Abschn. 5.1 Konstanz der Chemischen Potentiale μ_i im Gleichgewicht zu fordern. Also erwartet man, daß Gradienten in μ_i Ströme j_i hervorrufen. Speziell für unser isothermes binäres System AB mit Leerstellen (L) wird in der Thermodynamik irreversibler Prozesse angesetzt:

$$\left.\begin{aligned} j_A &= -M_{AA}\frac{\partial \mu_A}{\partial x} - M_{AB}\frac{\partial \mu_B}{\partial x} - M_{AL}\frac{\partial \mu_L}{\partial x}, \\ j_B &= -M_{BA}\frac{\partial \mu_A}{\partial x} - M_{BB}\frac{\partial \mu_B}{\partial x} - M_{BL}\frac{\partial \mu_L}{\partial x}, \\ j_L &= -M_{LA}\frac{\partial \mu_A}{\partial x} - M_{LB}\frac{\partial \mu_B}{\partial x} - M_{LL}\frac{\partial \mu_L}{\partial x}. \end{aligned}\right\} \qquad (8\text{-}25)$$

Zwischen den Koeffizienten M_{ij} bestehen eine Reihe von Beziehungen: Zunächst sollte $(j_A + j_B + j_L) = 0$ gelten *außerhalb von Zonen*, in denen Leerstellen erzeugt oder vernichtet werden; diese Bedingung muß für weite Wertebereiche der Einzelgradienten gelten (die ja außerhalb des Gleichgewichts durchaus voneinander unabhängig sein können). Das bedeutet, daß z. B. auch allein $M_{AA} + M_{BA} + M_{LA} = 0$ sein muß. Ferner gelten die Onsagerschen Reziprozitätsrelationen $M_{ij} = M_{ji}$. Damit wird aus (8-25)

$$\left.\begin{aligned} j_A &= -M_{AA}\frac{\partial}{\partial x}(\mu_A - \mu_L) - M_{AB}\frac{\partial}{\partial x}(\mu_B - \mu_L), \\ j_B &= -M_{AB}\frac{\partial}{\partial x}(\mu_A - \mu_L) - M_{BB}\frac{\partial}{\partial x}(\mu_B - \mu_L). \end{aligned}\right\} \qquad (8\text{-}25a)$$

Um auf die Darkenschen Gleichungen zu kommen, müssen erstens die Nichtdiagonalterme vernachlässigbar klein sein, und zweitens müssen die Leerstellen überall im Gleichgewicht sein, d. h. $\partial \mu_L/\partial x = 0$. Besonders diese Voraussetzung ist wegen der langen Laufzeiten der Leerstellen zu Senken (s. Abschn. 10.2) in vielen Fällen massiv verletzt (s. Th. Hehenkamp und M. [8.23]). Dann ergibt der Vergleich mit Gln. (8-20a) und (5-17)

$$j_B = -\tilde{D}_B \frac{\partial c_B}{\partial x} = -M_{BB}\frac{\partial \mu_B}{\partial x} = -M_{BB}kT\frac{\partial \ln a_B}{\partial x}, \qquad (8\text{-}26)$$

Wir gehen jetzt auf eine Legierung unendlicher Verdünnung von B in A über. Damit kommen wir auf den Diffusionskoeffizienten D_B zurück, den wir in Abschn. 8.1 und 8.2 definiert haben und den wir *Komponentendiffusionskoeffi-*

8.3 Diffusion mit konzentrationsabhängigem D

zienten nennen. In diesem Falle wird $a_B \sim v_B$ und (8-26) geht über in

$$D_B \frac{\partial c_B}{\partial x} = M_{BB} kT \frac{\partial \ln v_B}{\partial x} = M_{BB} kT \frac{\partial \ln c_B}{\partial x}, \qquad (8\text{-}27)$$

d. h. $D_B = kT M_{BB}/c_B$.

Vorausgesetzt, daß M_{BB} im allgemeinen Fall, Gl. (8-26), und im Fall der idealen Lösung, Gl. (8-27), das gleiche bezeichnet, wird mit der Definition des Aktivitätskoeffizienten $\gamma_B = a_B/v_B$

$$\tilde{D}_B = D_B \frac{d \ln a_B}{d \ln v_B} = D_B \left(1 + \frac{d \ln \gamma_B}{d \ln v_B}\right). \qquad (8\text{-}28)$$

Der Ausdruck in Klammern ist der *Thermodynamische Faktor*. Er verknüpft den individuellen Diffusionskoeffizienten $\tilde{D}_B$ in einer Legierung endlicher Konzentration mit dem Komponentendiffusionskoeffizienten (als Maß für die Beweglichkeit M_{BB}/c_B) mit Hilfe eines konzentrationsabhängigen Aktivitätskoeffizienten γ_B. Der Aktivitätskoeffizient beschreibt nach 5.2.2 die Wechselwirkung der Legierungspartner in einer nicht-idealen Lösung. Wie Abb. 5.2 zeigt, ist γ_B bei sehr kleinen Konzentrationen von B konstant (Henrys Gesetz) und bei $v_B \to 1$ gleich eins (Raoults Gesetz). In diesen Fällen wird $\tilde{D}_B \approx D_B$ (wenn D_B auch verschiedene Werte in den beiden nahezu reinen Metallen besitzt). Der Thermodynamische Faktor tritt nun in beiden Darkenschen Gleichungen (8-22) und (8-24) auf, und zwar nur der einer Komponente: Wegen der Gültigkeit der Gibbs-Duhem-Beziehung ist nämlich

$$v_A \frac{d \ln \gamma_A}{d v_A} = v_B \frac{d \ln \gamma_B}{d v_B}. \qquad (8\text{-}29)$$

Jetzt ist die Möglichkeit zur Prüfung der Darkenschen Gleichungen gegeben, indem $\tilde{D}(v_B), v(v_B), D_A, D_B$ und $\gamma_B(v_B)$ für die gewünschte Legierungszusammensetzung gemessen werden. Das Ergebnis entspricht im Falle der Interdiffusion von AuNi-Legierungen weitgehend der Theorie, siehe Abb. 8.10. Für die Kirkendall-Verschiebung ist das nicht so eindeutig: Sie ist unmittelbar durch die Erzeugung von Leerstellen auf der einen Seite (an Versetzungen), Vernichtung auf der anderen Seite der Schweißebene (in Poren) bedingt, und diese Prozesse sind an endliche Leerstellen-Übersättigungen, d. h. Abweichungen vom Leerstellengleichgewicht, geknüpft (entgegen den oben bei der Herleitung der Darkenschen Gleichungen gemachten Voraussetzungen). Abbildung 8.11 zeigt ein Konzentrationsprofil und die sich daraus durch Differentiation und Multiplikation mit D_A, D_B ergebenden Komponentenströme. Die Differenz $j_B - (-j_A) = (-j_L)$, der Leerstellenstrom, ist nicht divergenzfrei; also sind die Leerstellen dort nicht im Gleichgewicht, μ_L ist nicht überall konstant (gleich Null). (In Übereinstimmung mit Abb. 8.12 liegt die Porenzone deutlich außerhalb der Schweißebene, nämlich da, wo die Krümmung des Konzentrationsprofils am größten ist!)

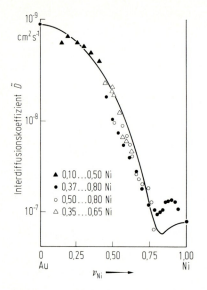

Abb. 8.10. Der Interdiffusionskoeffizient aus den angegebenen AuNi-Paarungen bei 900 °C. Ausgezeichnete Kurve nach Darken mit Hilfe der in homogenen Legierungen gemessenen Isotopen-Diffusionskoeffizienten berechnet

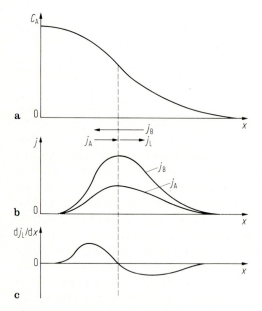

Abb. 8.11. Konzentrationsprofil für Komponente A (**a**) und Ströme von A und B für $\tilde{D}_B > \tilde{D}_A$ (**b**). Der Leerstellenstrom $j_L = j_B - j_A$ ist nicht quellenfrei (**c**): Im linken Probenbereich werden Leerstellen erzeugt ($dj_L/dx > 0$), im rechten vernichtet

Nach allgemeiner Ansicht wäre der Kirkendalleffekt mit einem Ringtauschmechanismus (der $D_A = D_B$ fordert) nicht zu verstehen. H. Schmalzried wendet sich allerdings gegen eine solch uneingeschränkte Feststellung: Wenn die Leerstellenkonzentration (oder das Molvolumen) von der Zusammensetzung abhängt, dann bedeutet jede Konzentrationsänderung (unabhängig davon, wie

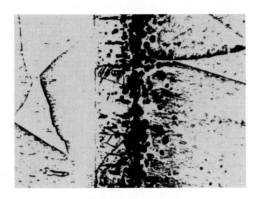

Abb. 8.12. Porenzone rechts von der Schweißebene in Au(links)-Silber(rechts) Paarung nach Diffusion bei 900 °C (W. Seith). 42 ×

sie zustande kommt) eine Änderung der lokalen Materialdichte, und damit eine gewisse Kirkendallverschiebung.

8.3.4 Konsequenzen des Thermodynamischen Faktors bei der Legierungsdiffusion

Wir hatten in 8.3.2 einen Anstieg von $\tilde{D}_{Zn}$ in α-Messing um einen Faktor 17 festgestellt, wenn der Zinkgehalt von nahe Null auf 22% gesteigert wird. Der thermodynamische Faktor steigt in diesem Bereich von 1 auf 1,8 (R. Hultgren). D_{Zn} steigt mit v_{Zn} bei fester Diffusionstemperatur (785 °C) viel stärker an, zum Teil schon deshalb, weil mit kleiner werdender Differenz zur Solidustemperatur der Gehalt an thermischen Leerstellen zunimmt (s. Abschn. 8.2.4: $E_{LD} \sim T_S$). Außerdem besteht eine anziehende Wechselwirkung zwischen Zinkatom und Leerstelle, die sich, weiterführend von dem in 8.2.2 gesagten, förderlich auf die Zn-Diffusion auswirken sollte, wenn die Konzentration größer als einige Prozent ist, so daß sich die NN-Schalen benachbarter Zink-Atome überlappen. Th. Hehenkamp u. M. [8.23] haben eine kleinere Leerstellenbildungsenergie, d. h. eine höhere Leerstellenkonzentration mit den Methoden des Abschn. 10.1 gemessen, die sie Clustern aus Leerstellen und B-Atomen zuschreiben. Eine Anziehung zwischen Zink-Atom und Leerstelle ist im wesentlichen als elektrostatische Wechselwirkung zu verstehen: Wir hatten die elektronische Abschirmung von Zn^{++} in Cu^+ in Abschnitt 6.3.3 besprochen, die eine gegenseitige Abstoßung von benachbarten Zn^{++}-Ionen bewirkt. Die Leerstelle ist (ohne Cu^+-Ion, aber mit endlicher Elektronendichte) effektiv negativ geladen in Kupfer, wird also von den Zinkatomen angezogen [8.7]. (Auch wegen der Übergröße des Zinks ist eine Anziehung zu verstehen.) D. Lazarus [8.4] berechnet die Änderung der Aktivierungsenergie von D_{Zn} in einwertigen Metallen aus der abgeschirmten elektrostatischen Wechselwirkung zwischen Zink und Leerstelle. Das Ergebnis ist in qualitativer Übereinstimmung mit den Messungen. In dieser Richtung ist auch das in 8.3.2 beschriebene Verhältnis $\tilde{D}_{Zn}/\tilde{D}_{Cu} = 2,3$ zu verstehen (s. auch die Überlegungen zum Korrelationsfaktor in 8.2.2).

Wesentlich einschneidender ist die Wirkung des Thermodynamischen Faktors in Systemen mit Entmischungstendenz, siehe Abschn. 5.5.2. Dort wird innerhalb des Zweiphasenbereichs eine Spinodale definiert durch die Bedingung $\partial^2 F/\partial v_B^2 = 0$. Mit Gl. (5-17) ist aber

$$v_A \frac{\partial^2 F}{\partial v_B^2} = \frac{\partial \mu_B}{\partial v_B} = \frac{kT}{v_B}\left(1 + \frac{\mathrm{d}\ln \gamma_B}{\mathrm{d}\ln v_B}\right) \tag{8-30}$$

im wesentlichen der Thermodynamische Faktor. Unterhalb der Spinodalen, Abb. 5.9, wird $\partial^2 F/\partial v_B^2 < 0$; d. h. der individuelle Diffusionskoeffizient $\tilde{D}_B$ der Gl. (8-28) kehrt sein Vorzeichen um, verursacht „Bergaufdiffusion", baut Konzentrationsunterschiede auf (statt normalerweise, im Sinne des 1. Fickschen Gesetzes, ab). Das wurde zuerst von U. Dehlinger und R. Becker beschrieben. Die „Spinodale Entmischung" wird sich als ein wesentlicher Mechanismus der Ausscheidung erweisen (s. Abschn. 9.4).

Spektakulär sichtbar wird die Bedeutung des Thermodynamischen Faktors auch in einem von L. Darken aufgeklärten Fall *ternärer Diffusion*. γ-Fe mit 0,4% Kohlenstoff sei bei 1050 °C mit γ-Fe – 0,4% C – 4% Silizium verbunden. Abbildung 8.13 zeigt, daß sich zunächst ein Kohlenstoff-Konzentrationsgradient beiderseits der Schweißebene *aufbaut*, im Gegensatz zum 1. Fickschen Gesetz, aber im Sinne des Abbaus eines μ_C-Gradienten, der durch den unterschiedlichen Si-Gehalt bedingt ist. Langfristig kommt es dann nach Ausgleich des Si-Gehalts beiderseits der Schweißnaht wieder zum Ausgleich des Kohlenstoffpegels. Den Konzentrations-Zeit-Weg für 2 Punkte links und rechts der Schweißebene zeigt Abb. 8.14. Treten schließlich in einem binären Diffusionssystem *mehrere Phasen* auf, etwa in einem einfachen eutektischen System, so ist zu beachten, daß durch Diffusion niemals Zweiphasengebiete erzeugt werden. Statt dessen gibt es einen Konzentrationssprung von der einen auf die andere Löslichkeitslinie, siehe Abb. 8.15 und [8.5]. Man kann einen isothermen Schnitt durch ein z. B. ternäres Zustandsdiagramm sehr elegant durch Aufdampfen erhalten [5.11]: Von verschiedenen Quellen her werden A, B, C auf eine dreieckige Fläche so aufgedampft, daß ihre Anteile an der Schicht konstanter Dicke sich linear zwischen den Eckpunkten des Dreiecks verändern, siehe Abb. 5.20. Dann läßt man die

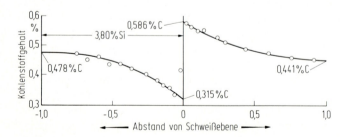

Abb. 8.13. Kohlenstoffverteilung nach 13tägiger Glühung bei 1050 °C von Diffusionspaarung: Eisen-Silizium gegen Eisen (rechts)

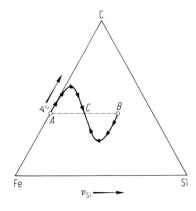

Abb. 8.14. Zusammensetzung zweier Punkte A, B-beiderseits der Schweißebene als Funktion der Diffusionszeit, entsprechend aufeinanderfolgenden Pfeilen. (Nach L. S. Darken)

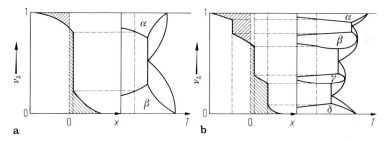

Abb. 8.15a, b. Zwei Zustandsdiagramme und schematische Diffusionsprofile für die Interdiffusion ihrer reinen Komponenten

Komponenten bis zum Gleichgewicht diffundieren und analysiert die entstandenen Phasen.

8.4 Diffusion in Grenzflächen und Versetzungen

In den vorangegangenen Abschnitten haben wir angenommen, daß die Diffusion im korngrenzen- und versetzungsfreien Kristallgitter erfolgt. Die Erfahrung zeigt aber, daß diese Gitterfehler die Diffusion bei nicht zu hohen Temperaturen stark beschleunigen. Nach den Modellen von Korngrenzen, die wir in Kap. 3 besprochen haben, siehe Abb. 3.6 und 3.10, ist das durchaus plausibel, da die Packungsdichte der Atome in KG kleiner als im perfekten Gitter ist, *Platzwechsel also leichter* ablaufen sollten. Wir wollen das im folgenden quantitativ untersuchen.

8.4.1 Analyse der Korngrenzendiffusion [8.6]

Wir betrachten eine Korngrenze senkrecht zur Oberfläche; die Oberfläche werde mit einem radioaktiven Isotop der Konzentration c_0 belegt. Nach einer

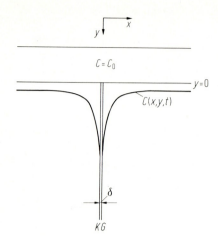

Abb. 8.16. Schematisches Konzentrationsprofil für eine vorzugsweise Diffusion von der Oberfläche ($y = 0$) entlang einer Korngrenze (y-Richtung) der Dicke δ

Glühzeit bei konstanter Temperatur erhält man das in Abb. 8.16 eingetragene Konzentrationsprofil für $c/c_0 \approx 10^{-5}$ des Isotops. Die Korngrenze wirkt offenbar als „Bewässerungskanal" für das eindringende Isotop, indem sie dieses schnell in y-Richtung transportiert, so daß es von dort in x-Richtung diffundieren kann. Wir beschreiben die Situation nach J. C. Fisher näherungsweise wie folgt: für $t \geq 0$ und $y = 0$ bleibe $c = c_0$. In einer Korngrenzenschicht der Dicke δ ($\approx 10^{-7}$ cm) sei der Diffusionskoeffizient des Isotops D_K^*, im Gitter dagegen $D_G^* \ll D_K^*$. In einem Element der KG ist die zeitliche Änderung des Isotopenanteils

$$\frac{\partial c}{\partial t} = -\frac{\partial j_y}{\partial y} - \frac{2}{\delta} j_x = D_K^* \frac{\partial^2 c}{\partial y^2} + \frac{2D_G^*}{\delta} \frac{\partial c}{\partial x}\bigg|_{x=\pm\delta/2}. \tag{8-31}$$

Im umgebenden Volumen wird die normale Diffusionsgleichung angesetzt mit $D_G^* \ll D_K^*$, und zwar die eindimensionale Gl. (8-2), da der Strom senkrecht von der Korngrenze weg verlaufen soll. Die Konzentration in der KG $c(x = 0, y) = c_K$ erreicht sehr schnell ein quasi-stationäres Profil, von dem dann die Diffusion in x-Richtung entsprechend Gl. (8-2) ausgeht. Setzt man die Quellen-Lösung $c(x)$, Gl. (8-4), mit einem zunächst unbekannten Vorfaktor $c_K(y)$ in Gl. (8-31) ein, so kann man c_K berechnen und erhält als Gesamtlösung

$$c(x, y, t) = c_0 \exp\left(\frac{-y}{(\pi D_G^* t)^{1/4} \sqrt{\delta D_K^*/2D_G^*}}\right)\left[1 - \text{erf}\left(\frac{x}{2\sqrt{D_G^* t}}\right)\right]. \tag{8-32}$$

Experimentell analysiert man Scheiben der Dicke Δy parallel zur Oberfläche auf ihren Isotopengehalt, d. h. man bestimmt $\bar{c}(y, t) = \int_{-\infty}^{+\infty} c(x, y, t) \, dx$, wobei der letzte Faktor der Gl. (8-32) in eine Konstante übergeht. Eine Auftragung von $\ln \bar{c}$ gegen y ergibt dann eine Gerade der reziproken Steigung ($\sqrt{D_G^* t} \cdot \sqrt{\eta} \pi^{1/4}$) mit einem Korngrenzenfaktor $\eta \equiv D_K^* \delta/2D_G^* \sqrt{D_G^* t}$. (Die Volumendiffusion von der Oberfläche her würde dagegen nach Gl. (8-4) Geraden bei einer Auftragung

8.4 Diffusion in Grenzflächen und Versetzungen

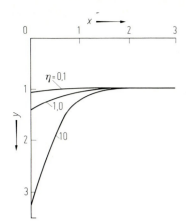

Abb. 8.17. Gerechnete Konzentrationsprofile für $c = 0{,}2 \cdot c_0$ zeigen ein zunehmendes Eindringen des Isotops in y-Richtung nahe der Korngrenze ($x = 0$) mit zunehmendem Korngrenzen (-diffusions)-faktor η. (Nach R. Whipple)

von $\ln \bar c$ gegen y^2 ergeben!) Kennt man also D_G^*, so erhält man η und damit die Größe $D_K^*\delta$. Abbildung 8.17 zeigt Konzentrationsprofile für verschiedene η. Fishers Lösung erfordert Bedingungen entsprechend $\eta \gg 1$; mit $t = 10^5$ s, $D_G^* = 10^{-11}$ cm^2/s, $\delta = 4 \cdot 10^{-8}$ cm bedeutet das $D_K^*/D_G^* \gg 5 \cdot 10^4$. Es gibt aber mittlerweile Rechnungen mit weniger einschneidenden Voraussetzungen, siehe [8.6].

8.4.2 Ergebnisse für Korngrenzen und Versetzungen

Experimentelle Ergebnisse an vielkristallinem Zink bei 90 °C führen auf ein Verhältnis $D_K^*/D_G^* \approx 10^6$, wobei die Aktivierungsenergie der KG-Diffusion $E_{KD} = 58$ kJ/mol wesentlich kleiner als die im Gitter, $E_{GD} = 96$ kJ/mol, ist. (Die Diffusion in Zink ist anisotrop; parallel und senkrecht zur c-Achse werden um 10% verschiedene E_{GD} gemessen.) Um den Vorfaktor D_{0K} angeben zu können, muß ein Wert von δ ($\approx$ Gitterparameter) angenommen werden. D_{0K} ist etwas kleiner als D_{0G}. Die Diffusion über Korngrenzen wird deshalb merklich nur bei tiefer Temperatur, wo der Faktor $\eta \gg 1$ ist, obwohl normalerweise $\sqrt{D_G^* t} \gg \delta$ ist. Auch bei kleinen Korngrößen befindet sich ein allerdings nur winziger Bruchteil X der Atome in Korngrenzen, so daß erst bei *so* tiefen Temperaturen, daß $XD_K > D_G$ ist, Korngrenzendiffusion überwiegen kann.

Besonders interessant ist die Abhängigkeit von D_K vom Orientierungsunterschied der in der KG aufeinandertreffenden Körner. Abbildung 8.18 zeigt, daß die Eindringtiefe $\sqrt{D_G^* t} \cdot \sqrt{\eta}$ längs der Korngrenze mit dem Orientierungsunterschied $\Theta \leq 45°$ zunimmt, daß also die Diffusion in GW-KG schneller ist als in KW-KG. Das scheint weniger ein Effekt des Oreintierungsunterschieds auf die Aktivierungsenergie E_{KD} zu sein, die selten kleiner als $E_{GD}/2$ gefunden wird, sondern ein Unterschied in η. Für eine KW-KG, bestehend aus Stufenversetzungen des Kerndurchmessers $r_0(\approx b)$ im Abstand h, muß man ein effektives $\delta = r_0^2/h \approx (r_0^2/b) \cdot \Theta$ definieren, siehe Abschnitte 3.2.1 und 11.3.1, das also η mit

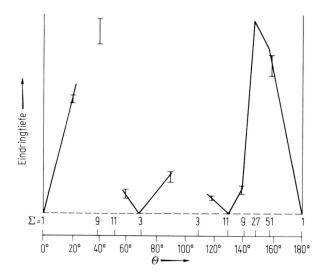

Abb. 8.18. Relative Korngrenzen-Diffusionsgeschwindigkeit von Zn in Al-Bikristallen mit symmetrischen [110]-Biegegrenzen. Eindringtiefe längs der Biegeachse gemessen. (Herbeuval et al. nach [8.1])

dem Orientierungsunterschied wachsen läßt. Erwartungsgemäß ist D_K in Biege- und Dreh-KW-KG und in ersteren auch parallel und senkrecht zur Versetzungsrichtung verschieden, siehe auch [8.8], [15.6]. Für spezielle $\bar{Z}$-Grenzen ist Θ_K klein wegen ihrer dichten Struktur.

Alles spricht dafür, daß auch die KG-Diffusion der Metalle über einen Leerstellen-Mechanismus abläuft. Benutzt man die in 8.2.1 eingeführte Aufspaltung $E_{LD} = E_{LB} + E_{LW}$, so wird die Leerstellenbildungsenergie E_{LB}^K um die Bindungsenergie der Leerstelle an die KG oder Versetzung (einige kJ/mol) kleiner als E_{LB}^G sein. Der wesentliche Teil der Differenz $(E_{GD} - E_{KD})$ liegt offenbar in der sehr kleinen Wanderungsenergie E_{LW}. Entsprechend dem in 8.2.2 über Korrelation Gesagten muß für die (fast) eindimensionale Isotopendiffusion entlang Versetzungen mit $f < 1$ gerechnet werden.

8.4.3 Oberflächendiffusion

Die mathematische Analyse des Abschn. 8.4.1, angewandt auf die in Abb. 8.16 gezeigte Korngrenze, beschreibt auch einen Fall von Oberflächendiffusion, wenn man das linke Korn wegläßt. Da die KG Symmetrieebene ist, ändert sich an der Lösung (8-32) (bis auf einen Faktor zwei) nichts; diese gibt nun die Ausbreitung eines Isotops in y-Richtung von der Kante eines Körpers her über eine seiner Oberflächen wieder. δ ist hier die Dicke einer gestörten Oberflächenschicht; D_S, der Oberflächenselbstdiffusionskoeffizient, tritt an die Stelle von D_K. Die Auswertung hängt von den Modellen der Oberfläche und dem der

Oberflächendiffusion ab, die man benutzt. Insbesondere ist hier die Oberflächen-Rauhigkeit sowie ihre kristallographische Orientierung von Bedeutung.

An der Oberfläche adsorbierte Atome („Ad-Atome") und Atomkomplexe spielen eine wichtige Rolle. (Zu ihrer Beobachtung eignet sich vorzüglich die Feldionenmikroskopie, Abschn. 2.4.) Ad-Atome werden durch einen der Verdampfung ähnlichen Prozeß aus der letzten Gitterebene parallel zur Oberfläche herausgeholt und auf diese gesetzt. Ihre Wanderungs-Aktivierungsenergie ist sicher sehr klein. Es liegt deshalb nahe, einen Zusammenhang der Aktivierungsenergie E_{SD} mit der Verdampfungsenergie W_S zu erwarten. Das Verhältnis E_{SD}/W_S liegt zwischen 0,1 und 0,6. Verunreinigungen der Oberfläche, z. B. durch Sauerstoff, stören die Messungen erheblich. D_{OS} wird oft wesentlich größer als D_{OG} für Gitterdiffusion gefunden, was auf große „Sprungwege" der Ad-Atome (oder-Komplexe) hinweist. Daher überwiegt die Oberflächendiffusion bei tiefen Temperaturen die Gitterdiffusion (bei kleinen Teilchen, s. u.). Beide wirken zusammen beim Aufbau oder Abbau von Oberflächenrauhigkeiten, wie sie beim Auftreffen einer KG auf eine Oberfläche entstehen müssen oder künstlich erzeugt worden sind [8.10]. Die Oberflächendiffusion zum Gleichgewicht wird hier von der Oberflächenspannung $\tilde{E}_S$ angetrieben. Alle Erhebungen oder Vertiefungen der Oberfläche ändern sich zufolge [8.9] wie $(Bt)^{1/4}$, wo $B = D_{SD} \cdot \delta \cdot \tilde{E}_S \Omega / kT$.

8.4.4 Sintern

Sintern nennt man den diffusionsbestimmten Prozeß der Verdichtung von einem Pulveraggregat zu einem kompakten Metallkörper, der in der *Pulvermetallurgie* große technologische Bedeutung bei der Herstellung von Werkstücken komplizierter äußerer Gestalt oder aus plastisch schwer verformbarem Material besitzt. Die vorgepreßten Körner des Pulvers berühren sich unter Adhäsion in sog. Hälsen, die im ersten Stadium des Sinterns dicker werden. Dabei runden sich die Poren ab, wie in Abb. 8.19 in einem Modellversuch an umeinandergewickelten Drähten im Schnitt dargestellt ist. In einem zweiten Stadium werden die Poren dann allmählich geschlossen, das Material verdichtet sich, indem Leerstellen zu inneren und äußeren Oberflächen abtransportiert werden. Die Leerstellen folgen einem Gradienten des Chemischen Potentials μ_P, das nach der *Gibbs-Thomson-Gleichung* seine Ursache im „Dampfdruck kleiner Tröpfchen", hier Poren, hat: Für einen Hohlraum des Krümmungsradius r_p, der (Freien) Oberflächenenergie $\tilde{E}_S/cm^2$, ergibt sich beim Antransport von dn Atomen

$$\mu_p = \frac{\partial F_p}{\partial n} \approx \tilde{E}_S \frac{\partial (4\pi r_p^2)}{\partial (V_p/\Omega)} = \frac{2\tilde{E}_S \Omega}{r_p}. \tag{8-33}$$

Man kann den Gradienten von $\mu_p(r)$ durch seinen Maximalwert $\mu_p(r_p)/r_p$ annähern. Einsetzen dieses Gradienten in Gl. (8-25) ergibt einen Diffusionsstrom, der geometrisch mit der Veränderung der Porengestalt bzw. der Abnahme des Porenvolumens in Beziehung gesetzt werden kann. Das Ergebnis ist ein Zeitgesetz für diese Veränderungen. Allerdings ist es dazu notwendig, (a) den

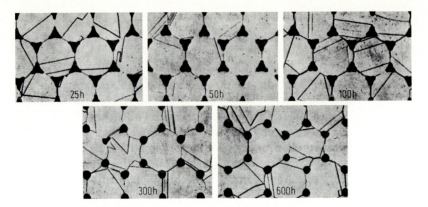

Abb. 8.19. Schnitt durch ein Bündel von Kupferdrähten (Durchmesser 30 µm) nach Glühung bei 900 °C für die angegebenen Zeiten. Die Drähte wachsen in Hälsen zusammen, und die Poren runden sich ab

Diffusionsmechanismus (also Oberflächen-, Volumen-, Korngrenzen-Diffusion oder evtl. Transport über die Dampfphase) zu kennen, und (b) zu wissen, wo die Leerstellen „vernichtet" werden (an Oberflächen, Korngrenzen, Versetzungen, anderen Poren). Verschiedene Annahmen in dieser Hinsicht geben verschiedene Zeitgesetze, wie zuerst G. Kuczynski [8.11] gezeigt hat. M. Ashby [8.19] grenzt in einem „Sinterdiagramm" (analog Abb. 12.23), in dem der Krümmungsradius der Poren gegen die Sinter-Temperatur mit der Sinterzeit als Parameter aufgetragen ist, die Gebiete ab, in denen verschiedene Sintermechanismen dominieren sollten. Experimentelle Unterscheidungen sind durch eine ganze Reihe weiterer Einflußfaktoren erschwert, wie die „Aktivität" der Pulver, Anwesenheit von Oxiden, Gase in den Poren usw. [8.12].

8.5 Elektro- und Thermotransport [8.13, 8.6, 8.17]

8.5.1 Elektrotransport

Schickt man einen starken Strom durch eine Legierungsprobe, so erwartet man – wie in einem Ionenkristall – eine elektrolytische Zersetzung der Art, daß die Komponente mit der größeren (positiven) Kernladungszahl an der Kathode angereichert wird. Das ist zwar in den meisten Fällen, aber nicht immer so: Die Richtung der Driftbewegung im elektrischen Feld hängt vielmehr auch davon ab, ob die Legierung elektronen- oder löcherleitend ist. Es gibt offenbar einen „Elektronenwind", der platzwechselnden Atomen eine Vorzugsrichtung der Bewegung („Drift") zur Anode hin gibt. Schließlich wird auch in reinen Metallen durch Einbau von Markierungen, wie in Abschn. 8.3.2 besprochen, ein Transport von Material im elektrischen Feld gefunden. Die größten Effekte beobachtet man allerdings bei hochbeweglichen Zwischengitter-Fremdatomen in Metallen wie Kohlenstoff in α-Eisen, der sich zur Kathode bewegt.

8.5 Elektro- und Thermotransport

Die theoretische Beschreibung geht von Gl. (8-25) aus, ergänzt durch Zusatzterme ($M_{ie}(\partial \mu_e/\partial x)$) und eine zusätzliche Gleichung für die Elektronen. Ferner ist das Chemische durch das *Elektrochemische Potential* $\hat{\mu}_i$ zu ersetzen: $\hat{\mu}_i \equiv \mu_i + Z_i^* e\Phi$. Φ ist das elektrische Potential des Feldes $\mathfrak{E} = (\mathrm{d}\Phi/\mathrm{d}x)$, Z_i^* die effektive Kernladung der Ionensorte i. Die Elektronen werden (wie die Leerstellen) als nahezu im Gleichgewicht befindlich angesehen, d. h. $\mu_e = E_{\text{Fermi}} \approx$ const. Die Nichtdiagonalterme in Gl. (8-25a) sollen zunächst wieder vernachlässigt werden. Für eine sehr verdünnte Lösung von B in A können wir Gl. (8-27) benutzen und erhalten

$$j_B = -D_B \frac{\partial c_B}{\partial x} - \frac{c_B Z_B^* D_B}{kT} e\mathfrak{E} \ . \qquad (8\text{-}34)$$

Der zweite Term ist ein „Transportterm" $c_B \cdot v_B$ wie in Gl. (8-20b), wo $v_B = (D_B/kT)(Z_B^* e\mathfrak{E})$ die Driftgeschwindigkeit im elektrischen Feld ist. (D_B/kT ist die Beweglichkeit = Driftgeschwindigkeit pro Krafteinheit.) Die effektive Ladung muß die Abschirmung der B-Ionen im Metall berücksichtigen. Der „Elektronenwind" steckt dagegen in dem Nichtdiagonalterm $(B - e)$ und ist bisher nur modellmäßig beschrieben worden, z. B. von Huntington-Fiks durch den Ansatz

$$Z_B^* = Z_B - \frac{1}{2} Z_A \frac{|\Delta \sigma_{BS}|}{\sigma} \frac{c_B}{c_{BS}} \frac{m^*}{|m^*|} \ . \qquad (8\text{-}35)$$

$\Delta\sigma_{BS}/\sigma$ ist die relative Abnahme der elektrischen Leitfähigkeit der Legierung dadurch, daß sich der Bruchteil c_{BS}/c_B der B-Atome in der Sattelpunktslage eines Platzwechsels befindet. In diesem Punkt können die Leitungs-Elektronen (effektive Masse $m^* > 0$) oder Löcher ($m^* < 0$) maximal angreifen; von den Sattelpunktsatomen werden sie am stärksten gestreut. Das Produkt $(\Delta\sigma_{BS}/\sigma) \times (c_B/c_{BS})$ stellt also den relativen Unterschied des Wirkungsquerschnitts für eine Streuung der Ladungsträger zwischen Ruhe- und Sattelpunktslage dar. Experimentell wird z. B. eine Schicht von Sb zwischen 2 Kupferstäben isotherm mit Gleichströmen der Größe einiger 10^4 A/cm^2 belastet. Abbildung 8.20 zeigt einen der Lösung von Abb. 8.1 vom Argument $(x \mp v_B t)^2/4D_B t$ entsprechenden Konzentrationsverlauf nach dem Stromdurchgang, wie er mit der Mikrosonde

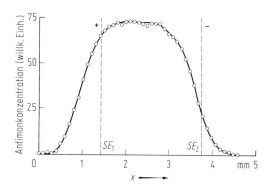

Abb. 8.20. Konzentrationsprofil von Sb nach Elektrotransport in Kupfer bei 866 °C (zwischen den Schweißebenen SE befindet sich eine Cu-0,8 Gew.% Sb-Legierung, außen Kupfer). (Nach Th. Hehenkamp, Göttingen)

aufgenommen wird. Gleichungen (8-34) und (8-35) werden gut bestätigt gefunden, soweit die dort eingehenden Größen bekannt sind. Erstaunlicherweise scheint in manchen Legierungen die direkte Feldkraft auf das Fremdion durch die nominelle Wertigkeit Z_B, ohne Berücksichtigung der Abschirmung, bestimmt zu sein.

8.5.2 Thermotransport

Liegt statt eines elektrischen Potentialgradienten ein Temperaturgradient in der Diffusionsprobe vor, so ist im Transportterm der Gl. (8-34) die Kraft $Z^*e\mathfrak{E}$ durch $(Q_B^*/T)\,dT/dx$ zu ersetzen, d. h. Z_B^* durch die „*Transportwärme*" Q_B^*. In einem System von Strömen der Art der Gl. (8-25) für die Komponenten A, B, L und den Wärmestrom j_Q ergibt sich

$$Q_B^* = \frac{M_{BQ}}{M_{BB}} = \left(\frac{j_Q}{j_B}\right)_{\frac{dT}{dx} \to 0}$$

als der Wärmestrom pro Massenstrom von B im Grenzfall eines verschwindenden Temperaturgradienten. Ein atomistisches Modell von K. Wirtz für ein reines Metall B betrachtet drei Gitterebenen, 1, 2, 3, in Richtung des T-Gradienten (Abb. 8.21). Der Strom von B-Atomen nach rechts ist $\vec{j}_B = c_B \cdot a \cdot v_L(1)\, c_L(3)$ und entsprechend der nach links $\overleftarrow{j}_B = c_B \cdot a \cdot v_L(3)\, c_L(1)$. Mit (3-1) und (8-8) wird

$$\vec{j}_B - \overleftarrow{j}_B = c_B \cdot a \cdot v_0' c_\infty \left\{ e^{\frac{-E_{LW}}{kT}} \cdot e^{\frac{-E_{LB}}{k(T+\Delta T)}} - e^{\frac{-E_{LW}}{k(T+\Delta T)}} \cdot e^{\frac{-E_{LB}}{kT}} \right\} \quad (8\text{-}36)$$

$$\approx c_B \cdot a \bar{v}_L \bar{c}_L \left\{ \left(1 + \frac{E_{LB}}{kT}\frac{\Delta T}{T}\right) - \left(1 + \frac{E_{LW}}{kT}\frac{\Delta T}{T}\right) \right\}$$

$$= c_B D_B \cdot \frac{(E_{LB} - E_{LW})}{kT} \cdot \frac{\Delta T}{a}\frac{1}{T}; \quad (8\text{-}37)$$

$\bar{v}_L(T)$, $\bar{c}_L(T)$ sind Mittelwerte der Platzwechselfrequenz und Dichte der Leerstellen. Der Transport findet also im chemischen Potentialgradienten der Leerstellen statt.

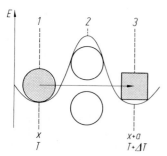

Abb. 8.21. Durchtritt eines Atoms (Netzebene 1) durch eine Sattelpunktslage (2) in eine Leerstelle (3) auf der wärmeren Seite

Der Vergleich mit Gl. (8-34) unter den eingangs genannten Entsprechungen für $Z^*e\mathfrak{E}$ liefert $Q_B^* = E_{LB} - E_{LW}$. Wird die Wanderungsenergie nicht voll in der Ausgangsposition aufgebracht, sondern zum Teil auch erst in der Sattelpunktslage, so vermindert sich der erste Term um einen Faktor ≤ 1. Er entwertet die Aussagekraft von Q_B^*, ganz abgesehen davon, daß bei der Herleitung der Gl. (8-36) makroskopische Konzepte ohne Rechtfertigung im Mikroskopischen verwendet wurden. Experimentell werden oft große negative Werte für Q_B^* in den Edelmetallen beobachtet. Der Temperaturgradient bewirkt auch einen Elektronenstrom und dieser wiederum einen Elektrotransport von B-Ionen, siehe [8.17] und [8.18].

8.6 Oxidation von Metallen [8.5, 8.24]

Die Oxidation von Metallen, unter gewissen Bedingungen auch „Anlaufen" oder „Verzundern" genannt, ist von außerordentlichem praktischen Interesse, weil sie die Metalle in thermodynamisch i. allg. wesentlich stabilere Verbindungen überführt (aus denen sie mit Hilfe der „Metallurgie" (deutsch: Hüttenkunde) umgekehrt auch erst gewonnen wurden – Sulfide, Chloride eingeschlossen!). Das Gebiet kann hier, wie das der nichtmetallischen Stoffe überhaupt, keineswegs auch nur in Umrissen behandelt werden. Dazu gibt es spezielle Monographien [8.5, 8.14, 8.24]. Hier sollen nur einige mit der Diffusion in Zusammenhang stehende Gesichtspunkte erläutert werden, die auch der Metallphysiker nicht übersehen darf.

Wir setzen voraus, daß sich durch die Reaktion eines Metalls (Me) mit Sauerstoff

$$\text{Me}\bigg|_{\text{fest}} + \frac{v}{2}\text{O}_2\bigg|_{\text{gas}} \rightleftharpoons \text{MeO}_v\bigg|_{\text{fest}} \tag{8-38}$$

fest haftende Deckschichten bilden. Wir sprechen also nicht von Gefügefehlern, Poren in den Schichten, die sich insbesondere bei stark verschiedenen spezifischen Volumina von Metall und Oxid bilden („Pilling-Bedworth-Regel") und z. T. auch durch plastische Verformung der Oxide unter inneren Kräften ausgeglichen werden, wenn sie nicht die Bildung einer (schützenden) Oxidschicht überhaupt verhindern. Eine Deckschicht der Dicke ξ wächst dann meist durch *Transport von Metall-Ionen* an die Grenzfläche zum Sauerstoff *durch das Oxid* hindurch. Der Konzentrationsgradient von Me nimmt mit der Dicke der Schicht ξ wie $1/\xi$ ab; also ist der Strom, d. h. die zeitliche Dickenzunahme

$$\frac{d\xi}{dt} = k_z/\xi, \quad \xi^2 = 2k_z t. \tag{8-39}$$

Dieses *parabolische Wachstumsgesetz* wurde zuerst von G. Tammann gefunden; k_z ist die Zunderkonstante, die proportional zu einer mittleren Diffusionskonstanten $\bar{D}_{\text{Me}}$ im Oxid und damit exponentiell temperaturabhängig ist. Nach einer Theorie von C. Wagner, die das Wachsen dicker Oxidschichten beschreibt, ist im Sinne von Gl. (8-26)

$$\frac{d\xi}{dt} \sim \frac{k_z}{\xi} \sim \frac{\bar{D}_{Me}}{kT} \frac{|\Delta F_{MeO_v}|}{\xi}, \tag{8-40}$$

wobei ΔF_{MeO_v} die Freie Bildungsenergie für MeO_v aus Metall und Sauerstoffgas beim vorliegenden Partialdruck ist. Es gibt zahlreiche andere Wachstumsgesetze bei speziellen Bedingungen, insbesondere Diffusionsmechanismen. Besonders wichtig ist die Einhaltung der Neutralität bei der Bewegung von Metallionen im Oxid: Oft wird diese durch Elektronen- oder Löcherleitung im Oxid garantiert, siehe Abb. 8.22 für den Fall, daß sich zweiwertig negative Me-Leerstellen zur Phasengrenze Me/MeO bewegen zusammen mit (positiven) Löchern e^+ im Valenzband des Oxids. Man sieht, daß der elektrische Leitfähigkeitsmechanismus des Oxids hier wesentlich eingeht. Wir nehmen an, daß der Einbau von Me^{++}-Leerstellen (mit L_{Me}^{--} bezeichnet) auf der Metallseite relativ leicht erfolgt. Die Konzentration c_L der L_{Me}^{--}, d. h. die der Leerstellen im Metallteilgitter des Oxids, wird dann durch das Sauerstoffangebot p_{O_2} an der Grenzfläche MeO/O_2 bestimmt, das weitere Gitterzellen des Oxids aufzubauen bestrebt ist. Das Massenwirkungsgesetz der Reaktion

$$Me^{++}O^{--} + \tfrac{1}{2}O_2 \rightleftharpoons 2Me^{++}O^{--} + L_{Me}^{--} + 2e^+ \tag{8-41}$$

lautet unter Berücksichtigung großer Anteile von MeO (d. h. c_{MeO} = const), aber unendlicher Verdünnung,

$$\frac{c_L \cdot c_{e^+}^2}{p_{O_2}^{1/2}} \sim \exp\left(-\frac{\Delta F_{MeO}}{kT}\right) \equiv K.$$

Da ferner aus Elektroneutralitätsgründen $2c_{e^+} \approx c_L$ sein muß, wird $c_L = [4K p_{O_2}^{1/2}]^{1/3}$. Die Konzentration der Metallionen-Leerstellen im Oxid ermöglicht die Diffusion von Metall durch das Oxid, d. h. in Gl. (8-40) ist auch $\bar{D}_{Me} \sim k_z \sim p_{O_2}^{1/6}$. Setzt man nicht Löcher – sondern Elektronenleitung voraus, so ergibt sich die Zunderkonstante k_z als ziemlich unabhängig vom Sauerstoff-Partialdruck p_{O_2}, weil $c_{e^+} \sim c_L$ an der Grenzfläche MeO/O_2 sehr klein wird. Das Entscheidende an der Wagnerschen Zundertheorie ist also die Verknüpfung von Ionendiffusion mit elektronischem Ladungstransport in der Deckschicht. Hat einer der beiden Vorgänge eine sehr kleine Geschwindigkeit,

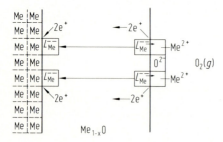

Abb. 8.22. Bildung und Wanderung durch das Oxid von Metallionen-Leerstellen (L_{Me}^{--}) sowie Elektronenlöchern (e^+)

dann ist das Grundmaterial zunderbeständig (Al_2O_3 mit verschwindender Elektronenleitung).

Bei der Oxidation von *Legierungen* (AB) werden die Verhältnisse komplizierter, je nachdem, ob beide Komponenten oxidiert werden oder nicht, ob die Oxide Mischkristalle miteinander bilden usw. Man spricht von innerer Oxidation, wenn Sauerstoff im Grundmetall A löslich ist und B ein sehr stabiles Oxid bildet. Dann bildet sich eine Dispersion von BO_v in A, die das Grundmetall stark härtet (s. Abschn. 14.3; Beispiel $Cu–SiO_2$).

Hier drängt sich eigentlich die Behandlung der Reaktion eines Metalls mit einem flüssigen Elektrolyten auf („*Korrosion*"), die aber in das Gebiet der Elektrochemie führen würde.

8.7 Permeation von Wasserstoff: Diffusion mit sättigbaren „traps"

Die Diffusion von Wasserstoff in Metallen findet besonderes Interesse [8.1, 8.25], weil manche Legierungen große Mengen von Wasserstoff speichern können, andere durch Wasserstoff versprödet werden (α-Eisen, Abschn. 12.7). Auch ist Wasserstoff als kleinstes Atom im Zwischengitter der Metalle sehr beweglich, was Messungen nahe Raumtemperatur erlaubt. Selbst quantenmechanisches Tunneln wird für Platzwechsel von Wasserstoff im krz Gitter herangezogen [8.26]. Es stehen viele zusätzliche experimentelle Methoden zur Untersuchung der Wasserstoff-Diffusion zur Verfügung, z. B. Gasdruck, elektromotorische Kraft (Abschn. 5.3), Dilatometrie, elektrischer Widerstand, magnetische Suszeptibilität, Neutronenstreuung u. a. Im Rahmen unserer Einführung steht ein besonderer Aspekt im Vordergrund, nämlich daß gebundene Zustände („traps") für Wasserstoff an Gitterbaufehlern gesättigt werden können, so daß sie für weitere Lösung und Platzwechsel nicht mehr zur Verfügung stehen.

8.7.1 Thermodynamik und Diffusion in ungestörtem Pd-H [8.27]

Palladium nimmt große Mengen Wasserstoff auf bei moderaten Temperaturen und Drücken (gemessen durch das Verhältnis $n = C_H/C_{Pd}$), wenn sich auch eine leicht aufgeweitete β-Struktur im Gleichgewicht mit fcc($-α$) Pd-H bildet (Abb. 8.23). Den (p, T)-Daten dieses Zustandsdiagramms entspricht ein chemisches Potential

$$\mu = \mu_H^0 + RT \ln \frac{n}{1-n} + \Delta\mu_{H^+} + \Delta\mu_e$$

für die feste Lösung und

$$\mu = \frac{1}{2}\mu_{H_2}^0 + \frac{RT}{2}\ln P_{H_2}$$

im Gleichgewicht mit dem Gas.

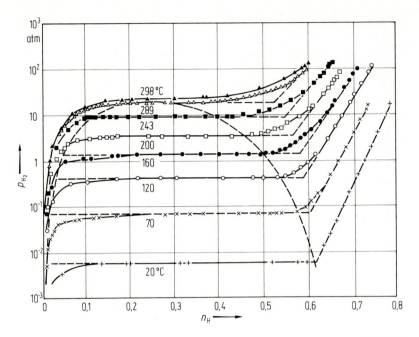

Abb. 8.23. Zustandsdiagramm (p, n, T) von Pd-H mit Zweiphasengebiet $(\alpha + \beta)$ [8.27]

Die Aktivität α_H ist also direkt als $\sqrt{P_{H_2}}$ einstellbar! Hierbei steht neben dem Standard- und Entropieterm eine anziehende elastische Wechselwirkung $\Delta\mu_{H^+}$ der H^+-Ionen und die elektronische Wechselwirkung $\Delta\mu_e$, die steil zunimmt, wenn bei $n = 0.6$ das 4d-Band des Pd voll ist (Abb. 8.24). Für das Isotop D^+ ist $|\Delta\mu_{D^+}| < |\Delta\mu_{H^+}|$ wegen der schwächeren Nullpunktschwingungen. Das führt zu einem umgekehrten Isotopieeffekt bei der Diffusion. Der Diffusionskoeffizient wird mittels der Zeitabhängigkeit z. B. der EMK in einer galvanischen Doppelzelle gemessen, deren Zwischenwand die Pd-Probe bildet. Wird diese einseitig mit einem atomaren Wasserstoffpuls beladen, ändert sich die EMK auf der anderen Seite erst nach einer Diffusionszeit τ (Gl. 8-6). Den so erhaltenen Diffusionskoeffizienten D_H von H in Pd zeigt Abb. 8.25 ($E_D = 22{,}1$ kJ/mol H, $D_0 = 2{,}19 \cdot 10^{-3}$ cm^2/s). Die EMK im Gleichgewicht ändert sich nach Abschn. 5.3b) wie $RT \ln n/F$ mit der Wasserstoffkonzentration, solange man im einphasigen Bereich ist (Abb. 8.26, F = Faradayladung).

8.7.2 Gitterbaufehler als „traps" für Wasserstoff beeinflussen dessen Diffusion

R. Kirchheim [8.25] beschreibt modellabhängig den Potentialverlauf im Wasserstoffatom in verschieden gestörten Kristallen, wie in Abb. 8.27 schematisch

8.7 Permeation von Wasserstoff: Diffusion mit sättigbaren „traps"

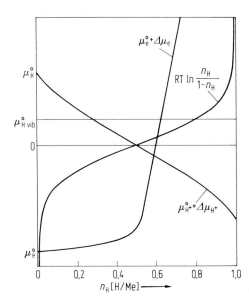

Abb. 8.24. Chemische Potentialbeiträge im System Pd-H [8.27]

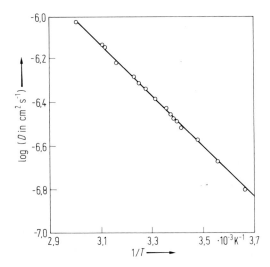

Abb. 8.25. Diffusionskoeffizient von H in Pd [8.25]

gezeigt. Zum Beispiel ist für den Fall des 2-Niveausystems b) nach Fermi

$$n = \frac{1 - n_t^0}{1 + \exp(-\mu/kT)} + \frac{n_t^0}{1 + \exp(E_t - \mu/kT)},$$

n_t = Konzentration an tiefen traps.

Abbildung 8.28 zeigt, daß die ersten ‰ H in Pd an Versetzungen getrappt werden und nicht für den Austausch mit den Elektrolyten zur Verfügung stehen,

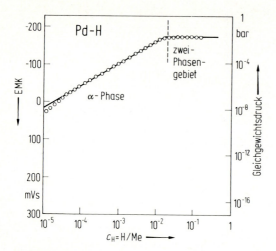

Abb. 8.26. EMK einer Pd-Probe gegen log (H-Konzentration) [8.25]

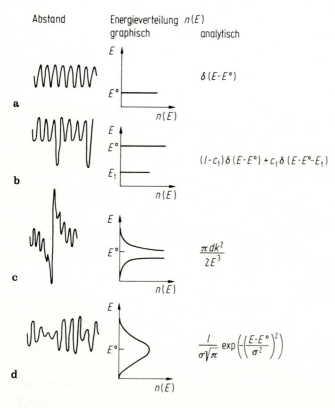

Abb. 8.27a–d. Potentialverlauf von Wasserstoff in gestörten Kristallen [8.25]

8.7 Permeation von Wasserstoff: Diffusion mit sättigbaren „traps"

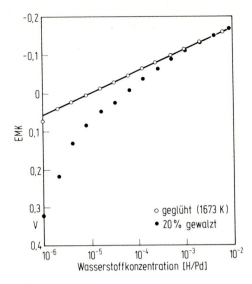

Abb. 8.28. EMK verformter und geglühter Pd-Proben als Funktion der Wasserstoff-Konzentration [8.25]

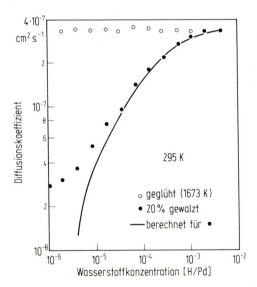

Abb. 8.29. Diffusionskoeffizient von H in gewalztem und geglühtem Pd (im Vergleich mit der Theorie, Abb. 8.27) [8.25]

wie im Falle der ausgeglühten Probe, deren EMK wieder die theoretische Steigung RT/F gegen ln n hat. Der entsprechende Diffusionskoeffizient ist im verformten Zustand des Pd nicht mehr unabhängig von n, sondern viel kleiner. Es müssen beim Platzwechsel entsprechend dem Spektrum Abb. 27c) auch relativ hohe Aktivierungsbarrieren an noch nicht aufgefüllten traps überwunden werden. Die eingezeichneten Kurven (Abb. 8.29) wurden berechnet (unter Berücksichtigung von Aktivitätskoeffizient γ_H und Korrelationsfaktor) zufolge

$$D_H = D_H^{undef} \int \frac{Z(E_t) dE_t}{1 - n_t^0 + n_t^0 \exp(-E_t/RT)}$$

mit einem trap-Spektrum $Z(E_t)$, wie in 8.27c) für die Stufenversetzung gezeigt. Abb. 8.30 zeigt Meßergebnisse für D_H an nano-kristallinem Palladium, das durch Verdampfen in Argon-Atmosphäre und nachfolgendes Kompaktieren

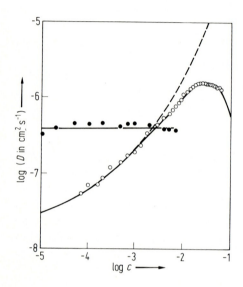

Abb. 8.30. Diffusion in nanokrist. Pd(o) und Pd-Einkristall (●) als Funktion der Wasserstoffkonzentration [8.25]

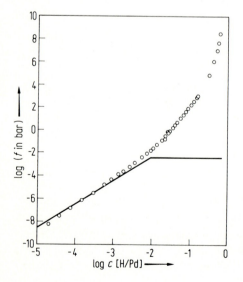

Abb. 8.31. Fugazität ($P_{H_2} \cdot j_H$) von Wasserstoff in amorphem $Pd_{80}Si_{20}$ bei 298 K als Funktion der Wasserstoff-Konzentration. Ausgezogene Kurve s. Abb. 8.26 [8.25]

8.7 Permeation von Wasserstoff: Diffusion mit sättigbaren „traps"

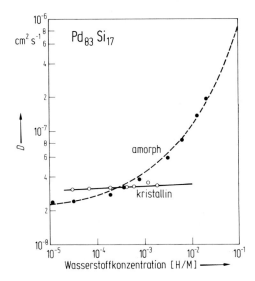

Abb. 8.32. Diffusion von Wasserstoff in amorphem und kristallinem $Pd_{83}Si_{17}$ [8.25]

hergestellt wurde [8.28]. Bemerkenswerterweise ist D_H bei höherem c größer im nano- als im einkristallinen Material. Schließlich gibt Abb. 8.31 die Aktivität von H in amorphem $Pd_{80}Si_{20}$ wieder (hier als „Fugazität" $P_{H_2} \cdot \gamma_H$), Abb. 8.32 den entsprechenden Diffusionskoeffizienten. Offenbar fehlt im amorphen Material der 2-Phasenbereich des einkristallinen PdH. Die Aktivierungsenergie E_D = 18.9 kJ/mol H ist auch kleiner als im kristallinen bei einer angenommenen Breite der Energieverteilung σ = 11,5 kJ/mol H, Abb. 8.27d). Wenn die tiefen traps mit H gesättigt sind, steigt D_H an.

9 Ausscheidungsvorgänge

Eine AB-Legierung entmischt sich bei der Abkühlung und zerfällt in 2 Phasen verschiedener Zusammensetzung, wenn gleichartige Atompaare eine kleinere Energie haben als ungleiche, d. h. wenn der Paarvertauschungs-Parameter $\varepsilon > 0$ ist, siehe Abschn. 5.5. Die Thermodynamik des Zustandsdiagramms sagt aber nichts darüber aus, in welcher Verteilung und Morphologie die beiden Phasen auftreten und wie sich diese zeitlich entwickeln. Diese Fragen sollen im folgenden behandelt werden. Nach J. W. Gibbs gibt es zwei verschiedene Möglichkeiten einer sogenannten *kontinuierlichen Entmischung*: Erstens können sich durch thermische Schwankungen *an einzelnen Stellen* (kleine Kristalle =) „Keime" der 2. Phase bilden, deren Zusammensetzung *weit von der der Matrix abweicht*, u. U. bereits der Zusammensetzung der im Zustandsdiagramm auftretenden Gleichgewichtsphase entspricht. Diese Keime wachsen dann durch normale Diffusion im Konzentrationsgradienten der Verarmungszone, die die Anreicherung von B-Atomen im Keim mit sich bringt (Abb. 9.1 a) (Keimbildungs- und Wachstums-Mechanismus, Abschn. 9.1 und 9.2). Die zweite Möglichkeit besteht im Auftreten *kleiner Konzentrationsschwankungen überall* in der Probe, die durch Bergauf-Diffusion allmählich an Amplitude zunehmen (Abb. 9.1b). Wir haben in Abschn. 8.3.4 gesehen, daß das innerhalb der Spinodalen möglich ist, wo der Thermodynamische Faktor des Diffusionskoef-

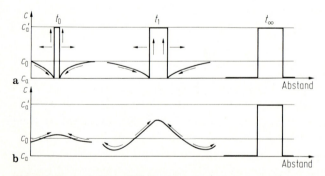

Abb. 9.1. Zwei mögliche Abläufe einer Entmischung ($t_0 \to t_1 \to t_\infty$) (**a**) mittels Keimbildung und Wachstum („Bergabdiffusion") und (**b**) spinodal („Bergaufdiffusion"). c_a, c'_a sind die Gleichgewichtskonzentrationen der Endphasen

fizienten $\tilde{D}_B$ negativ wird. Wir werden in Abschn. 9.4 den Mechanismus der spinodalen Entmischung besprechen.

Neben der kontinuierlichen findet man in manchen Systemen noch eine *diskontinuierliche Ausscheidung*, die nur längs einer sich in das übersättigte Material hineinschiebenden Entmischungsfront abläuft. (In Analogie zur Eutektischen Kristallisation, Abschn. 4.6, wird dazu in Abschn. 9.5 der Eutektoide Zerfall beschrieben.) Die Entmischungsvorgänge erzeugen oft ein Spektrum von Ausscheidungsgrößen. Danach wachsen dann die größeren Ausscheidungen, die kleineren lösen sich auf, wobei die Phasengrenzfläche pro cm³ abnimmt (Ostwald-Reifung, Abschn. 9.3). Die Morphologie der ausgeschiedenen Teilchen wird (besonders bei sog. „Widmanstätten-Platten") durch die Anisotropie der Phasengrenzflächenenergie bestimmt, wenn die Ausscheidungen *inkohärent* mit der Matrix sind (s. Abschn. 3.4). Bei *kohärenten* Teilchen bestimmt die elastische Verzerrungsenergie die Form. Klassische Beispiele dieser Ausscheidungsreaktionen zeigen übersättigte Al-2 At.-%Cu-Mischkristalle, an denen A. Wilm (1906) eine Zunahme der Härte mit der Zeit beobachtete und damit das technisch wichtige „Duralumin" entdeckte (s. Kap. 14).

9.1 Keimbildung von Ausscheidungen [9.1, 9.22]

9.1.1 Energiebeiträge

Im Vergleich mit der in Abschn. 4.1. besprochenen Keimbildung eines Kristalls aus einer reinen Schmelze ist die *Zusammensetzung* des Keims eine zusätzliche Variable bei der Keimbildung von Ausscheidungen aus einem übersättigten Mischkristall. Ferner treten bei dieser Keimbildung innerhalb des festen Zustandes i. allg. *Verzerrungen* δ auf, die die Freie Energiedifferenz $\Delta F_{ges}(r)$ zwischen Keim (Phase β, Kugel vom Radius r) und Mischkristall (α) positiver machen. Dann wird aus der Gl. (4-1) für homogene Keimbildung

$$\Delta F_{ges}(r) = (-\Delta f_v + \Delta f_\delta) \cdot \frac{4\pi}{3} r^3 + \tilde{E}_{\alpha\beta} \cdot 4\pi r^2 \ . \tag{9-1}$$

Die drei Koeffizienten müssen näher erläutert werden:

a) Δf_v: Der Freie Energiegewinn bei der Bildung einer eine feste Zahl $N_{k'}$ Atome umfassenden Ausscheidung innerhalb von $N_{m'}$ Matrixatomen ist aus Abb. 9.2 abzulesen: Ist f_m die freie Energie pro Volumeneinheit bei der Zusammensetzung $v_B = m$, dann ändert sich beim Zerfall $m \to m' + k'$ die Freie Energie um

$$\Delta f = (N_{k'} + N_{m'}) \cdot f_m - N_{m'} f_{m'} - N_{k'} f_{k'}$$

$$= N_{m'}(f_m - f_{m'}) + N_{k'}(f_m - f_{k'}) \ , \tag{9-2}$$

mit dem Hebelgesetz und für $N_{k'} \ll N_{m'}$

$$\Delta f = N_{k'}\left[\frac{k'-m}{m-m'}(f_m - f_{m'}) + (f_m - f_{k'})\right]$$

$$\approx N_{k'}\left[f_m - f_{k'} + (k'-m)\frac{df}{dv_B}\bigg|_m\right]. \tag{9-3}$$

Der Keim hat dabei nicht die Zusammensetzung k der Phase β im Gleichgewicht mit $\alpha(l)$, Abb. 9.2, sondern die k' im Austausch mit α bei der Ausgangszusammensetzung (m') zufolge $\frac{\partial f}{\partial v_B}\bigg|_{m'} = \frac{\partial f}{\partial v_B}\bigg|_{k'}$. Bei der Zusammensetzung k' ist der Energiegewinn Δf bei gegebenem m maximal. Ein Keim der Zusammensetzung u würde einen Energieaufwand ($\Delta f < 0$) erfordern, ist also instabil. Solche instabilen Zwischenzustände werden u. U. auf dem Wege der Bildung des Keims k' aus m durchlaufen, es sei denn, daß m sich der Spinodalen nähert (dem Wendepunkt $f'' = 0$). Dann versagt die klassische Keimbildungsvorstellung, es kommt zur spontanen (periodischen) Entmischung, Abschn. 9.4 [9.2].

b) $\tilde{E}_{\alpha\beta}$: R. Becker nimmt einen atomar scharfen Übergang der Zusammensetzung der Matrix $v_B = m'$ in die des Keims k' in der Grenzfläche an. Dann kann man $\tilde{E}_{\alpha\beta}$ durch die Paarvertauschungsenergie ε des Abschn. 5.2.2 ausdrücken. Man denkt sich dazu je einen Stab von $1/2$ cm^2 Querschnitt der Zusammensetzungen m' und k' durchgeschnitten und fügt sie vertauscht wieder zusammen. Unter der Voraussetzung, daß die Wahrscheinlichkeit für einen B-Nachbarn eines A-Atoms $P^{AB} = v_B$ ist, erhält man mit Gl. (5-15) als Differenz der Energien aller AA-, AB- und BB-Bindungen über die Grenzflächen hinweg nach und vor dem Vertauschen gerade

$$\tilde{E}_{\alpha\beta} = \frac{\varepsilon}{a^2}(k'-m')^2 \tag{9-4}$$

(a ist die Größe der kubisch primitiven Gitterzelle). Für den Fall, daß die β-Phase eine geordnete Verbindung ist, muß P^{AB} mit Hilfe des Ordnungsgrades,

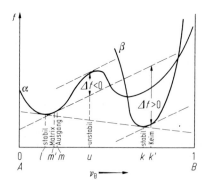

Abb. 9.2. Freie Energiedichten der Phasen α und β im AB-System. Ausgangslegierung m zerfällt unter Energiegewinn $\Delta f > 0$ in $(m' + k')$, nur unter Energieaufwand ($\Delta f < 0$) in $(m' + u)$. Sowohl k' wie u haben die gleiche Steigung $\partial f/\partial v_B$ wie m', sind also mit m' im metastabilen Gleichgewicht. Stabiles Gleichgewicht herrscht zwischen $\alpha(l)$ und $\beta(k)$.

9.1 Keimbildung von Ausscheidungen

Gl. (7-3), berechnet werden, von dem dann $\tilde{E}_{\alpha\beta}$ abhängt. J. W. Cahn nimmt einen steilen, aber nicht atomar scharfen Konzentrationsgradienten zwischen Keim und Matrix an und beschreibt diesen durch die sog. *Gradientenenergie*, die man durch konsequente Entwicklung der Freien Energiedichte f nach den Variablen $\dfrac{dv_B}{dx}, \ldots, \dfrac{d^2 v_B}{dx^2}, \ldots$ bis zur 2. Ordnung erhält, siehe [9.2]. Danach ist (für eine Grenzfläche senkrecht zur x-Achse)

$$\tilde{E}_{\alpha\beta} = \int_{-\infty}^{+\infty} \left[\Delta f(v_B(x)) + \varkappa \left(\frac{dv_B}{dx} \right)^2 \right] dx \; . \tag{9-5}$$

$\Delta f = f(v_B(x)) - \frac{1}{2}[f(v_\beta(+\infty)) + f(v_B(-\infty))]$ ist die Freie Energiedichte am Ort x in der Grenzfläche relativ zu der weit außerhalb. $\varkappa > 0$ ist ein Entwicklungskoeffizient, der sich durch 2. Ableitungen von f darstellt [9.2]. Der wirkliche Verlauf $v_B(x)$ zwischen m' und k' in der Grenzfläche minimiert diese Energie. Nach Beobachtungen mit der Atomsonde (Abschn. 2.4.2) scheint die Grenzfläche von Cu-reichen Ausscheidungen in Eisen tatsächlich atomar scharf zu sein, s. Abb. 9.3, wenn die Alterungstemperatur kleiner als die halbe kritische

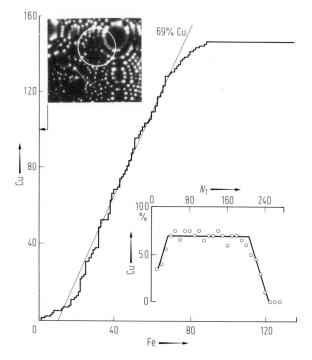

Abb. 9.3. FIM-Bild und Atomsonden-Analyse einer metastabiler Ausscheidung von Cu (im Kreis vom Durchmesser 10 nm) in Fe-1,4% Cu-Legierung nach 3 Std. bei 500°C. Bei der Abtragung der Spitze an der Ausscheidung registriert die Sonde 150 Cu-Atome auf 80 Eisen-Atome, also eine Zusammensetzung $\approx Cu_2Fe$. Die gesamte Zahl $N_T = 230$ der abgetragenen Atome ergibt eine Tiefenabmessung der Ausscheidung von ~ 5 nm und eine Grenzflächendicke von ~ 1 nm. (S. Brenner, S. R. Goodman, J. R. Low, US Steel Corp., Monroeville)

Temperatur der Mischungslücke ist. Das wird nach Gitterberechnungen der Grenzfläche auch erwartet [9.12].

c) Δf_δ: Hängt die Gitterkonstante von der Zusammensetzung ab, beschrieben etwa durch einen Atomgrößenfaktor $\delta = (1/a)\mathrm{d}a/\mathrm{d}v_B$, dann ist eine (harte) β-Ausscheidung mit einer Verzerrungsenergie Δf_δ (pro cm³ Ausscheidung) in der (weichen) α-Matrix verknüpft:

$$\Delta f_\delta = \frac{\hat{E}_\alpha \delta^2}{1 - v}(k' - m')^2 \, \varphi\left(\frac{c}{b}\right). \tag{9-6}$$

$\hat{E}_\alpha$ ist der isotrope Elastizitätsmodul, v die Querkontraktionszahl. $\varphi(c/b)$ ist ein Formfaktor, der vom Achsenverhältnis der als Rotationsellipsoid angenommenen Ausscheidung abhängt (c ist der Halbmesser in Richtung der Rotationsachse, b der senkrecht dazu). Abbildung 9.4 zeigt $\varphi(c/b)$ nach F. R. N. Nabarro. Danach hat eine Scheibe die kleinste Verzerrungsenergie, eine Kugel eine noch größere als eine zigarrenförmige Ausscheidung bei gegebenem Volumen. Das ist in Übereinstimmung mit der beobachteten Morphologie kleiner kohärenter Ausscheidungen z. B. von Cu (Θ'') in Al (s. 9.1.2), das mit $\delta = -12\%$ plattenförmige Teilchen bildet, während Zn in Al ($\delta = -2\%$) sich in Kugelform ausscheidet, wie auch Co in Cu ($\delta = -1,6\%$). Eine Anisotropie des Moduls $\hat{E}_\alpha$ bewirkt, daß sich die Ausscheidungsplatten auf elastisch „weichen", meist {100}-Ebenen anordnen.

Bei großer Verzerrungsenergie kann der Einbau von Versetzungen in die Grenzfläche günstig werden (*Semikohärenz*), deren Extrahalbebenen dann die Fehlpassung δ, z. B. längs der Peripherie der Platte, aufnehmen. Die Versetzungsenergie einer KW-KG nimmt nämlich nur linear mit δ zu (Abschn. 3.3), während die Energie der kohärenten Verzerrungen nach (9-6) quadratisch mit δ anwächst. Oberhalb eines kritischen δ_c ($\approx 5\%$ bei einer 3 Atomlagen dicken Ausscheidung [9.1]) wird Teilkohärenz offenbar energetisch günstiger als volle Kohärenz. Dies legt nahe, daß kleine Ausscheidungen einer 2. Phase mit großem δ an *vorhandenen* Versetzungen, also durch heterogene Keimbildung, entstehen. Darauf wird bei der Besprechung des Systems Al–Cu noch eingegangen werden. Kohärente Keimbildung an Versetzungen findet innerhalb der Fremdatomanreicherung der Cottrell-Wolke statt. Dort ist die Grenzflächenenergie zwischen der (angereicherten) Matrix und dem Keim sehr klein und dementsprechend

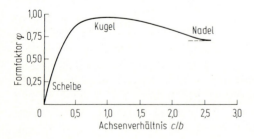

Abb. 9.4. Formfaktor der Verzerrungsenergie als Funktion des Achsenverhältnisses einer ellipsoidischen Ausscheidung

9.1 Keimbildung von Ausscheidungen

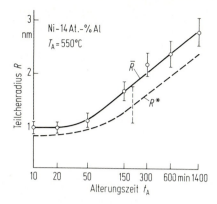

Abb. 9.4a. Gemessener mittlerer Teilchenradius $\bar{R}$ und berechneter Keimradius R^* gegen Alterungszeit (H. Wendt)

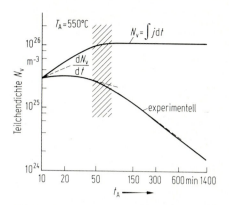

Abb. 9.4c. Experimentelle Teilchendichte N_v und integrierte Keimdichte $\int j\, dt$ als Funktion der Alterungszeit für Ni-14%Al

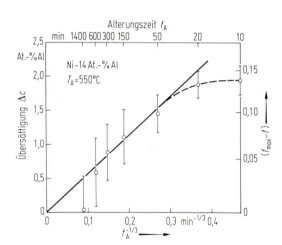

Abb. 9.4b. Abnahme der Übersättigung Δc (und Zunahme des ausgesch. Volumen-Bruchteils f) bei der Alterung (von rechts nach links)

auch der Keimradius bzw. die Keimbildungsbarriere. Abbildung 9.3 zeigt links oben nach S. Q. Xiao et al. [9.21] kugelförmige geordnete γ'-Teilchen (Ni$_3$Al) auf *einer Seite* (der Dilatationsseite) einer Versetzung in Ni-12%Al. Bei der Alterung von 53 h bei 848 K haben sich in der Matrix noch keine Ausscheidungen gebildet. Inkohärente Ausscheidungen verursachen wesentlich geringere Verzerrungen als kohärente, haben dafür aber ein größeres $\tilde{E}_{\alpha\beta}$. Die Keimbildung von inkohärenten Ausscheidungen wird an vorhandenen KG begünstigt.

Mit den besprochenen Energiebeiträgen können jetzt aus Gl. (9-1) die kritische Keimgröße und -energie wie in Abschn. 4.1 prinzipiell berechnet werden. Daraus ergibt sich dann die Keimbildungsrate als Funktion der Unterkühlung oder Übersättigung (relativ zur Löslichkeitslinie). Praktisch geht

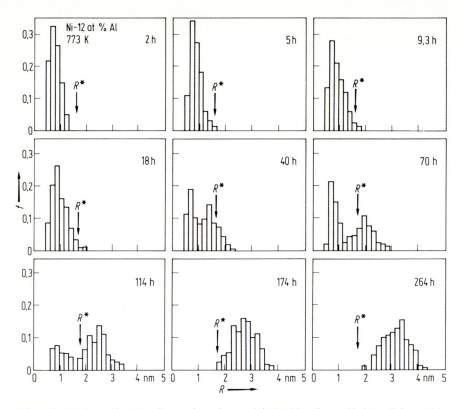

Abb. 9.4d. Teilchengrößen-Verteilungen in gealtertem Ni-12%Al nach verschiedenen Zeiten. R^* ist der anfängliche krit. Keimradius [9.23]

Keimbildung stets mit einem Wachstum der Ausscheidungen einher, das die Übersättigung vermindert und die ersten kleinsten Teilchen sich wieder aufzulösen zwingt, siehe [9.3]. Eine experimentelle Prüfung der Keimbildungstheorie ist deshalb schwierig. Sie wurde von D. Turnbull [9.4] an Cu mit 1 bis 3% Co durchgeführt, das sich homogen und kugelförmig ausscheidet. Während diese Messungen über den elektrischen Widerstand die Entleerung der Matrix verfolgten, ist neuerdings eine direkte Untersuchung des Beginns der Entmischung von Ni-14%Al mit der Atomsonde gelungen [9.13], in Übereinstimmung mit hochauflösender TEM an Ni-12%Al [9.23] In diesem System bilden sich kugelförmige, also fast unverzerrte Teilchen der Ni_3Al-(γ') Phase, und zwar auch bei den kleinsten beobachteten Radien von etwa 1 nm „sofort" mit der Gleichgewichtskonzentration (23% Al). Es handelt sich also wirklich um klassische Keimbildung und nicht um spinodale Entmischung. Da in diesem System die Mischungswärmen der beteiligten Phasen bekannt sind, konnte die treibende Kraft Δf der Entmischung als Funktion der Übersättigung berechnet werden. Die Grenzflächenenergie $\tilde{E}_{\gamma'\gamma}$ ist aus der Umlösungskinetik des Systems

(Abschn. 9.3) zu 14 mJ/m² bekannt, in Übereinstimmung mit Beckers Theorie der scharfen Phasengrenze. Damit berechnet sich der kritische Keimradius r^* nach Gl. (4-1a) und (9-3) im Vergleich zu dem mittleren Radius $\bar{r}$ der in der Atomsonde beobachteten Teilchen (Abb. 9.4a). Die Auslagerungszeit bei 550 °C charakterisiert die ebenfalls direkt gemessene Übersättigung Δc der Matrix (Abb. 9.4b). Die Übereinstimmung ist erstaunlich gut. Schließlich läßt sich noch die ausgeschiedene Teilchendichte messen (Abb. 9.4c) und mit der durch Integration der Keimbildungsrate $N_V = \int j \, dt$ erhaltenen Gesamtzahl der gebildeten Teilchen vergleichen. Man erkennt in der Abb. 9.4c, daß die gemessene Teilchendichte von Anfang an unter der so berechneten integralen Keimdichte bleibt, weil Ostwald-Reifung eben sofort einsetzt. Es gibt keine ungestörte Keimbildungsperiode, sondern die ersten gebildeten Teilchen konkurrieren sogleich ihrer Größe nach im Sinne von Abschn. 9.3 (obwohl die Matrix noch weit übersättigt ist): Dies ist auch der Grund für die anfänglich beobachtete Stagnation des $R(t)$-Verlaufs (Abb. 9.4a). „Anfänglich" ist hier nicht wörtlich zu verstehen, weil einerseits die Messungen eine gewisse Mindestalterungszeit brauchen, andererseits sich auch erst ein stationärer Wert der Keimbildungsrate j aufbauen muß. Während dieser Inkubationszeit diffundieren Al-Atome zu Keimen zusammen, heilen aber auch die beim Abschrecken des Mischkristalles von der Homogenisierungstemperatur der Legierung (1150 °C) eingefrorenen Extraleerstellen wieder aus (s. Abschn. 10.2).

Es ist gelungen, eine kombinierte Theorie der Keimbildungs- und Umlösungskinetik gemäß Abschn. 9.1.1 und 9.3 zu formulieren [9.13, 9.14, 9.24], die die Zeitverläufe der Entmischungsparameter in Abb. 9.4a–c befriedigend wiedergeben kann, ohne zusätzliche freie Parameter zu benutzen.

S. Xiao [9.23] hat mittels hochauflösender TEM die geordneten γ'-Teilchen in Ni-12%Al nach verschiedenen Alterungszeiten bei 773 k der Größe nachvermessen (Abb. 9.4d). Die Größenverteilung $f(R)$ zeigt zunächst unterkritische Keime, bis nach einer Inkubationszeit von etwa 10 h sich die ersten stabilen Keime $R > R^*$ gebildet haben. $R = R^*$ markiert die Einsattelung in $f(R)$ auch in der folgenden Wachstumsphase, in der sich die LSW-Verteilung herausbildet.

Die Keimbildungstheorie bei der Entmischung ist inzwischen auch im System Kupfer–Kobalt direkt überprüft worden, in dem sich Teilchen mit 99% Co bei 550 °C ausscheiden, und an Ni-36%Cu-9%Al [9.15, 9.25].

9.1.2 Das System Aluminium-Kupfer [9.5]

Die Ausscheidungsvorgänge aus übersättigten α-Al–Cu-Mischkristallen ($v_{Cu} \leq 2{,}5$ At.-%) sind außerordentlich vielfältig, technologisch wichtig und lehrreich zur Illustration der Keimbildungsmechanismen. Die stabile Ausscheidungsphase im Gleichgewicht mit α heißt Θ ($CuAl_2$); sie ist tetragonal und völlig inkohärent mit α (Abb. 9.5 b). Wegen der hohen Grenzflächenenergie $\tilde{E}_{\alpha\theta} > 1000$ mJ/m² ist auch die kritische Keimbildungsenergie ΔF^*_{ges} sehr groß. Das erlaubt die Bildung einer Reihe von metastabilen Phasen, die ebenfalls kupferreich, aber in ihrer Struktur α ähnlicher sind. Diese heißen GP I, GP II

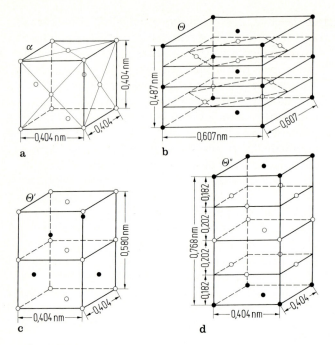

Abb. 9.5a–d. Die Kristallstrukturen von α, Θ'', Θ', Θ aus Al (○) und Cu (●). Θ' und Θ'' sind längs (001) mit α kohärent

(oder Θ'') und Θ und treten in dieser Reihenfolge auf. Abbildung 9.5d zeigt die zu α kohärente Θ''-Phase, auch Guinier-Preston-Zonen II. Art (GP II) genannt, die in *a*-Richtung dieselben Gitterabmessungen wie α hat, während die *c*-Achse um 5% kürzer ist. Einzelne mit Cu besetzte {100}-Ebenen in Al heißen GP I-Zonen und sind wegen des kleinen Atomdurchmessers von Cu relativ zu Al mit erheblichen Gitterverzerrungen verknüpft (Abb. 9.6). GP II stellt also eine Überstruktur von GP I-Zonen dar. Die Phase Θ' (Flußspatgitter, Abb. 9.5c) ist in der tetragonalen Basisebene mit α kohärent, während in den dazu senkrechten Ebenen Versetzungen (mit einem Burgersvektor $a/2$ [001], siehe Kap. II) zwischen den *c*-Parametern von Θ' und α vermitteln.

Abbildung 9.7 zeigt die (metastabilen) Löslichkeitskurven hinsichtlich der Bildung von Θ, Θ', Θ'' aus α. (Die von GP I liegt noch unter der von Θ''.) Schreckt man einen Mischkristall von etwa 2 Gew.-% Cu in Al auf verschiedene Temperaturen $T < 420\,°C$ ab und lagert sie dort aus, so kann man elektronenmikroskopisch oder röntgenographisch die Bildung der verschiedenen Phasen beobachten. Θ'' und GP I bilden sich homogen, Θ' bevorzugt an Versetzungen, Θ bevorzugt an Korngrenzen (Abb. 9.8). Abbildung 9.9 zeigt, daß zwei Orientierungen von teilkohärenten Θ'-Platten an jeweils einer Versetzung gebildet werden. Wie in Kap. 11 gezeigt werden wird, hat die Gleitversetzung in der α-Phase einen Burgersvektor $a/2[110]$, der in der Tat nach der Reaktion

9.1 Keimbildung von Ausscheidungen

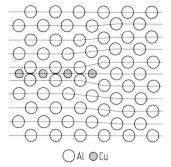

Abb. 9.6. Schnitt durch eine Guinier-Preston-Zone (GPI) parallel zur (200)-Ebene. (Nach V. Gerold)

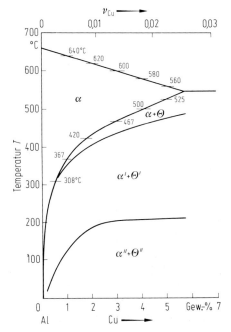

Abb. 9.7. Löslichkeiten von Cu in Al in Gegenwart verschiedener, z. T. metastabiler Phasen in Abhängigkeit von der Temperatur

$a/2[110] = a/2[100] + a/2[010]$ zerfallen und damit zwei der drei möglichen Θ'-Platten-Orientierungen bei der Keimbildung helfen kann. Die Versetzungen in der Grenzfläche Θ'/α werden bei großen Θ'-Teilchen sichtbar (Abb. 9.10). Bei weiterer Alterung einer GP I, Θ'' oder Θ' enthaltenden Legierung entstehen (im Sinne der „Ostwaldschen Stufenregel") durch Umlösung („Rückbildung") der vorhandenen Teilchen solche der nächststabileren Phase. Diese „Sequenzhypothese", die eine *In-situ*-Keimbildung von Θ' an Θ''-Teilchen (u. U. mit Hilfe einer Versetzung) oder von Θ in der Grenzfläche eines Θ'-Teilchens postuliert, wird durch elektronenmikroskopische Beobachtungen, Abb. 9.11, bestätigt. Die Teilchendispersion wird bei diesem Prozeß immer gröber, was sich auf die Härte der technologisch (als „Duralumin") verwendeten Legierung nachteilig auswirkt

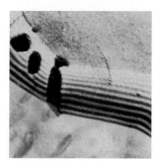

Abb. 9.8. Keimbildung von Θ an Korngrenzen in Al-3 Gew.-% Cu nach Abschrecken und 3 min bei 300 °C. 3200 ×. (Nach E. Hornbogen [9.5])

Abb. 9.9. Keimbildung von 2 Θ'-Orientierungen an *einer* Art von Gleitversetzungen in Al-3 Gew.-%Cu nach 10 min. Anlassen bei 300 °C. 15000 × (E. Hornbogen)

Abb. 9.10. Versetzungen in der Grenzfläche Θ'/α nach 1000 min bei 300 °C. 15000 × (E. Hornbogen)

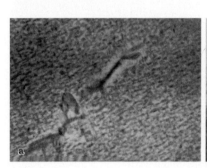
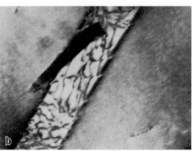

Abb. 9.11a, b. Sequenz der Umlösung $\Theta'' \to \Theta' \to \Theta$ (E. Hornbogen). **a** Al-5 Gew.-% Cu 100 min bei 200 °C, Bildung von Θ' Versetzung aus Θ'', das dann um die Versetzung herum fehlt, 53000 ×; **b** Al-3 Gew.-% Cu, 1000 min bei 300 °C, Keimbildung von Θ in der Grenzfläche von Θ'. 53000 ×

(„Überaltern", siehe Kap. 14). Besonders interessant ist auch der äußerst schnelle Ablauf der Bildung von GP I und Θ'' mit Hilfe der beim Abschrecken eingefrorenen Leerstellen (s. Kap. 10) im Verlauf der „Kaltaushärtung", während die Bildung von Θ' und Θ bei der „Warmaushärtung" durch die normale Diffusionskonstante von Cu in Al beschrieben wird.

9.2 Zeitgesetze des Wachstums von Ausscheidungen [9.1, 8.1, 9.6]

Wir nehmen an, daß zur Zeit $t = 0$ bereits wachstumsfähige Ausscheidungskeime in einer übersättigten Matrix vorliegen. Für *kleine Zeiten* überlappen die Einzugsbereiche verschiedener Ausscheidungen noch nicht. Die Ausgangskonzentration der Matrix an B ist c_0, die Konzentration im Gleichgewicht mit der Ausscheidung c'_B, die in der Ausscheidung c_k. Gesucht wird die mittlere Konzentration der Matrix $\bar{c}_B$ nach der Diffusionszeit t oder der ausgeschiedene Bruchteil

$$(c_0 - \bar{c}_B)/(c_0 - c'_B) \equiv X(t) .$$

Die Größe $\bar{c}_B$ wird z. B. bei der Ausscheidung von Kohlenstoff aus α-Eisen zu Fe_3C direkt als Relaxationsstärke der Anelastizität durch den gelösten Kohlenstoff meßbar („Snoekeffekt", s. Abschn. 8.2.3). Die Ausscheidung aus dem Zwischengitter ist einfacher zu behandeln als die in einer substitutionellen Lösung, in der einer der Partner dem sich ausscheidenden anderen weichen muß. Wir nehmen zunächst eine kugelförmige Ausscheidung an, die durch Diffusion wächst, wobei Effekte der Verzerrungs- und Grenzflächenenergie vernachlässigt werden. Der Materiestrom durch die Grenzfläche des Teilchens ergibt eine zeitliche Änderung der Konzentration der Matrix zufolge

$$\frac{4\pi R^3}{3} \frac{d\bar{c}_B}{dt} = j_B(r_0) \cdot 4\pi r_0^2 , \qquad (9\text{-}7)$$

wo R den Einzugsbereich eines Teilchens (halben Teilchenabstand) charakterisiert und $r_0(t)$ den Teilchenradius. Den Strom j_B erhalten wir aus dem Konzentrationsprofil der Abb. 9.12, von dem wir annehmen, daß es sich mit der Grenzfläche, d. h. $r_0(t)$, stationär verschiebt. Dann muß $c_B(r)$ die zeitunabhängige Diffusionsgleichung (8-3) erfüllen, deren Lösung,

$$c_B(r) = c_0 - (c_0 - c'_B)\frac{r_0}{r}, \qquad (9\text{-}8)$$

den in Abb. 9.12 gezeigten Randbedingungen genügt. Wir erhalten somit gemäß Abschn. 8.1

$$j_B(r_0) = -\tilde{D}_B \frac{\partial c_B}{\partial r}\bigg|_{r_0} = -\tilde{D}_B \frac{c_0 - c'_B}{r_0} . \qquad (9\text{-}9)$$

Berücksichtigt man noch den Erhaltungssatz für die B-Atomzahl

$$\frac{4\pi R^3}{3}(c_0 - \bar{c}_B) = \frac{4\pi}{3} c_k r_0^3 , \qquad (9\text{-}10)$$

so kann man r_0 aus (9-7) und (9-9) eliminieren und erhält

$$\frac{d\bar{c}_B}{dt} = -(c_0 - \bar{c}_B)^{1/3} \left(\frac{c_0 - c'_B}{\tau^{3/2}}\right)^{2/3} ; \quad \frac{1}{\tau} \equiv \frac{3\tilde{D}_B(c_0 - c'_B)^{1/3}}{c_K^{1/3} R^2} . \qquad (9\text{-}11)$$

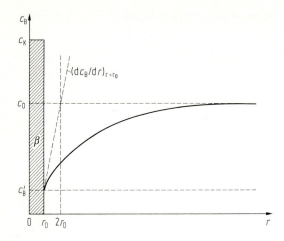

Abb. 9.12. Konzentrationsprofil nahe einer Ausscheidung (β)

Integration ergibt schließlich als Wachstumsgesetz für kleine Zeiten ($X < 0{,}2$)

$$(c_0 - \bar{c}_B) = \left(\frac{2t}{3\tau}\right)^{3/2} \cdot (c_0 - c'_B), \quad \text{d. h.} \quad X(t) = \left(\frac{2t}{3\tau}\right)^{3/2}. \tag{9-12}$$

Für große Zeiten ($X > 0{,}9$) konkurrieren benachbarte Ausscheidungen um die letzten überschüssigen B-Atome zwischen ihnen. Es gilt nach C. Wert und Cl. Zener sowie F. Ham

$$X = 1 - 2\exp\left(-\frac{t}{\tau}\right). \tag{9-13}$$

Cl. Zener hat ein Wachstumsgesetz der Form der Gl. (9-12) ganz anders begründet: Er geht davon aus, daß die die Grenzfläche verschiebenden B-Atome mit der Zeit immer längere Wege $\sqrt{\tilde{D}_B t}$ zurückgelegt haben müssen, weil die unmittelbare Umgebung des Teilchens an B verarmt, so daß r_0 nur proportional zu $\sqrt{\tilde{D}_B t}$ wachsen kann, d. h. $(c_0 - \bar{c}_B) \sim r_0^3 \sim (\tilde{D}_B t)^{3/2}$ für eine kugelförmige Ausscheidung ist. Zener war der Meinung, daß ein Rotationsellipsoid sich eindimensional in B-reiches Gebiet verlängern würde, ohne daß lange Diffusionswege nötig wären: Das Ausscheidungsvolumen würde dann wie $V_k \sim t$ wachsen. Umgekehrt würde der Radius einer Scheibe $\sim t$, ihr Volumen anfangs wie $V_k \sim t^2$ wachsen.[1] Man erhielte also aus der Kinetik einen Hinweis auf die Morphologie der Ausscheidung. Diese Argumente haben späteren theoretischen Untersuchungen von. F. Ham nicht standgehalten: Er findet, daß ein Rotationsellipsoid mit konstantem Achsenverhältnis (c/b) wächst und $V_k \sim t^{3/2}$ unabhängig von $(c/b)_0$ (für kleine Zeiten) zunimmt.

---

[1] Einen Spezialfall einer solchen (dreidimensionalen) Wachstumskinetik ohne weitreichende Diffusion hatten wir bei der Bildung von Ordnungsdomänen in Abschn. 7.4(b) behandelt.

9.2 Zeitgesetze des Wachstums von Ausscheidungen

W. Mullins und R. Sekerka haben allerdings darauf hingewiesen, daß sehr kleine Ausscheidungen bei Berücksichtigung ihrer Oberflächenspannung kugelförmig wachsen sollten, während bei sehr großen Teilchen Instabilitäten auftreten können, wie sie bei der Dendritenbildung in Abschn. 4.3 besprochen wurden. Eine Ausbuchtung der Grenzfläche vergrößert den Konzentrationsgradienten und damit die Wachstumsgeschwindigkeit an dieser Stelle, eine Einbuchtung bleibt im Wachstum zurück, wenn nicht die Welligkeit so fein ist, daß die Grenzflächenenergie glättend einwirkt. Die Verzerrungsenergie kann schließlich ein plattenförmiges Teilchenwachstum bevorzugen, siehe Abschn. 9.1.1(c).

Einen Vergleich des Wachstums von Fe_3C in α-Fe mit dem Experiment zeigt Abb. 9.13. Die daraus berechnete Diffusionskonstante von C in α-Fe stimmt mit der anderweitig gemessenen vernünftig überein. Abweichend von dem Gl. (9-12) zugrunde liegenden Modell tritt hier allerdings ein Verzerrungshof um das Teilchen auf, weil (Fe_3C) mehr Platz braucht als (3 Fe). In Analogie zu Gl. (8-34) erhält der Diffusionsstrom in diesem Fall einen Driftterm $(D_B c_B/kT)$ grad $U(r)$, in dem $U(r)$ das Wechselwirkungspotential der B-Atome mit den Verzerrungen ist. Ähnliches gilt für die Bildung von Ausscheidungen an Stufenversetzungen (mit $U(r,\Theta) = -(A/r)\sin\Theta$, siehe Kap. 11, wenn r,Θ Polarkoordinaten um die Versetzungslinie sind). Die Diffusionsgleichung mit Driftterm wird dann sehr unhandlich und ist erst 1970 von. A. Seeger allgemein gelöst worden. Für die Ausscheidung an Stufenversetzungen ergibt sich $X(t) \sim \sqrt{D_B t}$ statt des früher von A. H. Cottrell und B. A. Bilby *allein mit dem Driftterm* hergeleiteten $X \sim t^{2/3}$ Gesetzes. In allen o. g. Fällen haben wir vorausgesetzt, daß die Geschwindigkeit der Ausscheidung durch die der Diffusion in der umgebenden Matrix begrenzt wird. Es kann aber auch die Geschwindigkeit

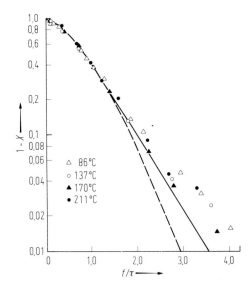

Abb. 9.13. Ausscheidung von Kohlenstoff aus α-Eisen. $(1-X)$ ist der noch nicht ausgeschiedene Bruchteil als Funktion der Zeit. (Ausgezogen: Theorie von Ham, gestrichelt: Fortsetzung des Anfangsverlaufs als $(1-X) \sim \exp(-(2t/3\tau)^{3/2})$

des Einbaus in die Phasengrenzfläche bestimmend sein, womit sich völlig andere, von der Struktur der Grenzfläche abhängige Konzentrationsprofile und Wachstumsgesetze ergeben, siehe [9.1, 9.6].

9.3 Ostwald-Reifung [1.3]

Auch wenn die B-Konzentration der Matrix (α) durch die Entmischung den Wert der Löslichkeit $\check{c}_B$ erreicht hat, ist das Gefüge noch nicht im Gleichgewicht. In den $\alpha\beta$-Grenzflächen steckt nämlich eine erhebliche Energie, die dadurch abgebaut wird, daß sich aus vielen kleinen Ausscheidungen wenige große bilden. Es ist ja immer eine Verteilung der Ausscheidungsgrößen vorhanden, dementsprechend eine Verteilung des „Dampfdrucks" an B, den diese Teilchen nach der Gibbs-Thomson-Gleichung (8-33) in ihrer Umgebung aufbauen. Nehmen wir das Modell nur zweier kugelförmiger Teilchen der Radien r_1, r_2, so unterscheiden sich ihre, durch die gekrümmten Oberflächen bedingten Chemischen Potentiale um

$$\Delta\mu_p = 2\tilde{E}_{\alpha\beta}\Omega\left(\frac{1}{r_1} - \frac{1}{r_2}\right) = kT\frac{\Delta c_B}{\check{c}_B} \qquad (9\text{-}14)$$

(bei Anwendung von Gl. (5-17) für verdünnte Lösungen). Es stellt sich also, wie in Abb. 9.14 gezeigt, ein Konzentrationsunterschied $\Delta c_B = c_B(r_1) - c_B(r_2)$ in der Matrix zwischen den Teilchen ein, der große Teilchen auf Kosten kleiner wachsen läßt, bis $c_B(r \to \infty) = \check{c}_B$ erreicht ist. Der Konzentrationsgradient an der Teilchenoberfläche (1) wird wieder durch $\Delta c_B/r_1$ approximiert. Damit ergibt sich das Wachstumsgezetz dieses Teilchens aus dem Diffusionsstrom in seine Grenzfläche

$$\frac{1}{\Omega}\frac{dV_1}{dt} = \frac{4\pi r_1^2}{\Omega}\frac{dr_1}{dt} = -D_B\frac{\Delta c_B}{r_1}4\pi r_1^2, \qquad (9\text{-}15)$$

d. h.

$$\frac{dr_1}{dt} = \frac{D_B\Omega^2 \check{c}_B 2\tilde{E}_{\alpha\beta}}{kT}\left(\frac{1}{r_1\bar{r}} - \frac{1}{r_1^2}\right), \qquad (9\text{-}16)$$

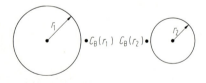

Abb. 9.14. Schematischer Verlauf der Konzentration zwischen zwei Ausscheidungen von verschiedenem Radius

wenn wir das Teilchen 2 „das mittlere Teilchen" (Radius $\bar{r}$) der Verteilung repräsentieren lassen. Ist $r_1 > \bar{r}$, wächst das Teilchen 1, andernfalls schrumpft es. Integration von Gl. (9-16) mit einer, zuerst von C. Wagner berechneten, Verteilungsfunktion $N(r_1)$ gibt

$$\frac{d\bar{r}}{dt} \sim \left(\frac{\overline{(r^{-1})}}{\bar{r}} - \overline{(r^{-2})}\right) \sim \frac{1}{\bar{r}^2},$$

wobei der Zahlenfaktor noch von N abhängt. Damit erhält man das Gesetz von Lifshitz-Slyozov-Wagner (s. [9.6])

$$\bar{r}^3 - r_0^3 \approx \frac{D_B \tilde{E}_{\alpha\beta} \check{c}_B \Omega^2}{kT} t, \tag{9-17}$$

mit einem Anfangsradius r_0. Das Gesetz, das wir in zweidimensionaler Form schon beim Wachstum von Ordnungsdomänen (Abschn. 7.4c) kennengelernt haben, ist für die Umlösung von Ausscheidungen vielfach bestätigt worden, z. B. bei den in 9.1.1 erwähnten Ni-14%Al- und CuCo-Legierungen, in denen die Ausscheidungsgröße z. B. über die magnetischen Eigenschaften der Ausscheidungen verfolgt werden kann [9.7].

Erstaunlicherweise gilt Gl. (9-17) auch dann, wenn noch eine endliche Übersättigung δc_B der Matrix vorhanden ist. Für deren Herleitung wurde vorausgesetzt, daß

$$\delta c_B = (\varkappa t)^{-1/3} \ll \check{c}_B \tag{9-17a}$$

gegen Null geht mit $\varkappa = D_B(kT)^2/9\tilde{E}_{\alpha\beta}^2 \check{c}_B^2 \Omega$

Abbildung 9.4b zeigt, daß Gl. (9-17a) über einen weiten Bereich starker Übersättigungen erfüllt ist. Nur für $\delta c_B \ll \check{c}_B$ folgt schließlich aus Gl. (9-17) auch das in Abb. 9.4c gezeigte Abfallen der Teilchendichte $N_v \sim t^{-1}$. Es ist bemerkenswert, daß die Parameter D_B und $\tilde{E}_{\alpha\beta}$ in den Gln. (9-17) und (9-17a) in verschiedenen Kombinationen eingehen, so daß sie daraus einzeln bestimmt werden können. Wir haben ferner im Ansatz (9-14) keine Verzerrungen berücksichtigt und uns auf kugelförmige Ausscheidungen beschränkt. Im Falle starker Verzerrungen werden die Ausscheidungen plattenförmig, siehe Abschn. 9.1.1(c), und die Wechselwirkung ihrer Verzerrungen kann die Ausscheidungen gegen weitere Ostwald-Reifung stabilisieren [9.10].

9.4 Spinodale Entmischung [9.2]

Wie einleitend schon gesagt wurde, gibt es einen zweiten Ausscheidungsmechanismus, neben dem über Keimbildung und Wachstum, der innerhalb des durch die Spinodale $\tilde{c}_B(T)$, Gl. (5-24), begrenzten Zustandsbereichs möglich wird. Der Prozeß besteht im Aufbau eindimensionaler periodischer Konzentrationsvariationen. Da seine Behandlung im wesentlichen auf der Lösung einer eindimensionalen Diffusionsgleichung beruht, ist er einer quantitativen Beschreibung im

Anfangsstadium eher zugänglich als der auf Schwankungen basierende erstgenannte Mechanismus. (Für die späteren Stadien gilt das Umgekehrte.) Die Theorie ist nach Vorarbeiten von M. Hillert 1961 von John Cahn ausgearbeitet worden und stellt einen der wesentlichen Fortschritte der Physikalischen Metallkunde dar. Unsere Darstellung schließt sich an Berichte von J. Cahn [9.8] und J. Hilliard [9.2] an. Wir betrachten eine AB-Legierung, die in den spinodalen Bereich $\alpha\alpha'$ der Abb. 5.9 abgekühlt wurde, in dem also $(\partial^2 F/dv_B^2) < 0$ ist. Wir wollen das Zeitverhalten einer kleinen Abweichung von der homogenen Zusammensetzung untersuchen, die wir in x-Richtung nach Fourier-Komponenten zerlegt denken. Eine dieser Komponenten beschreibt zur Zeit $t = 0$ eine Abweichung vom homogenen Konzentrationsverlauf zufolge

$$c_B(x, 0) - c_0 = C_\beta e^{i\beta x} . \tag{9-18}$$

Ihre zeitliche Entwicklung folgt der Diffusionsgleichung (8-2)

$$\frac{\partial c_B}{\partial t} = \tilde{D}_B \frac{\partial^2 c_B}{\partial x^2} = D_B \cdot \left(1 + \frac{d \ln \gamma_B}{d \ln v_B}\right) \frac{\partial^2 c_B}{\partial x^2} = D_B \frac{v_B v_A}{kT} \frac{\partial^2 F}{\partial v_B^2} \frac{\partial^2 c_B}{\partial x^2} , \tag{9-19}$$

unter Einschluß des Thermodynamischen Faktors zufolge Gl. (8-28) und (8-30). Diese Gleichung wird für endliche Zeiten in Einklang mit (9-18) durch

$$c_B(x, t) - c_0 = C_\beta e^{i\beta x + Rt} \tag{9-20}$$

gelöst mit $R = -\tilde{D}_B \cdot \beta^2$. Für normale Diffusion, $\tilde{D}_B > 0$, klingt die Störung also zeitlich ab ($R < 0$). Innerhalb der Spinodalen, $\tilde{D}_B \sim (\partial^2 F/\partial v_B^2) < 0$, wird sie dagegen exponentiell stärker, $R > 0$, und zwar umso schneller, je kürzer die Wellenlänge $\lambda = 2\pi/\beta$ der Störung ist. Das letztere ist sicher unrealistisch, auch in unserer Kontinuumsbeschreibung, und liegt daran, daß wir die dann auftretenden steilen Konzentrationsgradienten energetisch nicht berücksichtigt haben. Das geschieht nach J. Cahn gerade durch die *Gradientenenergie*, Gl. (9-5), die in das Chemische Potential aufgenommen werden muß, dessen Gradient wiederum nach Gl. (8-26) im allgemeinen Fall den Diffusionsstrom steuert.

Die Freie Energie der Legierung schreibt sich dann

$$F = Q \int \left[f(v_B) + f_{el}(v_B) + \varkappa \left(\frac{dv_B}{dx}\right)^2 \right] dx . \tag{9-21}$$

Hier ist Q der Probenquerschnitt senkrecht zur x-Richtung, $f(v_B)$ die Freie Energie-Dichte einer verzerrungsfreien Legierung mit kleinen Konzentrationsgradienten; diese werden gerade zufolge Gl. (9-5) in dem Entwicklungsglied $\varkappa(dv_B/dx)^2$ von f hinsichtlich $v_B' = (dv_B/dx)$, v_B'', ... bis zur 2. Ordnung korrekt berücksichtigt. Der Koeffizient $\varkappa > 0$ mißt eine Grenzflächenenergie zwischen Bereichen unterschiedlicher Konzentration, α und α', wie in Abschn. 9.1.1(b) dargestellt wurde. Wir haben ferner in (9-21) die Dichte der (Freien) *elastischen Verzerrungsenthalpie* f_{el} eingeschlossen, die von der Änderung des Gitterpa-

9.4 Spinodale Entmischung

rameters a mit der örtlichen Zusammensetzung herrührt und zufolge (9-6) durch

$$f_{el} = \frac{\hat{E}}{1-v}\left(\frac{a(v_B) - a_0}{a_0}\right)^2 = \frac{\hat{E}\delta^2}{1-v}(v_B - v_{B0})^2 \qquad (9\text{-}22)$$

gegeben ist. ($\hat{E}$ ist der isotrope Elastizitätsmodul, v die Querkontraktionszahl, $v_{B0} \equiv c_0/N_v$, $\delta = d\ln a/dv_B$.) Der Konzentrationsverlauf $v_B(x)$ soll die Freie Energie (9-21) zu einem Minimum machen unter der Nebenbedingung $\int(v_B - v_{B0})dx = 0$, daß die mittlere Konzentration unverändert bleibt. Diese Variationsaufgabe entspricht der Lösung einer Euler-Lagrangeschen Differentialgleichung

$$\frac{d}{dx}\left(\frac{\partial I}{\partial v'_B}\right) - \frac{\partial I}{\partial v_B} = 0 \ . \qquad (9\text{-}23)$$

Dabei ist $I = f(v_B) + f_{el}(v_B) + \varkappa(v'_B)^2 - \tilde{\mu}_B(v_B - v_{B0})$ und $\tilde{\mu}_B$ eine Konstante, der Lagrangesche Multiplikator. Gleichung (9-23) ergibt

$$\tilde{\mu}_B = f' + f'_{el} - 2\varkappa v''_B = \text{const} \qquad (9\text{-}24)$$

statt der bisherigen Gleichgewichtsbedingung *ohne Gradientenenergie* $\mu_B \cdot N_V N_A = f' + f'_{el} = $ const. In Verallgemeinerung von Gl. (8-26) setzen wir also für den Diffusionsstrom an

$$j_B = -\frac{D_B}{kT}v_B v_A \frac{d\tilde{\mu}_B}{dx} = -\frac{D_B}{kT}v_A v_B [\,f'' + f''_{el})v'_B - 2\varkappa v'''_B\,] \qquad (9\text{-}25)$$

und erhalten unter der Voraussetzung konzentrationsunabhängiger Koeffizienten (f'') statt Gl. (9-19) die Diffusionsgleichung

$$N_V \frac{\partial v_B}{\partial t} = D_B \frac{v_A v_B}{kT}\left[(f'' + f''_{el})\frac{\partial^2 v_B}{dx^2} - 2\varkappa \frac{\partial^4 v_B}{dx^4}\right], \qquad (9\text{-}26)$$

die nunmehr den Einfluß von elastischer Verzerrungs- und Gradientenenergie auf den Diffusionsvorgang berücksichtigt. Die Lösung für die Anfangsstörung (9-18) ist wieder Gl. (9-20) mit

$$R(\beta) = -\tilde{D}_B \beta^2 \left(1 + \frac{2\delta^2 \hat{E}}{f''(1-v)} + \frac{2\varkappa}{f''}\beta^2\right). \qquad (9\text{-}27)$$

Der 1. Term entspricht dem früheren Ergebnis. Der 2. Term ist negativ und konstant: Er sorgt dafür, daß Bergaufdiffusion ($R > 0$) nicht schon bei der chemischen Spinodalen $f'' \lessgtr 0$, sondern erst bei stärker negativen f'' auftritt, so daß $(f'' + 2\delta^2\hat{E}/(1-v)) \lessgtr 0$ wird. Die Gleichung bezeichnet die *kohärente Spinodale*, die je nach Verzerrungsparameter δ um 20 °C (AlZn) bis 600 °C (AuNi) tiefer als die chemische Spinodale (Abb. 5.9) liegen kann. Der 3. Term, ebenfalls negativ oder null, verhindert kurzwellige Konzentrationsverläufe, indem er R bei großen β negativ werden läßt (Konzentrationsausgleich, Abb. 9.15). Es gibt damit eine Wellenlänge $\lambda = 2\pi/\beta_{max}$, deren Fourierkomponente am schnellsten wächst (mit $\exp(R_{max} \cdot t)$), so daß sich jede Anfangsstörung zu einer

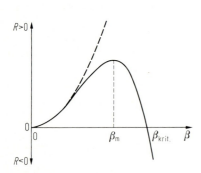
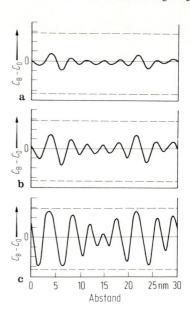

Abb. 9.15. Abhängigkeit des Exponenten R der zeitlichen Entwicklung von Konzentrationsschwankungen von ihrer Wellenzahl nach Gl. (9-27). (Gestrichelt ist die Näherung der Gl. (9-20))

Abb. 9.16. Numerisch berechnete Konzentrationsprofile der nicht-linearisierten Diffusionsgleichung für Al-37% Zn nach Alterung bei 100 °C für **a** 8 min, **b** 15 min, **c** 23 min. Die gestrichelten Linien geben die Gleichgewichtskonzentrationen der Entmischung an. (Nach de Fontaine und Hilliard [9.2])

periodischen Entmischungsstruktur mit etwa diesem λ entwickelt. Die elastische Anisotropie sorgt dafür, daß Entmischungsgefüge, deren Ebenennormalen zu einem Minimum von $\hat{E}$ gehören, bevorzugt auftreten. Es wird hierbei Kohärenz des Gitters vorausgesetzt.

Eine wesentliche Näherung der Rechnung steckt allerdings in der Annahme konzentrationsunabhängiger Koeffizienten in der Diffusionsgleichung (9-26), also ihrer Linearisierung, was zumindest für f'' nach Gl. (5-24) nur für kleine Konzentrationsschwankungen zulässig ist. Spätere Entmischungsstadien lassen sich nur numerisch behandeln. J. S. Langer [9.16] sagt einen schwächeren zeitlichen Anstieg der Konzentrationsamplitude (zu einer Sättigung) voraus als den exponentiellen der Cahnschen Theorie (Gl. (9-20)), dazu eine langsame Zunahme der Breite der B-reichen Gebiete und der dominanten Wellenlänge mit der Alterungszeit. Ein Beispiel zeigt Abb. 9.16. Es ist schwer zu definieren, von wo ab die Legierung nicht mehr einphasig ist. Die kritische Wellenlänge $2\pi/\beta_{max}$ nimmt wegen des Verschwindens von f'' an der Spinodalen mit wachsender Temperatur stark zu. An der Spinodalen selbst versagt diese Theorie wie auch die Keimbildungs-Theorie, siehe dazu [9.11].

Die Cahnsche Diffusionsgleichung (9-26) ist an aufgedampften Sandwich-Schichten periodisch wechselnder Zusammensetzung (Cu–Pd) mit Wel-

9.4 Spinodale Entmischung

lenlängen von 1 bis 3 nm direkt bestätigt worden [9.2]. Entsprechend dem Zustandsdiagramm wurde hier der *Konzentrationsausgleich*, also die Rückbildung einer periodischen Entmischungsstruktur, zeitlich verfolgt, und zwar röntgenographisch. Eine langperiodische Entmischungsstruktur (Periode $\lambda \gg a =$ Gitterperiode) führt zu Satellitenreflexen, *Seitenbändern* neben den Gitterreflexen, wie schon bei den langperiodischen Überstrukturen in Abschn. 7.1 besprochen wurde. Insbesondere kann bei den spinodal entmischten Legierungen die Röntgen-Kleinwinkelstreuung untersucht werden (also die Seitenbänder des (000)-Reflexes, die es bei Überstrukturen nicht gibt, s. Abb. 7.6!), weil diese durch Gitterverzerrungen nicht beeinflußt werden, sondern nur durch die unterschiedlichen atomaren Streuamplituden f_A, f_B der Komponenten vgl. [2.12]. Es besteht nun ein direkter Zusammenhang zwischen dem Anwachsen der Lauestreuung in den Seitenbändern (Abschn. 2.3.2) und dem der Konzentrationsamplituden: Vergleicht man die Fourierentwicklung der letzteren, nach Gl. (9-20)

$$c_B(x,t) - c_0 = \int C_\beta e^{i\beta x + Rt} d\beta \tag{9-28}$$

mit der Amplitude der Lauestreuung (s. Gl. (2-7) und Abschn. 2.3.2)

$$A_{\text{diff}}^{\text{Laue}}(k) = \text{const} \cdot \int (c_B(x) - c_0) e^{-2\pi i k x} dx, \tag{9-29}$$

wo „const" die Differenz der Streuamplituden von B- und A-Atomen ist, so ergibt sich durch Fourierumkehr

$$C_\beta e^{R(\beta)t} = \frac{2\pi}{\text{const}} A_{\text{diff}}^{\text{Laue}}\left(k = \frac{\beta}{2\pi}\right) \tag{9-30}$$

und für die Röntgenintensität bei kleinen Winkeln $\Theta = k\lambda^{\text{Rö}}/2$

$$I_{\text{diff}}^{\text{Laue}}\left(k = \frac{\beta}{2\pi}, t\right) = I\left(k = \frac{\beta}{2\pi}, t = 0\right) \cdot \exp(2R(\beta) \cdot t). \tag{9-31}$$

Diese Beziehungen sind, zusammen mit Gl. (9-27), an AlZn-Legierungen überraschend gut bestätigt worden, wie die Abb. 9.17 und 9.18 zeigen. Experimentell steigt $\ln(I_{\text{diff}}^{\text{Laue}})$ in der Tat *linear* an mit der Zeit, falls $\beta < \beta_{\text{krit}}$ (definiert in Abb. 9.15), fällt aber linear ab für $\beta > \beta_{\text{krit}}$. Die Steigung der Geraden $2R(\beta)$ nach Gl. (9-31) wird durch β^2 geteilt und gegen β^2 aufgetragen. Daraus ergeben sich nach Gl. (9-27) die Parameter $\varkappa$ and $\tilde{D}_B$, wenn f'', $\hat{E}$ und δ bekannt sind, siehe Abb. 9.18. Die Periode der spinodalen Entmischungsstruktur von Al-22%Zn liegt nach Alterung bei 65 °C bei 5 nm. Ein solch feinlamellarer Verbundwerkstoff hat mechanisch sehr günstige Eigenschaften, siehe Kap. 14; eine entsprechende ferromagnetische Legierung „Alnico" ist ein ausgezeichneter Permanentmagnet.

Für die hartmagnetischen Werkstoffe „Alnico" 5 (Fe, 26% Co, 14% Ni, 8% Al) und „Chromindur" II (Fe, 28% Cr, 15% Co) konnten F. Zhu u. Mitarb. [9.17] in neuerer Zeit mit der Atomsonde den spinodalen Charakter der Entmischung und die Zusammensetzungen der entstehenden Phasen direkt nachweisen. Hier, wie auch in einer Atomsondenuntersuchung von CuCo-

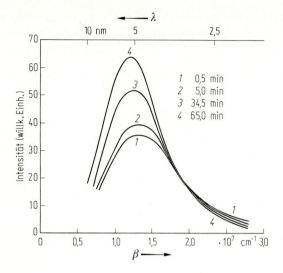

Abb. 9.17. Kleinwinkel-Röntgenstreuung einer Al-22%Zn-Legierung nach Abschrecken von 425 °C und Anlassen bei 65 °C für die angegebenen Zeiten [9.2]

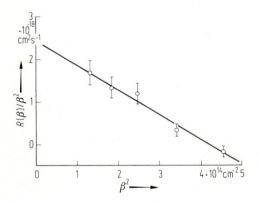

Abb. 9.18. Auswertung der Ergebnisse der Abb. 9.17 zufolge Gl. (9-31) und (9-27)

Legierungen von R. Busch u. a. [9.18], erwies sich allerdings die linearisierte Cahnsche Theorie der spinodalen Entmischung als nicht anwendbar. Im letzteren Fall wurde nach Alterung bei 440 °C zwar das zeitliche Anwachsen der Konzentrationsamplitude mit der Alterungszeit gefunden; die Entmischungsstruktur ist jedoch für längere Zeiten mit zwei Wellenlängen moduliert. Dies ist offenbar auf die Konzentrationsabhängigkeit des Diffusionskoeffizienten zurückzuführen und erfordert die Lösung der Differentialgleichung in nichtlinearisierter Form. Nach T. Al-Kassab [9.19] entmischt sich eine Legierung Cu-1% Co bei 580 °C nach dem klassischen Keimbildungsmechanismus, wie die zeitunabhängige Konzentration in den Co-reichen Teilchen beweist. Es muß also in Cu-Co eine wohldefinierte Spinodale zwischen 1% und 10% Co existieren.

9.5 Diskontinuierliche und eutektoide Entmischung [1.3, 9.1]

Manche Entmischungsvorgänge laufen an einer *Reaktionsfront* ab, die in das übersättigte Material hinein fortschreitet. Vor der Reaktionsfront hat man die übersättigte Matrix, dahinter das Gefüge der Gleichgewichtsphasen. Dazu gehören: a) der *eutektoide Zerfall* einer Legierung, wie er z. B. im System Eisen–Kohlenstoff bei 727 °C als Perlit-Reaktion $\gamma \to \alpha + Fe_3C$ auftritt (s. Abschn. 6.1.2 und Abb. 6.4) und b) die *diskontinuierliche Ausscheidung*, die ebenfalls zu einer zellen- oder lamellenartigen Anordnung der beiden Gleichgewichtsphasen hinter der Reaktionsfront führt (*Duplexgefüge*). Im Unterschied zu a) ist bei b) eine der beiden Phasen von gleicher Struktur, wenn auch verschiedener Zusammensetzung und Orientierung, wie die übersättigte Mutterphase. Die Keimbildung erfolgt in beiden Fällen an einer Korngrenze, wobei umstritten ist, welches der beiden Reaktionsprodukte, wenn nicht beide, die Keimbildungsrate im Einzelfalle bestimmt. Anschließend wächst die Zellen- oder Lamellen-„Kolonie" mit konstanter Geschwindigkeit in Längsrichtung in die übersättigte Matrix hinein (Abb. 9.19). Der Vorgang hat große Ähnlichkeit mit der schon behandelten eutektischen Erstarrung. Wir wenden den in Abschn. 4.6 entwickelten Formalismus der Beschreibung an: Im Falle des *Perlitwachstums* steht statt der Schmelze der Austenit (γ); die eutektoiden Reaktionsprodukte sind Ferrit (α) und Zementit (Fe_3C). Der Periodizitätsabstand S der Lamellen ist nach Abschn. 4.6 wieder durch eine Konkurrenz zwischen der Länge des Diffusionsweges und der Länge der (auf die Ebene senkrecht zu den Lamellen projizierten) Grenzfläche α/Fe_3C hinter der Reaktionsfront gegeben. Gleichung (4-14) beschreibt den Konzentrationsausgleich vor der mit der Geschwindigkeit R fortschreitenden Reaktionsfront bei Volumendiffusion von C in γ durch

$$8D_\gamma \frac{\Delta c}{S} = R(c^\gamma - c^\alpha) . \tag{9-32}$$

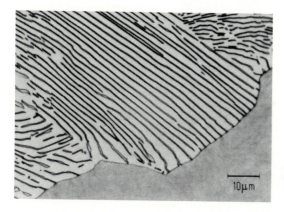

Abb. 9.19. Reaktionsfront beim Perlitzerfall (J. R. Vilella, US Steel Corp.) (Fe-0, 89%C; 0,29% Mn; 0,19% Si; 0,08% Cr; 700. °C/Wasser)

Dabei sind hier nach Abb. 4.23 $\Delta c = c^{\gamma\alpha} - c^{\alpha}$ und $c^{\gamma\alpha}$ die metastabile Gleichgewichtsgerade unterhalb der eutektoiden Temperatur. In einer substitutionellen Legierung (Fe–Zn) erwartet man, daß die Diffusion (von Zn) in der Reaktionsfront (Schichtdicke δ) abläuft. Dann ist nach Abschn. 8.4.1 D_γ mit einem Korngrenzendiffusionsfaktor $\eta \approx D_K \delta / D_\gamma S$ zu multiplizieren, der der Einschränkung des für die Diffusion zur Verfügung stehenden Raumes auf die Grenzflächenschicht Rechnung trägt. Im ersten Fall (Fe–C) erwartet man also $RS \sim D_\gamma$, im zweiten Fall (Fe–Zn) $RS^2 \sim D_K \cdot \delta$. Nach Abschn. 4.6 gilt $S \sim \tilde{E}_{\alpha Fe_3 C}/\Delta T_1$, wo ΔT_1 die Unterkühlung von γ ist (Abb. 4.23). Das wird auch tatsächlich beobachtet (Abb. 9.20). Für die Temperaturabhängigkeit von R bedeutet das bei $\Delta c \sim \Delta T_1$

$$R \sim (\Delta T_1)^2 \exp\left(-\frac{E_{\gamma D}}{kT}\right) \quad \text{für Volumendiffusion (Fall 1)}$$

bzw. (9-33)

$$R \sim (\Delta T_1)^3 \exp\left(-\frac{E_{KD}}{kT}\right) \quad \text{für Korngrenzendiffusion (Fall 2),}$$

in qualitativer Übereinstimmung mit den Messungen, siehe Abb. 9.21. J. Cahn [9.9] hat die obige, auf Cl. Zener und D. Turnbull zurückgehende Beschreibung kritisiert, weil sie einer Reihe von Beobachtungen nicht einmal qualitativ Rechnung trägt: a) Es ist bekannt, daß substitutionelle Zusätze wie Cr, Ni, Mo das Perlitwachstum verlangsamen, ohne die Kohlenstoff-Diffusion merklich zu beeinflussen. b) Es ist nicht anzunehmen, daß der eutektoide Zerfall mit *endlicher* Geschwindigkeit *vollständig* bis zum Gleichgewicht abläuft. Im Gegenteil wird bei diskontinuierlicher Entmischung nach der beschriebenen schnellen Reaktion

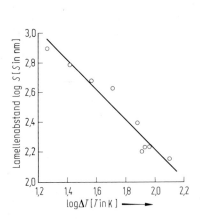

Abb. 9.20. Lamellnabstand S in Perlit in Abhängigkeit von seiner Unterkühlung ΔT. (Nach J. C. Fisher)

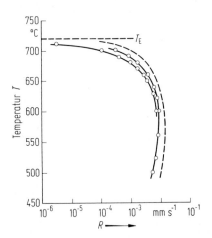

Abb. 9.21. Perlitwachstumsgeschwindigkeit in Fe-0,78Gew.-% C nach J. C. Fisher in Abhängigkeit von der Unterkühlung unter die eutektoide Temperatur T_E. Gestrichelte Kurve nach Gl. (9-33), Fall 1

9.5 Diskontinuierliche und eutektoide Entmischung

oft noch eine zweite langsame, über Volumendiffusion ablaufende beobachtet. (Übrigens läuft vor der ersten diskontinuierlichen gelegentlich auch eine *kontinuierliche* Ausscheidungsreaktion nach 9.1 ab; die diskontinuierliche wird bei hoher Übersättigung und rascher Korngrenzendiffusion bevorzugt.) c) Ausgehend von einer Korngrenze wachsen Perlit-Kolonien oft nur *halb*kugelförmig in *eines* der beiden Körner hinein, Abb. 9.22, nämlich in dasjenige, zu dem α und Fe_3C *inkohärente* Grenzen besitzen (während sie untereinander und zum anderen γ-Korn Orientierungsbeziehungen haben [4.6]). Alles obige deutet darauf hin, daß R wirklich durch eine unabhängig vorgegebene Beweglichkeit der Reaktionsfront im Sinn von Gl. (7-11) bestimmt ist, nicht durch die Diffusionsgeschwindigkeit von C in γ, die nur eine *obere Grenze* für R ergibt. Der Lamellenabstand S muß also unabhängig von R ermittelt werden, wobei zu berücksichtigen ist, daß nur über einen Bruchteil $P < 1$ der Freien Energieänderung ΔF bei der Reaktion $\gamma \to \alpha + Fe_3C$ verfügt werden kann. Es gibt bei Cahn also 3 Unbekannte: R, S und P. Als weitere Verknüpfung wird $R \cdot \Delta F$ hinsichtlich S maximiert (an Stelle des etwas suspekten Prinzips maximalen R, das in 4.6 verwendet wurde). Die experimentellen Ergebnisse sind allerdings nicht detailliert genug, um die Theorie quantitativ zu prüfen.

Am Schluß soll noch auf zwei Grenzfälle der diskontinuierlichen Reaktion hingewiesen werden: a) die *Bainit-Umwandlung*, die bei hohen Abkühlgeschwindigkeiten von Fe–C die perlitische ersetzt; b) die *massive Umwandlung*, die bei rascher Abkühlung von ausscheidungsfähigen Messing-Legierungen beobachtet wird. Es handelt sich bei beiden wohl um Entmischungen nur über *atomare Entfernungen*, die eine Änderung der Kristallstruktur ermöglichen und an einer Reaktionsfront ablaufen. Bei Bainit jedenfalls erfolgt die Strukturänderung martensitisch, d. h. durch einen kooperativen Scherprozeß (s. Kap. 13). Beide Umwandlungen sind im Mechanismus noch nicht völlig geklärt, siehe [9.2, 1.3]. In einem Schnittpunkt der Freie-Energie-Kurven von α und β in Abb. 9.2 ist ein Phasenübergang ohne Änderung der Zusammensetzung möglich. Allerdings verschwindet bei dieser Zusammensetzung und Temperatur (T_0) die treibende Kraft für die Umwandlung. Erst bei $T < T_0$ entsteht eine solche durch eine

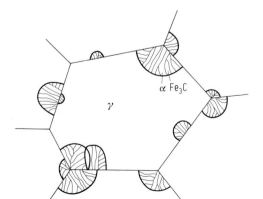

Abb. 9.22. Keimbildung und Wachstum von Perlit-Kolonien an Korngrenzen

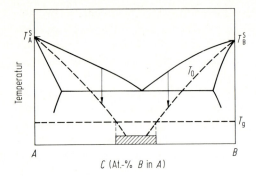

Abb. 9.22a. Schematisches Zustandsdiagramm mit T_0-Kurve (gleicher freier Energien fest-flüssig). Der Schnitt mit der Glastemperatur T_g definiert einen Glasbereich (schraffiert)

Absenkung der β-Parabel relative zu $f_\alpha(v_B)$. $T_0(v_B)$ bezeichnet also die obere Grenztemperatur für eine polymorphe Umwandlung einer v_B-Legierung. Sie muß z. B. unterhalb der Glastemperatur (s. Abschn. 4.7) liegen für das System α = Schmelze, β = Kristalle, damit sich ein metallenes Glas bei v_B bilden kann, siehe Abb. 9.22a und [9.20].

9.6 ZTU-Diagramme [1.2, 1.3, 4.6]

Der zeitliche Ablauf der oben beschriebenen Entmischungsreaktionen läßt sich zusammenfassend darstellen in sog. Zeit-Temperatur-Zustand-Diagrammen (ZTU, englisch TTT für time-temperatur-transformation), einer Art von kinetischen Zustandsdiagrammen, in denen (log t) die Konzentrationsabszisse ersetzt. (Statt der Temperatur-Ordinate wird manchmal $1/T$ in negativer Achsenrichtung aufgetragen.) In isothermen Versuchen wird dazu die Zeit t bestimmt, die man braucht, um einen Zustand bestimmter Entmischung einzustellen, und das Ergebnis in ein Diagramm der Art von Abb. 9.23 eingetragen. Die Kurven für den Beginn und das Ende der Perlit- (und Bainit-)Bildung haben C-Form: Bei hohen und tiefen Temperaturen dauert es länger als bei mittleren, bis die Entmischung einsetzt (Keimbildungskurve) und abgelaufen ist. Das ist nach Gl. (9-33) auch zu erwarten, weil zunächst wachsende Unterkühlung ΔT_1 die Umwandlung beschleunigt, während bei weiterer Abkühlung die Diffusion einfriert. Dieses Prinzip gilt für nahezu alle diffusionsgesteuerten Reaktionen (während martensitische Umwandlungen im wesentlichen zeitunabhängig *nur im Verhältnis zur Unterkühlung* ablaufen). Obwohl es nicht korrekt ist, fügt man allgemein den ZTU-Kurven die Temperaturen des Beginns und Endes der martensitischen Umwandlung zu: Martensit bildet sich zwischen diesen Temperaturen *während* der Abkühlung.

Eine *Wärmebehandlung* wird nun in diesem ZTU-Diagramm durch eine $T(t)$-Kurve beschrieben. Wenn wir einmal (unberechtigterweise) voraussetzen, daß die isotherm aufgenommenen Kurven konstanten Umwandlungsgrades $X(t, T)$ auch für kontinuierlich sich abkühlende Proben gelten, dann läßt sich

9.6 ZTU-Diagramme

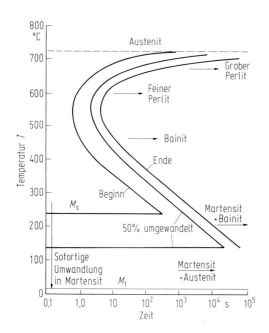

Abb. 9.23. ZTU-Diagramm eines eutektoiden Stahls gibt Kurven konstanten umgewandelten Bruchteils $X(t,T)$ wieder

aus dem Schnitt mit $X(t, T)$ der Gefügezustand der nach diesem „Fahrplan" abgekühlten Probe erschließen. (In Wirklichkeit weichen die Kurven für Beginn und Ende diffusionsbestimmter Umwandlungen in kontinuierlichen Abkühlungsdiagrammen (engl. CCT) in Richtung längerer Zeiten von denen der ZTU-Diagramme ab.)

Darin liegt die praktische Bedeutung der ZTU-Diagramme: Will man z. B. Martensit haben, so muß die Abkühlungskurve an der „Perlitnase" der Abb. 9.23 vorbeiführen, d. h., man muß den 550 °C-Bereich rasch durchlaufen. Das ist unpraktisch für dicke Proben und führt zu unerwünschten Abschreckspannungen. Außerdem verändert sich das erhaltene Gefüge mit dem Abstand von der Oberfläche. Diese unerwünschten Einflüsse können durch Legierungszusätze vermieden werden, die die *Härtbarkeit* des Stahls, also seine Fähigkeit zur Martensitbildung, verändern. Substitutionelle Zusätze (besonders Mo) verlangsamen i. allg. den Austenitzerfall und verschieben die Umwandlungskurven zu größeren Zeiten. Bilden sie Karbide, dann werden Perlit- und Bainit-Reaktionen verschieden beeinflußt bis zur Unterdrückung der letzteren (s. Abb. 13.16.). Kohlenstoff allein verschiebt die Kurven zu kürzeren Zeiten, so daß u. U. die Perlit-Reaktion auch durch rasches Abschrecken nicht unterdrückt werden kann.

Legierungszusätze setzen i. allg. die Martensittemperaturen M_s und M_f herab und zwar Kohlenstoff 20mal stärker (pro Gew.-%) als substitutionelle Zusätze. Abgesehen von allen anderen Einflüssen, die Legierungszusätze auf Eigenschaften ausüben, erlauben diese also Wärmebehandlungen mit bequemen

Abschreckgeschwindigkeiten auszuführen und das Gefüge (und damit Festigkeit) fast nach Belieben einstellen, worauf die technische Bedeutung des Stahls beruht (s. Abschn. 13.6).

Auch für die Abschn. 9.1.2 besprochenen Keimbildungs- und Wachstumsausscheidungen im System Al–Cu treten ähnliche C-Kurven auf und zwar für jede der homogen oder an bestimmten Gitterbaufehlern heterogen keimgebildeten metastabilen oder stabilen Phasen. Eine weitere Anwendung ist die Kristallisation aus der Schmelze in Konkurrenz zur Glasbildung. Offenbar ist eine gewisse Vertrautheit mit ZTU-Diagrammen, denen punktweise metallographische Gefügebilder zugeordnet werden können, wie die mit Zustandsdiagrammen, für einen Metallkundler wesentlich.

10 Atomare Gitterbaufehler, insbesondere nach Abschrecken und Bestrahlung

10.1 Messung der Leerstellenkonzentration im Gleichgewicht

Wir haben in Abschn. 8.2.1 die Leerstellen als vorherrschende Vehikel der Diffusion in Metallen kennengelernt. Leerstellen sind als Bestandteile der Struktur im *thermischen Gleichgewicht* vorhanden; die Gleichgewichtskonzentration $c_L(T)$ bei einer Temperatur T wird nach Gl. (3-1) berechenbar. Ihr experimenteller Nachweis läßt sich durch Abzählen der besetzten Gitterplätze einer abgeschreckten Metallspitze im FIM sehr mühsam, aber direkt, führen [10.5]. Er ist aber auch prinzipiell mit Hilfe jeder physikalischen Eigenschaft möglich, die sich proportional zu c_L ändert, z. B. des spezifischen elektrischen Widerstandes. Andererseits fällt c_L von einigen 10^{-4} am Schmelzpunkt exponentiell mit abnehmender Temperatur ab, so daß Messungen bei hoher Temperatur erforderlich sind, um Leerstellen im Gleichgewicht beobachten zu können. Der elektrische Widerstand von Metallen ist aber dort weitgehend durch Gitterschwingungen, kaum durch Gitterbaufehler bestimmt. Es bleiben nur wenige, nach A. Seeger [10.1] *zwei*, Meßmethoden, die bei hohen Temperaturen auf Leerstellen empfindlich sind in einer Weise, die ihren Einfluß klar vom „Untergrund" abtrennen läßt: Die (differentielle) thermische Ausdehnung und die Lebensdauer von Positronen.[1]

Die erste Methode, die zuerst von C. Wagner angegeben wurde, vergleicht die makroskopische thermische Längenänderung $\Delta l/l$ mit der mikroskopischen, die der Temperaturverlauf des Gitterparameters $a(T)$ anzeigt. Die Bildung einer Leerstelle vergrößert das Kristallvolumen um V_{LB}. Wenn das umgebende Gitter starr bliebe, wäre $V_{LB} = \Omega$; durch Relaxation der Nachbaratome der Leerstelle nach innen ist aber ihr Bildungsvolumen kleiner als ein Atomvolumen Ω. Diesen Unterschied registriert in seiner Auswirkung auf die makroskopische Längenänderung gerade der Gitterparameter, Abb. 10.1a, wie J. D. Eshelby [10.10] gezeigt hat. Er geht aus von dem Verschiebungsfeld u Gl. (2-6) eines kugelförmigen Hohlraums in einem unendlich ausgedehnten, elastisch isotropen Körper. Bei einem Körper endlicher Abmessungen ist u um einen Beitrag u_i der Bildkräfte zu

---

[1] Die spezifische Wärme enthält nahe T_s neben der Bildungsenergie der mit wachsender Temperatur zunehmenden Zahl von Leerstellen (s. Abb. 10.2) leider auch wenig bekannte anharmonische Terme und ist deswegen zur Bestimmung von c_L weniger geeignet.

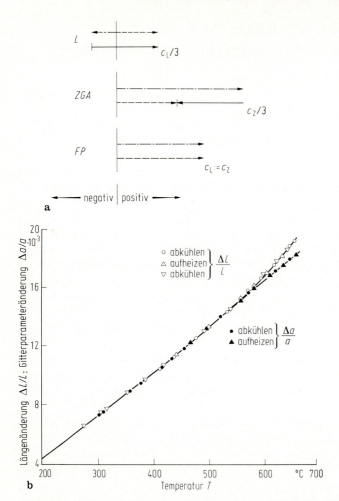

Abb. 10.1. a Makroskopische Längenänderung (gestrichelt) und Gitterparameteränderung (strichpunktiert) ergeben im Zusammenwirken Information nur über die *Zahl* von Leerstellen oder Zwischengitteratomen (ausgezogen). Im Falle der Frenkelpaare ist die Resultante Null; **b** Meßergebnisse von R. O. Simmons und R. W. Balluffi für die Probenlänge und Gitterkonstante von Aluminium als Funktion der Temperatur

ergänzen, die die Oberfläche des Körpers spannungsfrei machen. Eshelby berechnet die Volumenänderung $(3\Delta l/l)'$ durch $(u + u_i)$ und die zugehörige Änderung der Reziproken Gitter-Abmessungen, die sich in $(3\Delta a/a)$ niederschlägt, für eine statistische Anordnung von solchen Verzerrungszentren: Diese beiden Größen werden identisch gefunden. Bei der Leerstellenbildung muß noch das herausgenommene Atom an die Oberfläche gesetzt werden, was eine Volu-

10.1 Messung der Leerstellenkonzentration im Gleichgewicht

menvergrößerung um Ω bedeutet. Damit erhält man

$$\frac{\Delta l}{l} - \frac{\Delta a}{a} = \frac{1}{3}\left\{\frac{V_{LB}}{\Omega} - \left[\left(\frac{V_{LB}}{\Omega} - 1\right)\right]\right\}c_L = c_L \cdot \frac{1}{3} \qquad (10\text{-}1)$$

für kubische Kristalle, die Leerstellen, nicht aber (Eigen-)Zwischengitteratome (ZGA) enthalten. Andernfalls stünde auf der rechten Seite von Gl. (10-1): $(c_L - c_Z)/3$. Wie in 8.2.1 bereits gesagt, ist aber die Gleichgewichtskonzentration c_Z der ZGA wegen ihrer hohen Bildungsenergie i. allg. vernachlässigbar gegen $c_L(T)$.

Abbildung 10.1b zeigt Meßergebnisse von R. O. Simmons und R. W. Balluffi an Aluminium. Bei ihrer Auswertung muß beachtet werden, daß auch *Doppelleerstellen* im Gleichgewicht vorhanden, also in der rechten Seite von Gl. (10-1) eingeschlossen sind. Ihre Bildung kostet weniger Energie als die Bildung von zwei Einfachleerstellen: $E_{DB} = 2E_{LB} - E_{DA}$, weil bei der Assoziation der Leerstellen zwei „gebrochene Paarbindungen" gespart werden: Für Al ist nach Seeger: $E_{LB} = 0{,}65\,\text{eV}$, $E_{DA} = 0{,}25\,\text{eV}$, d. h. $E_{DB} = 1{,}05\,\text{eV}$ verglichen mit $E_{LB} = 0{,}65\,\text{eV}$. Entsprechend Gl. (3-1) ist somit $c_D \ll c_L$, wobei allerdings das Verhältnis c_D/c_L mit wachsender Temperatur zunimmt, siehe Gl. (10-3b). Höhere L-Assoziate kommen im Gleichgewicht praktisch nicht vor.

Die zweite Methode, die der Positronenvernichtung, erweist sich glücklicherweise als am empfindlichsten im mittleren Temperaturbereich ($T \approx 0{,}6\,T_s$) und wird durch Doppelleerstellen daher nicht gestört. Ein bei einem Kernprozeß erzeugtes Positron lebt in einem Metall etwa $2 \cdot 10^{-10}$ s, bevor es von einem Elektron annihiliert wird. In dieser, verglichen mit der Schwingungszeit der Atome ($\approx 10^{-13}$ s), langen Zeitdauer wird es „thermalisiert" und von einer Leerstelle angezogen. (Diese ist negativ geladen, s. Abschn. 8.3.4.) Kommt es zum Einfang des Positrons in einen gebundenen Zustand an der Leerstelle, so wird eine zweite charakteristische Lebensdauer des Positrons beobachtet, deren Einfluß auf die gemessene mittlere Lebensdauer proportional zu $c_L(T)$ ist (für nicht zu große c_L). Dagegen stoßen offenbar ZGA Positronen ab, können also keine gebundenen Zustände bilden. Obwohl die Messung der Positronenvernichtung keine Absolutwerte für c_L liefert, ergibt die Temperaturabhängigkeit der Lebensdauer doch sehr genaue Werte für E_{LB} (unbeeinflußt von E_{DB}!). Abbildung 10.2 zeigt die nach der ersten Methode berechnete Leerstellenkonzentration zusammen mit einer Geraden der Steigung E_{LB}, wie sie die Lebensdauer von Positronen in Al beschreibt. Der Einfluß der Doppelleerstellen macht sich in der Krümmung der Meßkurve nahe der Schmelztemperatur bemerkbar und entspricht $c_D(T_s)/c_L(T_s) \approx 0{,}28$. Das Bildungsvolumen der Leerstelle ergibt sich zu $V_{LB} = 0{,}65\,\Omega$, d. h. der Gitterparameter relaxiert im Mittel etwa 12% nach innen nahe der Leerstelle in Al. Elektronentheoretisch ergibt sich die Relaxation der Nachbarionen einer Leerstelle aus ihrer Abschirmung, Abschn. 6.3.3. In Anbetracht der negativen Ladung der Leerstelle ist nach Abb. 6.24 ihre NN-Umgebung im einwertigen Metall negativ geladen; die NN relaxieren also nach innen, die NNN wegen der Friedeloszillationen aber nach außen. Bei

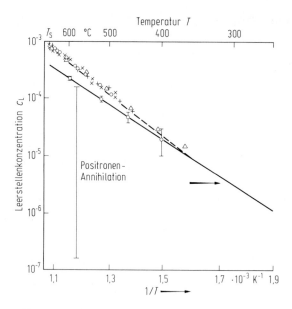

Abb. 10.2. Meßergebnisse verschiedener Autoren der T-Abhängigkeit von $c_L = 3(\Delta l/l - \Delta a/a)$ an Aluminium. Die Meßfehler bewirken eine Unsicherheit $\Delta c_L = \pm 10^{-5}$, die durch 4 Fehlerbalken eingezeichnet ist. Messungen der Positronen-Lebensdauer an Leerstellen ergeben im angegebenen Bereich die Steigung der ausgezogenen Geraden auf $\pm 10^{-7}$ genau. Die größte Empfindlichkeit dieser Methode liegt bei $c_L \approx 5 \cdot 10^{-6}$ (Pfeil). Die offenen Dreiecke sind aus Messungen der spezifischen Wärme abgeleitet. (Nach A. Seeger [10.1])

einem mehrwertigen Metall können aber diese Relaxationen nach Abb. 6.24 umgekehrtes Vorzeichen haben. Ähnliche Argumente lassen sich auf die Wechselwirkung zweier Leerstellen anwenden.

Für die Abhängigkeit des Selbstdiffusionskoeffizienten vom hydrostatischen Druck ist die Summe $(V_{LB} + V_{LW})$ maßgebend, wobei V_{LW} das Aktivierungsvolumen der Leerstellenwanderung ist. Dieses ist durch die zusätzliche Gitteraufweitung durch ein Atom in der Sattelpunktslage bedingt und beträgt bei Al $V_{LW} = 0{,}19\Omega$.

10.2 Abschrecken und Ausheilen von Nichtgleichgewichts-Leerstellen

Kühlt man einen Metalldraht von einer hohen („Abschreck"-) Temperatur T_A sehr rasch auf tiefe Temperaturen ab, so werden die bei der Temperatur T_A im Gleichgewicht befindlichen Leerstellen „eingefroren" und können dann bei tiefer Temperatur beobachtet werden. Sie tragen dort z. B. deutlich zum elektrischen Restwiderstand ϱ_{el} bei. Bringt man die Probe dann auf eine mittlere („Erholungs"-) Temperatur T_E und beobachtet ϱ_{el} als Funktion der Zeit t, so zeigt eine Abnahme ($-\Delta\varrho_{el}$), daß Leerstellen ausheilen, bis die Gleichgewichtskonzentration $c_L(T_E) \ll c_L(T_A)$ erreicht ist. Neben diesem *isothermen* Ausheilen wird auch *isochrone* Erholung untersucht, bei der die Probe in konstanten Zeitschritten erwärmt und $\Delta\varrho_{el}(T)$ verfolgt wird. Man erwartet dann eine *Erholungsstufe* bei Temperaturen, bei denen Leerstellen beweglich werden. Man hofft, aus solchen Messungen E_{LB} und E_{LW} zu erhalten, insbesondere bei Metallen, bei denen diese Größen nicht mit direkteren Methoden gewonnen werden können: Zum Beispiel wird in einwertigen Metallen das Positron weniger fest an eine Leerstelle gebunden als in mehrwertigen Metallen. Auch vermindert eine starke Inwärts-Relaxation um die Leerstelle die effektive negative Ladung der Leerstelle. Andererseits fehlen oft geeignete Isotope für Diffusionsmessungen (wie bei Al), so daß $(E_{LB} + E_{LW})$ nicht bekannt ist. Für die Metallkunde ist die Kenntnis des Abschreck- und Anlaßverfahrens wichtig, weil es zur Erzeugung bestimmter Ausscheidungszustände verwendet wird, wie in Abschn. 9.1.2 erläutert wurde. Das Verfahren und seine Analyse sind jedoch außerordentlich kompliziert, wie die Erfahrung gezeigt hat [10.2].

Abbildung 10.3 zeigt den zusätzlichen elektrischen Widerstand von Gold nach Abschrecken von verschiedenen Temperaturen T_A. Bei $\Delta\varrho_{el} \sim c_L$ würde daraus $E_{LB} \approx 0.96$ eV folgen. Tatsächlich ist dieser Wert überhöht durch einen Beitrag von Doppelleerstellen, die bei T_A vorhanden sind oder sich beim Abschrecken aus Einzelleerstellen bilden, selbst bei Abschreckgeschwindigkeiten von einigen 10^4 K/s. Größere dT/dt führen zu Abschreckspannungen

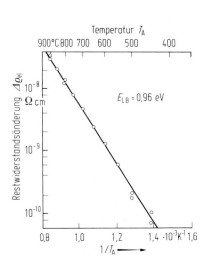

Abb. 10.3. Restwiderstandsänderung $\Delta\varrho_{el}$ beim Abschrecken von Golddrähten von verschiedenen Temperaturen T_A. (Nach J. S. Koehler)

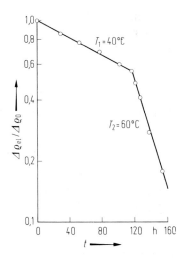

Abb. 10.4. Nach einer Zeit t bei 40 °C bzw. 60 °C verbliebener Bruchteil $\Delta\varrho_{el}/\Delta\varrho_0$ der Restwiderstandsänderung von 700 °C abgeschreckter Golddrähte. (Nach J. S. Koehler)

und -verformungen; die dabei erzeugten Versetzungen dienen als Leerstellensenken und vermindern die „eingeschreckte" Leerstellenkonzentration. Die abgeschreckten Proben werden dann isotherm (bei T_E) angelassen. Abbildung 10.4 zeigt, daß die Ausheilgeschwindigkeit (die proportional der Leerstellen-Diffusionskonstanten ist) bei einer Erhöhung von T_E sprunghaft zunimmt im Verhältnis $\exp(-E_{LW}/kT_1) : \exp(-E_{LW}/kT_2)$. Daraus ergibt sich eine Aktivierungsenergie $E_{LW} \approx 0{,}83$ eV. Tatsächlich werden beim Ausheilen zunächst Doppelleerstellen gebildet, *die im kfz Gitter schneller diffundieren können als Einzelleerstellen* (für Gold $E_{DW} \leq 0{,}79$ eV)! Im krz Gitter sind NN einer Leerstelle nicht NN voneinander, so daß eine Doppelleerstelle bei jedem Platzwechsel eines ihrer Nachbaratome dissoziiert wird – im Gegensatz zum kfz Gitter.

Der einfachste Fall einer Ausheilkinetik wird durch die Reaktionen bestimmt

$$L + L \underset{K_2}{\overset{K_1}{\rightleftharpoons}} D, \quad L \overset{K_3}{\to} \text{Senken}, \quad D \overset{K_4}{\to} \text{Senken},$$

deren Zeitablauf sich nach der Theorie chemischer Reaktionen schreibt:

$$\frac{dc_L}{dt} = 2K_2 c_D - 2K_1 c_L^2 - K_3 c_L, \tag{10-2a}$$

$$\frac{dc_D}{dt} = K_1 c_L^2 - K_2 c_D - K_4 c_D. \tag{10-2b}$$

Für Wechselwirkung nur zwischen NN im kfz Gitter ergibt sich

$$K_1 = 84 v_0 \exp\left(-\frac{E_{LW}}{kT}\right) \equiv 84 v_L,$$

$$K_2 = 14 v_0 \exp\left(-\frac{E_{LW} + E_{DA}}{kT}\right) = 14 v_L \exp\left(-\frac{E_{DA}}{kT}\right),$$

$$K_3 \approx N a^2 v_L,$$

$$K_4 \approx N a^2 v_D \equiv N a^2 v_0 \exp\left(-\frac{E_{DW}}{kT}\right),$$

wo N die Versetzungsdichte ist. Es wird angenommen, daß die Versetzungen als Senken wirken und als solche jede ankommende Leerstelle absorbieren. Die Zahlen 14 und 84 erklären sich durch Abzählung der Zufallsschritte, die zur Dissoziation bzw. Assoziation einer Doppelleerstelle führen. Zum Beispiel sind 5 NN Plätze jedes Doppelleerstellen-Teils auch NN des anderen, nur 7 (von 12 im kfz Gitter) führen zur Dissoziation. Das Verhältnis 84/14 wird in Gl. (10-3b) verständlich.

Die Gln. (10-2) können nicht geschlossen gelöst werden, außer in Spezialfällen, wie z. B. dem, daß die Doppelleerstellen in einem dynamischen Gleichgewicht von Bildung, Dissoziation und Annihilation sind. Das bedeutet

$dc_D/dt = 0$, d. h. nach Gl. (10-2b)

$$c_D = \frac{K_1 c_L^2}{K_2 + K_4} .$$ (10-3a)

(Im Spezialfall $K_4 \ll K_2$ sind Einzel- und Doppelleerstellen miteinander im Gleichgewicht, so daß gilt

$$c_D = \frac{K_1}{K_2} c_L^2 = 6 \exp\left(\frac{E_{DA}}{kT}\right) \cdot c_L^2 ,$$ (10-3b)

wo $6 = n/2$, die Zahl der Doppelleerstellenorientierungen im kfz Gitter ist, $n = 12$ NN.)

Durch Einsetzen von Gl. (10-3a) ergibt Gl. (10-2a) mit $c_L(t=0) \equiv c_{L0}$

$$\frac{1}{c_L} = \left[\left(\beta + \frac{1}{c_{L0}}\right)\exp(K_3 t) - \beta\right] \quad \text{mit} \quad \beta = \frac{2K_1}{K_3}\left(1 - \frac{K_2}{K_2 + K_4}\right) .$$

Für $K_3 t \ll 1$ erhält man durch Entwicklung

$$\frac{1}{c_L} - \frac{1}{c_{L0}} = \left(\beta + \frac{1}{c_{L0}}\right) K_3 t ,$$ (10-4a)

entsprechend einer Reaktion 2. Ordnung, $dc_L/dt \sim (-c_L^2)$; $1/c_L \sim t$. Für $K_3 t \gg 1$ ergibt sich dagegen eine Reaktion 1. Ordnung $- dc_L/dt \sim c_L$, d. h.

$$\frac{c_L}{c_{L0}} = (1 + \beta c_{L0})^{-1} \exp(-K_3 t) .$$ (10-4b)

Experimentell versucht man eine effektive Wanderungsenergie $E_{W,\text{eff}}$ zu bestimmen als Änderung der Steigung $- \Delta(\ln dc_L/dt)$ bei einer Änderung der Anlaßtemperatur $\Delta(1/kT)$. $E_{W,\text{eff}}$ stimmt i. allg. mit keiner der beiden charakteristischen Wanderungsenergien E_{LW}, E_{DW} überein.

Ähnliche Reaktionen laufen auch während des Abschreckvorgangs ab: Man erhält $c_L(T)$ und $c_D(T)$, indem man die Gln. (10-2 a und b) links mit der Abkühlungsgeschwindigkeit dT/dt erweitert. Das Ergebnis einer numerischen Integration mit angenommenen Werten für T_A, N, (dT/dt), E_{LW}, E_{DW}, E_{DA} und der Assoziationsenergie E_{TA} von Tripelleerstellen zeigt Abb. 10.5. Man sieht, daß sich das Verhältnis c_L/c_D während des Abschreckens stark verkleinert hat.

Für eine realistische Beschreibung des Erholungsvorganges müßten wir auch die Reaktionen zu Tripel-, Quadrupel-, ... -Leerstellen mit berücksichtigen sowie die Assoziation mit Fremdatomen zu Komplexen eigentümlicher Beweglichkeit. Die beobachtete Kinetik mißt einen komplizierten Mittelwert der Reaktion Einzel- zu Doppel- zu Tripel-, ... -Leerstellen, der noch von der Verteilung der unbeweglichen Senken: Versetzungen, große Leerstellenagglomerate, Fremdatome, Oberflächen, abhängt [10.3]. Einzelleerstellen in Gold scheinen sich nach sorgfältiger Auswertung von Erholungsmessungen mit $E_{LW} = 0{,}89$ eV zu bewegen; ihre Bildung erfolgt nach Korrektur des Doppelleerstelleneinflusses offenbar mit $E_{LB} = 0{,}87$ eV. Die Summe $E_{LW} + E_{LB} =$

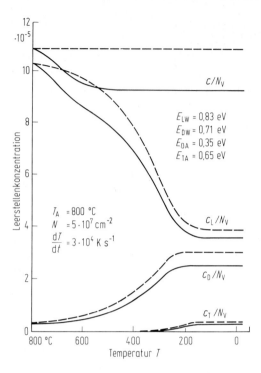

Abb. 10.5. Berechnete Änderungen der Konzentration von Einzel-, Doppel-, Tripelleerstellen c_L, c_D, c_T und der gesamten Leerstellen $c = c_L + 2c_D + 3c_T$ in Au während des Abschreckens von 800 °C. Bei den gestrichelten Kurven wurden keine Versetzungssenken ($N = 0$) angenommen (nach Furukawa). (Die c_i bezeichnen Volumenkonzentrationen der verschiedenen Leerstellen, N_V die Atomdichte.)

$E_{LD} = 1{,}76$ eV ist beinahe identisch mit der gemessenen Aktivierungsenergie der Selbstdiffusion in Gold. (Auch hier ist ein schwacher Doppelleerstelleneinfluß zu beobachten [10.2].)

Leerstellenausscheidungen werden mit FIM und TEM beobachtet [10.2]. Offenbar wandeln sich kleine (ebene) Leerstellenanordnungen in prismatische Versetzungsringe um, Abb. 4.8. In diesen kann dann noch ein Stapelfehler erzeugt werden, der sich bei niedriger Stapelfehlerenergie in Form eines Stapelfehlertetraeders in drei Dimensionen schließt, wie sie in Gold beobachtet werden (Abb. 10.6, s. Kap. 11). Neben diesen homogen gebildeten Agglomeraten dienen auch Versetzungen als bevorzugte Leerstellensenken, wie ebenfalls in Kap. 11 erklärt werden wird. Schraubenversetzungen wickeln sich dabei zu Helixform auf, siehe Abb. 11.6.

Fremdatome haben aufgrund ihrer Atomgrößendifferenz und ihrer (abgeschirmten) Zusatzladung ebenfalls oft eine anziehende Wechselwirkung mit Leerstellen, die 0,3 eV erreicht. Um diesen Betrag wäre dann E_{LB} in der Nähe des Fremdatoms erniedrigt, d. h. c_L erhöht. Die attraktive Ww führt zu einem Komplex auch mehrerer FA an einer Leerstelle, dessen Assoziationsgrad temperaturabhängig ist [10.2a, b, c]. Mit zunehmender Abschrecktemperatur T_A läuft die Bildung von GP-Zonen in Al–Cu und Al–Ag schneller ab, was der Zunahme von $c_L(T_A)$ entspricht. Die Kinetik der gemeinsamen Diffusion des FA-L-Komplexes ist kompliziert, wie in Abschn. 8.2.2 angedeutet wurde, siehe [10.3]. Die Zeitkonstante der Bildung von GP-Zonen hat eine Aktivierungsenergie in der Nähe von $E_{LW} \approx 0{,}62$ eV in Al. Die Leerstel-

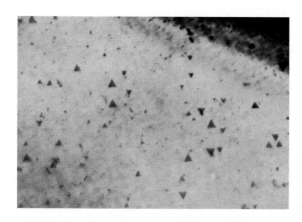

Abb. 10.6. Stapelfehlertetraeder in Gold nach Abschrecken von 1000 °C und 1 Std. Tempern bei 200 °C. TEM von S. Mader, Stuttgart. 40 000 ×

len scheiden sich nicht in den GP-Zonen aus, sondern müssen in die Matrix zurückdiffundieren, wo sie erneut mit FA zusammentreffen und diesen die Wanderung zu GP-Zonen ermöglichen. L. Girifalco [10.4] bezeichnet diesen Mechanismus als „Leerstellenpumpe", bei dem jede Leerstelle im Mittel 1000 FA in die Zonen transportiert, bevor sie selber zu einer Senke kommt. Damit ergibt sich ein Ansatz zur Beschreibung substitutioneller Ausscheidungen, die in Kap. 9 noch weitgehend ausgeklammert blieben. Ähnliche Effekte eingeschreckter Leerstellen sind bei der isothermen Ordnungskinetik abgeschreckter Legierungen zu erwarten. E_{LB} und E_{LW} hängen hier vom Ordnungsgrad ab, da falsche Paarbindungen leichter zu öffnen sind als richtige, siehe [8.7].

10.3 Effekte der Bestrahlung mit energiereichen Teilchen [10.7, 10.8]

Mit der Verwendung von Metallen in Kernreaktoren sind Bestrahlungseffekte und die Erzeugung von Gitterbaufehlern durch energiereiche Teilchen in den Interessenbereich der Metallkunde gerückt. Neutronen mit etwa 1 MeV Energie erzeugen in einfachen Metallen bereits sehr komplizierte Gitterstörungen. Deswegen untersucht man elementare Effekte der Bestrahlung mittels *Elektronenbeschuß* von dünnen Metallproben bei tiefen Temperaturen.

Zur Beschreibung dieser Effekte darf man auf die Mechanik elastischer Stöße zwischen einfallenden Teilchen der Masse M_1 und der kinetischen Energie E (hier im nicht-relativistischen Bereich angenommen) und ruhenden Gitteratomen der Masse M_2 zurückgreifen, siehe [10.6]. Danach wird auf M_2 höchstens eine Energie

$$U_{max} = E \cdot \frac{4 M_1 M_2}{(M_1 + M_2)^2} \tag{10-5}$$

übertragen. Ist U_{max} größer als die Schwell- oder „Wigner-Energie" E_d (in den meisten Metallen etwa 25 eV, abhängig von der Kristallrichtung), dann verläßt das angestoßene Atom seinen Gitterplatz und wirkt nun selbst als stoßendes Teilchen („primäres Rückstoßatom"), usw. Für $U_{max} \gg E_d$ entsteht eine *Verlagerungskaskade*. Die Gesamtzahl der in einer Kaskade verlagerten Gitteratome (ohne Berücksichtigung der noch zu besprechenden Wiedervereinigungen von nah benachbarten Leerstellen und Zwischengitteratomen, ZGA) beträgt etwa ($\bar{U}/2E_d$). Für 1-MeV-Elektronen ist im Falle von Kupfer $U_{max} = 68$ eV, die mittlere übertragene Energie $\bar{U} = 33$ eV, also wird nur ein *Frenkelpaar* (L + ZGA) pro Stoß erzeugt. Bevor es zum nächsten Stoß kommt, ist dann das Elektron durch Coulomb-Wechselwirkung soweit gebremst worden, daß $U_{max} < E_d$, so daß nur ein Frenkelpaar pro einfallendem Elektron erzeugt wird. Für 1-MeV-Neutronen ist dagegen $\bar{U} = 20$ keV und $\bar{U}/2E_d \approx 400$! Es gibt hier große Verlagerungskaskaden als Folge einer Reaktorbestrahlung.

Eine genauere Betrachtung des Stoßvorgangs zeigt eine Reihe von *Effekten der Gitterstruktur*: Fällt die Stoßrichtung des primären Rückstoß-Atoms nahezu

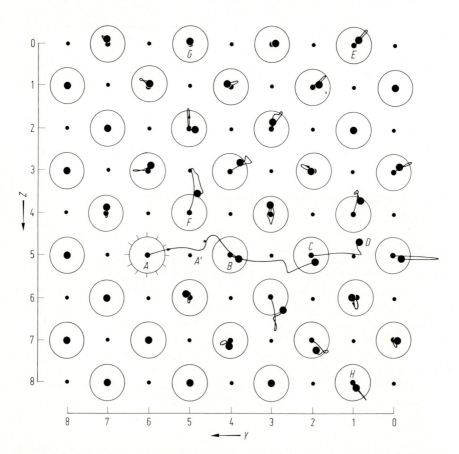

Abb. 10.7. Berechnete Atombewegungen beim Anstoß des Atoms A unter 15° zur y-Achse mit 40 eV. Die großen Kreise bezeichnen die Anfangspositionen der Atome in der kfz (100)-Ebene, die kleinen Punkte die in der Ebene darunter (G. Vineyard, Brookhaven Nat. Lab.)

mit einer dichtestgepackten Gittergeraden (⟨110⟩ beim kfz Gitter) zusammen, so findet bei kleinen Energien eine fokussierende Energieübertragung von einem Atom auf das nächste längs ⟨110⟩ über etwa 100 Gitterabstände statt. Stellt sich dem *Fokusson* eine statische Gitterstörung in den Weg, kann es dort zu einer bleibenden Verlagerung kommen. Bei etwas größeren Stoßenergien ($\sim$ 35 eV bei Kupfer) wird bei dem fokussierenden Stoß auch Materie transportiert, indem am Anfang eine Leerstelle liegen bleibt, während sich eine Konfiguration von $(n + 1)$ Atomen auf n Gitterplätzen in ⟨110⟩-Richtung fortbewegt. Man nennt diese Konfiguration ein *Crowdion*. Sie bewegt sich durch Austauschstöße fort, die z. B. die Ordnung in einer Legierung längs ihrer Bahn zerstören. Bei hohen Energien des stoßenden Teilchens erscheint der wirksame Durchmesser der Gitteratome klein, das Gitter in gewissen Richtungen („Kanälen"), z. B. ⟨110⟩, leer. Das stoßende primäre Rückstoßatom wird längs dieser Kanäle fokussiert, man sagt „kanalisiert". Diese Gittereffekte sind in Computerrechnungen vorausgesagt worden: Abbildung 10.7 zeigt die Dynamik der Bildung eines Frenkelpaares AD zusammen mit der Fokussonenausbreitung längs AE, BH usw. als Folge eines 40-eV-Primärteilchenstoßes. Experimentell werden Fokussierungsstöße durch Beschuß von Kupfer und Gold-Einkristallen mit (1–5)-keV-Argon-Ionen sichtbar gemacht. TEM zeigt danach Agglomerate von ZGA am Ende der Fokussierungsstöße, in etwa 10 und 20 nm Tiefe unter der ⟨110⟩-Oberfläche von Kupfer. Das entspricht den freien Weglängen von Crowdionen entlang verschiedener ⟨110⟩-Richtungen und ist viel größer als die Eindringtiefe der Argon-Ionen selbst (3 nm) [10.11].

Dieser fokussierte, weitreichende Materietransport besteht aber nur für ZGA, nicht für Leerstellen. Darum ist die Verlagerungskaskade am Ende eine

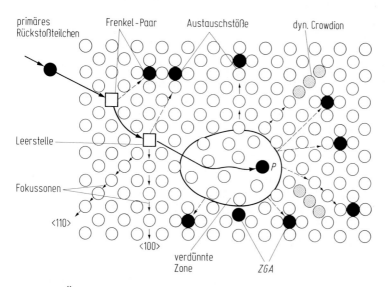

Abb. 10.8. Überblick über die von einem primären Rückstoßteilchen erzeugten Gitterbaufehler. (Nach A. Seeger)

Verdünnte Zone. Abbildung 10.8 zeigt diese und die anderen oben beschriebenen Defekte als Folge eines Stoßes schematisch nach A. Seeger. Für Kupfer haben diese Zonen einen Durchmesser von etwa 10 Gitterkonstanten und sind daher nur mittels FIM zu beobachten, siehe [10.2]. TEM zeigt nach n-Bestrahlung jedoch größere Agglomerate solcher Zonen. Zwischen der Bildung der Verlagerungskaskade und ihrer Endstufe als verdünnte Zone befindet sich das Material lokal in einem stark überhitzten Zustand („thermal spike"), d. h. ist geschmolzen. Das hat wesentliche Konsequenzen für die Bildung von Nichtgleichgewichts-Phasen (entordnet, amorph, . . .) Auch geht von der Kaskade eine Stoßwelle aus, die u. U. Zwischengitter-Versetzungsringe nach außen transportiert [10.15].

10.4 Erholungsstufen nach Bestrahlung [10.9]

Die in 10.3 beschriebenen Effekte der Bestrahlung mit energiereichen Teilchen lassen das Vorhandensein von Frenkeldefekten in Proben erwarten, die bei sehr tiefer Temperatur bestrahlt sind. In einer Stoßfolge werden zwar hohe kinetische Energien in Wärme umgewandelt, doch gleichen sich die Temperaturen dort in einigen 10^{-12} s wieder weitgehend aus. Immerhin werden nah benachbarte ZGA-Leerstellen-Paare noch während der Bestrahlung rekombinieren. Die verbleibenden Frenkelpaare rekombinieren in Kupfer zum großen Teil bei Erwärmung auf 50 K, ohne daß mikroskopische ($\Delta a/a$) und makroskopische ($\Delta l/l$) Ausdehnung voneinander abweichen; d. h. bei Bestrahlung und Erholung in diesem Bereich ändern sich c_L und c_Z in gleicher Weise. Die Existenz von ZGA nach Bestrahlung von kfz Metallen läßt sich direkt durch anelastische Untersuchungen (s. Abschn. 2.7) nachweisen, nachdem theoretisch sichergestellt ist, daß die „Hantellage" und nicht die symmetrische Lage in der Würfelmitte die stabile Konfiguration des kfz ZGA darstellt, siehe Abb. 10.9.

In neuerer Zeit ist die Struktur des ZGA in elektronenbestrahltem Aluminium auch mit der Methode der diffusen Röntgenstreuung („Huang-Streuung", Abschn. 2.3.1) vermessen worden [10.12]. Dabei müssen das Verzerrungsfeld u_p anisotrop elastisch beschrieben und die diffuse Röntgenintensität in der Umgebung verschiedener Reflexe vermessen werden.

Frenkelpaare und ZGA treten weder beim Abschrecken noch bei plastischer Verformung (s. Kap. 12) in merklichen Konzentrationen auf, wie ein Vergleich des isochronen *Erholungsverhaltens* nach diesen Vorbehandlungen mit der nach n-Bestrahlung zeigt, Abb. 10.10. Nach Elektronenbestrahlung von Cu (wie auch nach n-Bestrahlung von Al) gibt es *nur* Frenkelpaare, die zum großen Teil in der Stufe I des isochronen Restwiderstandsverlaufs ausheilen. Ein großer Teil der bei n-Bestrahlung von Cu und ähnlichen Metallen erzeugten Gitterbaufehler heilt erst in weiteren Erholungsstufen bei höherer Temperatur aus. Die Einteilung in Abb. 10.10 stammt von H. G. van Bueren und A. Seeger. Man schreibt

10.4 Erholungsstufen nach Bestrahlung

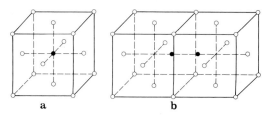

Abb. 10.9a, b. Zwischengitteratome im kfz Gitter. **a** Würfelmittenposition; **b** Hantellage

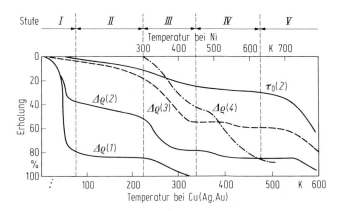

Abb. 10.10. Schematische Erholungskurven für den elektrischen Widerstand $\Delta\varrho$ und die kritische Schubspannung τ_0 von kfz Metallen nach (*1*) Elektronenbestrahlung, (*2*) Neutronenbestrahlung, (*3*) plastischer Verformung oder (*4*) Abschrecken [10.9]

jeder Erholungsstufe das Beweglichwerden und Ausheilen einer charakteristischen Art von Gitterbaufehlern zu. Es liegt nahe, für Stufe III die Diffusion von ZGA zu Leerstellen (nicht notwendig den Partnern des eigenen Frenkelpaares, wie in Stufe I) anzunehmen, wie auch, in Anbetracht der Abschreck- und Verformungsergebnisse, ein Beweglichwerden von Doppelleerstellen. In Stufe IV würden dann Einzelleerstellen beweglich, was jedoch nicht unbestritten ist [10.2]. In Stufe V heilen die restlichen Tieftemperatur-Strahlungsschäden aus, insbesondere die verdünnten Zonen und Leerstellenagglomerate, und zwar durch Rekristallisation mittels Volumendiffusion, siehe Kap. 15. Die obersten Stufen sind metallkundlich am interessantesten, weil sie die mechanischen Eigenschaften der Reaktorwerkstoffe beeinflussen, die durch n-Bestrahlung verschlechtert werden. Bei der üblichen Reaktorbestrahlung oberhalb Raumtemperatur bleiben in Cu, Ni und ähnlichen Metallen nur Fehlstellenagglomerate zurück, während atomare Gitterbaufehler erzeugt werden und wieder ausheilen, dabei aber viele Platzwechsel bewirken. (Bei einer Bestrahlungsdosis von 10^{19} n/cm^2 ist jedes Atom eines Metalls im Mittel mehr als einmal verlagert worden!)

Dieses „Durcheinanderwirbeln" der Atome bei der Bestrahlung wirkt als *Mikrodiffusion* bei vielen metallkundlichen Reaktionen. Die Einstellung der

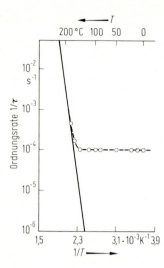

Abb. 10.11. Geschwindigkeit der Ordnungseinstellung in α-Messing als Funktion der Temperatur: Die gestrichelte Kurve gibt den zusätzlichen Effekt einer Neutronenbestrahlung an. (Nach [10.3])

Nahordnung in Cu-30%Zn wird durch einen Neutronenfluß von $5 \cdot 10^{12}$ n/cm² schon bei Temperaturen möglich, bei denen thermische Diffusion noch vernachlässigbar schwach ist. Abbildung 10.11 zeigt, daß die Halbwertszeit dieser Reaktion unterhalb von 150 °C temperaturunabhängig ist und nur durch die bestrahlungserzeugten Leerstellen bestimmt wird [10.3]. Ähnliches gilt für Nahentmischung, z. B. die Bildung von GP-Zonen. Durch bestrahlungsverstärkte Diffusion erscheint es möglich, den Temperaturbereich, in dem man Zustandsdiagramme von Legierungen als Gleichgewichtsdiagramme ansehen darf, beträchtlich zu tiefen Temperaturen auszudehnen. Darüber hinaus bewirkt der gerichtete Leerstellenfluß zu Senken und Oberflächen einen umgekehrten Kirkendall-Effekt für Fremdatome (s. Abb. 8.11), also eine Differenz der Flüsse der A- und B-Atome. Diese Konzentrationsänderung kann zu einer strahlungsinduzierten Phasenumwandlung führen [10.3a].

10.5 Bestrahlungsschädigung von Reaktorwerkstoffen

Der negative Aspekt der Bestrahlungseffekte in Metallen zeigt sich besonders in den mechanischen Eigenschaften, d. h. einer Versprödung der Konstruktionswerkstoffe im Kernreaktor z. B. durch Auscheidungsvorgänge, siehe Kap. 14. Spaltprodukte des Urans und Produkte von Kernumwandlungen, insbesondere Edelgasatome, rufen sehr starke Schädigungen hervor, nicht nur weil sie meist mit hoher kinetischer Energie entstehen, sondern weil sie auch im Muttermetall meist unlöslich sind und sich dort z. B. als Gasblasen ausscheiden. Das führt zum „Schwellen" von Brennelementen unter Bestrahlung, der Instabilität ihrer Dimensionen, was besonders unangenehm bei anisotropen Materialien ist: Es können sich kristallographisch orientierte Ausscheidungen, z. B. von ZGA auf

10.5 Bestrahlungsschädigung von Reaktorwerkstoffen

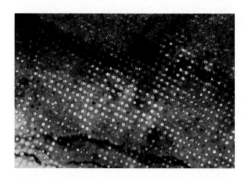

Abb. 10.12. Krz Porengitter in ionenbestrahltem Nb-1% Zr (mit 570 ppm Sauerstoff, $3 \cdot 10^{16}$ Nickelionen/cm^2 bei 900 °C) 66000×. (B. Loomis, P. Okamoto, H. C. Freyhardt, Argonne Nat. Lab.)

Basisebenen von Graphit oder α-Uran, bilden, die das Material senkrecht zu dieser Ebene wachsen und parallel dazu schrumpfen lassen. Bei Hochtemperatur-Kernreaktoren ist die sich mit der Bestrahlung entwickelnde Porosität der Brennelemente und auch der Stahlbauteile störend. Hier entwickeln sich atomare Gitterbaufehler zu technologischen Werkstoffproblemen [10.7, 10.8].

In letzter Zeit sind die *Poren* („voids"), die sich nach Reaktor-Bestrahlungen mit einer Dosis $> 10^{21}$ n/cm^2 bei etwa 1/3 Schmelztemperatur bilden, in verschiedenen reinen Metallen (Nb, Ta, Ni) näher untersucht worden. Sie erweisen sich nach TEM-Studien als kugel- oder polyeder-förmige Hohlräume, die mit der Bestrahlung wachsen und sich oft in regelmäßigen kubischen Porengittern anordnen, Abb. 10.12. Das gesamte Porenvolumen kann über 10% des Probenvolumens ausmachen bei einem Porenradius von etwa 30 nm. Da bei der Bestrahlung ZGA und Leerstellen in gleicher Zahl erzeugt werden, erhebt sich die Frage, wie überhaupt Leerstellen-Agglomerate und nur solche auftreten können. Die Antwort [10.13, 10.14] ist, daß ZGA auf Grund ihrer starken Verzerrungen stärker von Stufenversetzungen angezogen werden als Leerstellen und bevorzugt dort ausheilen (s. Abschn. 11.1.4). Die Wechselwirkung der ZGA mit Poren ist gering, während die mit Leerstellen bei *nicht zu tiefen Temperaturen* (wegen der dann geringen stationären Dichte von Leerstellen wie auch von ZGA) nicht ins Gewicht fällt. Unter diesen Bedingungen können Leerstellen agglomerieren, wie eine Analyse der Diffusionskinetik zeigt, und zwar als Poren, nicht als prismatische Versetzungsringe (Abb. 4.8). A. Seeger [10.13] hat gezeigt, daß kleine Agglomerate von n Leerstellen als kugelförmige Hohlräume eine geringere Energie haben als Versetzungsringe bei einem Radius r: die Energie ersterer geht wie ihre Oberfläche proportional zu $r^2 \sim n^{2/3}$ die der Ringe wie $(r \ln r) \sim n^{1/2} \ln n$ (s. Abschn. 11.2.2). Damit wird das Energieverhältnis proportional zu $n^{1/6}/\ln n$ nur bei kleinen n für Poren günstig. Wenn größere beobachtet werden, ist das wahrscheinlich auf eine Stabilisierung durch Gasatome zurückzuführen. Auch ist die Aktivierungsschwelle der Umwandlung von Poren in Ringe schon bei $n = 5$ relativ hoch. Bei höheren Temperaturen „dampfen" die Poren Leerstellen ab und verschwinden, so daß sich nur ein relativ enger, unglücklicherweise aber reaktortechnologisch interessanter Temperaturbereich für die Porenbildung ergibt, siehe [10.14].

11 Linienhafte Gitterbaufehler: Versetzungen

In den vorangegangenen Kapiteln haben wir schon verschiedentlich Versetzungen als wesentlichen Bestandteil des metallischen Gefüges in Betracht gezogen. Wir konnten dabei auf ein Kapitel im „Kittel" [1.1] zurückgreifen, in dem Versetzungen zur Erklärung der plastischen Abgleitung eingeführt und in einigen wichtigen geometrischen und elastizitätstheoretischen Zügen beschrieben werden. Die folgenden Kapitel dieses Buches bauen weitgehend auf den Eigenschaften dieser Gitterbaufehler auf. Wir werden daher in diesem Kapitel die benötigten Elemente der Versetzungstheorie darstellen und durch experimentelle Ergebnisse von Modellcharakter belegen. Es ist kein Mangel an weiterführenden Darstellungen über Versetzungen, siehe z. B. [11.1 bis 11.5].

11.1 Topologische Eigenschaften von Versetzungen

11.1.1 Definition

Wie in [1.1] ausgeführt, braucht man Versetzungen, um die grundsätzlich sehr leichte Verformbarkeit metallischer Kristalle zu verstehen. Das Grundproblem der plastischen Verformung, die Abgleitung eines Kristalls auf einer ausgezeichneten kristallographischen Ebene (Gleitebene) um einen elementaren Translationsvektor b (Burgersvektor) in einer ausgezeichneten Gitterrichtung (Gleitrichtung), Abb. 11.1, wird durch *zwei mögliche Zwischenschritte* gelöst: Stufen- und Schraubenversetzung (Abb. 11.1b und c). Beim ersten (Abb. 11.1b) hat die Gleitung auf der rechten Seite des Kristalls begonnen, ist aber auf der linken noch nicht angekommen: Im Inneren gibt es also eine gestörte Konfiguration (Stufenversetzung) von 5 Halbebenen oberhalb der Gleitebene über 4 Halbebenen unterhalb (oder 3 über 2), die sich von vorn nach hinten, senkrecht zu b, durch den Kristall erstreckt. Sie bewegt sich über die gestrichelt markierte Gleitebene als Grenze zwischen schon geglittenem und noch nicht geglittenem Kristallteil. Bei der Schraubenversetzung, Abb. 11.1c, beginnt derselbe Gleitprozeß an der Vorderseite des Kristalls und breitet sich über dieselbe Ebene nach hinten aus. Hier sind also Gleitvektor b und Linienrichtung ds parallel zueinander, nicht senkrecht wie bei der „Stufe" (-nversetzung). Die gestörte Atomanordnung um die „Schraube" (-nversetzung) hat die Form einer Wendeltreppe. Beide Versetzungen sind stabile Verzerrungszustände des Kri-

11.1 Topologische Eigenschaften von Versetzungen

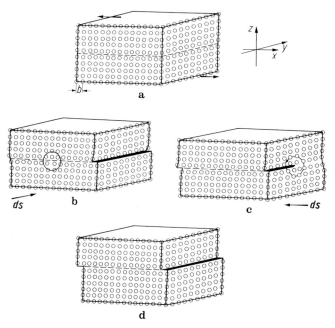

Abb. 11.1. Die beiden möglichen Zwischenschritte beim elementaren Gleitvorgang in Kristallen (a) → (d), nämlich (b) Stufenversetzung und (c) Schraubenversetzung

stalls, die offensichtlich weit reichen. Sie werden in einem Kontinuumsmodell mit den Methoden der linearen Elastizitätstheorie beschrieben (Abschn. 11.2.1).

Es gibt nur diese zwei Grenzfälle der Versetzungsorientierung in der Gleitebene, die stetig ineinander übergehen bei einem allgemeinen Versetzungsbogen, den Abb. 11.2a im Blick auf die Gleitebene zeigt. Die Definition der Versetzung durch Operationen, die wie in Abb. 11.1 auf die Oberfläche des Kristalls Bezug nehmen, ist unbefriedigend. Die Gleitung kann irgendwo im Inneren auf der Gleitebene beginnen und sich z. B. über das Kreisgebiet der Abb. 11.2b ausbreiten. Es wird dann von einem *Versetzungsring* berandet, der aus positiven und negativen Stufen und Schrauben und allen Zwischenorientierungen mit beliebigem Winkel (**b**, **ds**) besteht. Ist die Anordnung 5 über 4 Halbebenen charakteristisch für die positive Stufe, dann 4 über 5 für die negative. Der Windungssinn der Wendeltreppe von positiver und negativer Schraube ist gerade entgegengesetzt. Die Atomanordnung innerhalb des Rings zeichnet die betätigte Gleitebene nicht gegenüber der noch nicht betätigten außerhalb des Ringes aus, da ja eine Gittertranslation erfolgte. Infolgedessen ist die *Gleitebene* für die Versetzungsdefinition unwesentlich. (Sie kann durch eine beliebige *Gleitfläche* ersetzt werden, die von der Versetzungslinie berandet wird, wie in [1.1] gezeigt. Dabei auftretende Volumenänderungen, Abschn. 11.1.3, müssen beseitigt werden. Wesentlich für diese (synthetische) Definition einer Versetzung in

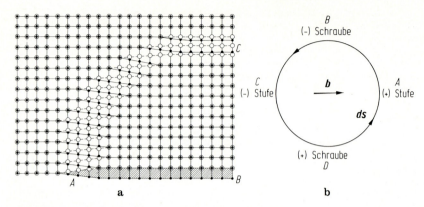

Abb. 11.2. a Blick auf die Gleitebene eines teilweise abgeglittenen Kristalls. *AB* ist eine Gleitstufe. Bei *A* trifft eine Schraubenversetzung, bei *C* eine Stufenversetzung auf die Oberfläche. Burgers-Vektor vertikal. Punkte sind Atome unterhalb, Kreise oberhalb der Gleitebene (W. T. Read, Dislocations in Crystals, McGraw Hill Book Co.); **b** Versetzungsring in der Gleitebene mit verschiedenen Charakteren und Vorzeichen der Versetzung

einem perfekten Kristall ist das Linienelement der Berandung *ds* und der Gleitvektor *b*, der die Relativverschiebung der Ufer der Gleitfläche angibt.

11.1.2 Burgersumlauf

In den meisten Fällen geht es weniger darum, eine Versetzung in einem perfekten Kristallteil zu erzeugen, als sie in einem realen Kristall *K* zu lokalisieren und zu untersuchen. Dazu hilft die Operation des Burgers-Umlaufes (nach dem Entdecker der Schraubenversetzung, J. M. Burgers. Die Stufenversetzung wurde unabhängig voneinander durch G. I. Taylor, E. Orowan und M. Polanyi 1934 entdeckt). Man denkt sich neben *K* ein perfektes Kristallgebiet *K'* und beschreibt in beiden einen Weg mit gleich vielen Einzelschritten, der in *K* um den stark gestörten Kern der vermuteten Versetzung herumführt (Abb. 11.3). Kommt man in *K* nach Durchlaufen des Weges *C* zum Ausgangspunkt zurück, so fehlt einem im perfekten Kristall nach Durchlaufen des an Schrittzahl und -Richtung äquivalenten Weges *C'* ein Schließungsvektor *b*, wenn eine Versetzung eben dieses Burgersvektors in *C* eingeschlossen ist. (Die Vorzeichenkonvention läßt *ds* nach unten aus der Bildebene herauszeigen bei der in Abb. 11.3 gezeichneten Umlaufrichtung von *C* und Richtung von *b*.)

Eine Reihe von Versetzungseigenschaften folgt aus dieser (analytischen) Versetzungsdefinition: Verschiebt man den Umlauf *C* stetig entlang der Versetzungslinie, so kann sich *b* nicht ändern. Also kann eine Versetzung innerhalb eines Kristalls nicht enden (so wie – für die synthetische Definition – der Rand einer Gleitfläche im Kristall nicht aufhören kann). Für Versetzungsverzweigungen muß $b_1 = b_2 + b_3$ im Knoten gelten. Eine Kette von Leerstellen (oder ZGA) wird mit dem Schließungsvektor Null umlaufen. Das entspricht einem

11.1 Topologische Eigenschaften von Versetzungen

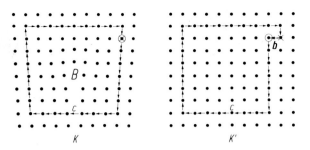

Abb. 11.3. Burgersumlauf C um „schlechtes" Kristallgebiet B im Kristall K und C' im perfekten Kristall K' mit Schließungsvektor b

engen *Versetzungsdipol*, d. h. zwei in benachbarten Gleitebenen übereinander liegenden Stufen entgegengesetzten Vorzeichens.

11.1.3 Gleiten und Klettern

Erweitert man einen Versetzungsring um das Element $[ds \times dr]$ (Abb. 11.4), so bedeutet das nach der synthetischen Definition eine Verschiebung der beiden Ufer des Elementes um b relativ zueinander. Liegt dr nicht in der Gleitebene $[b \times ds]$, dann öffnet sich bei der Verschiebung ein Volumenelement $dV = b \cdot [ds \times dr] = dr \cdot [b \times ds]$, d. h. es werden dV/Ω Leerstellen erzeugt, oder dV wird doppelt besetzt, es entstehen ZGA. Verschiebungen der Versetzung mit $dV \neq 0$ nennt man nicht-konservativ oder *Klettern*, solche mit $dV = 0$ konservativ oder *Gleiten*. Eine Schraubenversetzung hat in diesem Sinne keine Gleitebene, $[b \times ds] = 0$, und kann in jeder (äquivalenten Gitter-)Ebene gleiten. Eine Stufe klettert, wie Abb. 11.5 zeigt, indem sie Leerstellen oder ZGA an ihrer Extrahalbebene einbaut. Wenn sich eine Schraube lokal in die Stufenorientierung dreht, was z. B. an Sprüngen (Abschn. 11.1.4) der Fall ist, und nun mit einer

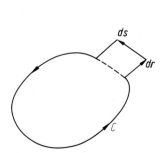

Abb. 11.4. Ausdehnung eines Versetzungsringes C durch Element $[ds \times dr]$

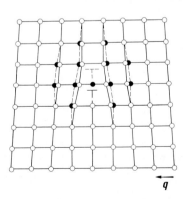

Abb. 11.5. Stufenversetzung klettert aus gestrichelter Position durch Leerstellen-Einbau

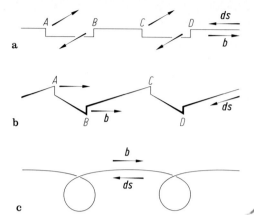

Abb. 11.6. Klettern, **b**, einer Schraube mit Sprüngen A bis D, **a**, führt zur Bildung einer Helixversetzung, **c**

Nichtgleichgewichtskonzentration von Leerstellen reagiert, wie sie z. B. nach dem Abschrecken vorliegt, dann entsteht nach Abb. 11.6 eine „Helix". Eine ebene Ansammlung von Leerstellen, über der das Gitter zusammenbricht, bildet einen „prismatischen" Versetzungsring, dessen **b** also senkrecht zur Ringebene liegt, und der infolgedessen nur auf einer durch $[\boldsymbol{b} \times \boldsymbol{ds}]$ definierten Zylinderfläche gleiten kann, siehe, Abb. 4.8 und 11.19.

11.1.4 Kinken und Sprünge

Gleiten und Klettern von geraden Versetzungen beginnen oft lokal von *Kinken* und *Sprüngen* aus, die Abb. 11.7 und 11.8 zeigen. Eine Kinke bringt die Versetzung um den Elementarschritt in der Gleitebene vorwärts, ein Sprung führt sie örtlich von *einer* Gleitebene auf die nächste. Für die Bewegung von Kinken und Sprüngen als Elementen *ds* einer Versetzung des Burgersvektors *b* gelten die durch dV charakterisierten Regeln des Abschn. 11.1.3: Insbesondere

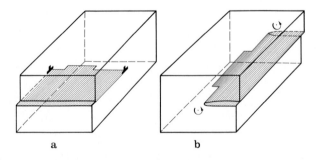

Abb. 11.7. Kinken in Stufe (**a**) und Schraube (**b**)

11.1 Topologische Eigenschaften von Versetzungen

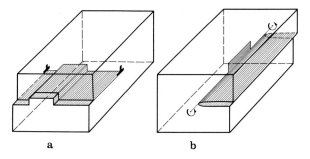

Abb. 11.8. Sprünge in Stufe (**a**) und Schraube (**b**)

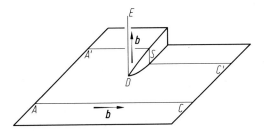

Abb. 11.9. Schneiden zweier Schrauben: Versetzung AC bewegt sich über Versetzung DE hinweg in Position $A'C'$ und hat dann einen Sprung S

kann ein Sprung in einer Schraube nur *parallel* zu dieser (konservativ) *gleiten*, *mit* der Versetzung kann er sich nur durch *Klettern* bewegen. Das behindert die Bewegung der Schraube und ist die Hauptquelle der Erzeugung von Leerstellen und ZGA bei plastischer Verformung. Wegen der (in Cu) 4mal größeren Bildungsenergie von ZGA als von L werden hauptsächlich Leerstellen erzeugt: ZGA-erzeugende Sprünge in Schrauben vermeiden deshalb eine Bewegung senkrecht zur Versetzungslinie, schieben sich statt dessen parallel zur Versetzung zu „Supersprüngen" zusammen, die über mehrere Netzebenen führen (falls sie sich nicht mit Leerstellen-erzeugenden Sprüngen annihilieren können). An diesen langen Sprüngen ziehen sich dann Stufenversetzungsdipole aus, siehe Abb. 12.4. Erzeugt werden Sprünge hauptsächlich durch Schneiden von Schrauben in anderen Gleitebenen, siehe Abb. 11.9.

11.1.5 Die Kraft auf eine Versetzung

Die o.g. Versetzungsbewegungen resultieren aus Kräften, die innere und von außen angelegte Spannungen auf Versetzungen ausüben. Sie seien durch einen Spannungstensor

$$\sigma = \begin{pmatrix} \sigma_{xx} & \sigma_{xy} & \sigma_{xz} \\ \sigma_{xy} & \sigma_{yy} & \sigma_{yz} \\ \sigma_{xz} & \sigma_{yz} & \sigma_{zz} \end{pmatrix}$$

als Funktion des Ortes beschrieben, der bei der Verschiebung des Flächenelementes $d\boldsymbol{a} = [d\boldsymbol{s} \times d\boldsymbol{r}]$ die Arbeit (Kraft mal Weg)

$$dA = (d\boldsymbol{a} \cdot \sigma) \cdot \boldsymbol{b} \equiv \begin{pmatrix} da_x\sigma_{xx} + da_y\sigma_{xy} + da_z\sigma_{xz} \\ da_x\sigma_{xy} + da_y\sigma_{yy} + da_z\sigma_{yz} \\ da_x\sigma_{xz} + da_y\sigma_{yz} + da_z\sigma_{zz} \end{pmatrix} \begin{pmatrix} b_x \\ b_y \\ b_z \end{pmatrix}$$

leistet, die nach den Regeln der Vektoranalysis geschrieben werden kann als

$$dA = ([d\boldsymbol{s} \times d\boldsymbol{r}] \cdot \sigma) \cdot \boldsymbol{b} = [d\boldsymbol{s} \times d\boldsymbol{r}] \cdot (\boldsymbol{b}\sigma) = d\boldsymbol{r}[\boldsymbol{b}\sigma \times d\boldsymbol{s}] .$$

(11-1)

Andererseits folgt aus der Definition einer Kraft $d\boldsymbol{K}$ auf das Element $d\boldsymbol{s}$ der Versetzung bei dessen Verschiebung um $d\boldsymbol{r}$: $dA = d\boldsymbol{r} \cdot d\boldsymbol{K}$. Zusammen mit (11-1) ergibt sich die Kraft auf die Versetzung („Peach-Koehler-Kraft")

$$d\boldsymbol{K} = [\boldsymbol{b}\sigma \times d\boldsymbol{s}] .$$

(11-2)

Spezialfälle

a) *Stufe*. $\boldsymbol{b} = (b, 0, 0)$, $d\boldsymbol{s} = (0, -ds, 0)$, Gleitebenennormale ist die z-Achse, beliebiges σ; Gl. (11-2) gibt damit $d\boldsymbol{K} = b\,ds(\sigma_{xz}, 0, -\sigma_{xx})$. Die x-Komponente dK_x/ds ist die *Gleitkraft* pro Längeneinheit, gegeben durch das Produkt von Burgersvektor-Betrag mal Schubspannung in Gleitebene und Gleitrichtung – am Ort der Versetzungslinie. dK_z/ds ist eine *Kletterkraft* pro Längeneinheit, die aus dem Bestreben der Normalspannung $-|\sigma_{xx}|$ folgt, die Extrahalbebene der Stufe in z-Richtung aus dem Kristall herauszudrücken. Das bedeutet nach Abb. 11.5, daß die Versetzung Leerstellen aufnimmt (oder ZGA abgibt). Damit gerät deren Konzentration c_L aus dem Gleichgewicht c_0, bis die zugehörige Änderung des Chemischen Potentials (Abschn. 5.2.1) $\Delta\mu_L = kT \ln c_L/c_0$ eine solche „chemische Kraft" $\Delta\mu_L \cdot b/\Omega$ auf die Längeneinheit aufgebaut hat, daß die Kletterkraft dK_z/ds gerade kompensiert wird. Umgekehrt entsteht durch eine Leerstellenübersättigung stets eine Kletterkraft auf die Versetzung. Ein hydrostatischer Druck p vermindert die Gleichgewichtskonzentration der Leerstellen im Kristall. Die zugehörige chemische Kraft läßt eine Versetzung klettern. Andererseits wirkt p direkt auf die Stufenversetzung, wie oben für die Normalspannung $-|\sigma_{xx}|$ gezeigt wurde. Dabei können die überzähligen Leerstellen absorbiert werden. Eine makroskopische Versetzungsbewegung unter hydrostatischem Druck gibt es allerdings nicht [11.1].

b) *Schraube*. $\boldsymbol{b} = (b, 0, 0)$, $d\boldsymbol{s} = 9 + ds, 0, 0)$. Gl. (11-2) gibt dafür $d\boldsymbol{K} = (b\,ds(0, +\sigma_{xz}, -\sigma_{xy})$. Die Schraube fühlt also dieselbe Gleitkraft in der xy-Ebene senkrecht zu ihrer Linie wie die Stufe; es gibt keine Kletterkraft auf die Schraube (wohl aber Momente, die sie in die Stufenorientierung drehen). Die Schraube gleitet auch unter einer Schubspannung in der xz-Ebene (und in jeder Ebene, die $\boldsymbol{b}$ enthält!).

11.2 Elastizitätstheorie der Versetzungen

11.2.1. Eigenspannungen von Versetzungen

Wir erzeugen eine Versetzung in einem elastischen Kontinuum mit dem isotropen Schubmodul G und der Poissonzahl v. Abbildung 2.10 zeigt die elastischen Verschiebungen $u(x, y, z)$ um eine *Schraube*. Man kann der Abb. 11.10a direkt entnehmen, daß das Verschiebungsfeld die Form $u = (0, b(\alpha/2\pi), 0)$ haben sollte. Das entspricht der Gl. (2-5). Die Richtigkeit dieses Ansatzes wird durch zwei Forderungen geprüft: Der Beweis, daß es sich um eine Schraubenversetzung handelt, wird durch den Burgersumlauf (Wegelement dw) erbracht:

$$\oint \frac{\partial u_y}{\partial w} dw = \int_0^{2\pi} \frac{\partial u_y}{\partial \alpha} d\alpha = b \ . \tag{11-3}$$

Ferner muß die Gl. (2–5) die elastischen Gleichgewichtsbedingungen erfüllen, die hier div grad $u = \Delta u_y = 0$ lauten. Man erhält aus $u(x, y, z)$ die folgenden Schubspannungen

$$\left. \begin{array}{l} \sigma_{xy} = G\dfrac{\partial u_y}{\partial x} = -\dfrac{Gb}{2\pi} \dfrac{z}{x^2 + z^2}; \ \sigma_{yz} = \dfrac{Gb}{2\pi} \dfrac{x}{x^2 + z^2} \\[2mm] \text{oder } \sigma_{\alpha y} = A_s/r \text{ in zylindrischen Polarkoordinaten} \\ (r, \alpha) \text{ mit } A_s = Gb/2\pi. \end{array} \right\} \tag{11-4}$$

Die Spannungen divergieren im Ursprung: Deshalb sparen wir einen Zylinder atomaren Durchmessers r_0 um die Versetzungsachse aus. Wir müssen bei einem Körper endlicher Abmessungen wie dem in Abb. 11.10a gezeigten noch

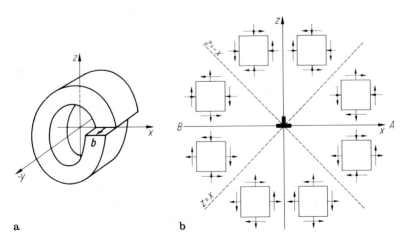

Abb. 11.10. **a** Verzerrungen um Schraubenversetzung; **b** Spannungszustand um Stufenversetzung

darauf achten, daß seine Oberflächen durch (Burgersvektor-freie) Zusatzverschiebungen kräftefrei gemacht werden. Diese spielen aber für makroskopische Proben keine Rolle.

Die entsprechende elastische Lösung für die *Stufe* ist schwieriger zu finden, da sie keine Zylindersymmetrie hat, sondern einen ebenen Dehnungszustand beschreibt ($u_y = 0$ bei $ds = ds_y$, $b = b_x$). Mit $A_e = Gb/2\pi(1 - v)$ erhält man

$$\frac{\sigma_{xz}}{A_e} = \frac{x(x^2 - z^2)}{(x^2 + z^2)^2}; \quad \frac{\sigma_{xx}}{A_e} = -\frac{z(3x^2 + z^2)}{(x^2 + z^2)^2}; \quad \frac{\sigma_{zz}}{A_e} = \frac{z(x^2 - z^2)}{(x^2 + z^2)^2}; \quad (11\text{-}5)$$

ferner $\sigma_{yy} = v(\sigma_{xx} + \sigma_{zz})$. Hier werden wieder Terme vernachlässigt, die die innere und äußere Oberfläche des die Versetzung umgebenden Hohlzylinders spannungsfrei machen.

Zur Diskussion von Gl. (11-5) dient Abb. 11.10b. Im oberen Halbraum stellt $\sigma_{xx} < 0$ einen Druck in Richtung von **b** dar, im unteren einen Zug. σ_{zz} wechselt außerdem bei $x = \pm z$ das Vorzeichen wie σ_{xz}. Die Schubspannung von Versetzung (1) kann nach Gl. (11-2) als Gleitkraft $dK_x^{(2)} = b_2 \, ds_2 \sigma_{xz}^{(1)}$ auf eine hypothetische zweite Stufenversetzung gleichen Vorzeichens auf einer parallelen Gleitebene interpretiert werden. Im Vorwärts- und Rückwärtssektor (*A* bzw. *B*) wird diese abgestoßen, im unteren und oberen Sektor dagegen angezogen zu Gleichgewichtspositionen bei $x = 0$: Das ist die Tendenz zur Bildung von KW-KG, Abschn. 3.2.1. Haben die beiden Versetzungen entgegengesetztes Vorzeichen, dann gibt es eine stabile Gleichgewichtslage bei $x = \pm z$, den Versetzungsdipol, der keine weitreichenden Spannungen mehr hat. (Es gibt übrigens keine stabile Anordnung für 2 parallele Schrauben!)

Ein interessanter Unterschied zur Schraube ist auch die Existenz einer endlichen *Volumendilatation* um eine Stufenversetzung, die vom Azimut α in der xz-Ebene abhängt wie

$$\text{div } \boldsymbol{u} = \frac{dV}{V} = -\frac{b}{2\pi} \frac{(1 - 2v)}{1 - v} \frac{\sin \alpha}{r}. \quad (11\text{-}6)$$

Es gibt also maximale Kompression oberhalb, Dilatation unterhalb der Gleitebene einer positiven Stufenversetzung. Der Mittelwert $\overline{(dV/V)}$ ist Null nach allgemeinen Sätzen der *linearen* Elastizitätstheorie (Theorem von Colonetti). In einer Elastizitätstheorie 2. Ordnung ist $\overline{(dV/V)}$ proportional zur Energiedichte der Eigenspannungen der Versetzungen, siehe [11.6]. Die Versetzung ist dann immer mit einer Volumen-Aufweitung verbunden, in dieser Näherung also auch die Schraube. Atomistisch ergibt sich das daraus, daß die abstoßende Wechselwirkung zwischen den verschobenen Atomen im Versetzungskern stärker mit der Verschiebung ansteigt als die anziehende. Die Dilatationen um die Versetzungen sind nach A. H. Cottrell und B. A. Bilby ein Hauptgrund für ihre Wechselwirkung mit Fremdatomen abweichender Atomgröße ($\delta \neq 0$).

Die *Eigenspannungen* um Versetzungen sind experimentell bestätigt worden durch Beobachtung der Spannungsdoppelbrechung im Infraroten und durch

Röntgenspektrometrie nach dem Doppelkristallverfahren, beides an Germanium, siehe [11.7] und Abschn. 2.2.2. Wegen des Faktors $1/(1-v)$ in A_e ist die Wechselwirkung zwischen Stufen im Isotropen etwa 50% stärker als zwischen Schrauben. Die maximale Schubspannung $\sigma_{xz} = \tau_p$, mit der zwei parallele Stufen auf parallelen Gleitebenen des Abstandes z_0 miteinander wechselwirken, ergibt sich aus Gl. (11-5) zu $\tau_p \approx A_e/4 \cdot z_0$. Das ist die „Passierspannung", die von außen mindestens aufgewandt werden muß, um die Versetzungen aneinander vorbeizutreiben, siehe [1.1].

11.2.2 Versetzungsenergie und Linienspannung

Durch Integration der durch die Quadrate der Spannungen gegebenen Energiedichten über einen die Versetzung enthaltenden Hohlzylinder (R, r_0) erhält man die Energie pro cm Zylinderlänge im Falle der Schraube, Gl. (11-4), zu

$$E_L^s = \int_{r_0}^{R} \frac{\sigma_{\alpha y}^2}{2G} \cdot 2\pi r \, dr \approx \frac{Gb^2}{4\pi}\left(\ln\frac{R}{r_0} - 1\right), \tag{11-7a}$$

wobei die (-1) von den die Oberfläche kräftefrei machenden Zusatzspannungen herrührt. Entsprechend ergibt sich für die Stufe (mit $R \gg r_0$), Gl. (11-5),

$$E_L^e = \frac{Gb^2}{4\pi(1-v)}\left(\ln\frac{R}{r_0} - 1\right). \tag{11-7b}$$

Diese Energien E_L divergieren für $R \to \infty$, d. h. einen unendlich ausgedehnten Körper, und im Versetzungskern $(r_0 \to 0)$. Die Schwierigkeiten sind aber mehr formaler Natur. Die Energie des Kerns muß atomistisch berechnet werden (s. Abschn. 11.3.1) und ergibt sich als kleiner Zusatz zu E_L. Das elastizitätstheoretische Ergebnis (11-7) $E_L \sim \ln R$ erweist sich dabei erstaunlicherweise bis hinunter zu R von atomarer Größe als korrekt. Bei großen R liegen in praxi immer andere Versetzungen vor, die das Spannungsfeld der betrachteten Versetzung z. T. kompensieren, so daß man $R \sim N^{-1/2}$ setzen kann, wobei N die Versetzungsdichte (cm^{-2}) des Kristalls ist. (Man kann die Versetzungsdichte als gesamte Versetzungslänge in der Volumeneinheit z. B. durch TEM ausmessen oder die Durchstoßpunkte von Versetzungen durch 1 cm^2 Oberfläche nach Anätzen zählen. Beide Maße für N unterscheiden sich nach G. Schöck nur durch einen Zahlenfaktor.) Nach dem obigen Prinzip läßt sich die Energie pro Längeneinheit eines Versetzungsringes vom Radius R_1 abschätzen zu $E_1 = (b/4) \times (A_s + A_e) \cdot [\ln(R_1/r_0) - 1]$. Die Energie pro Längeneinheit ist also kleiner für stark gekrümmte Versetzungen als für gerade, da sie weitgehend im Fernfeld steckt: Für $N = 10^8$ cm^{-2} und $r_0 = 10^{-7}$ cm wird $bE_s = (1/2)Gb^3 \approx 2$ eV für Al; für $R_1 = 10^{-6}$ cm ist aber $bE_1 = 0{,}7$ eV. Für eine Kinke oder einen Sprung setzt man $bE_L \approx Gb^3/10$. Solche Elemente können durch thermische Schwankungen erzeugt werden, nicht aber makroskopische Versetzungsstücke; sie sind Teile des Gefüges, s. Abschn. 3.1. Die Konfigurationsentropie einer Versetzung als makroskopisch korrelierter Struktur ist klein; dementsprechend ist die Freie Energie fast gleich der Selbstenergie der Versetzung.

Man kann die Selbstenergie der Versetzungs-Längeneinheit als *Linienspannung* auffassen, die eine gekrümmte Versetzung geradezieht, bei Berücksichtigung gewisser Orientierungsfaktoren: Bei der Ausbiegung einer Schraube wird Stufenorientierung erzeugt und damit Dilatationsenergie zusätzlich zur Energie der Scherungen. Man vergleicht die Energie einer leicht gekrümmten Versetzung (mit den örtlichen Tangenten $dy/dx = \tan(\beta - \beta_0)$ in Abb. 11.11a) mit der einer geraden Versetzung bei festen Endpunkten und erhält für die Linienspannung

$$E_T(\beta_0) = \left(E_L(\beta) + \frac{d^2 E_L}{d\beta^2} \right)_{\beta = \beta_0}. \tag{11-7c}$$

Die Linienenergie einer gemischten Versetzung (Winkel β_0) ergibt sich durch lineare Superposition aus Gl. (11-7)

$$E_L(\beta_0) \approx \frac{A_s b}{2} \left(\ln \frac{R}{r_0} \right) \left(1 + \frac{\nu}{1-\nu} \sin^2 \beta_0 \right) \tag{11-7d}$$

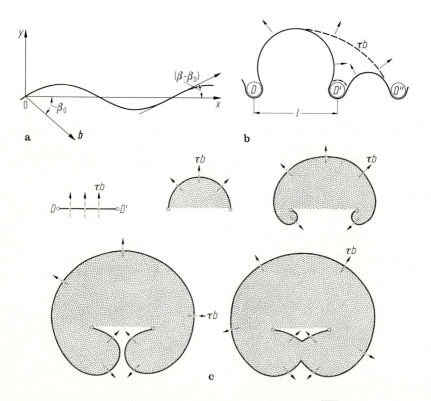

Abb. 11.11. a Gekrümmte Versetzungslinie; **b** Versetzungssegment $\overline{DD'}$ wird unter der Kraft τb instabil und vereinigt sich mit $\overline{D'D''}$ unter Zurücklassung eines Rings um D'; **c** Frank-Read-Quelle der Länge $l = DD'$ erzeugt einen Versetzungsring und reproduziert sich

und damit die Linienspannung

$$E_T(\beta_0) = \frac{A_s b}{2}\left(\ln\frac{R}{r_0}\right)\left(1 + \frac{2v}{1-v}\cos 2\beta_0 + \frac{v}{1-v}\sin^2\beta_0\right).\qquad(11\text{-}7e)$$

Für eine Schraube $E_T(0°) = [(1+v)/(1-2v)] \cdot E_T(90°)$; ihre Linienspannung ist für $v = 1/3$ also 4mal größer als die einer Stufe, vgl. [11.2].

Unter einer Spannung τ krümmt sich eine Versetzung, die an beiden Enden festgehalten wird, zu einem Radius $r_K = E_L/\tau b$. Ist der Radius kleiner als der halbe Abstand der Ankerpunkte $l/2$, so wird die Versetzung instabil und „quillt" zwischen den Ankerpunkten durch bis zur Erzeugung vollständiger Versetzungsringe (Abb. 11.11c). Die Einsatzspannung dieser Instabilität ist die *Orowan-Spannung*

$$\tau_1 = \frac{2E_L}{bl} \approx \alpha\frac{Gb}{l}\qquad(11\text{-}8)$$

mit einem Zahlenfaktor α, der von der Anordnung benachbarter Versetzungen abhängt. Im allgemeinen ist nämlich das Versetzungsstück *DD'* (Abb. 11.11b) in der Gleitebene nicht isoliert, sondern mit weiteren Versetzungsstücken verbunden, die vor ähnlichen Hindernissen liegen. Unter diesen Umständen erfolgt zwar der Durchbruch (Abb. 11.11b) bei τ_1; dann vereinigen sich aber benachbarte Versetzungsbögen $D'D''$ unter Annihilation ihrer Verbindungen zu den Ankerpunkten und bilden eine gerade Versetzungsfront jenseits der Hindernisse sowie kleine Versetzungsringe um die Hindernisse. Dieser Orowan-Prozeß spielt bei der Legierungshärtung eine wichtige Rolle (Kap. 14). Die *Frank-Read-Quelle* ermöglicht nach Abb. 11.11c eine Versetzungsmultiplikation. Man hat eine solche Versetzungskonfiguration gelegentlich beobachtet (s. [1.1]), weiß aber noch nicht, ob sie den vorherrschenden Multiplikationsmechanismus darstellt. Andere Quellenmechanismen basieren aber auf demselben Prinzip und beweisen, daß man viele Versetzungen auf einer Gleitebene erhalten kann, wie es die Oberflächen-Gleitstufen zeigen [11.7].

11.2.3 Versetzungswechselwirkungen

Mit der Entdeckung der Versetzungen und ihrer Multiplikationsmöglichkeiten ist das Problem der leichten Plastizität der Kristalle nicht nur gelöst, sondern geradezu in sein Gegenteil verkehrt worden. Es gilt jetzt zu verstehen, warum Kristalle nicht bei Spannungen τ_1, die den beobachteten Maschenweiten l der Netzwerke eingewachsener Versetzungen von etwa 10^{-4} cm entsprechen, unbegrenzt abgleiten. Dafür sorgt gerade die Wechselwirkung der sich multiplizierenden Versetzungen, die (Verformungs-)*Verfestigung* erzeugt. Wir haben zwei Fälle von Versetzungswechselwirkungen schon kennengelernt:

a) Die Wechselwirkung *paralleler Stufen* (11.2.1), die auf eine Passierspannung $\tau_p = Gb/8\pi(1-v)z_0$ führt. Der Abstand z_0 benachbarter Gleitebenen sollte mit zunehmender Versetzungsdichte N wie $z_0 \sim N^{-1/2}$ abnehmen, also sollte die zu weiterer plastischer Verformung nötige „*Fließspannung*" zunehmen wie

$$\tau_p = \alpha_1 Gb\sqrt{N} \, . \tag{11-9}$$

Diese zuerst von G. I. Taylor angegebene Beziehung ist inzwischen vielfach bestätigt worden, siehe Abb. 11.12, mit $\alpha_1 \approx 1/3$;

b) die Wechselwirkung zueinander senkrechter Versetzungen, das „*Schneiden eines Versetzungswaldes*", Abschn. 11.1.4, kostet eine mit der Verformung zunehmende Arbeit zur Erzeugung von Kinken und Sprüngen sowie für die mit der Bewegung von Sprüngen in Schrauben verbundene Leerstellenerzeugung. Der Abstand l der „Bäume" nimmt mit der Versetzungsdichte des Waldes N_w zufolge $l \sim N_w^{-1/2}$ ab, also nimmt die Orowanspannung, die eine obere Grenze für die zur Durchdringung des Waldes nötige Fließspannung darstellt, wie

$$\tau_1 = \alpha_2 Gb\sqrt{N_w} \tag{11-10}$$

zu. Diese Beziehung ist von (11-9) nur durch die Orientierung der die Fließspannung bestimmenden Versetzungen verschieden. Normalerweise nimmt $N_w \sim N$ mit der Verformung zu (s. Abschn. 12.2), so daß leider das Ergebnis der Abb. 11.12 nicht viel über den Wechselwirkungsmechanismus aussagt.

Für beliebig orientierte Versetzungen mit Burgersvektoren $\boldsymbol{b}_1$, $\boldsymbol{b}_2$ kann man die Wechselwirkung aus einer hypothetischen *Vereinigungsreaktion* $\boldsymbol{b}_1 + \boldsymbol{b}_2 \to (\boldsymbol{b}_1 + \boldsymbol{b}_2)$ abschätzen, bei der die Energie proportional zu

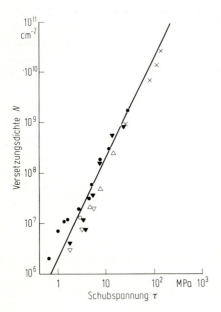

Abb. 11.12. Versetzungsdichte N gemessen durch Ätzgruben auf Cu-Einkristallen, die bis zu Fließspannungen τ verformt wurden (nach J. D. Livingston; Kreuze sind Ergebnisse von TEM an Vielkristallen)

11.2 Elastizitätstheorie der Versetzungen

$(b_1 + b_2)^2 - b_1^2 - b_2^2 = 2b_1b_2$ zunimmt, oder abnimmt, je nachdem, ob Abstoßung $(b_1b_2) > 0$ oder Anziehung $(b_1b_2) < 0$ vorliegt. Die Vereinigung wird aber u. U. durch mangelnde Gleitmöglichkeiten der beteiligten Versetzungen verhindert. Das (b_1b_2)-Kriterium zeigt, daß Versetzungen in solche mit möglichst kurzem Burgersvektor zerfallen. Sie entfernen sich dann voneinander auf einen Abstand r_{12} (siehe dazu die Versetzungsaufspaltung in Abschn. 11.3.3.1). Im Falle paralleler Schrauben ist die Wechselwirkungsenergie [11.3].

$$E_{12} = \frac{G(b_1b_2)}{2\pi} \ln \frac{r_{12}}{r_0}. \tag{11-11}$$

Eine Schraubenversetzung im Abstand r von einer *freien Oberfläche* wird durch Bildkräfte angezogen, die von einer virtuellen Versetzung entgegengesetzten Vorzeichens herzurühren scheinen, die im Abstand r vor der Oberfläche liegt. Ihre Energie nimmt bei Annäherung an die Oberfläche auf r wie $(Gb^2/4\pi) \times \ln(2r/r_0)$ ab. Die Versetzung läuft also aus dem Kristall heraus. Eine im Inneren festgehaltene Versetzung dreht sich daher in eine zur Oberfläche senkrechte Orientierung. Das ergibt ernste Probleme bei der Dünnung von Proben für die TEM (s. 2.2). Wenn der Außenraum nicht Vakuum, sondern ein Medium des Moduls $G' \neq G$ ist, dann erhält die o. g. Wechselwirkungsenergie mit der Oberfläche den zusätzlichen Faktor $(G - G')/(G + G')$. Für $G' > G$, z. B. eine Oxidschicht der Dicke δ, wird die Versetzung abgestoßen, solange $r < \delta$ ist, für $r > \delta$ dagegen vom Außenraum angezogen. Die Versetzung bleibt also in einer Tiefe δ unter der Oberfläche liegen. C. S. Barrett hat gezeigt, daß sich ein unter Oxid verformter Al-Kristall beim anschließenden Abätzen spontan weiterverformt: Die Versetzungen treten dann in die Oberfläche aus.

Während wir die Wechselwirkung von Versetzungen in *verschiedenen* (auch parallelen) Gleitebenen schon behandelt haben, ist die von Versetzungen in der gleichen Gleitebene wegen ihrer beschriebenen Multiplikationsfähigkeit noch von besonderem Interesse. Solche gleichen Vorzeichens stoßen sich ab, werden sich also auf einem begrenzten Stück Gleitebene (z. B. zwischen zwei Korngrenzen) so verteilen, daß ihre Dichte am Rand größer ist als in der Mitte: Abbildung 11.13a zeigt die Verteilungsfunktion $D(x)$ für den spannungsfreien Fall. ($D(x)\,dx$ ist die Zahl der verschmiert gedachten Versetzungen zwischen x und $x + dx$.) Für den Fall, daß eine Spannung τ_a in der Gleitebene wirkt, gilt Abb. 11.13b (für Versetzungen eines Vorzeichens) und Abb. 11.13c (für Versetzungen beider Vorzeichen, die als Teile von Ringen aus einer Frank-Read-Quelle in der Mitte austreten). Die Verteilungen $D(x)$ ergeben sich nach G. Leibfried in einer Kontinuumsbeschreibung aus der Bedingung, daß die an jeder Stelle der Gleitebene wirkende Gesamtspannung null ist, wenn dort Versetzungen liegen. Das heißt für Abb. 11.13b

$$\int_{-a}^{+a} D(\xi) \frac{A_e}{x - \xi} d\xi + \tau_a = 0 \tag{11-12}$$

mit $\int_{-a}^{+a} D(\xi)\,d\xi = n$, der Gesamtzahl der Versetzungen im Intervall.

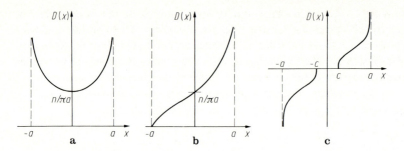

Abb. 11.13. Verteilungsfunktion von Versetzungen im Intervall $(-a, a)$ für **a** Spannung Null; **b** konstante Spannung, **c** Versetzungen beiderlei Vorzeichens aus Quelle in der Mitte unter Spannung τ. Kritische Schubspannung der Quelle ist $\tau c/a$

Die Lösung der Integralgleichung für den Fall der Abb. 11.13b, in dem durch Wahl von τ_a gerade $D(-a) = 0$ gemacht wurde, ist

$$D(x) = \frac{n}{\pi a}\sqrt{\frac{a+x}{a-x}}, \qquad |x| < a. \tag{11-13}$$

Die Gesamtspannung dieser *Versetzungsaufstauung* außerhalb des Intervalls ergibt sich mathematisch durch analytische Fortsetzung von $D(x)$ außerhalb ihres Definitionsintervalls (wo D also rein imaginär ist) zu

$$\tau(x) = i\pi A_e D(x) \approx \tau_a \sqrt{\frac{2a}{x-a}}, \qquad |x| > a. \tag{11-14}$$

Vor der rechten Korngrenze tritt also eine Spannungskonzentration auf, die mit wachsender Korngröße zunimmt. Das wird in Kap. 12 die Petch-Beziehung für die Fließspannung von Vielkristallen ergeben. Die auf das rechte Hindernis selbst wirkende Gesamtspannung ergibt sich zu $\tau(a) = n\tau_a$, multipliziert also die äußere Spannung im Verhältnis zur Zahl der aufgestauten Versetzungen. Versetzungsaufstauungen dieser Art sind durch Anätzen und TEM vielfach beobachtet worden (s. [11.3]). Die Methode der kontinuierlichen Versetzungsverteilung ist besonders nützlich zur Formulierung einer Elastizitätstheorie eines überelastisch verformten Kontinuums, in dem infinitesimale Versetzungen an den Stellen auftreten, wo die elastischen Kompatibilitätsbedingungen verletzt sind (E. Kröner [11.8]).

11.3 Versetzungen in Kristallen

Wir haben bisher die Kristallplastizität mit Versetzungen im Kontinuum beschrieben (die allerdings einen Translationsvektor des Gitters als Burgersvektor haben). Für die Beschreibung des *Versetzungskerns*, der wesentlich die Dynamik wirklicher Versetzungen bestimmt, müssen wir die Versetzung im Kristall betrachten. Schließlich sollen die Burgersvektoren in den typischen Kristallstrukturen der Metalle auf ihre Stabilität untersucht werden, wobei ein Zerfall in Partialversetzungen unter Bildung von Stapelfehlern (Abschn. 3.1) weitreichende Konsequenzen hat.

11.3.1 Das Peierlspotential

Aus Symmetriegründen ändert sich die Atomanordnung im Kern einer Versetzung periodisch (Periode b) bei deren Bewegung entlang der Gleitebene, wie Abb. 11.14 für die Stufe zeigt. Die zugehörige periodische Änderung der Versetzungsenergie mit dem Ort nennt man das Peierls-Potential. Seine Berechnung erfordert eine Kenntnis der atomaren Wechselwirkungskräfte über die Gleitebene hinweg. Weiter entfernt liegende Gitterebenen können kontinuumstheoretisch beschrieben werden. Zur Vereinfachung sei angenommen, daß ein Atom an der Stelle x in der Netzebene direkt oberhalb der (immateriellen) Gleitebene auf seine Verschiebung $2u(x)$ in Richtung b mit einer Rückstellkraft $K_1 = (Gb/2\pi c)\sin(4\pi u(x)/b)$ reagiert. (c ist der Netzebenen-Abstand senkrecht zur Gleitebene; der Vorfaktor ergibt gerade das Hookesche Gesetz für kleine $(2u/b)$.) Diese Rückstellkraft wird an jeder Stelle x gerade kompensiert durch die auslenkende Kraft K_2 des angrenzenden, eine Extrahalbebene enthaltenden Kontinuums. Die Kraft $K_2(x)$ wird als Wirkung einer Verteilung infinitesimaler Versetzungen längs der Gleitebene dargestellt

$$K_2 = A_e \int_{-\infty}^{+\infty} \frac{b'(\xi)}{x - \xi} d\xi . \qquad (11\text{-}15a)$$

$b'(\xi)$ ergibt sich zu $2(du/d\xi)$ aus der Definition der Versetzung mittels des Burgersumlaufs

$$b = \int_{-\infty}^{+\infty} b'(\xi) d\xi = 2 \int_{-\infty}^{+\infty} \frac{du}{d\xi} d\xi .$$

(Die Verschiebungen $2u(x)$ sind in Wirklichkeit antisymmetrisch auf die Atome

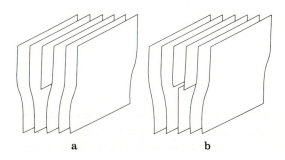

Abb. 11.14a, b. Zwei Symmetrielagen einer Stufenversetzung in ihrer Gleitebene

der oberen und unteren Nachbarebene zur Gleitebene verteilt!) Kräftegleichgewicht $K_1(x) = K_2(x)$ für jedes x ergibt die Peierlssche Integralgleichung

$$\frac{(1-v)}{2}\frac{b}{c}\sin\left(\frac{4\pi u(x)}{b}\right) = \int_{-\infty}^{+\infty}\frac{du}{d\xi}\frac{d\xi}{x-\xi}. \qquad (11\text{-}15\text{b})$$

Die Kräftegleichgewichtsbedingung liefert also eine Bestimmungsgleichung für $2u(x)$. Die Peierlssche Lösung der Gleichung für ein primitiv kub. Gitter ist

$$u(x) = -\frac{b}{2\pi}\arctan\left(\frac{2(1-v)(x-x_0)}{c}\right), \qquad (11\text{-}15\text{c})$$

wenn sich das Zentrum der Versetzung bei x_0 befindet. Das Verschiebungsfeld definiert also einen Kern der Versetzung der (sehr kleinen) Weite $\zeta = c/2(1-v)$. Bessere Beschreibungen als durch das Sinus-Potential über die Gleitebene hinweg und durch die Kontinuumsnäherung für den Restkristall geben realistischere ζ-Werte. Man erhält kleine Werte $\zeta/c \approx 1$ bei *lokalisierten* Bindungen, etwa für Ge, während Versetzungen in dichtest gepackten Metallen viel ausgedehntere Kerne haben (s. [11.4]).

Durch Summation der bei den Verschiebungen $u(x)$ geleisteten Arbeit erhält man das Peierlspotential (pro cm Versetzungslänge)

$$U_{PN}(x_0) = E_{PN}\cos\frac{2\pi x_0}{b} \qquad (11\text{-}16)$$

und daraus die „Peierls-Nabarro-Kraft", die mindestens aufgewandt werden muß, um die Versetzung starr um eine Gitterkonstante zu verschieben,

$$\tau_{PN} = -\frac{1}{b}\frac{dU_{PN}}{dx_0}\bigg|_{max} = \frac{2\pi}{b^2}E_{PN} \equiv \frac{2G}{1-v}\exp\left(-\frac{2\pi\zeta}{b}\right). \qquad (11\text{-}17)$$

Je weiter also die Versetzung ist, je größer ζ, desto kleiner ist die zu ihrer Bewegung nötige Mindestkraft τ_{PN}: Für kfz und hdp Metalle mit ihren zu einer dichten Packung „ausgeschmierten" Atomen ist $\tau_{PN} \approx 10^{-5} G$, vernachlässigbar klein. Für Ge und Si ist $\tau_{PN} \approx 10^{-2} G$ und $bE_{PN} \approx 0{,}2$ eV; krz Metalle mögen zwischen diesen Grenzwerten liegen. In Wirklichkeit sind Versetzungen in Ge und krz Metallen schon bei $\tau \ll \tau_{PN}$ bei endlichen Temperaturen beweglich, indem sie mit Hilfe thermischer Schwankungen Kinkpaare im Peierlspotential bilden (s. Abb. 11.7a und b), die sich dann seitwärts ausbreiten. Die Selbstenergie einer Kinke besteht aus Peierls- und elastischer Linienenergie zufolge

$$E_k = \frac{4b}{\pi}\sqrt{E_{PN}E_L}. \qquad (11\text{-}18)$$

Liegt die Frequenz der thermischen Bildung von Kinkpaaren im Bereich einer periodischen elastischen Beanspruchung des Materials, so tritt ein Verlust an elastischer Energie durch „Innere Reibung" auf, siehe 2.7. Dieser wird bei dichtest gepackten Metallen bei einer Beanspruchungsfrequenz von 10^3 Hz bei 70 K maximal beobachtet, was $E_k \approx 0{,}1$ eV entspricht („Bordoni-Maximum", s.

[11.9]). Bei Ge ist dagegen $E_k \approx 0{,}3$ eV nach Messungen der Versetzungsgeschwindigkeit zwischen 500 und 700 °C, siehe [11.7] und Abschn. 11.4.1.

11.3.2 Gleitsysteme in wichtigen Kristallstrukturen

Die kürzesten Translationsvektoren sollten nach den energetischen Abschätzungen von 11.2.3 als Burgersvektoren von Versetzungen und damit als Gleitrichtungen der Kristalle auftreten. Das ist tatsächlich der Fall, nämlich $\boldsymbol{b} = a/2$ $\langle 110 \rangle$ für die kfz, $a/2$ $\langle 111 \rangle$ für die krz, $a/3$ $\langle \bar{2}110 \rangle$ für die hdp Struktur. Schwieriger ist die Wahl der Gleitebene zu begründen, die mit $\boldsymbol{b}$ zusammen das *Gleitsystem* bildet. Ebenen dichtester Besetzung haben den größten Abstand c voneinander und sollten damit am leichtesten abgleiten, die geringste Peierlskraft haben. Doch für kfz und hdp Kristalle ist $\tau_{PN} \ll \tau_0$, die beobachtete „kritische Schubspannung", bei der makroskopische Gleitung Behinderung auf der Gleitebene, z. B. die in 11.2.3 beschriebenen Versetzungswechselwirkungen, überwinden kann. Tatsächlich sind die $\{111\}$-Ebenen beim kfz und die $\{0001\}$-Basisebene beim hdp Gitter mit $c/a > c/a|_{id}$ Hauptgleitebenen, doch werden bei höheren Temperaturen auch andere beobachtet. Die krz Struktur gleitet auf den $\{112\}$-und, besonders bei tiefen Temperaturen, auf den $\{110\}$-Ebenen. Unter gleichartigen Ebenen sollte die mit dem größten Verhältnis m_s von Kraft auf die Versetzung pro von außen angelegter Spannung, Gl. (11-2), zuerst betätigt werden (vgl. 12.0). Dieser Tatbestand stellt das Schmidsche Schubspannungsgesetz dar. Es wird am Beginn den Verformung von den kfz und hdp Gleitsystemen erfüllt, doch von denen der krz Struktur gewöhnlich verletzt. Die Gründe hierfür liegen vermutlich in der nun zu besprechenden Versetzungsaufspaltung [11.10].

11.3.3 Partialversetzungen (PV) und Stapelfehler

11.3.3.1 Shockley-PV und Stapelfehler.
Die o. g. vollständigen Versetzungen der kfz Struktur können gemäß 11.2.3 unter Energiegewinn in sog. *Shockley-PV* aufspalten zufolge

$$\boldsymbol{b} = \frac{a}{2}[101] \Rightarrow \frac{a}{6}[112] + \frac{a}{6}[2\bar{1}1] = \boldsymbol{b}_{P1} + \boldsymbol{b}_{P2} \,.$$

Alle drei Vektoren liegen in $(11\bar{1})$, allerdings sind die $\boldsymbol{b}_{Pi}$ keine Translationsvektoren mehr, sondern erzeugen einen Stapelfehler. Stapelfehler waren in Abschn. 6.2.1 und Abb. 6.11 eingeführt worden. Anstelle der dort eingezeichneten Translation CC, die durch $\boldsymbol{b}$ beschrieben wird, treten zwei Teilschritte CB und BC, die den Hügel „A" über zwei Sättel umgehen. Nachdem die $\boldsymbol{b}_{P1}$-Versetzung einen Punkt der Gleitebene passiert hat und bevor die $\boldsymbol{b}_{P2}$-Versetzung diesen erreicht, liegt dort die hdp Stapelfolge vor, siehe 6.2.1 und Abb. 11.15. Diese hat eine Flächenenergie γ, die verhindert, daß sich die beiden PV, ihrer elastischen Abstoßung folgend, zu weit voneinander entfernen. Der Gleichgewichtsabstand

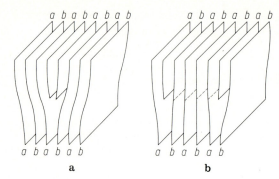

Abb. 11.15. Stapelfolge der kfz (110)-Doppelebenen (a, b). Stufen-Versetzung (Teilbild **a**) und aufgespaltene Stufenversetzung (Teilbild **b**). Zwischen den Partialversetzungen zeigt die Verbindung von *a*- mit *b*-Halbebenen einen Stapelfehler an

w ergibt sich aus dem Kräftegleichgewicht

$$\gamma = \frac{G(\boldsymbol{b}_{P1} \cdot \boldsymbol{b}_{P2})}{2\pi w} = \frac{Ga^2}{24\pi w}. \tag{11-19}$$

Für Edelmetalle mit $\gamma = 20$ mJ/m^2 ist $w \approx 6a$. Die Aufspaltung der Versetzung kann mittels TEM vermessen werden, siehe Abschn. 2.2.1.2.

In der hdp Struktur gibt es eine Aufspaltung in (0001) zufolge

$$\frac{a}{3}\langle \bar{2}110 \rangle \Rightarrow \frac{a}{3}\langle \bar{1}100 \rangle + \frac{a}{3}\langle \bar{1}010 \rangle$$

mit dem Stapelfehler $BCBCB|ACACAC$, der einer kfz Schicht entspricht. In der krz Struktur sind die γ-Werte sehr hoch, so daß eine Aufspaltung innerhalb der Kernabmessungen der Versetzung liegt und eigentlich nicht elastizitätstheoretisch nach (11-19) beschrieben werden darf. Es gibt eine Reihe energetisch günstiger Reaktionen, z. B. die von A. Sleeswyk

$$\frac{a}{2}[11\bar{1}] = \frac{a}{6}[11\bar{1}] + \frac{a}{6}[11\bar{1}] + \frac{a}{6}[11\bar{1}]$$

für eine Schraube entlang [11$\bar{1}$], Abb. 11.16. Die drei PV liegen in 3 (oder 2) Gleitebenen vom Typ {112} oder {110}; die Versetzung ist also nicht gleitfähig („seßhaft"). Die Aufspaltung muß erst rückgängig gemacht werden, ehe die Versetzung in einer der 3 (oder 2) Gleitebenen laufen kann. Die Rekombination kostet verschieden viel Arbeit, je nachdem ob die Kraft der äußeren Spannung nach rechts ($+s$) oder nach links ($-s$) wirkt, bei gegebener „*Polarität*" der aufgespaltenen Versetzung. Bei der Konfiguration etwa der Abb. 11.16c und Gleitung auf (112) muß die PV auf (2$\bar{1}$1) *gegen* die wirkende Kraft zur Durchsetzungsgeraden der beiden Ebenen zurücklaufen, damit eine Bewegung nach rechts ($+s$) erfolgen kann. Nach links ($-s$) bewegt sie sich *mit der* wirkenden Kraft. Diese Asymmetrie der Fließspannung bei Umkehr der Gleitrichtung wird bei krz Metallen tatsächlich beobachtet, wenn das Phänomen und seine Erklärung in Wirklichkeit auch komplizierter sein dürften, siehe [11.10, 11.10a].

11.3 Versetzungen in Kristallen

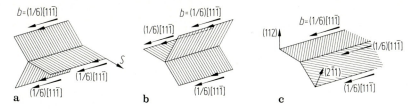

Abb. 11.16a–c. Aufgespaltene Schraubenversetzung im krz Gitter. Die Formen **a** und **b, c** haben verschiedene Polaritäten und benötigen infolgedessen verschiedene Kräfte zur Bewegung z. B. in der waagerechten (112)-Ebene nach links

Ein Wechsel der Polarität entlang der Schraube ist möglich über eine *Einschnürung* [11.14]. Diese können wie Kinkpaare bzw. mit diesem zusammen thermisch gebildet werden.

11.3.3.2 Konsequenzen der Versetzungsaufspaltung im kfz Gitter. Durch die Aufspaltung erhält eine Schraube eine wohldefinierte Gleitebene, die des Stapelfehlers. Will sie diese wechseln (*Quergleitung*) und z. B. im kfz Gitter von $(\bar{1}11)$ auf $(1\bar{1}1)$ übergehen, die beide den Burgersvektor $a/2\,[110]$ enthalten, so müssen ihre PV über eine gewisse Länge rekombinieren, sich einschnüren, wie Abb. 11.17 zeigt. Dieser von G. Schöck und A. Seeger [11.5] angegebene und bei vorgegebener Einschnürung von Friedel und Escaig [11.15] modifizierte Prozeß ist thermisch aktivierbar, und die zu seinem Einsetzen nötige Spannung ist demnach stark von der Temperatur abhängig, wie auch von der Stapelfehlerenergie (s. 12.3). Ähnliche Schwierigkeiten ergeben sich für das Schneiden aufgespaltener Versetzungen und die Bildung von Sprüngen in ihnen: Daher ist „Doppelgleitung", d. h. Gleitung auf sich schneidenden Ebenen, in Materialien mit kleinem γ behindert und das Klettern erschwert (Kap. 12).

Versetzungsreaktionen gemäß Abschn. 11.2.3 führen oft zu *seßhaften* Versetzungen. Zum Beispiel bildet sich im kfz Gitter entlang der Schnittlinie $[0\bar{1}\bar{1}]$ zweier Gleitebenen gemäß

$$\frac{a}{2}[101] + \frac{a}{2}[\bar{1}\bar{1}0] \Rightarrow \frac{a}{2}[0\bar{1}1]$$

in $(11\bar{1})$ | in $(1\bar{1}1)$ | in (100)

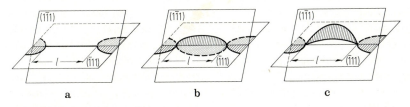

Abb. 11.17a–c. Quergleitung einer aufgespaltenen Schraubenversetzung im kfz Gitter nach [11.5]. Beim Teilschritt **a** wird eine Einschnürung der Länge l in $(\bar{1}11)$ gebildet, bei **b** und **c** auf $(1\bar{1}1)$ wieder rückgängig gemacht

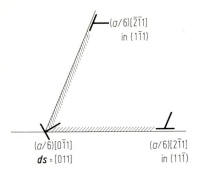

Abb. 11.18. Lomer-Cottrell-Versetzung im kfz Gitter mit einer „Stair-rod"-Versetzung in der Schnittgeraden zweier Gleitebenen

unter Energiegewinn aus zweien eine Versetzung, die in keiner {111}-Ebene gleitfähig ist (Lomer-Versetzung). Sind die Ausgangsversetzungen gar aufgespalten, Abb. 11.18, dann entsteht ein noch stabileres, weil drei-dimensionales Hindernis, die Lomer-Cottrell-Versetzung. Die in der Schnittlinie der beiden Stapelfehler liegende PV mit $b_P = a/6 \times [0\bar{1}1]$ heißt „Stair-rod"-Versetzung (nach den Stäben, die einen Teppich in den Kehlen einer Treppe festhalten!). Die Shockley-PV spielt auch eine wichtige Rolle bei der Zwillingsbildung und der von Martensit, siehe Kap. 13. Die Stapelfehlerenergie ist neben dem Schubmodul der wichtigste Materialparameter der Kristallplastizität [11.5].

11.3.3.3 Frank-PV und prismatische Versetzungen im kfz Gitter. Wie in Abschn. 10.2 erläutert, „kondensieren" Leerstellen in Scheiben auf einer {111}-Ebene, über der das Gitter „zusammenbricht", Abb. 4.8. Das Ergebnis ist ein prismatischer Versetzungsring mit $b_P = a/3 \langle 111 \rangle$, der seßhaft ist, wenn man den dabei entstehenden Stapelfehler berücksichtigt, Abb. 11.19, der nämlich nicht in der Gleitfläche von b_P liegt. Bei hohem γ kann sich unter Energiegewinn eine Shockley-PV innerhalb des prismatischen Rings bilden, die zufolge

$$\frac{a}{3}[11\bar{1}] + \frac{a}{6}[112] \Rightarrow \frac{a}{2}[110]$$

den SF im Ring beseitigt und eine vollständige prismatische Versetzung in der Berandung ergibt. Beide Typen von prismatischen Ringen werden mittels TEM beobachtet bei Al oder Au, die verschiedene Stapelfehlerenergien haben. Im Fall eines Ringes mit Stapelfehler kleiner Energie entsteht als energetisch günstigere Variante das *Stapelfehlertetraeder*, dessen Oberflächen sämtlich Stapelfehler beinhalten. Äquivalente Stapelfehler entstehen bei der Kondensation von ZGA, nur sind diese nicht *intrinsischer*, sondern *extrinsischer* Natur, wie Abb. 11.19 zeigt. (Ihre Stapelfolge $A|BC|B|ABCABC$ enthält zwei benachbarte intrinsische Stapelfehler.) Beide Stapelfehler sind nach Abschn. 2.2.1.2 mittels TEM zu unterscheiden.

Die Gesamtheit der vollständigen und PV der kfz Struktur wird im *Thompson-Tetraeder* übersichtlich. Dieser wird durch 4 NN-Atompositionen aufge-

11.4 Versetzungsdynamik

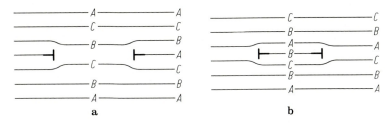

Abb. 11.19. Bildung eines prismatischen Versetzungsrings mit **a** intrinsischem, **b** extrinsischem Stapelfehler durch Kondensation von **a** Leerstellen, **b** ZGA

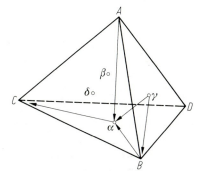

Abb. 11.20. Das Thompson-Tetraeder zeigt die im kfz Gitter möglichen Versetzungstypen

baut, Abb. 11.20. Seine Seitenflächen $\alpha\beta\gamma\delta$ sind die 4 $\{111\}$-Ebenen, seine Kanten AC, BC, AB entsprechen vollständigen Versetzungen in δ; $A\alpha$ ist eine Frank-PV, die mit einer Shockley-PV αC zu einer vollständigen Versetzung AC reagiert. Die Aufspaltung einer vollständigen Versetzung in Shockley-PV schreibt sich $BC = B\alpha + \alpha C$. Zwei Shockley-PV ergeben eine Stair-rod-PV zufolge $\gamma B + B\alpha = \gamma\alpha$. Ähnliche Konstruktionen helfen bei anderen Kristallstrukturen.

11.4 Versetzungsdynamik

11.4.1 Versetzungsgeschwindigkeit

Die mittlere Geschwindigkeit v der Versetzungen variiert innerhalb weiter Grenzen je nach Spannung und Temperatur, von denen sie im einfachsten Fall wie $v = v_0 \exp(-U(\tau)/kT)$ abhängt, wenn lokalisierte Hindernisse auf der Gleitebene mit Hilfe thermischer Schwankungen überwunden werden. Seit einigen Jahren ist v der direkten Messung zugänglich, indem die Versetzungspositionen an der Kristalloberfläche vor und nach einem Spannungspuls z. B. durch Anätzen markiert werden. Ätzgrubenabstand durch Pulsdauer ergibt v, wenn die beiden proportional zueinander sind. Abbildung 11.21 zeigt

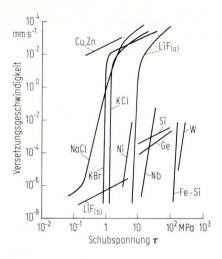

Abb. 11.21. Versetzungsgeschwindigkeiten in verschiedenen Kristallen in Abhängigkeit von der Schubspannung. Alle Werte bei 20 °C außer Ge (450 °C) und Si (850 °C) [11.7, 11.12]

Meßergebnisse für eine Reihe typischer Materialien bei 300 K (s. auch [11.13]). 3 Bereiche in $v(\tau)$ fallen auf: Bei kleinen und großen τ, relativ zur krit. Schubspannung τ_0, ist auch v klein bzw. groß und etwa linear in τ. Dazwischen liegt ein Steilanstieg von v bei τ_0. Er läßt sich oft durch ein Potenzgesetz $v = B\tau^m$ darstellen. Wir werden diesen Bereich empirisch in Abschn. 12.1 behandeln. Im Bereich kleiner τ handelt es sich um eine „quasi-viskose" Versetzungsbewegung, die am Beispiel von Ge modellmäßig behandelt wereden wird [11.12].

Die Versetzungsgeschwindigkeit wird durch die transversale Schallgeschwindigkeit c_t nach oben begrenzt. In der Nähe von c_t muß das mit konstantem v bewegte Verschiebungsfeld der (Schrauben-)Versetzung relativistisch behandelt, d. h. einer Lorentz-Transformation unterworfen werden, bei der die Koordinate x in Bewegungsrichtung (Abb. 2.10) übergeht in $x' = (x - vt)/\sqrt{1 - v^2/c_t^2}$. Damit geht die Lösung (2-5) über in

$$u_y = \frac{b}{2\pi} \arctan \frac{z(1 - v^2/c_t^2)^{1/2}}{x - vt}, \qquad (11\text{-}20)$$

d. h., das Verschiebungsfeld der Schraube geht von kreiszylindrischer Symmetrie in die eines in Bewegungsrichtung abgeflachten elliptischen Zylinders über. An der Grenzgeschwindigkeit divergiert die Versetzungsenergie zufolge

$$E_L(v) = E_L(0)/\sqrt{1 - v^2/c_t^2}. \qquad (11\text{-}21)$$

Für $v \ll c_t$ kann man durch Entwicklung und mit Gl. (11-7a) die träge Masse m_v der Versetzung erhalten (pro Länge b der Versetzung)

$$m_v = \frac{E_L(0)}{c_t^2} = \frac{Gb^3 \varrho_m}{4\pi G} \ln \frac{R}{r_0} = m \frac{\ln R/r_0}{4\pi} \approx m, \qquad (11\text{-}22)$$

wo $m \approx \varrho_m b^3$ die Atommasse ist, ϱ_m die Massendichte des Materials. Die in ihrem Verzerrungsfeld weit ausgedehnte Versetzung hat also nur eine sehr kleine träge Masse: Eine Atommasse pro Netzebene Versetzungslinie! Beschleunigungszeiten sind deshalb vernachlässigbar klein.

11.4.2 Versetzungsdämpfung

Der Reibungskoeffizient $B \equiv \tau b/v$ bei hohen Spannungen wird in weiten Bereichen proportional zur Temperatur gefunden: Die Versetzung wird nämlich durch Stöße mit Phononen gedämpft; bei tiefen Temperaturen, wo die Phononendichte klein wird, werden Elektronenstöße meßbar. Im Falle der Supraleitung verschwinden auch die, und v wird groß, so daß Trägheitseffekte bei der Versetzungsdynamik und Kristallplastizität sichtbar werden [11.11, 11.11a]. Außerdem strahlt eine über das Peierlspotential bewegte Versetzung auch Schallwellen ab (wie eine über ein schräggestelltes Wellblech bewegte Kette!). Die Reibungseffekte und damit v sind also weitgehend durch die Struktur des Versetzungskerns bestimmt. Sie machen sich auch bei anelastischen Messungen im Bereich von 10^8 Hz bemerkbar, bei denen Versetzungsstücke zwischen Ankerpunkten zu einer gedämpften Resonanzschwingung erregt werden (A. Granato und K. Lücke, s. [11.4]).

12 Plastische Verformung und Verfestigung, Verformungsgefüge und Bruch

12.0 Kristallographie der Abgleitung

Nach dem in Abschn. 11.1.1 über die Versetzungsbewegung auf Gleitebenen gesagten und den in [1.1] wiedergegebenen Beobachtungen von Gleitstufen auf verformten Kristallen gibt es keinen Zweifel, daß plastische Verformung von Metallen im wesentlichen durch Abgleitung auf kristallographischen Ebenen in kristallographischen Richtungen erfolgt. Plastische Verformung wird aber meist nicht in einem direkt Abgleitung erzeugenden Schubversuch, sondern in einem Zug- (oder Druck-)Versuch an einem Stab gemessen (Abschn. 2.6.1). Abgleitung auf zur Zugachse geneigten Ebenen führt in der Tat zu einer Verlängerung des Stabes, wie Abb. 12.1 a für „Einfachgleitung" in einem Einkristall zeigt. Will man den Gleitvorgang versetzungstheoretisch verstehen, so muß man die Meßgrößen des Zugversuchs (σ, ε nach Abschn. 2.6.1) auf das Gleitsystem beziehen, d. h. auf die „kristallographischen Koordinaten", nämlich Schubspannung τ im Gleitsystem und Abgleitung a, umrechnen. Das geschieht nach Schmid und Boas [12.1] mittels der folgenden geometrischen Betrachtungen: τ ist die Kraft K_g in Gleitrichtung bezogen auf die Fläche F der Gleitebene, die sich aus der Kraft K_A in Stabachsenrichtung bezogen auf die Querschnittsfläche Q ergibt zufolge Abb. 12.1b

$$\tau = \frac{K_g}{F} = \frac{K_A \cos \lambda}{Q/\cos(90-\chi)} . \tag{12-1a}$$

λ und χ bezeichnen die „Orientierung" der Stabachse relativ zum Gleitsystem bei einer Länge l der Zugprobe, λ_0 und χ_0 die Ausgangsorientierung bei der Ausgangslänge l_0 (A in Abb. 12.2 für das kfz Gitter). Während der Abgleitung dreht sich das Kristallgitter relativ zur Stabachse, wie in Abb. 12.1b gezeigt, so daß

$$\frac{\sin \chi_0}{\sin \chi} = \frac{\sin \lambda_0}{\sin \lambda} = \frac{l}{l_0} = 1 + \varepsilon . \tag{12.1b}$$

Unter Berücksichtigung der Volumenkonstanz bei der Abgleitung, $lQ = l_0 Q_0$, und mit den in Abschn. 2.6.1 gegebenen Definitionen der Nennspannung σ bzw Nenndehnung ε ergibt sich aus Gl. (12-1a) und (12-1b)

$$\tau = \sigma \cos \lambda \sin \chi_0 . \tag{12-1c}$$

12.0 Kristallographie der Abgleitung

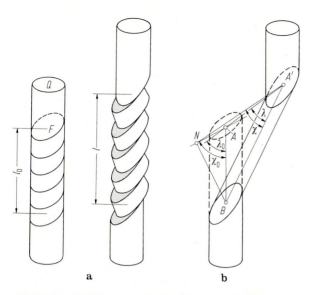

Abb. 12.1. a Abgleitung eines Einkristalls führt zu **b** Orientierungsänderung des Kristallgitters zur Stabachse ($\chi_0 \to \chi$, $\lambda_0 \to \lambda$). Hier ist angenommen, daß sich die Probenenden in Fassungen nicht verformen, aber frei drehen können

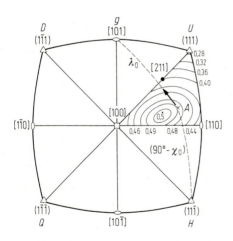

Abb. 12.2. Gleitsysteme des kfz Gitters und Achsenpfad (der Ausgangsorientierung A) im Zugversuch, dargestellt im Standarddreieck der stereogr. Projektion. In dieses sind Linien konstanten Schmidfaktors für das Hauptgleitsystem (H, g) eingetragen

Gleichung (12-1c) entspricht Gl. (11-2) für das spezielle σ des einachsigen Zugversuchs, wobei $K = \tau b$ die Kraft pro Längeneinheit der Versetzung im Gleitsystem ist. Das Verhältnis $\tau/\sigma = m_s$ wird *Schmidfaktor* genannt. Die *Abgleitung a* wird definiert als kristallographische Verschiebung zweier Punkte auf parallelen Gleitebenen, die den Abstand eins voneinander haben, d. h. nach Abb. 12.1b: $a = AA'/BN$. Mit Hilfe der geometrischen Beziehung $AA'/\sin(\lambda_0 - \lambda) =$

$l_0/\sin \lambda$ und der Gl. (12-1b) ergibt sich

$$a = (\cot \lambda - \cot \lambda_0) \frac{\sin \lambda_0}{\sin \chi_0}.\qquad(12\text{-}1d)$$

Aus dem gemessenen ε läßt sich mit Hilfe der Gl. (12-1b) λ berechnen, daraus mit Gl. (12-1d) die Abgleitung a, sowie aus dem gemessenen σ mit Gl. (12-1c) die Schubspannung τ. Für die „günstigste" Ausgangsorientierung („0,5" in Abb. 12.2) mit $\lambda_0 = \chi_0 = 45°$ wird der Maximalwert $m_S = 1/2$ angenommen; dann ist auch $da/d\varepsilon = 2$ maximal zufolge Gl. (12-1d). Für „ungünstige" Orientierungen ($\chi_0, \lambda_0 \ne 45°$) werden beide Verhältnisse kleiner. Die Abb. 12.2 zeigt den Verlauf von m_s im Standarddreieck des kfz Gitters, in das alle möglichen Lagen der Stabachse relativ zu den Kristallachsen eingetragen werden können (s. Abschn. 2.9). Eingezeichnet ist ferner der „Achsenpfad" der Stabachse mit der Orientierung A im Verlauf der Abgleitung gemäß Gl. (12-1b). Am Rande des Dreiecks werden andere Gleitsysteme spannungsmäßig gleichberechtigt, doch kommt es dort nur selten zur simultanen Betätigung mehrerer Gleitsysteme von gleichem m_s. Das Gleitsystem mit der größeren Versetzungsdichte stellt für ein zweites Gleitsystem einen schwer zu durchschneidenden „Versetzungswald" dar. Erst wenn nach Überschreiten der „Symmetralen" [100]–[111] der Schmidfaktor des 2. Systems merklich größer als der des ersten geworden ist, übernimmt das 2. die Gleitung. Der Achsenpfad zeigt also ein „Überschießen" über die Symmetrale.

Das kfz Gitter hat 12 kristallographisch, wenn auch nicht spannungsmäßig, gleichberechtigte Gleitsysteme vom Typ: Gleitebene {111}, Gleitrichtung ⟨110⟩. Die 4 Gleitebenen heißen wegen ihrer Funktion wie folgt: Die *Hauptgleitebene* $H = (11\bar{1})$ in Abb. 12.2 bildet mit der Gleitrichtung $g = [101]$ das Gleitsystem mit dem größten Schmidfaktor m_S, das mit der Gleitung beginnt (Schmidsches Schubspannungsgesetz). An der Symmetralen [100]–[111] wird das *Doppelgleitsystem* $D = (1\bar{1}1)$, [110] spannungsmäßig gleichberechtigt und wechselt sich nun mit H ab, wobei die Stabachse um die Symmetrale herumpendelt und schließlich für alle Ausgangsorientierungen auf den Punkt [211] konvergiert. $Q = (1\bar{1}\bar{1})$ ist die *Quergleitebene*, die ebenfalls die Gleitrichtung $g = [101]$ der Hauptgleitebene enthält, so daß Schraubenversetzungen des Hauptgleitsystems von H in Q quergleiten können, siehe Abschn. 11.3.3.2. Schließlich tritt die „*Unerwartete*" Gleitebene $U = (111)$ mit der Gleitrichtung $[10\bar{1}]$ manchmal bei Ausgangsorientierungen nahe der Symmetralen [100] [110] im Zugversuch in Tätigkeit (hingegen bei beliebiger Ausgangsorientierung im Druckversuch, wo die Achse A sich in 1. *Näherung* entgegengesetzt zum Zugversuch bewegt). Ähnliche Betrachtungen gelten für das krz Gitter, siehe Abschn. 11.3.3.1. Die hdp Struktur besitzt für überideales c/a bei tiefen Temperaturen nur eine Gleitebenenschar {0001} mit 3 Gleitrichtungen ⟨$\bar{2}110$⟩.

In Verallgemeinerung des Schmidschen Schubspannungsgesetzes erwartet man zunächst, daß alle mit konstanter Abgleitgeschwindigkeit $\dot{a}$ dynamisch (Abschn. 2.6.1) aufgenommenen und auf Schubspannung/Abgleitung umgerechneten *Verfestigungskurven* (VK) von Kristallen verschiedener Ausgangsorientierungen zusammenfallen. Das ist nicht der Fall, wie Abb. 12.3 für Kupfer bei

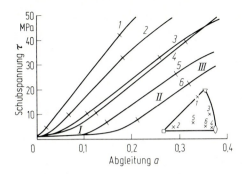

Abb. 12.3. Verfestigungskurven von Cu-Einkristallen verschiedener Orientierungen bei 293 K (J. Diehl, Stuttgart). Die Striche markieren Anfang und Ende von Bereich II (Spannungen τ_{II}, τ_{III})

293 K zeigt. Die VK weist einen Anfangsbereich I kleiner Steigung $d\tau/da|_I \equiv \Theta_I$ nur für günstige Orientierungen auf. Er endet bei einer Spannung τ_{II}, Abgleitung a_{II}, wo die kritische Schubspannung sekundärer Systeme erreicht wird. Für ungünstige Orientierungen beginnt die VK gleich mit dem steileren Bereich II, Steigung Θ_{II}. Offenbar wird dieser durch eine (schwache) Mitbetätigung anderer Gleitsysteme bewirkt. Bei großen Abgleitungen, im Bereich III, fällt Θ wieder ab. Ähnliche VK werden für krz Kristalle gemessen, nur ist dort Bereich II oft zu einem Wendepunkt verkümmert. Hdp Kristalle mit $c/a > c/a|_{id}$ zeigen bei tiefer Temperatur nur einen Verfestigungsbereich I, was im Sinne der o.g. Interpretation der dort allein möglichen Einfachgleitung entspricht.

Wir wollen in den folgenden beiden Abschnitten die VK versetzungstheoretisch interpretieren, dazu auch die im statischen Versuch ($\tau = $ const) gewonnene Kriechkurve $a(a)$, siehe Abschn. 2.6.1. Zunächst wird das Problem von allgemeinen Prinzipien der Versetzungstheorie her angegangen, Abschn. 12.1. Das erweist sich nur in Ausnahmefällen, wie der Verformung von Kristallen mit Diamantstruktur (Ge, Si), als durchführbar, und ist auch dort nur näherungsweise und für den Anfangsteil der VK gültig. (Eine phänomenologische Verallgemeinerung für große Dehnungen von Metallen wird in [12.26] vorgeschlagen.)

In Abschn. 12.2 wird dann eine von Gleitstufenbeobachtungen ausgehende Theorie des Bereichs II der VK – mit Alternativvorschlägen – dargestellt.

12.1 Abgleitung und Versetzungsbewegung

Nach Abschn. 11.1 bedeutet ein Zuwachs da an Abgleitung eine Bewegung der Versetzungen auf ihrer Gleitebene um ein mittleres dx. (Wir betrachten, wie in Abb. 11.1, hier nur gerade Versetzungen.) Ist die Dichte der beweglichen Versetzungen N_M, so gilt die *Orowan-Beziehung* [11.5]

$$da = bN_M \cdot dx$$

oder (12-2)

$$\dot{a} = bN_M v .$$

v ist die mittlere Versetzungsgeschwindigkeit. (Die Formel ist leicht auf nichtgerade Versetzungen zu erweitern. Im Falle dynamischer Verformung ist $\dot a$ nur die *plastische* Abgleitgeschwindigkeit, zu der noch die elastische Verformungsgeschwindigkeit ($\dot\tau/G$) tritt.) In (12-2) ist N_M abhängig von τ und über den Vorgang der Versetzungsmultiplikation auch von v. v ist abhängig von τ und T, wie in Abschn. 11.4.1 beschrieben, aber auch von N durch den Vorgang der Verfestigung. Die gesamte Versetzungsdichte N kann durchaus von der beweglichen, N_M, verschieden sein, weil Versetzungen mit zunehmender Dichte in steigendem Maße als seßhafte Versetzungen, in Dipolen usw., gebunden sind, siehe Kap. 11. Das Verhältnis N_M/N ist nur in wenigen Fällen bekannt, z. B. für Ge [11.7]. Dort fällt es von 1 beim Beginn der Verformung auf etwa 1/2 bei $a = 20\%$ ab. Ge eignet sich gut zur Prüfung von Gl. (12-2), weil die Versetzungen dort durch eine hohe Peierlskraft nur langsam und stark thermisch aktiviert laufen, so daß sich viele Versetzungen beteiligen müssen, um ein meßbares $\dot a$ zu erzeugen. Die Verhältnisse bei kfz Metallen scheinen gerade umgekehrt zu liegen. Versetzungsmultiplikation wird empirisch am einfachsten durch die Beziehung

$$dN = N \cdot dx/x_1 \tag{12-3}$$

für $N_M = N$ beschrieben [11.7], wo also $x_1(\tau)$ der von den Versetzungen im Mittel zurückgelegte Weg ist, auf dem sich ihre Länge auf das e-fache vermehrt ($x_1 \approx 70\,\mu\text{m}$ bei Ge für $\tau = 10$ MPa). Die Gleichung ist mit einem evtl. von N abhängigen x_1 und für eine Ausgangsversetzungsdichte N_0 zu integrieren. Ein für den Multiplikationsprozeß durch TEM-Beobachtungen an krz Metallen und Ge nahegelegtes Modell zeigt Abb. 12.4: Sprünge in Schrauben schieben sich an einer Stelle zusammen, an der dann ein Stufendipol ausgezogen wird. Ist die auf diesen wirkende Spannung τ_{eff} größer als seine Passierspannung τ_p (Abschn. 11.2.1) geworden, kann der Dipol „überschlagen" und einen Versetzungsring erzeugen. Das Modell legt $x_1 \sim$ Sprunghöhe $\sim (\tau_p)^{-1}$ nahe. Speziell $x_1 = 1/K \cdot \tau_p$, wo τ_{eff} eine um die mittleren inneren Spannungen (anderer Versetzungen) verminderte äußere, die „wirksame Spannung", ist. Wir nehmen an, daß die Versetzungsbewegung in einem periodischen inneren Spannungsfeld,

$$\tau_i(x) = A\sqrt{N}\sin 2\pi x/\Lambda, \tag{12-4}$$

erfolgt mit $A \equiv \alpha_1 Gb$ nach Gl. (11-9) und daß die Versetzungsbewegung durch die Stellen größter Gegenspannung bestimmt ist, wo die längsten Wartezeiten auftreten. Das heißt

$$\tau_{\text{eff}} = \tau - A\sqrt{N} \tag{12-5a}$$

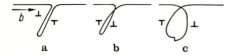

Abb. 12.4. Überschlag von Stufendipol, der sich an einem Supersprung in Schraubenversetzung gebildet hat, erzeugt einen neuen Versetzungsring (**a → c**)

12.1 Abgleitung und Versetzungsbewegung

und

$$v = B_0 \tau_{\text{eff}}^m \exp(-U/kT) \equiv B\tau_{\text{eff}}^m \,. \tag{12-5}$$

Besser wird v durch Mittelung der lokalen Geschwindigkeiten über eine Periode Λ von $\tau_i(x)$ nach Gl. (12-4) dargestellt [11.7]

$$\frac{\Lambda}{v} = \int_0^\Lambda \frac{\mathrm{d}x}{B(\tau - \tau_i(x))^m} \,. \tag{12-5b}$$

Aus den Gln. (12-2 bis 5) ergibt sich ein Gleichungssystem zur Berechnung von $\dot{a}(\tau, T)$, der *Plastischen Zustandsgleichung*,

$$\dot{a} = bNB(\tau - A\sqrt{N})^m + \dot{\tau}/G \,, \tag{12-6a}$$

$$\dot{N} = NKB(\tau - A\sqrt{N})^{m+1} \,. \tag{12-6b}$$

Die Gültigkeit von (12-6) ist durch die Gleichsetzung $N_M = N$ und durch die vereinfachenden Ansätze der Gln. (12-3 bis 12-5) beschränkt.

Im *Kriechversuch* (τ = const) ergibt Gl. (12-6a) die in Abb. 12.5 gezeigten Verläufe $\dot{a}(t)$ und $a(t)$: Zunächst ist $\dot{a}$ klein, weil zu wenige Versetzungen da sind zufolge (12-2), später, weil es zuviele sind zufolge Gl. (12-4). Die maximale Kriechrate (mit $\ddot{a} = 0$) ergibt sich aus Gl. (12-6) zu

$$\dot{a}_W = \frac{bB_0 C_m}{A^2} \tau^{2+m} \exp\left(-\frac{U}{kT}\right), \tag{12-7}$$

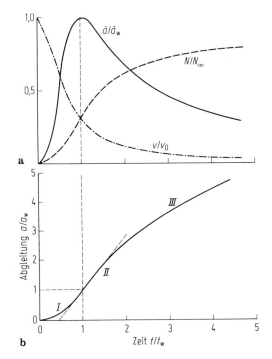

Abb. 12.5. Zerlegung der Kriechkurve **b** in differenzierter Form $\dot{a}(t)$ in ihre Faktoren gemäß Gl. (12-2)

wo C_m eine von m abhängige Zahl ist. Diese Abhängigkeit von τ und T ist für Ge und Si, bei denen $m \approx 1$ und U gleich der Energie zur Bildung und Wanderung eines Kinkpaares ist, weitgehend bestätigt worden, wie auch der Verlauf der Kriechkurve mit unabhängigen Untersuchungen der Gl. (12-3) und (12-5) übereinstimmt.

Im *dynamischen Zugversuch* ($\dot{a}$ = const) sind die Gl. (12-6) nach $\tau(\dot{a}, T)$ aufzulösen. Es ergibt sich, wie in Abb. 12.6 gezeigt, eine „Ausgeprägte Streckgrenze": Zunächst steigt die Spannung stark an, um die wenigen Versetzungen auf hohe Geschwindigkeit zu bringen. Dann setzt Versetzungsmultiplikation ein, und $\dot{a}$ = const kann mit kleineren τ, v erfüllt werden. Schließlich bewirkt „Verfestigung", das Ansteigen der inneren Spannungen mit N und a (das monoton mit N zusammenhängt), einen Wiederanstieg von τ. Die Kurve zeigt eine *untere und obere Streckgrenze* (τ_{su}, τ_{so}). Bei τ_{su} wird ein vorgegebenes $\dot{a}$ mit der kleinsten Spannung erzielt in Analogie zur Situation am Wendepunkt der Kriechkurve, wo unter vorgegebenem τ das größte $\dot{a} = \dot{a}_w$ erreicht wird. τ_{su} ergibt sich quantitativ durch Umkehrung von Gl. (12-7) zu $\tau_{su} \sim \dot{a}^{1/n} \exp(U/nkT)$, $n \equiv m + 2$, in Übereinstimmung mit Messungen an Si und Ge. Je größer m wird, desto geringer ist die Streckgrenzenüberhöhung, ebenso je größer die eingewachsene Versetzungsdichte N_0 ist: Bei Metallen mit dem in Abb. 11.21 gezeigten Steilanstieg in $v(\tau)$ und $N_0 \approx 10^8/\text{cm}^2$ ist keine ausgeprägte Streckgrenze mehr sichtbar. In Legierungen können Fremdatome die Versetzungen verankern und damit N_M (bei großem N) stark verkleinern: Dann gibt es wieder eine „Versetzungsmangel-Streckgrenze"; bei Eisen-Kohlenstoff scheint die Ausgeprägte Streckgrenze aber dem Losreißen der Versetzungen von den Fremdatomen zu entsprechen (s. Kap. 14). Unter diesen Umständen ist die Verformung oft nicht homogen über die Probe verteilt, wie oben angenommen wurde, sondern breitet sich entlang der Probe in Form eines „Lüdersbandes" aus.

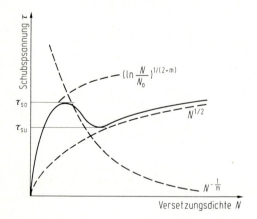

Abb. 12.6. Ausgeprägte Streckgrenze als Folge von Multiplikation und Wechselwirkung von Versetzungen der Dichte N

12.2 Fließspannung und Verfestigung

Bei dichtest gepackten Metallen bestimmt nicht der Mangel an beweglichen Versetzungen die Fließspannung bei gegebener Abgleitgeschwindigkeit, wie oben beschrieben wurde. N_M darf jetzt nicht mehr gleich N gesetzt werden. Die in jedem Verformungszustand für weitere Abgleitung erforderliche „Fließspannung" wird hier nicht mehr durch dynamische Effekte wie bei Materialien mit hoher Peierlskraft bedingt, sondern durch die inneren Spannungen aller zu diesem Zeitpunkt im Kristall liegenden Versetzungen. Eine solche *statische Theorie der Verfestigung* der Metalle muß: 1. die Fließspannung in der gegebenen Versetzungsanordnung, insbesondere der Versetzungsdichte N, berechnen und 2. berücksichtigen, wie sich diese Anordnung (N) bei einem Abgleitungsinkrement da verändert. Das ist eine extrem schwierige Aufgabe, wenn man die komplizierte *Versetzungsanordnung* betrachtet, die TEM an verformten Metallen ergibt: Abbildung 12.7 zeigt die Versetzungsanordnung in einem Cu-Einkristall, der bis zu einer Fließspannung $\tau = 12$ MPa verformt wurde. Danach wurde er unter Last mit Neutronen bestrahlt, um die Versetzungsanordnung bezüglich Relaxationen zu fixieren, die insbesondere bei der Dünnung der Proben für die TEM auftreten. Frei bewegliche Versetzungen sind in dem Bild ausgebogen; ihre Krümmung gibt nach (11-8) die wirksame Spannung an: Offenbar ist $N_M \ll N$, die meisten Versetzungen sind in „Strängen", Dipol- und

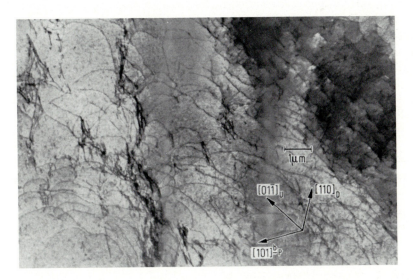

Abb. 12.7. Versetzungsanordnung in der Hauptgleitebene (111) von bei 78 K bis in den Bereich II verformtem Kupfer-Einkristall. Primärer Burgersvektor b/[101]. Schnittgeraden mit sek. Gleitebenen U, D eingezeichnet. Nach der Verformung unter Last mit $2 \cdot 10^{18}$ n/cm^2 bei 4 K bestrahlt. (H. Mughrabi: Phil. Mag. 23 (1971) 897)

Multipolanordnungen festgelegt. Auch Lomer-Cottrell-Versetzungen haben sich durch Reaktion mit einem sekundären Gleitsystem gebildet. Je höher τ, desto größer wird die Dichte solcher Hindernisse, desto kurzwelliger die Periodizität (Λ) der Versetzungsanordnung. Das ist die typische Versetzungsanordnung im Bereich II der Verfestigungskurve $\tau(a)$ kfz Einkristalle, in der eine schwache Mitwirkung sekundärer Gleitsysteme zu maximaler Verfestigung $\Theta_{II} = d\tau/da|_{II} \approx G/300$ führt, Abb. 12.3, obwohl sich die Orientierung der Stabachse noch innerhalb des Standarddreiecks befindet. Bei kleineren Abgleitungen findet die Gleitung nur im Hauptgleitsystem statt: Das ist der „Easyglide"-Bereich I der kfz Metalle mit $\Theta_I = G/3000$, der sich bei hdp Metallen, die bei tiefer Temperatur nur eine Schar von Gleitebenen betätigen, bis zu $a \approx 1$ fortsetzt. Bei höheren Temperaturen und großen Abgleitungen können Versetzungen im Bereich III ihre Gleitebenen thermisch aktiviert verlassen, wodurch Θ abnimmt. Das ist der Bereich der „dynamischen Erholung", der in Abschn. 12.3 besprochen werden wird. Krz Metalle verhalten sich hinsichtlich der Verfestigung im mittleren T-Bereich ähnlich wie kfz, nur daß die kritische Schubspannung wegen der in 11.3.3.1 besprochenen Effekte größer und stärker T-abhängig ist.

Die systematische Untersuchung der Verfestigung der Metalle in den letzten 3 Jahrzehnten hat eine Vielfalt von Informationen geliefert, nicht nur über die zu jeder Verformung gehörige Versetzungsanordnung mittels TEM, Röntgen-Topographie und Ätzgrubenbeobachtungen, sondern auch über die Abhängigkeit der Verfestigungskurve von der Orientierung der Zugachse, der Temperatur, Probengröße, Verformungsgeschwindigkeit, Stapelfehlerenergie usw. [12.2]. Besonders informativ sind auch die Ergebnisse von *Gleitstufenvermessungen* auf verformten Kristallen: Gleitstufen geben an, wo und wieviele Stufenversetzungen in die Kristalloberfläche ausgetreten sind. Die von diesen Versetzungen nach Auskunft der Gleitstufenlängen L überstrichenen Teile der Gleitebene bestimmen die Abgleitung a. Die Beobachtungen an Cu im Bereich II zeigen, daß ein Abgleitungsinkrement da mit der Aktivierung dN' neuer Gleitebenen und Quellen verknüpft ist, die jeweils eine feste Zahl $n \approx 20$ Versetzungen über einen Bereich der Ausdehnung L aussenden, d. h.

$$da = nbL(a)dN' . \qquad (12\text{-}8)$$

Der Laufweg L wird mit zunehmender Abgleitung umgekehrt proportional zur Abgleitung im Bereich II kürzer, weil sekundäre Gleitsysteme Hindernisse in die Hauptgleitebene „einschießen", z. B. Lomer-Versetzungen bilden. Das bedeutet $L = \Lambda/(a - a_{II})$ mit konstantem Λ ($\approx 5 \times 10^{-4}$ cm) und a_{II}. Wir haben damit ein Modell für den o. g. 2. Teil der Verfestigungstheorie, das in sehr vereinfachender Weise die Änderung der Versetzungsanordnung im Intervall da beschreibt.

Für den 1. Teil der Theorie benötigen wir noch die *Fließspannung* dieser Versetzungsanordnung: Die n Versetzungen, die den Laufweg L auf einer Gleitebene zurückgelegt haben, bleiben am Ende der Gleitlinie liegen und üben eine Rückspannung auf die Quelle aus, die mithilft, diese zum Versiegen zu bringen. Diese Gruppen von n Versetzungen bilden zusammen mit den sekundären Versetzungen, die als Hindernisse L begrenzen, die o. g. Stränge, die TEM im Bereich II zeigt. Diese Gruppen sind die Quellen der inneren Spannungen im Kristall, die von weiteren Versetzungen auf ihrem Wege durch den Kristall überwunden werden müssen. A. Seeger beschreibt die Gruppen als Superversetzungen der Stärke nb und erhält damit die mittleren inneren Spannungen der N'-Gruppen zufolge Gl. (11-9), die er gleich der Fließspannung setzt,

$$\tau_G = \alpha G(nb) \sqrt{N'}. \tag{12-9}$$

Zusammen mit Gl. (12-8) und $L(a)$ erhält er damit die Verfestigung

$$\frac{1}{G} \frac{\tau_G}{a - a_{II}} = \frac{\Theta_{II}}{G} = \alpha \sqrt{\frac{nb}{2\Lambda}}. \tag{12-10}$$

Diese Gleichung verknüpft Ergebnisse der Gleitlinienvermessung auf der Oberfläche (n, Λ) mit Verfestigungsmessungen am Volumen des Kristalls. Diese Verknüpfung hat sich experimentell gut bewährt. Schwieriger ist es, Θ_{II} absolut zu berechnen, d. h. n und Λ miteinander zu verknüpfen. Würde auf eine Quelle nur die Rückspannung der *von ihr selbst erzeugten* Versetzungen wirken, dann könnten wir die Aufstauungstheorie von Abschn. 11.2.3 anwenden und erhielten $nb/\Lambda = \text{const}$, also $\Theta_{II}/G = \text{const}$, wie es im linearen Teil II der Verfestigungskurve beobachtet wird. In Wirklichkeit wirken aber auch andere Versetzungsgruppen auf die eine Quelle, und der Anteil der Rückspannung der eigenen Gruppen an der Fließspannung ist theoretisch unsicher. Hier sind eine ganze Reihe von Modellvorstellungen in der Diskussion [12.3].

Einige von diesen betonen den Fließspannungsbeitrag des Versetzungs-*Waldes*, d. h. der Gesamtheit N_W aller Versetzungen außerhalb der Hauptgleitebene. Nach Z. S. Basinski kann N_W für mittlere Orientierungen im Bereich II durchaus in die Größenordnung von N kommen, obwohl die Laufwege und damit die Abgleitungsbeiträge des Waldes klein gegen die der Hauptgleitebene sind [12.3]. *Ein Teil* dieser Schneidprozesse und der daraus folgenden Sprungbewegungen, ggf. unter Erzeugung von atomaren Gitterfehlern, kostet so kleine Energien, daß er von der Hilfe thermischer Schwankungen profitiert. Nach Gl. (11-10) ergibt sich die *bei* $T=0$ zum Schneiden eines Waldes der Dichte N_W notwendige Schneidspannung τ_S aus der Gleichsetzung der von τ_S geleisteten Arbeit $\tau_S bd/\sqrt{N_W}$ mit der Sprungbildungsenergie E_S. Bei *endlicher Temperatur* wird eine Differenz der beiden Größen durch thermische Schwankungen aufgebracht mit der Frequenz

$$v = v_0 \exp(-(E_S - \tau_S bd/\sqrt{N_W})/kT), \tag{12-11a}$$

d. h.

$$\tau_S = \frac{E_S - kT \ln v_0/v}{bd} \sqrt{N_W}, \tag{12-11b}$$

wo d die Weite des Hindernisses (Aufspaltungsweite!) und $v_0 \approx 10^{10} \text{ s}^{-1}$ eine Frequenzkonstante ist, Abb. 12.8. v bestimmt die mittlere Versetzungsgeschwin-

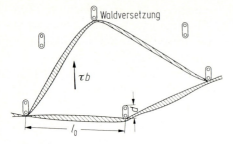

Abb. 12.8. Bewegung einer Versetzung durch einen „Wald" von aufgespaltenen Versetzungen: Weite d, Abstand $l_0 = N_w^{-1/2}$

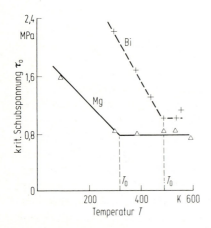

Abb. 12.9. Temperaturabhängigkeit der kritischen Schubspannung von Mg und Bi [12.1]

digkeit im Wald und günstigenfalls auch die Abgleitgeschwindigkeit $\dot a$. Gleichung (12-11b) ergibt damit den temperatur- und geschwindigkeitsabhängigen Anteil der Fließspannung, insbesondere der kritischen Schubspannung τ_0, in der einfachsten Darstellung. A. Seeger [12.2] hat schon 1954 darauf hingewiesen, daß Gl. (12-11b) $\tau_0(T)$ bei tiefen Temperaturen für die hexagonalen Metalle gut beschreibt, siehe Abb. 12.9. T. Vreeland [12.4] hat bei direkten Messungen der Versetzungsgeschwindigkeit auf der Basisebene von Zinkkristallen, in deren Pyramidenebenen Waldversetzungen eingebracht worden waren, die Gültigkeit des Zusammenhangs $\tau_S \sim \sqrt{N_W}$ direkt bestätigt. Bei größeren Abgleitungen wird der temperaturabhängige Anteil der Fließspannung $\tau_S \ll \tau_G$ und Θ_{II} unabhängig von T und $\dot a$ gefunden.

Die Verfestigung Θ_I im Easy-glide-Bereich scheint bei Laufwegen in der Größenordnung des Kristalldurchmessers und variablen Gleitstufenhöhen $n \sim a$ durch die Bindung von Stufenversetzungen in Dipolanordnungen bestimmt zu sein.

In einem *Kriechversuch* nimmt die vor den zu schneidenden Hindernissen auf die Versetzung wirkende Spannung durch Verfestigung laufend ab; d. h. in Gl. (12-11a) ist τ_S durch $\tau - \tau_G = \tau - \Theta a$ zu ersetzen, $(\Theta a < \tau)$. Für $\dot a \equiv sv$ ergibt sich dann (mit $s = Nb/\sqrt{N_\text{w}}$)

$$\frac{\mathrm{d}a}{\mathrm{d}t} = \dot{a}_0 \exp\left(-\frac{\Theta bd}{\sqrt{N_\text{w}}kT}a\right), \quad \text{wo } \dot{a}_0 \equiv xs_0 \exp\left(-\frac{E_\text{s}}{kT} + \frac{\tau bd}{\sqrt{N_\text{w}}kT}\right);$$

integriert: $\quad a = \dfrac{\sqrt{N_\text{w}}kT}{\Theta bd} \ln\left(\dfrac{\Theta bd\dot{a}_0}{\sqrt{N_\text{w}}kT}\cdot t + 1\right).$ \hfill (12-12)

Man erhält bei konstantem Θ ein logarithmisches Zeitgesetz des Kriechens, das in der Tat in Metallen bei nicht zu hohen Temperaturen beobachtet wird, bei denen das Schneiden von Waldversetzungen die Versetzungsgeschwindigkeit bestimmt.

12.3 Dynamische Erholung: Quergleitung und Klettern

Die Ätzgrubenuntersuchung verformter Kristalle zeigt, daß Kristalle sich, ausgehend von relativ wenigen Quellen, dreidimensional mit Versetzungen füllen. Versetzungen sind also in der Lage, ihre ursprünglichen Gleitebenen zu verlassen. Das bewirkt der in Abschn. 11.3.3.2 genannte Prozeß der *Quergleitung* von Schrauben, sowie, bei hohen Temperaturen, der Prozeß des *Kletterns* von Stufen. Treibende Kraft für beide Prozesse ist die gegenseitige Anziehung von Versetzungen entgegengesetzten Vorzeichens, die im Falle ihrer Vereinigung zur Annihilation und damit zum Abbau *innerer Spannungen* führt und durch thermische Aktivierung ermöglicht wird: *Erholung*. Die die Verformung bewirkende *äußere Spannung* unterstützt den durch Aufspaltung in einer Ebene behinderten Quergleitprozeß und trägt auch zur Kletterkraft bei (Abschn. 11.1.5); Erholung tritt also verstärkt während und mit Hilfe von Verformung auf: *Dynamische Erholung*. Diese bestimmt den Bereich III der Verfestigungskurven kubischer Kristalle sowie das Kriechen bei hohen Temperaturen. Dynamische Erholung macht sich als *Verformungs-Erweichung* bemerkbar, wenn ein bei tiefer Temperatur in den Bereich II vorverformter Kristall bei höherer Temperatur (dann im Bereich III) weiterverformt wird, Abb. 12.10.

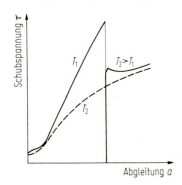

Abb. 12.10. Verformungs-Entfestigung bei Temperaturerhöhung

Der Übergang einer aufgespaltenen Schraubenversetzung von einer Gleitebene auf eine Quergleitebene, die ebenfalls ihren Burgersvektor enthält, bedarf nach Abschn. 11.3.3.2 ihrer Einschnürung (Abb. 11.17). Die dazu nötige Aktivierungsenergie U_Q nimmt nach G. Schöck logarithmisch mit der Spannung ab und ist umgekehrt proportional zur Stapelfehlerenergie γ. (In einer alternativen Theorie von Escaig [11.15] wird die Existenz von Einschnürungen vorausgesetzt und eine lineare Spannungsabhängigkeit von U_Q erhalten. Die daraus folgende τ_{III} $(T, \dot{a})$ Beziehung wird bei Ge, Si gut bestätigt gefunden [12.28, 12.27].) Die Quergleitfrequenz v_Q wird daher durch den folgenden Arrheniusansatz bestimmt

$$\left. \begin{array}{l} U_Q = -\dfrac{E_Q^2}{\gamma} \ln(\tau/\tau_Q) \,, \\[2mm] v_Q = v_0 \exp(-U_Q/kT) = v_0 \left(\dfrac{\tau}{\tau_Q}\right)^{E_Q^2/\gamma kT} \end{array} \right\} \quad (12\text{-}13)$$

(v_0, τ_Q und E_Q sind Konstanten). v_Q bewirkt eine zusätzliche Abgleitgeschwindigkeit durch Quergleitung, $\dot{a}_Q = \beta v_Q$, die am Beginn des Bereiches III, oberhalb der Spannung τ_{III}, die Größenordnung $\dot{a}$ erreicht. Das ergibt für τ_{III} die Beziehung [12.5]

$$\ln \frac{\tau_{III}}{\tau_Q} \approx -\frac{kT \cdot \gamma}{E_Q^2} \ln \frac{\beta v_0}{\dot{a}} \,. \quad (12\text{-}14)$$

Die Einsatzspannung des Bereichs III nimmt in der Tat exponentiell mit zunehmender Temperatur ab und zwar besonders schnell bei Metallen mit hoher Stapelfehlerenergie (wie Al, Ni, Abb. 12.11). Im Quergleitprozeß steckt fast die gesamte Temperatur-Abhängigkeit der Verfestigungskurve der kfz Metalle. Allerdings verlängert schon eine schwache Zunahme von τ_0 und der Einsatzspannung der sekundären Störgleitung τ_{II} mit abnehmendem T den Easy-glide-Bereich merklich, Abb. 12.11. Die Identifizierung des Bereichs III mit der

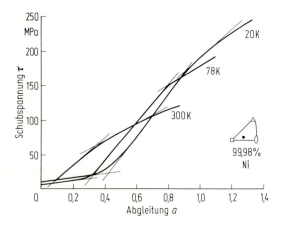

Abb. 12.11. Temperaturabhängigkeit der Verfestigungskurve von Nickeleinkristallen

12.3 Dynamische Erholung: Quergleitung und Klettern

Quergleitung ist S. Mader durch Gleitstufenbeobachtung gelungen, Abb. 12.12a, b. Mit TEM beobachtet man im Bereich III einen „Zerfall" des Kristalls in „Zellen", Subkörner; die Stufen lagern sich nach Annihilation der Schrauben in KW-KG um. Diese Subkörner sind gegeneinander um den Winkel ψ verkippt – je nach dem Versetzungsgehalt ihrer Grenzen. Das führt bei der Gleitung von einem Subkorn zum anderen dazu, daß Differenzversetzungen des Burgervektors $\psi \cdot b$ in der Grenze liegenbleiben (Abb. 12.12c) und die Subkörner mit der Abgleitung zunehmend verspannen [12.29]. Das bedeutet wiederum eine erneute athermische Verfestigung, die nach dem erholungsbedingten Abfall der Verfestigungsrate im Bereich III als neuer Bereich IV sichtbar wird. Man erkennt in Abb. 12.12d den thermisch-aktivierten Abfall von θ_{III} mit zunehmender Verformung (Fließspannung τ) bis auf so kleine Werte, daß die mit τ wieder zunehmende Verfestigungsrate θ_{IV} dominiert (Cu-Vielkristalle [12.30]). Schließlich setzt im Bereich V dann Klettern ein, und θ fällt endgültig ab. Die beiden Prozesse, Quergleitung und Klettern, können bei hohen Temperaturen oder kleinen (γ/Gb) auch in vertauschter Reihenfolge als Bereiche III und V auftreten [12.28]. Bei hdp Metallen mit $(c/a) < (c/a)_{ideal}$ gehen bei erhöhter Temperatur Versetzungen durch thermisch aktivierte Quergleitung in Prismenebenen über.

Oberhalb der halben Schmelztemperatur wird der mittlere Diffusionsweg während eines Verformungsexperiments mit dem mittleren Versetzungsabstand vergleichbar. Dann macht sich *Erholung durch Klettern* von Stufen in der Abgleitgeschwindigkeit bemerkbar. Es kommt zu einem dynamischen Gleichgewicht zwischen Verfestigung und Erholung, beschrieben durch $(\partial \tau/\partial a)_{t=const}$, so daß für $\tau = const$ stationäres Kriechen mit der Geschwindigkeit $\dot{a}_S$ beobachtet

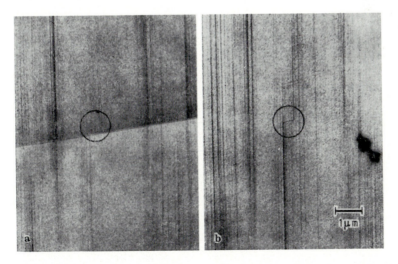

Abb. 12.12a, b. Quergleitung und Tiefenwachstum einzelner Gleitstufen auf Cu zu Beginn des Bereichs III. In **b** wird dieselbe Stelle wie in **a** nach weiteren 5% Abgleitung abgebildet (S. Mader, Stuttgart)

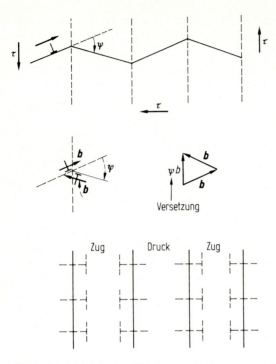

Abb. 12.12c. Knick in der Gleitebene an Zellgrenzen und Versetzungsreaktion dort. Die zurückgelassenen Differenzversetzungen ψ_0 verspannen die Zellen [12.29]

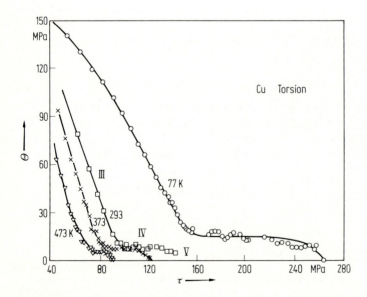

Abb. 12.12d. Bereiche III und folgende bei der Torsion von vielkristallinem Kupfer [12.30]

12.3 Dynamische Erholung: Quergleitung und Klettern

wird, zufolge

$$d\tau = 0 = \frac{\partial \tau}{\partial t}\bigg|_a dt + \frac{\partial \tau}{\partial a}\bigg|_t da; \quad \dot{a}_S = \frac{\left(-\frac{\partial \tau}{\partial t}\right)\bigg|_a}{\Theta}. \tag{12-15}$$

Die wirkliche Berechnung von $\dot{a}_S$ in einem Modell von J. Weertman folgt allerdings nicht Gl. (12-15). Sie beschreibt das stationäre Kriechen, wie in Abb. 12.13 skizziert: Die aus zwei Quellen Q_1 und Q_2 unter der Spannung τ herausgelaufenen Versetzungen blockieren sich gerade gegenseitig im Passierabstand $h = Gb/8\pi\tau(1-v)$. Einige der herausgelaufenen Versetzungen seien durch Reaktion mit sekundären Versetzungen „seßhaft" geworden. Die Quellen seien erschöpft, solange sich nicht Versetzungen der beiden Gruppen durch Klettern annihilieren. Die Kletterkraft der äußeren Spannung auf die Längeneinheit einer Versetzung ist von der Größenordnung der Gleitkraft, d. h. $K_z = n\tau b$, wenn n Versetzungen hinter der kletternden frei beweglich sind, siehe Abschn. 11.2.3. Unter dieser Kraft führt ein Sprung in der Versetzung eine Driftdiffusionsbewegung mit der Geschwindigkeit $v_S = (D/kT)n\tau b^2$ aus, wobei er im Mittel mehr Leerstellen abgibt als aufnimmt und damit diese Versetzung im Sinne der Kletterkraft auf die andere Gruppe zubewegt (D ist der Volumendiffusionskoeffizient, siehe Gl. (7-11).) Ist c_S die Zahl der Sprünge pro cm Versetzung, so ist die Klettergeschwindigkeit der Versetzung in z-Richtung

$$v_z = \frac{D}{kT} n\tau b^3 c_S. \tag{12-16}$$

Nach der Zeit $h/2v_z$ annihilieren sich die Versetzungen und zwei neue können aus den Quellen herauslaufen, bis diese sich nach einem Weg L wieder gegenseitig blockieren.

Die durch v_z gesteuerte Abgleitgeschwindigkeit ist also

$$\dot{a}_S = \frac{b \cdot 2L}{h/2v_z} N = \frac{32\pi(1-v)bLn}{G^3 kT\alpha_1^2} \cdot c_S \tau^4 D(T), \tag{12-17}$$

wenn man für die Versetzungsdichte N im Gleichgewicht der Spannungen Gl. (11-9) benutzt. (Das entspricht einem festen Verhältnis von τ_{eff} zu τ.) $\dot{a}_S$, die Kriechgeschwindigkeit, nimmt also mit der 4. Potenz der Spannung zu und hängt wie der Volumendiffusionskoeffizient von der Temperatur ab, solange

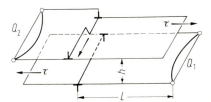

Abb. 12.13. Modell für die Annihilation zweier Stufenversetzungen durch Klettern, das durch Bewegung von Sprüngen entlang der Versetzungen abläuft

Sprünge verfügbar sind, also c_S eine Gefügekonstante ist. Man erwartet allerdings eher $c_S \sim L N_W$, wenn die Sprünge durch Schneidprozesse im Versetzungswald zustandekommen. $L c_S \sim L^2 N_W \gg 1$ könnte dann unabhängig von τ sein, siehe Abschn. 12.2. Diese Aussagen werden (bei nicht zu hohen τ) von Experimenten an vielen Metallen und sog. Typ II-Legierungen gut bestätigt [12.6]. Im dynamischen Versuch kann sich ein Beitrag von $\dot{a}_S$ zu $\dot{a}$ wie der oben beschriebene von $\dot{a}_Q$ der Quergleitung auswirken. Es werden dann nichtkristallographisch auffächernde Gleitstufen beobachtet. Bei weit aufgespaltenen Versetzungen, also kleinen γ, ist auch $\dot{a}_S$ kleiner, z. B. weil die Bildung von Sprüngen erschwert wird.

12.4 Verformung des Vielkristalls, Verformungstextur

12.4.1 Versetzungen an Korngrenzen

Die plastische Verformung von Vielkristallen unterscheidet sich von der von Einkristallen in zweierlei Hinsicht: Erstens bilden Korngrenzen *Hindernisse* für die Versetzungsbewegung. Das bedeutet z. B., daß es einen Easy-glide-Bereich I von kfz und krz Metallen, der ja bei hdp Einkristallen sogar dominiert, in der Vielkristallverformung nicht geben kann, da hier der Laufweg L der Versetzungen maximal gleich dem Korndurchmesser d ist und nicht gleich dem Probendurchmesser werden kann. Andererseits sollten sich die Verfestigungsmechanismen der Einkristallbereiche II, III und IV auch im Vielkristall zeigen, da für diese $L < d$ gilt. Zweitens gibt es im Vielkristall eine *Mannigfaltigkeit von Orientierungen* der Einzelkörner, hier als statistisch angesehen (obwohl das von der Erstarrung her nicht gegeben zu sein braucht, sondern oft eine Textur schon von der Herstellung vorliegt, siehe Abschn. 4.3). Schon bei Einkristallen hängt die Verfestigungskurve wegen der verschiedenen Beteiligung sekundärer Gleitsysteme stark von der Orientierung ab (Abb. 12.14). Beim Vielkristall überlagert sich diesem Verhalten die Orientierungsabhängigkeit des Schmidfaktors mit dem Effekt, daß sich die Einzelkörner bei gegebener Zugspannung ganz verschieden verformen würden, wenn sie nicht miteinander verbunden wären. Es hat offenbar keinen Sinn, die Vielkristall-Verfestigungskurve als über alle Orientierungen gemittelte Einkristall-Verfestigungskurve zu betrachten.

Ashby [12.24] hat für plastisch inhomogene Materialien den Begriff der „*geometrisch notwendigen*" Versetzungen geprägt und ihn dem der „*statistisch gespeicherten*" Versetzungen entgegengestellt, die wir bisher als Quelle der Verfestigung betrachtet haben. Der Begriff wird in Abb. 12.13a zunächst für den Eindruck eines zylindrischen Stempels erläutert, der $N = \Delta x/b$ prismatische Versetzungen erzeugen muß (neben evtl. anderen, statistisch verteilten Versetzungen, die zur plastischen Eindrucktiefe Δx nichts beitragen). Abbildung 12.13b beschreibt dann wieder allein die geometrisch notwendigen Versetzungen, die bei der Verformung eines Vielkristalles gebraucht werden. In Teilbild II werden die Körner entsprechend ihren Orientierungen und Schmidfaktoren verformt, als ob sie nicht zusammenhingen. Erst die Einführung geeigneter

12.4 Verformung des Vielkristalls, Verformungstextur

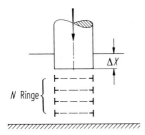

Abb. 12.13a. Unter einem Stempeleindruck der Tiefe Δx sind N prismatische Versetzungsringe geometrisch notwendig

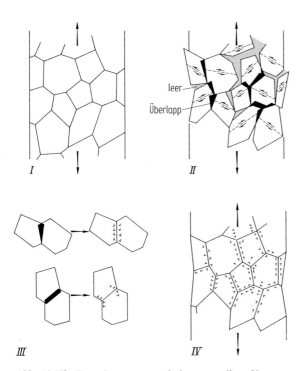

Abb. 12.13b. Entstehung geometrisch notwendiger Versetzungen bei der Zugverformung eines Vielkristalls: Hingen die Körner nicht zusammen (Teilbild II), dann entstünden Zwischenräume und Überlapp von Material bei der Verformung. Der Einbau geeigneter Versetzungen (Teilbild III) erlaubt es, den Zusammenhang der Körner wiederherzustellen

Versetzungsanordnungen (Teilbild III) an den Korngrenzen erlaubt es dann, den Vielkristall nahtlos wieder zusammenzufügen (Teilbild IV). Es ist plausibel, daß die geometrisch notwendigen Versetzungen hauptsächlich in Korngrenzennähe liegen, wo die Inkompatibilitätsspannungen wirken, während die (nichtgezeigten) statistisch gespeicherten Versetzungen die Kristalle entsprechend ihren Orientierungen mehr oder weniger homogen härten. Von der inhomogenen Verteilung der Gesamtversetzungsdichte über das Vielkristall-Korn wird aber im folgenden abgesehen, was sicher bei kleinen Körnern, die volumenmäßig viel korngrenzennahe Schichten enthalten, zu Abweichungen von den im folgenden zu besprechenden Hall-Petch- und Taylor-Modellen führt [12.25].

Wir behandeln die beiden Einflüsse nacheinander. Eine Versetzung, die im Korn I auf eine Korngrenze zuläuft, findet im Nachbarkorn 2 i. allg. keine zu ihrem Burgersvektor passende Gleitebene (s. Abb. 12.12a). Sie kann auch nicht in die GW-KG aufgenommen werden, ohne deren Struktur ernsthaft zu stören (Abschn. 3.2.2 und 12.3). Also müssen sich diese und die ihr auf derselben Gleitebene folgenden Versetzungen vor der Korngrenze aufstauen. Schließlich wird die Spannungskonzentration der Aufstauung (Abschn. 11.2.3) so groß, daß bei einer Spannung τ_0 Versetzungsquellen im Nachbarkorn aktiviert werden. Ist λ der Abstand der Quelle von der Aufstauung, dann ergibt Gl. (11-14)

$$(\tau_0 - \tau_1)\sqrt{\frac{d}{\lambda}} = \tau_1 m_{12} \quad \text{oder} \quad \tau_0 = \tau_1 + m_{12}\tau_1\sqrt{\frac{\lambda}{d}} \equiv \tau_1 + k_y d^{-1/2}. \tag{12-18}$$

τ_1 ist die kritische Schubspannung im Korn 1 und τ_1 die Mindestspannung für die Aktivierung im 2. Korn; m_{12} transformiert die Schubspannung vom Gleitsystem des ersten Korns in das des zweiten. Ein Gesetz dieser Form wird allgemein gefunden als *Hall-Petch-Beziehung* für die Korngrößenabhängigkeit der Streckgrenze von Vielkristallen, die bei vielen Metallen beobachtet wird. (Ist der Versetzungslaufweg und damit die Aufstaulänge kleiner als der Korndmr., dann sollte τ_0 unabhängig von d sein.) Setzt man $\lambda = 10^{-4}$ cm als mittleren Versetzungsabstand ein und $m_{12} \approx 1/2$, so ergibt sich aus dem an einem Stahl mit 0,11 Gew.-% C gemessenen k_y ein sehr hoher Wert $\tau_1 = G/120$: Die im Korn 2 betätigte Versetzungsquelle war wohl durch Kohlenstoffatome verankert.

12.4.2 Kornformänderung und Vielkristallverfestigung [12.9, 12.10]

Unter der Wirkung einer äußeren Spannung kann sich ein Vielkristall nur dann makroskopisch homogen plastisch verformen, wenn jedes seiner Körner zu einer allgemeinen plastischen Formänderung in der Lage ist. Diese wird von der äußeren Spannung und der Wahrung des Zusammenhalts der Körner erfordert. Das bedeutet, daß jedes Korn 5 unabhängige Komponenten des Dehnungstensors ε_{ik} durch Abgleitung in Gleitsystemen realisieren muß (die 6. Komponente ist dann wegen der Bedingung der Volumenkonstanz festgelegt). R. von Mises hat 1928 erkannt, daß dazu 5 unabhängige Gleitsysteme betätigt werden müssen. (Unabhängig ist ein Gleitsystem dann, wenn die durch seine Gleitung bewirkte Formänderung nicht durch Gleitung in einer Kombination von anderen Gleitsystemen ersetzt werden kann [12.7].) Hdp Metalle gleiten bei tiefer Temperatur nur auf der Basisebene, in der es zwei linear unabhängige Burgersvektoren gibt. Also sollten sich diese Metalle in vielkristalliner Form kaum plastisch verformen lassen – im Gegensatz zu ihrer i. allg. hervorragenden Duktilität als Einkristalle. Das ist in Übereinstimmung mit der Erfahrung. Verformbar werden Zink, Kadmium u. ä. Vielkristalle (außer mit Hilfe mecha-

12.4 Verformung des Vielkristalls, Verformungstextur

nischer Zwillingsbildung, Kap. 13) erst durch Aktivierung von Nicht-Basisgleitsystemen bei erhöhter Temperatur. Kfz Metalle haben 12 $\{111\}\langle 110\rangle$-Gleitsysteme: In jeder Ebene sind aber nur 2 von 3 Gleitrichtungen voneinander unabhängig. In der Sprache des Thompson-Tetraeders, Abb. 11.20, bedeutet dies, daß 4 Bedingungen für die Burgersvektoren einer Ebene von der Art

$$(DB)_\alpha + (BC)_\alpha + (CD)_\alpha = 0$$

in den Gleitebenen $\alpha, \beta, \gamma, \delta$ gelten. Ferner führen Scherungen der Art

$$(CD)_\alpha + (DC)_\beta + (AB)_\delta + (BA)_\gamma = 0$$

nur zu identischen Rotationen des Gitters, in diesem Fall um eine $\langle 100\rangle$-Achse, wie man am Thompson-Tetraeder der Abb. 11.20 sieht: Die Drehachse im o. a. Beispiel ist die Verbindung der Tetraederkanten AB und CD; es gibt 3 solche Bedingungen. Damit verbleiben also $12 - 7 = 5$ unabhängige Gleitsysteme; dies sind genug für eine allgemeine plastische Verformung eines Korns im kfz Gitter – in Übereinstimmung mit seiner guten Duktilität als Vielkristall. Ähnliches gilt für das krz Gitter.

Wenn der Polykristall als Zugstab belastet wird, beginnen Körner mit großem Schmidfaktor plastisch zu gleiten, üben damit Kräfte auf andere, ungünstiger orientierte Körner aus und werden selbst von diesen in ihrer Gleitung beeinflußt (s. Abschn. 12.4.1). Auf diese Weise kommt ein allgemeiner Spannungszustand zustande, der es erlaubt, wirklich 5 Gleitsysteme zu aktivieren. E. Kröner hat den Vorgang modellmäßig wie folgt beschrieben: Alle Körner *einer* Orientierung seien durch ein mittleres, kugelförmiges Korn repräsentiert, ihre Nachbarn durch ein isotropes Kontinuum. Das Kugelkorn werde herausgeschnitten, dann die Probe unter die makroskopische Zugspannung $\bar{\sigma}$ gesetzt. Jetzt müssen Oberflächenkräfte an der Wand des Lochs und des Korns (von entgegengesetzten Vorzeichen!) angebracht werden dergestalt, daß die unter der mittleren Spannung $\bar{\sigma}$ stehende Umgebung des Lochs von dem Schnitt nichts merkt. Korn und Matrix verformen sich jetzt plastisch, so daß der Dehnungszustand $\bar{\varepsilon}$ im Loch entsteht, dagegen ε im Kugelkorn. Soll jetzt das Korn wieder eingefügt werden, so muß es erst (elastisch) verformt werden (s. Abb. 12.13b); die dazu nötigen inneren Spannungen $(\sigma - \bar{\sigma})$ sind nach J. D. Eshelby [12.8] im Korn homogen und etwa gleich $G \cdot (\varepsilon - \bar{\varepsilon})$. Genau diese Spannung $(\boldsymbol{\sigma} - \bar{\boldsymbol{\sigma}})$ aktiviert nun die 5 nötigen Gleitsysteme im Korn. Seine Verformung ε ist also ähnlich der makroskopischen Verformung $\bar{\varepsilon}$ (G. I. Taylor 1938), da die inneren Spannungen nur Bruchteile von G erreichen, bevor Verformung einsetzt.

Die Auswahl der zur Erzeugung von $\bar{\varepsilon}$ benutzten 5 Gleitsysteme (aus den im kfz Metall vorhandenen 12) geschieht nach Taylor nach dem Prinzip der kleinsten algebraischen Abgleitungssumme: $a = \sum_{i=1}^{5} |a_i| = \min$, was einem Prinzip der kleinsten Verformungsarbeit A auf Gleitsystemen mit vergleichbarer Fließspannung entspricht. Die gleichzeitige Betätigung vieler Gleitsysteme führt zu starker Versetzungswechselwirkung und Verfestigung zufolge Abschn. 11.2.3. Man muß also die Spannungs-Dehnungskurven von Vielkristallen nicht mit denen mittlerer Einkristalle (aus der Mitte des Orientierungsdreiecks), sondern

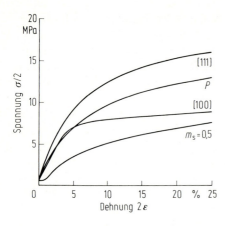

Abb. 12.14. Spannungs-Dehnungs-Kurven ($\sigma/2$ gegen 2ε) in Aluminium von drei Einkristallen verschiedener Orientierung und einem Vielkristall P (Korngröße 0,2 mm [12.9])

mit denen hochsymmetrischer Orientierungen, insbesondere $\langle 111 \rangle$ und $\langle 100 \rangle$, identifizieren, Abb. 12.14: Diese „harte" Einkristall-Verfestigungskurve $\tau(a)$ soll auch die Fließspannung als Funktion der Abgleitung (-ssumme) im Vielkristall beschreiben. Dann gilt für die Fließspannung σ_x bei Beanspruchung des Vielkristalls in x-Richtung als Funktion der Dehnung ε_x

$$\sigma_x = \frac{dA}{d\varepsilon_x} = \tau \frac{da}{d\varepsilon_x} \equiv M\tau ,$$

also ist der „Taylorfaktor"

$$M \equiv \frac{\sigma_x}{\tau} = \frac{da}{d\varepsilon_x}$$

und die Vielkristallverfestigung

$$\frac{d\sigma_x}{d\varepsilon_x} = M^2 \frac{d\tau}{da} = M^2 \Theta . \qquad (12\text{-}19)$$

Taylor hat für eine regellose Orientierungsverteilung der Körner im Mittel über alle Orientierungen der x-Achse $M = 3{,}06$ für kfz Metalle berechnet, in guter Übereinstimmung mit den gemessenen Verfestigungskurven, Abb. 12.14. (Der Taylorfaktor ist also größer als der mittlere reziproke Schmidfaktor, s. Abschn. 12.0.) Die kritische Fließspannung des Vielkristalls wird bei Fehlen eines linearen Anfangsbereichs meist als Spannung zur Erzeugung von 0,2% plastischer Dehnung definiert.

12.4.3 Verformungstexturen [12.11]

Mit den betätigten Gleitsystemen des Vielkristalls kennt man im Prinzip auch die Orientierungsänderungen seiner Körner mit der Verformung (s. Abschn. 12.0). Je nach Verformungsart und weitgehend unabhängig von der Ausgangsorientierung entwickeln sich wenige stabile Endorientierungen der Körner nach

12.4 Verformung des Vielkristalls, Verformungstextur

großer Verformung: Das Material erhält durch die Verformung also eine *Textur*, d. h. Vorzugsorientierungen, wie wir das in Abschn. 4.3 auch bei der Erstarrung bemerkt haben. Im Zugversuch eines kfz Einkristalls mittlerer Ausgangsorientierung gelangt durch abwechselnde Betätigung von Haupt- und Doppelgleitsystem (Abschn. 12.0) die Zugachse schließlich in die $\langle 211 \rangle$-Lage. Bei der Stauchung dreht sich die Druckachse auf die jeweilige Gleitebenennormale zu; bei Doppelgleitung eines kfz Metalls endet sie nach Stauchung auf der Winkelhalbierenden zweier benachbarter $\langle 111 \rangle$-Pole, also in $\langle 110 \rangle$. Bei Betätigung von noch mehr Gleitsystemen im Zug treten $\langle 111 \rangle$ und $\langle 100 \rangle$ als Endlagen auf, im Druck bleibt die Achse bei $\langle 110 \rangle$. Das wird tatsächlich bei kfz Metallen beobachtet. Der technisch wichtige Umformungsvorgang eines Bleches durch Walzen entspricht grob einer Überlagerung beider Vorgänge: Zug in Walzrichtung und Druck in Blechnormalenrichtung. Dementsprechend erwartet man eine sog. (011) [$21\bar{1}$]-Walztextur für kfz Vielkristalle, d. h. eine [011]-Orientierung der Blechebenen-Normalen und eine [$21\bar{1}$]-Orientierung der Walzrichtung, wenn man nur diejenigen Gleitsysteme durch den Zug betätigt, die auch die Blechdicke vermindern.

Wir wollen diese Aussagen nun mit der Erfahrung vergleichen. Dazu müssen wir kurz die röntgenographische Texturbestimmung und die Darstellung ihrer Ergebnisse in *Polfiguren* besprechen [2.1–2.3], [12.11]. Abbildung 12.15 zeigt ein (Korn von einem) Vielkristall-Blech im Zentrum einer Einheitskugel. Die Walz-, Quer- und Normalen-Richtungen des Blechs spannen ein (probenbezogenes) Koordinatensystem auf. Wir suchen jetzt die {100}-Ebenen-Normalen aller Körner im Blech auf, indem wir mit fester Röntgenwellenlänge λ unter verschiedenen Winkeln α auf die Probe einstrahlen und Intensität unter den Winkeln $(\alpha + 2\Theta_{\{100\}})$ suchen, wo $\sin \Theta_{\{100\}} = \lambda/2d_{100}$ die Braggsche Bedingung für den Netzebenenabstand d_{100} ist. Die so bestimmten $\langle 100 \rangle$-Reflexionsebenen-Normalen C markieren wir auf der Kugel und projizieren sie anschließend stereographisch auf die Äquatorebene (C'). Für eine statistische Orientierungsverteilung zeigt Abb. 12.16a das Ergebnis. Dazu vier Bemerkungen: (1) Es ist aus der Darstellung nicht zu ersehen, welche Orientierungen zu

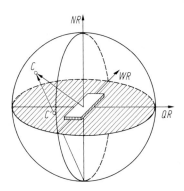

Abb. 12.15. (100)-Walztextur eines Blechs: WR – Walzrichtung, QR – Querrichtung, NR – Blechebenennormale: Eine {100}-Ebene – Normale C – reflektiert monochromatisches Röntgenlicht und wird stereographisch als C' in die Polfigur eingetragen

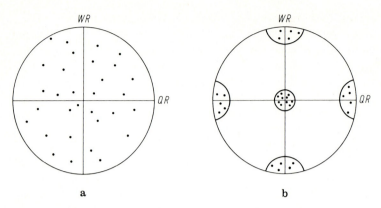

Abb. 12.16. (100)-Polfigur eines Blechs mit **a** zufälliger Orientierungsverteilung, **b** Würfeltextur

räumlich benachbarten Körnern gehören. Insofern ist die Information unvollständig. (2) Wir hätten auch alle {111}-Ebenennormalen aufsuchen können, womit die „Polfigur" (bei gleichen Informationsgehalt) völlig anders aussähe. Jede Polfigur muß also hinsichtlich der benutzten Ebenennormale {hkl} bezeichnet sein. (3) Die Darstellung der Zugachsenrichtung im *Orientierungsdreieck*, Abb. 12.2, also einem (stereographisch projizierten) *kristallbezogenen* Koordinatensystem ist offenbar invers zur Darstellung der *probenbezogenen Polfigur* – bei prinzipiell gleichem Informationsgehalt. (4) Die Orientierungsverteilung hat primär nichts mit der Kornform im Gefüge zu tun.

In Wirklichkeit wird bei der Texturbestimmung nicht die Richtung des einfallenden Röntgenstrahls variiert, sondern die Lage der Probe in einem heute meist automatisch arbeitenden „Texturgoniometer"; diese liefert im Prinzip eine quantitative Häufigkeitsverteilung der Kornorientierungen [2.1].

Eine detailiertere Information über die Textur erhält man aus der dreidimensionalen Orientierungsverteilungsfunktion (OVF) $f(\alpha, \beta, \gamma)$, die den Volumenanteil der Körner angibt, die Winkel α, β, γ mit den Probenachsen einschließen [12.11a]. Man kann f durch Laue-Röntgen- oder Elektronenstreuung erhalten oder durch Umkehrung und Überlagerung einer Reihe von Polfiguren (P_{hkl}) für verschiedene hkl, die ja zweidimensionale Projektionen von f darstellen, gemäß

$$P_{hkl}(\alpha, \beta) = \frac{1}{2\pi} \int f(\alpha, \beta, \gamma)\,d\gamma \;.$$

Liegt eine Textur im Blech oder Draht vor, so erhält man statt Abb. 12.16a z. B. die Polfigur der Abb. 12.16 b. Das Beispiel zeigt offenbar eine „Würfeltextur" (001) ⟨100⟩ (die bei Fe-3,5% Si, dem üblichen Transformatorenblech, zur Vermeidung von Magnetisierungsverlusten sehr erwünscht ist). Wir sehen, daß die Orientierungsverteilung eine Streuung um eine *Ideallage* aufweist. Wir haben eine solche oben aus der Orientierungsänderung bei unendlich starker Zug- bzw. Druck-Verformung erschlossen. Abbildung 12.17 zeigt die {111}-Polfigur von α-Messing, das auf 95% Höhenabnahme gewalzt wurde. In den

12.4 Verformung des Vielkristalls, Verformungstextur

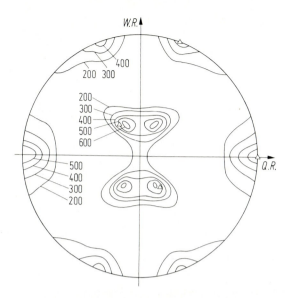

Abb. 12.17. (111)-Polfigur von 95% gewalztem Cu-30% Zn. Linien gleicher Röntgenintensität in willk. Einheiten. (Nach P. A. Beck und Mitarb., siehe [2.1])

Abb. 12.18. Tiefgezogene Näpfchen aus Al-Blechen unterschiedlicher Textur (links: 4 Zipfel unter 45° zur Walzrichtung; Mitte: zipfelfrei; rechts: 4 Zipfel unter 0 und 90° zur Walzrichtung [12.11]

dichtest belegten Gebieten ist die o. g. (011) $\langle 21\bar{1}\rangle$-Walztextur zu erkennen! Eine wesentliche Komplikation, die das Gefüge gegenüber dem Modell des Abschn. 12.4.2 zeigt, und die wahrscheinlich einen Teil der Texturstreuung verursacht, ist seine Inhomogenität: Bei der Verformung spaltet die Kornorientierung durch Bildung von „Deformationsbändern" verschiedener Art, die sich aus KW-KG zusammensetzen, in verschieden orientierte Subkörner auf, siehe [12.11]. In jedem von diesen herrscht offenbar nicht mehr die Vielfachgleitung des Abschn. 12.4.2, sondern nur noch Einfach-oder Doppelgleitung, was vom Standpunkt der Versetzungswechselwirkung ökonomischer ist, ohne Taylors Vielkristall-Verformungsbedingung makroskopisch zu verletzen. Eine weitere Komplikation in der Orientierungsverteilung verformter Metalle niedriger Stapelfehlerenergie ist eine Beteiligung mechanischer Zwillingsbildung, siehe Kap. 13 [12.11]. Eine Verformungstextur macht das Material auch mechanisch anisotrop, und zwar vom Gefüge, nicht nur der Struktur, her! Das hat unangenehme Folgen beim sog. Tiefziehen von Blechen, wo sich durch unterschiedliche Dickenabnahme „Zipfel" bilden, siehe Abb. 12.18 und [12.11].

12.5 Korngrenzengleitung und Superplastizität

12.5.1 Homogene KG-Gleitung

Bei hohen Temperaturen ($T > 2/3\, T_s$) kann ein Vielkristall auf seinen (Großwinkel-) Korngrenzen gleiten, ein Effekt, der sich z. B. auf die Stabilität von Glühdrähten sehr unangenehm auswirken kann. Während kleines Korn bei tiefen Temperaturen hohe Festigkeit bedeutet (s. Abschn. 12.4.1), ist bei hohen T das Gegenteil der Fall. Andererseits gehen aber Korngrenzen i. allg. nicht in ebener Form durch die Probe hindurch, wie z. B. Abb. 12.19 zeigt. Bei der KG-Gleitung entstehen damit in den Kornecken Spannungsspitzen, wenn die Amplitude der Beanspruchung nicht sehr klein ist. Zu größeren Verschiebungen $u > 10^{-6}$ cm auf der Korngrenze kann es nur kommen, wenn die Spannungsspitzen in den Kornecken durch Materietransport, hier also durch Diffusion, abgebaut werden. Dafür haben R. Raj und M. Ashby [12.12] ein einleuchtendes Modell entwickelt: Die Korngrenzenanordnung wird durch ein 2dimensionales hexagonales Netz beschrieben, Abb. 12.20, und das Profil einer Verschiebungsfläche (z. B. Modus 1) wird nach Fourier entwickelt. Die 1. Fourierkomponente wird durch ihre Wellenlänge λ und Amplitude h beschrieben. Werden die Körner auf ihr durch eine Schubspannung τ verschoben, so entstehen die in Abb. 12.21 gezeichneten Normalspannungen

$$\sigma_n = -2\frac{\tau\lambda}{\pi h}\sin\frac{2\pi y}{\lambda}, \tag{12-20}$$

die ein zusätzliches Chemisches Potential $\Delta\mu = \sigma_n \Omega$ für die Leerstellen erzeugen. In dessen Gradienten diffundieren die Leerstellen von den Dilatations- in die Kompressionszonen an der Korngrenze, und dieser Vorgang bestimmt die Verschiebungsgeschwindigkeit $\dot u$ auf der Korngrenze [12.12]

$$\dot u = \frac{8}{\pi}\frac{\tau\Omega}{kT}\frac{\lambda}{h^2}D_{GD}\left\{1 + \frac{\pi\delta}{\lambda}\frac{D_{KD}}{D_{GD}}\right\}. \tag{12-21}$$

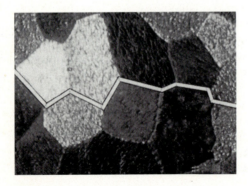

Abb. 12.19. Eine Schubspannung (waagerecht) läßt einen Vielkristall auf einer nichtebenen Korngrenzfläche abgleiten

12.5 Korngrenzengleitung und Superplastizität

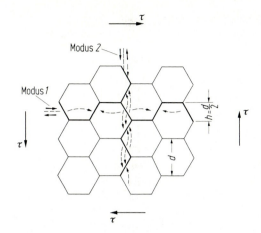

Abb. 12.20. Idealisierung des Vielkristalls als hexagonales Netz von Korngrenzen, das KG-Gleitung nach 2 orthogonalen Modi ermöglicht. Gestrichelt ist der begleitende Leerstellenstrom angegeben [12.12]

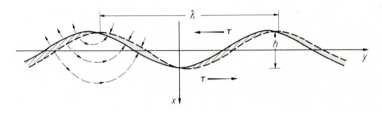

Abb. 12.21. Gleitung auf einer welligen Korngrenze führt zur Bildung von Hohlraum (gestrichelt), der als Leerstellenstrom in Überschneidungsgebiete (punktiert) transportiert wird [12.12]

Hier ist sowohl Gitterdiffusion (mit D_{GD}) wie auch Diffusion (mit D_{KD}) in der Korngrenze (Dicke δ, s. Abschn. 8.4.1) berücksichtigt. Die beiden Einzelprozesse waren schon früher von F. Nabarro, C. Herring und R. Coble in einer ganz anderen Weise beschrieben worden, aber mit fast identischem Resultat: Diese Autoren berechneten die Veränderung der Kornform durch Leerstellenströme unter äußerer Spannung, siehe Abb. 12.20, d. h. ein „Diffusionskriechen" über Gitter-oder Korngrenzendiffusion. $\dot{u}$ hängt von der Welligkeit der Korngrenzen, d. h. der Kornform wie λ/h^2 bei Gitterdiffusion, wie δ/h^2 bei KG-Diffusion, ab: Letztere überwiegt also bei kleinem λ und T. Je größer der „Kornformfaktor" (h/λ), desto schwächer wird der Beitrag von Korngrenzengleitung zur Kriechgeschwindigkeit $\dot{a}_K = \dot{u}/h$: Mit einem Gefüge aus fadenförmigen Körnern werden Wolfram-Glühdrähte formstabil. Auch relativ große Ausscheidungen machen Korngrenzen welliger und setzen $\dot{a}_K$ herab. $\dot{a}_K$ ist im Gegensatz zur Korngrenzenviskosität, mit der die KG auf Kurzzeitbelastungen reagiert, also keine inhärente Eigenschaft der Korngrenze selbst.

Ein Vergleich von $\dot{a}_K$ nach Gl. (12-21) mit der Abgleitgeschwindigkeit durch Versetzungsklettern $\dot{a}_S$ (12–17) oder der durch Versetzungsgleiten (für den speziellen Fall des Peierlsmechanismus, Gl. (12-7) oder der des Versetzungsschneidens, Gl. (12-11)) zeigt, welcher Prozeß im Zustandsfeld (Spannung τ, Temperatur

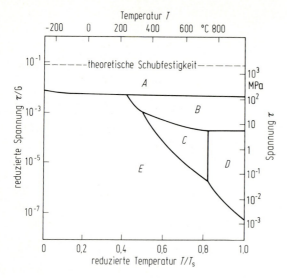

Abb. 12.22. Verformungsmechanismen für Silber (Korngröße 32 μm, $\dot{\varepsilon} = 10^{-8}\,\mathrm{s}^{-1}$). A: Versetzungsgleiten; B: Versetzungsklettern; C: Korngrenzengleitung bestimmt durch KG-Diffusion; D: durch Volumendiffusion; E: elastische Verformung [12.13]

T mit der Korngröße d und $\dot{a}$ als Parameter) jeweils dominiert: Daraus ergeben sich nach Ashby sog. „Verformungsmechanismus-Diagramme", Abb. 12.22, die sich von Metall zu Metall nicht qualitativ, jedoch quantitativ in aufschlußreicher Weise unterscheiden [12.13].

12.5.2 Superplastizität [12.14, 12.14a, 12.14b]

Sehr feinkörnige Metalle und Legierungen (Korngröße einige μm), insbesondere zweiphasige eutektischen oder eutektoiden Gefüges, zeigen bei hoher Temperatur oft eine ungewöhnlich große, einschnürungsfreie Dehnung bis zum Bruch (100–1000%) (s. Abschn. 2.6.1), wenn sie in einem charakteristischen Geschwindigkeitsbereich $\dot{\varepsilon}_{SP}$ verformt werden. Dieses Phänomen der *Superplastizität* erlaubt es, Metalle wie Glas zu „blasen", d. h. leicht zu komplizierter Gestalt umzuformen. Natürlich sollte hier Korngrenzengleitung beteiligt sein, doch ergibt sich $\dot{\varepsilon}_K$ nach 12.5.1 um eine Größenordnung kleiner als $\dot{\varepsilon}_{SP}$. $\dot{\varepsilon}_K$ besitzt aber die „richtige" Abhängigkeit von σ, die nach Gl. (2-26) verfestigungsfreie, stabile Verformung im Zugversuch erlaubt: $m_{SP} \equiv (\mathrm{d}\ln\sigma/\mathrm{d}\ln\dot{\varepsilon}) \approx 1$. Abbildung 12.23 zeigt den typischen Verlauf ($\ln\sigma$) gegen ($\ln\dot{\varepsilon}$) bei diesen Materialien und Bedingungen: Bei $\dot{\varepsilon}_{SP}$ wird superplastisches Verhalten erreicht. Dabei beobachtet man keine Verlängerung der Körner in Zugrichtung – wie bei der Vielkristall-Verformung bei tiefer Temperatur (Abschn. 12.4.2) –, sondern eine gegenseitige Verschiebung der Körner, die dabei ihre *Nachbarn wechseln* [12.15]. Das zugehörige Modell von Ashby zeigt Abb. 12.24. Auch bei diesem Modell findet der Materietransport durch Diffusion statt, nur sind das diffundierte Volumen viel kleiner und die Diffusionswege kürzer als bei homogener KG-Gleitung. Eine Abschätzung ergibt für Ashbys *inhomogenes* Fließen $\dot{\varepsilon}_{SP} \approx 7\dot{\varepsilon}_K$, bei gleicher

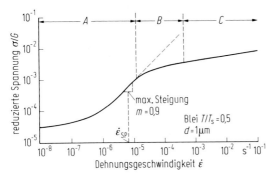

Abb. 12.23. Kriechgeschwindigkeit von feinkörnigem Blei bei der halben Schmelztemperatur: Bei kleinen Spannungen (*A*) hauptsächlich Korngrenzengleitung, bei großen (*C*) Versetzungsklettern. Im Bereich *B* Überlagerung beider Mechanismen, bei der größten Steigung ($d \ln \sigma / d \ln \dot\varepsilon$) Superplastizität [12.15]

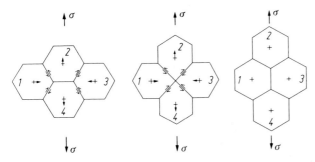

Abb. 12.24. Ashby-Verrall-Prozeß der Korngrenzengleitung und relativen Kornverschiebung von 4 Körnern unter Zug [12.15]

Abhängigkeit von T, σ und Korngröße d [12.15], nur bei viel größeren Dehnungen. Bei hohen τ und $\dot\varepsilon$ tritt dann Versetzungsklettern auf, die homogene Dehnung zum Bruch nimmt wieder ab (Abb. 12.23).

12.6 Wechselverformung und Ermüdung

Der duktile Bruch durch Einschnürung, der den oben besprochenen Zugversuch beendet, steht an technischer Bedeutung weit hinter dem *Ermüdungsbruch* zurück, der nach vielen Belastungen wechselnden Vorzeichens, wie sie bei rotierenden oder schwingenden Maschinenteilen üblich sind, schon bei $\sigma_N = \sigma_B/4$ bis $\sigma_B/2$ auftritt, (σ_B ist die Zugspannung für duktilen Bruch.) Man untersucht oft das Ermüdungsphänomen in einem symmetrischen Zug-Druckversuch mit der konstanten Spannungsamplitude σ. Dann tritt Bruch nach N Spannungswechseln auf bei der Spannung σ_N, die, in Abhängigkeit von $\log N$ aufgetragen, die in Abb. 12.25 gezeigte *Wöhler-Kurve* ergibt. Für $N = 1/4$, also am Ende des *Zugbelastungsteils* eines vollständigen Zyklus, erhält man die Bruchspannung σ_B des Zugversuchs; im flachen Kurventeil zwischen $N = 10^4$ und 10^8 hat man

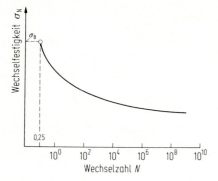

Abb. 12.25. Die typische Wöhlerkurve gibt die zum Bruch nach N Spannungswechseln nötige Spannung an

es mit dem typischen Ermüdungsphänomen zu tun. Zwischen $N = 1/4$ und 10^4 liegt der Übergangsbereich der „Kurzzeit-Ermüdung" (low cycle fatigue). Die Wöhlerkurve ist nicht stark T-abhängig. Der physikalische Hintergrund des typischen Ermüdungsbruchs erschließt sich nur mit großer Mühe und vielen zusätzlichen Beobachtungen [12.16 bis 12.18]. Wesentlich ist einerseits, daß während der N Wechsel *plastische* Verformung geschieht; ferner geht der Bruch fast immer von der *Oberfläche* aus, deren Zustand und chemische Umgebung damit für die technische Beherrschung der Ermüdung große Bedeutung hat.

Ausgangspunkt der metallphysikalischen Deutung der Ermüdung ist der Verlauf der Verfestigungskurve nach einer Umkehr des Spannungsvorzeichens: Abbildung 12.26 zeigt, daß die Rückwärtsverformung beim Schub auf der Basisebene von Zink bei viel kleineren Spannungen beginnt als die vorangegangene Vorwärtsverformung endete: Dieser sog. *Bauschinger-Effekt* wird auch bei kfz Metallen entlang der ganzen Verfestigungskurve beobachtet. Er beweist, daß die die Zugverfestigung erzeugende Versetzungsanordnung nicht sehr stabil gegen Spannungsumkehr ist, wie man das nach dem Seegerschen Verfestigungsmodell des Abschn. 12.2 (nicht aber nach dem Modell der Waldverfestigung) auch erwartet. Nach vielen Wechseln bildet sich eine neue Versetzungsanordnung aus, die im wesentlichen aus Versetzungsdipolen und -multipolen besteht, in der sich positive und negative Versetzungen gegenseitig bis zu Spannungen der Größenordnung der Passierspannung τ_p, Abschn. 11.2.1, festhalten. Diese Anordnung erzeugt pro Abgleitungsintervall weniger innere Spannungen als die des einsinnigen Versuchs: Die Ermüdungsverfestigung ist relativ klein und führt schließlich auf einen Grenzwert der Fließspannung in einem Versuch mit konstant gehaltener *plastischer* Verformungsamplitude ε_{pl}. Den Zusammenhang dieses Grenzwertes der Fließspannung mit der Dehnungsamplitude ε_{pl} bezeichnet man als *zyklische Spannungs-Dehnungskurve*. Sie hat meist einen Plateaubereich, während dessen sich durch Quergleitung oder Klettern eine günstigere Versetzungsanordnung bildet und dieser Zustand sich über die ganze Probe ausbreitet. In „persistenten Bändern" (psB) bilden sich dann besonders scharfe Versetzungswände; die weitere Verformung erfolgt durch Versetzungsbewegung in den freien Zellen zwischen den Wänden. Die psB's sind weicher als die

12.6 Wechselverformung und Ermüdung

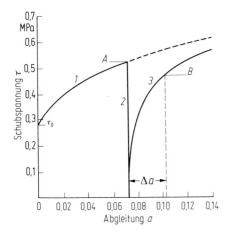

Abb. 12.26. Wechsel-Schubverformung eines Zink-Einkristalls bei 77 K auf der Basisebene (*1*) in Vorwärtsrichtung, (*2*) Entlastung, (*3*) in Rückwärtsrichtung. $(A - B)/A$ definiert den Bauschingereffekt. Die Wahl von Δa ist willkürlich

umgebende Matrix und füllen schließlich die gesamte Probe aus [12.18a]. Die Versuchsführung mit konstantem ε_{pl} oder die ihr äquivalente einer langsamen Vergrößerung der angelegten Spannung vermeiden große, stoßartige plastische Verformungsamplituden in den ersten Zyklen. Eine hohe Verformungsgeschwindigkeit erschwert es den Versetzungen, sich in eine Anordnung minimaler Energie einzubauen, wie sie für eine gegebene Spannung die Anordnung in Dipolen (und Multipolen) darstellt. Der bei langsamem Spannungsaufbau erreichbare (metastabile) Gleichgewichtscharakter der Versetzungsanordnung im Ermüdungsversuch zeigt sich auch darin, daß einsinnig verformte Metalle im Ermüdungsversuch auf dieselbe Fließspannung *erweichen*, auf die sich unverformte *verfestigen* (siehe dazu die „Verformungserweichung" des Abschn. 12.3). Während dieses Vorgangs der Verfestigung (oder Erweichung) wird die Versetzungsanordnung immer wieder instabil: Es lösen sich Dipole auf und bilden sich neu mit einer der äußeren Spannung entsprechenden Passierspannung, Dabei steigt die plastische Dehnung kurzzeitig lawinenhaft an. Abbildung 12.27 zeigt die Einhüllende der plastischen Wechseldehnung bei linearem Aufbau der Spannungsamplitude in 23 170 Wechseln auf eine Bruchspannung nach 10^6 Wechseln von $\tau_{10^6} = 57$ MPa bei einem Aluminiumeinkristall [12.19]. Bei schnellerem Spannungsaufbau kommt es zwischen den Dehnungslawinen nicht zur Stabilisierung der Versetzungsanordnung, sondern offenbar zum Austritt vieler Versetzungen aus der Oberfläche in Form *grober Gleitstufen* (Höhe einige 100 nm). Diese scheinen die für die Bildung der Ermüdungsrisse entscheidenden Spannungskonzentrationen abzugeben. Wo Versetzungen mit *b* parallel zur Oberfläche austreten oder die Gleitstufen häufig abpoliert werden, entstehen keine Ermüdungsrisse. In den groben Gleitbändern konzentriert sich die weitere Verformung, unter einer starken Ansammlung auch an atomaren Gitterfehlern, wobei sich diese persistenten Gleitbänder auch durch chemisches Polieren nicht voll beseitigen lassen. Gelegentlich kommt es dort zur Bildung von Abgleitungszungen („Extrusionen").

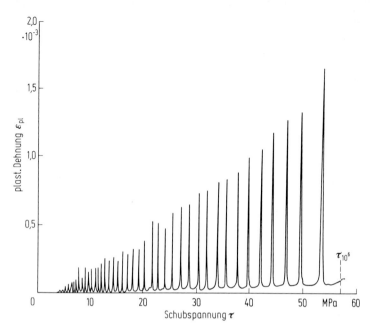

Abb. 12.27. Einhüllende der plastischen Dehnungsamplitude bei linearem Aufbau der Spannung in 23 170 Wechseln auf $\tau_{10^6} = 57$ MPa bei Al-Einkristall [12.19]

P. Neumann [12.19] beschreibt die Entstehung eines Risses an einer groben Gleitfläche wie in Abb. 12.28 gezeigt. Die Gleitebene (1) unter der Gleitstufe sei verfestigt. Dann hat in der nächsten Zugphase des Versuchs eine Gleitebene (2) an einer scharfen Oberflächenkante eine große Schubspannung und gleitet ab (Skizze b). Bei der Entlastung (Abb. 12.28c) gleiten die Ebenen (1) und (2) nicht notwendig in der umgekehrten Reihenfolge zurück; neben anderen irreversiblen Effekten kann auch die Fläche A mit Sauerstoff belegt werden, so daß kein vollständiges Verschweißen über A eintritt. Dann wird in der nächsten Zugphase der Zustand der Skizze (d) erreicht usw. Das Neumannsche Modell läßt verstehen, wie ein asymmetrisches Fortschreiten des Risses unter symmetrischer Zug-Druck-Belastung zustande kommt. (In pulsierenden Druck-Versuchen gibt es also keinen Ermüdungsbruch.) Im Ultrahochvakuum wird die Rißbildung verlangsamt, weil wohl doch gelegentlich Verschweißen längs A auftritt. Notwendig für das Funktionieren dieses Mechanismus sind *grobe* Gleitung, d. h. hohe Gleitstufen, sowie *zwei* Scharen von Gleitebenen. Bei feiner Gleitung rundet sich die Rißfront ab, und die Spannungskonzentration verschwindet. Beide Voraussetzungen scheinen charakteristisch für den Ermüdungsbruch zu sein: Zink bildet bei Basisebenenverformung (bei tiefer Temperatur) keine Ermüdungsrisse. Einflüsse, die die Gleitstufen bei (einsinniger) Verformung gröber werden lassen, wie Quergleitung (d. h. große Stapelfehlerenergien), Neutronenbestrahlung, Mischkristallbildung. Ausscheidung kohärenter Teilchen (s. Kap.

12.6 Wechselverformung und Ermüdung

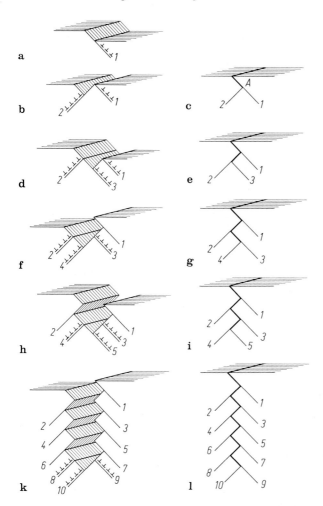

Abb. 12.28a-l. Modell von P. Neumann [12.19] für die Bildung eines Risses an groben Oberflächenstufen bei symmetrischen Zug-Druck-Wechseln. Zugphasen links, Entlastung rechts

14) usw. erleichtern die Bildung von Ermüdungsrissen. Eine Oxidbelegung von Aluminium und eine „ungünstige" Orientierung machen die Gleitstufen dagegen feiner und erhöhen die Ermüdungsspanung σ_N. Auch eine große Zahl metallographischer Beobachtungen stützt das Neumannsche Modell [12.19]: Zum Beispiel ist die Rißfront bei Cu-Einkristallen parallel der Schnittgeraden zweier $\{111\}$-Gleitebenen (Abb. 12.29).

Das weitere Wachstum eines Risses wird durch die makroskopische Spannungsverteilung um den Riß bestimmt und geschieht in zwei Stadien [12.18]. In Stadium I (Rißlänge $a \ll$ Probendurchmesser) verläuft der Riß sehr langsam und etwa in der Ebene der größten Schubspannung, d. h. unter 45° zur Zug-Druck-Achse. Im Stadium II liegt der Riß dann senkrecht zu dieser Achse. Die

Abb. 12.29. Seitenfläche eines ermüdeten Kupfereinkristalls zeigt Spuren von 2 Gleitlinienscharen um einen Riß, der sich von einer runden Kerbe oben bis zu dem unverformten (schwarzen) Dreieck unten ausgebreitet hat (P. Neumann). 17×

Ausbreitung erfolgt mit einem der Abb. 12.28 ähnlichen Mechanismus, bei dem in der Druckphase die beiden Ufer des Risses stumpf aufsitzen, während in den Zugphasen abwechselnde Gleitung auf zwei Systemen durch die Rißspitze den Riß der Länge l erweitert.

Ein Riß, der unter einer Spannung σ steht, ist einer Versetzungsaufstauung der Länge l äquivalent und erzeugt wie diese eine Spannungskonzentration proportional zu $\sigma\sqrt{l}$ an seinen Enden, siehe Abschn. 11.2.3. Es ist deshalb verständlich, daß die Rißausbreitungsgeschwindigkeit dl/dN (im Bereich II in der Größenordnung 1 µm/Wechsel) sich empirisch als Funktion von $\sigma\sqrt{l}$ (proportional der 4. Potenz) ergibt [12.18]. Im Bereich $N < 10^4$ gilt bei $\varepsilon_{pl} = $ const „Coffins Gesetz" $\varepsilon_{pl}^2 \cdot N = $ const.

12.7 Bruch nach geringer Zugverformung („Sprödbruch") [12.20, 12.22]

Neben Metallen, hauptsächlich kfz, die erst nach beträchtlicher plastischer Verformung und unter Einschnürung zerreißen, gibt es andere, z. B. krz und hdp, die bei tiefen Temperaturen oder hohen Verformungsgeschwindigkeiten schon nach geringer Zugverformung brechen. Man spricht hier von Sprödbruch, obwohl bei Metallen sicher etwas plastische Verformung dem Bruch vorausgeht. Das wird z. B. dadurch belegt, daß ein grobkörniger Kohlenstoff-Stahl bei 77 K, abhängig von der Korngröße zufolge Gl. (12-18), bei derselben Spannung im Zug bricht, bei der er im Druck beginnt, sich plastisch zu verformen, Abb. 12.30. Es wird ein Übergang von sprödem zu duktilem Verhalten bei einer bestimmten Übergangstemperatur, $T_ü$, (oder Übergangs-Dehnungsgeschwindigkeit, -Korngröße) auf verschiedene Weisen beobachtet: Erstens zeigt die Untersuchung der *Bruchfläche* („Fraktographie") bei tiefer

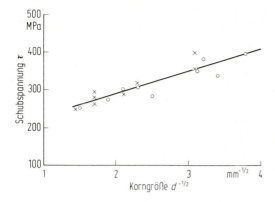

Abb. 12.30. Bruchspannung im Zug (×) und Streckgrenze im Druckversuch (○) an Kohlenstoffstahl bei 77 K (J. R. Low, Schenectady)

Temperatur ein glattes „kristallines" Aussehen; der Sprödbruch verläuft etwa in der Ebene der größten Schubspannung kristallographisch durch die Körner hindurch. Bei höheren Temperaturen verläuft die Bruchfläche in der Einschnürung hauptsächlich senkrecht zur Zugrichtung. Die Bruchfläche hat dann ein faseriges Aussehen. Zweitens wird in einem „Kerbschlagversuch" die Energieabsorption A einer gekerbten Standardprobe beim Bruch aus der Steighöhe eines Schlagpendels nach dem Zerschlagen der Probe gemessen: Energie wird von der Probe nur bei plastischer Verformung aufgenommen, die dem Bruch vorausgeht. $A(T)$ zeigt einen Steilabfall zu tiefen Temperaturen hin beim Übergang vom zähen zum spröden Bruch, Abb. 12.31. Drittens schneidet sich bei der Übergangstemperatur (nicht unbedingt der gleichen wie in den beiden erstgenannten Fällen!) die Obere-Streckengrenzen-Kurve $\sigma_{s0}(T)$ mit der Bruchspannungs-Temperatur-Kurve, und die Bruchdehnung fällt auf Null. (Bei kfz Metallen ist die Fließspannung weniger T-abhängig als bei krz, die Duktilität größer.) Typisch für Stähle sind Übergangstemperaturen $T_u = (-60 \ldots +40)\,°C$, also in technologisch gefährlicher Nähe von Raumtemperatur. Die Frage war lange Zeit offen, ob die Keimbildung oder die Wachstumsfähigkeit der Risse den Bruch bestimmt. Rißkeime entstehen offenbar häufig durch plastische Verformung, z. B. nach einem der in Abb. 12.32 gezeigten Versetzungsmechanismen: Bei der Reaktion (b) zufolge $a/2\,[\bar{1}\bar{1}1] + a/2\,[111] = a\,[001]$, die der beobachteten (001)-Rißebene des Ferrits entspricht, ziehen sich die Versetzungen sogar gegenseitig an; in allen Fällen wird elastische Verzerrungsenergie in Oberflächenenergie verwandelt, wenn sich der Riß öffnet. Solche wachstumsunfähigen Mikrorisse werden in bearbeiteten Stahlplatten oft beobachtet und beeinträchtigen nicht die Funktionsfähigkeit eines Schiffsrumpfes, einer Pipeline oder eines Reaktordruckgefäßes! Die Versetzungsanordnungen entstehen allein unter Schubspannungen, während nach den Untersuchungen von P. W. Bridgman aber der hydrostatische Druck den Übergang duktil-spröde von Stählen stark zurückdrängt, d. h. die Duktilität fördert. Das führt A. H. Cottrell [12.21] zu der heute akzeptierten Auffassung, daß der Bruch durch die Möglichkeit von Rißwachstum bestimmt wird.

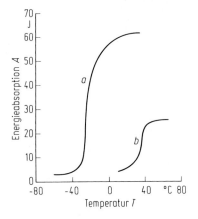

Abb. 12.31. Beim Bruch absorbierte Energie als Funktion der Temperatur für Kohlenstoffstahl (a). Nach Bestrahlung mit $1,9 \times 10^{19}$ Neutronen/cm^2 liegt der Übergang zum spröden Bruch (kleine Absorption) bei höherer Temperatur (A. H. Cottrell, AERE Harwell) (b)

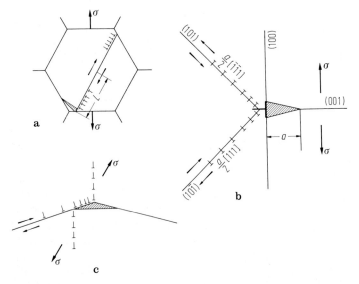

Abb. 12.32a–c. Mechanismen der Rißerzeugung aus Versetzungsgruppen. **a** Aufstauung an Korngrenze (Cl. Zener); **b** anziehende Versetzungsreaktion (A. H. Cottrell); **c** Abscherung einer KW-KG (A. N. Stroh). Probendicke t senkrecht zur Zeichenebene

A. Griffith hat schon 1920 den Gewinn an elastischer Verzerrungsenergie abgeschätzt, den das Wachstum eines linsenförmigen Risses der Längsdimension $2a$ in der Querschnittsebene eines unter der Spannung σ stehenden Zugstabes (der Dicke t) mit sich bringt. Die Oberflächenenergie des Risses ist $2\tilde{E}_\text{s} \cdot \pi a^2$. Die Verzerrungen vor der Rißspitze sind von der Größenordnung $\sigma/\hat{E}$ und erstrecken sich über Abstände der Größenordnung a. Also verursacht die Öffnung des Risses im verzerrten Material eine Energieänderung

$$\Delta U = 2\tilde{E}_\text{s}\pi a^2 - \frac{\sigma^2}{2\hat{E}}\frac{4\pi}{3} a^3 \ . \tag{12-22a}$$

12.7 Bruch nach geringer Zugverformung („Sprödbruch")

An der Bruchgrenze ist gerade

$$\frac{d \Delta U}{da} = 0 \quad \text{und} \quad \sigma_B = \sqrt{2\frac{\tilde{E}_S \hat{E}}{a_B}}. \tag{12-22b}$$

Mit experimentellen Werten für einen Stahl ($\sigma_B = 700$ MPa, $\tilde{E}_S = 1200$ mJ/m^2) erhält man $a_B \approx 1$ μm. Noch größere Rißkeime werden erforderlich, wenn plastische Verformungsarbeit an der Rißspitze geleistet wird, womit sich $\tilde{E}_{S,\text{eff}}$ um einen Faktor 100 bis 1000 vergrößert. Man erkennt an Gl. (12-22a) die Bedeutung des Parameters $K_c = \sigma_B \sqrt{a}$, der „Bruchzähigkeit", für die Ausbreitungsfähigkeit von Rissen (vgl. dazu auch Abschn. 12.6, Ende). K_c wird in der „Bruchmechanik" zur Beurteilung der Bruchfestigkeit von Konstruktionen benutzt [12.23]. Speziell die Griffith-Bruchspannung hängt allerdings zu wenig von der Temperatur und dem Gefügezustand ab, um die Variabilität des Übergangs spröde-duktil der Metalle erklären zu können. Daran ändert auch eine atomistische Behandlung der Rißspitze nichts, die die Singularität der elastischen Lösung für die Verzerrung an der Rißspitze, Gl. (11-14), vermeidet und eine Art Peierlskraft für die Rißausbreitung ergibt. Man unterscheidet drei Grenzfälle der Beanspruchung von ebenen Rissen, Abb. 12.33, die Anordnungen von prismatischen (Modus I), Stufen- (Modus II) und Schrauben-Versetzungen (Modus III) entsprechen. Wir haben bisher Modus I-Risse behandelt (oder Mischformen). Der spröde-duktil-Übergang in einem Modus II-belasteten Riß in einem Kristall ohne sonstige Versetzungen wird von J. Rice [12.31] im Peierls-Modell (Abschn. 11.3.1) wie folgt beschrieben: Die beiden Kristallhälften werden an der Rißspitze bis in die instabile Lages des Peierlspotentials gegeneinander verschoben (Abb. 12.34): Dann entsteht an der Rißspitze eine (partielle) Stufenversetzung – unter Aufwendung der Flächenenergie γ_{SF}. Ist diese nicht wesentlich kleiner als die Flächenenergie der freien Oberfläche $\tilde{E}_S$, dann breitet sich der Riß aus, statt eine Versetzung zu erzeugen. Dabei wird thermische Aktivierung bei der Erzeugung eines Kinkenpaares an der Rißspitze in Rechnung gestellt. So kann man *intrinsisch* spröde (krz und kfz Ir) und duktile Kristalle unterscheiden (sonstige kfz). In Wirklichkeit gibt es im Kristall vor der Rißspitze zahlreiche Versetzung (-squell)en, die sich zur Relaxation der Spannungen bewegen – wenn ihre Bewegung im Vergleich zum Spannungsaufbau

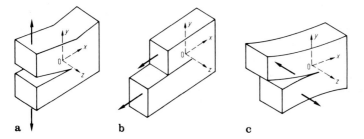

Abb. 12.33a-c. 3 Moden der Beanspruchung eines Risses **(a)** = I, **(b)** = II, **(c)** = III

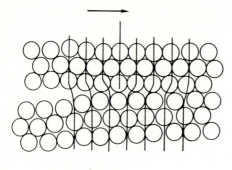

Abb. 12.34. Entstehung einer Partialversetzung bei der Öffnung eines ebenen Risses (Modus II) [12.31]

nicht zu langsam ist! So erklärt sich der Übergang spröde-duktil in Silizium und verwandten Materialien hoher Peierlskraft [12.32].

Für die Bildung des Cottrellschen Rißkeims (in einer Platte der Dicke t) nach der Abb. 12.32 b sieht die Energiebilanz folgendermaßen aus:

$$\Delta U = \frac{G(nb)^2 t}{4\pi(1-v)} \ln \frac{t}{a} + 2\tilde{E}_s at - \frac{\sigma^2(1-v)}{8G} \pi a^2 t - \frac{\sigma(nb)at}{2} . \tag{12-23}$$

Der erste Term ist die Energie der sich bildenden Superversetzung, der zweite die der Oberfläche, der dritte die durch die Rißbildung gesparte Verzerrungsenergie und der vierte die Arbeit bei der Rißöffnung. n soll die Zahl der Versetzungen sein, die man unter der Spannung σ im Korndurchmesser d aufstauen kann, Gl. (12-18). Gleichgewicht erfordert wieder $d\Delta U/da = 0$. Das verwandelt Gl. (12-23) in eine quadratische Gleichung für a. Deren kleinere Lösung a_1 entspricht einem stabilen Riß, die größere a_2 einem instabilen; $a_1 = a_2$ entspricht gerade dem kritischen Zustand an der Bruchspannung. Diese Bedingung bedeutet aber mit Gl. (12-18)

$$2\tilde{E}_s = \sigma_B bn = \sigma_B \frac{(\sigma_B - \sigma_1)d}{2G} . \tag{12-24}$$

Die Lösung für die Bruchspannung σ_B ist in Abb. 12.35 aufgetragen, zusammen mit der Streckgrenze σ_0 zufolge Gl. (12-18) (hier nicht auf das Gleitsystem bezogen!). Es gibt tatsächlich einen Schnittpunkt für endliche d, d. h. eine Übergangskorngröße $d_{\text{ü}}$, oberhalb derer $\sigma_B < \sigma_0$ ist, also zuerst Bruch eintritt. Mit abnehmender Temperatur wird nach Abschn. 12.4 die Reibungsspannung für Versetzungsbewegung im Einzelkorn σ_1 und die Steigung k_y der Gl. (12-18) größer, d. h., der Bereich des Sprödbruchs erweitert sich zu kleinerer Korngröße. Eine Vergrößerung von k_y bedeutet nach Gl. (12-18) eine Zunahme der Quellen-Aktivierungsspannung σ_1: Das kann außer durch Temperatursenkung z. B. auch durch Verankerung der Versetzungen mittels ausgeschiedenen Kohlenstoffs oder Stickstoffs oder durch Neutronenbestrahlung geschehen, Abb. 12.31. Auch eine kleinere Stapelfehlerenergie führt zu einer stärkeren Konzentration der Gleitung, höheren Gleitstufen, einem größeren n in Gl. (12-24) und damit zu

12.7 Bruch nach geringer Zugverformung („Sprödbruch")

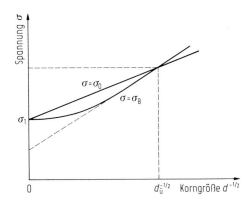

Abb. 12.35. Bruchspannung σ_B und Streckgrenze σ_0 in Abhängigkeit von der Korngröße d nach Gl. (12-24) und (12-18)

einem kleineren σ_B, leichterem Bruch. Metallkundlich konzentriert man sich darauf, die Korngröße herabzusetzen („Kornfeinung") und die Fließspannung zu verkleinern, um die Sprödbruchneigung zu reduzieren. Qualitativ wird die Cottrellsche Theorie des Übergangs spröde-duktil von der Erfahrung bestätigt, doch ist sie quantitativ noch unbefriedigend [12.20].

Die Geschwindigkeit der Rißausbreitung ist im spröden Grenzfall durch die Schallgeschwindigkeit gegeben. Wird die Rißausbreitung von plastischer Verformung begleitet, ist $\tilde{E}_{S,\text{eff}} > \tilde{E}_S$, dann konkurriert die Versetzungsgeschwindigkeit in der Umgebung der Rißspitze (nach Abschn. 11.4.1) mit der Rißgeschwindigkeit, die damit wesentlich kleinere Werte (in der Größenordnung m/s) annimmt [12.21].

13 Martensitische Umwandlungen

13.0 Mechanische Zwillingsbildung [13.1, 9.6]

Als Alternative zu dem in Kap. 11 besprochenen inhomogenen Vorgang der *Gleitung* auf nur wenigen Gleitebenen erzeugt ein homogener Scherprozeß, die sog. *Zwillingsbildung*, ebenfalls plastische Verformung in einem unter äußerer Spannung stehenden Kristall. Die Zwillingsbildung reproduziert die Ausgangsstruktur des Kristalls, verändert jedoch seine Orientierung. Ein der Zwillingsbildung ganz ähnlicher Scherprozeß, die sog. *martensitische Umwandlung*, die den Hauptgegenstand dieses Kapitels bildet, transformiert dagegen den Kristall in eine neue Gitterstruktur. Letzterer Prozeß wird zumeist durch Temperaturänderungen in Gang gesetzt, wie schon in Abschn. 6.1.2 für das System Fe–C erwähnt wurde. Den Zusammenhang der beiden Scherprozesse sieht man am einfachsten am Beispiel der kfz Struktur, deren {111}-Ebenen in der Platzfolge *ABCABC* gestapelt sind (Abb. 6.11). Baut man in jeder aufeinanderfolgenden Ebene einen Stapelfehler ein (Abschn. 6.2.1), läßt also über jede {111}-Ebene eine $a/6\langle 112\rangle$-Shockley-Partialversetzung laufen (Abschn. 11.3.3.1), so geht

$$\|$$
über in $BCABCAB|C|A|B|C|A|B$
$BCABCABACBACB$
kfz Matrix $\|$ Zwilling

Man erkennt eine spiegelsymmetrische Stapelfolge der {111}-Ebenen relativ zur ersten ungescherten Ebene (*B*). Diese Spiegelsymmetrie ist für einen Zwilling charakteristisch, Abb. 13.1. Wir hatten die kohärente Zwillingsgrenze (die Spiegelebene) schon als GW-KG niedriger Energie in Abb. 3.9 kennengelernt. Eine inkohärente Zwillingsgrenze besteht aus allen die Zwillingsscherung bewirkenden Shockley-Partialversetzungen. Läßt man solche Versetzungen nur über jede 2. {111}-Ebene des kfz Gitters laufen, also

$|$
$ABCABCABC|AB|CA|BC$
$ABCABCABC\ BC\ BC\ BC$
kfz $|$ hdp

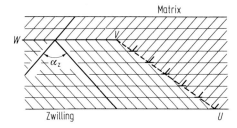

Abb. 13.1. Kohärente (WV) und inkohärente (VU) Zwillingsgrenzen, letztere mit Partialversetzungen

so erhält man eine spezielle martensitische Umwandlung kfz → hdp, wie sie bei Kobalt auftritt, das man unter 420 °C abkühlt.

Die Frage erhebt sich, wie es zu diesen wohlkoordinierten Versetzungsbewegungen in eng benachbarten {111}-Ebenen kommt: Sicher gibt es Shockley-PV durch Aufspaltung vollständiger Versetzungen nach Abschn. 11.3.3.1, jedoch nicht auf (beinahe) jeder {111}-Ebene. Es werden vielmehr relativ wenige PV die benachbarten {111}-Ebenen *eine nach der anderen* durchlaufen, wobei eine senkrecht zu diesen liegende Schraubenversetzung als „Wendeltreppe" für den Transport in die nächste bzw. übernächste {111}-Ebene sorgt. Die Schraube muß dazu eine Komponente $b_\perp = a/3 \langle 111 \rangle$ bzw. $2a/3 \langle 111 \rangle$ senkrecht zur Zwillings- bzw. Martensitebene besitzen und eine vollständige Versetzung der Matrix und des Zwillings sein [13.1a]. Das ist das Prinzip des „Pol-Mechanismus", Abb. 13.2. In dieser einfachen Form wird der Mechanismus zur Zwillings- und Martensitbildung allerdings nicht funktionieren, weil der die Wendeltreppe hinauf- und der hinablaufende Arm der PV sich nach einer halben Umdrehung in *atomaren Abstand* bei entgegengesetzter Bewegungsrichtung gegenüberstehen. Ihre Passierspannung ist nach Abschn. 11.2.3 von der Größenordnung $G/20$ ($\approx$ 2500 MPa für Cu), also viel höher als die beobachtete Einsatzspannung τ_Z der Zwillingsbildung (bei Cu 150 MPa). Da Zwillingsbildung i. allg. nur nach vorausgegangener Gleitung beobachtet wird, können natürlich aufgestaute Versetzungen für eine Spannungskonzentration nach Abschn. 11.2.3 sorgen. Eine Fließspannung 150 MPa wird bei Kupfer nur durch starke Verformung bei 4 K erreicht. Die Keimbildung der kfz Zwillinge durch Auseinanderreißen aufgespalteter Gleitversetzungen ist umso leichter, je kleiner die Stapelfehlerenergie ist [13.2]. Nach der Keimbildung breitet sich der Zwilling unter Lastabfall mit nahezu Schallgeschwindigkeit über makroskopische Probenbereiche aus. Die beteiligten Partialversetzungen haben dann nach Gl. (11-21) eine sehr große kinetische Energie, die es ihnen u. U. ermöglicht, sich dynamisch in kleineren Abständen zu passieren, als sie es quasi-statisch vermöchten. Dasselbe gilt übrigens auch für die Kobalt-Umwandlung [13.3]. Bei hochlegiertem α-Messing bilden sich Zwillingslamellen wegen der weiten Versetzungsaufspaltung zwar leicht, doch sie wachsen kaum. Das liegt offenbar an der starken Behinderung durch den ebenfalls aus weit aufgespaltenen Versetzungen bestehenden Wald, siehe Abschn. 12.2. Speziell für krz Schraubenversetzungen

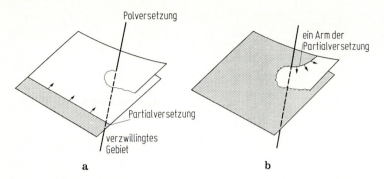

Abb. 13.2a, b. Polmechanismus der Zwillingsbildung: Eine Partialversetzung läuft an einer Pol-(Schrauben-)Versetzung hoch und führt eine Ebene nach der anderen in die Zwillingslage

Tabelle 13.1. Zwillingselemente

Struktur	Zw.-Ebenen	Zw.-Scherrichtg.	Zw.-Scherung α_Z
kfz	$\{111\}$	$\langle 112 \rangle$	$1/\sqrt{2}$
hdp	$\{10\bar{1}2\}$	$\langle 10\bar{1}1 \rangle$	$\left(\left(\dfrac{c}{a}\right)^2 - 3\right)\big/\sqrt{3}c/a$
krz	$\{112\}$	$\langle 111 \rangle$	$1/\sqrt{2}$

und ihre in Abb. 11.16 skizzierte Aufspaltung ist neuerdings ein anderer Zwillingsbildungs-Mechanismus vorgeschlagen worden [13.16]. Die drei Partialversetzungen der zonalen $\frac{a}{2}[111]$ Schraube bewegen sich auf ihren $\{112\}$ Gleitebenen wie in Abb. 13.2a gezeigt. Senkrecht zur Bildebene bilden die PV b_1, b_2, b_3 je eine Frank-Read-Quelle, die nach einem Umlauf von links wieder auf ihren Stapelfehler treffen. Dann sollen sie nicht noch einmal auf derselben Ebene nach rechts laufen (was einen hoch-energetischen Stapelfehler erzeugen würde), sondern durch Doppelquergleitung (unter gegenseitiger Abstoßung!) auf die nächste parallele $\{112\}$ Ebene oben und unten übergehen. Damit würde der Zwilling in der Dicke wachsen.

Zwillingsbildung spielt auch im krz und hdp Gitter eine wesentliche Rolle, z. B. in α-Eisen bei Tieftemperaturverformung und bei Zink unter einer mechanischen Beanspruchung, der nicht durch Basisgleitung nachgegeben werden kann. Die Zwillingselemente sind in Tab. 13.1 angegeben.

Die mit der Zwillingsbildung verbundenen Scherungen sind von der Größenordnung eins, doch ist der Volumenanteil der Zwillinge i. allg. gering. Deshalb ist weniger ihr Beitrag zur plastischen Abgleitung von Bedeutung als der zur Orientierungsänderung. Er trägt nach G. Wassermann wesentlich zur kfz Verformungstextur bei. Wenn das hdp Basisgleitsystem nur noch wenig Schubspannung erhält, so wird Zwillingsbildung begünstigt. Diese bringt die Gleitebene wieder in eine günstigere Orientierung [12.1].

13.1 Charakterisierung martensitischer Umwandlungen [13.4, 9.6]

In Verallgemeinerung der obigen Diskussion der Zwillingsbildung und Kobalt-Umwandlung kfz → hdp wollen wir eine martensitische Umwandlung (im Gegensatz zu einer diffusionsgesteuerten Umwandlung, Kap. 9) durch folgende Eigenschaften charakterisieren:

a) Als Folge der die Umwandlung vollziehenden „gitterverändernden" Deformation tritt neben einer Volumenänderung auch eine *Gestaltsänderung* des sich umwandelnden Bereichs auf. Diese äußert sich im Auftreten eines *Reliefs* in einer polierten Oberfläche, Abb. 13.3 und 13.4, und in einer Verzerrung der umgebenden Matrix (die eine Nadel- oder Plattenform des martensitischen Bereichs bedingt).

b) Eine Martensitnadel oder -platte hat i. allg. ein *Innen-Gefüge*, das von Gleitung oder Zwillingsbildung herrührt (s. Abb. 13.4). Diese beiden das Gitter nicht verändernden, „gitterinvarianten", Scherungen sind ein integraler Bestandteil der Umwandlung. Sie dienen dazu, die mit der gitterverändernden De-

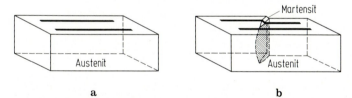

Abb. 13.3. Kratzer auf der Oberfläche (**a**) werden bei der martensitischen Umwandlung geschert (**b**), die Oberfläche erhält ein Relief

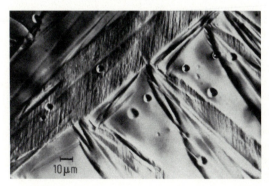

Abb. 13.4. Martensit-Platten in Fe-33,2% Ni mit innerer Verzwillingung (C. M. Wayman, Univ. Illinois)

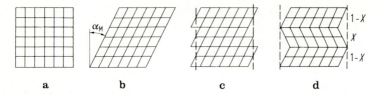

Abb. 13.5. Martensitische Umwandlung (**a**) → (**b**) eines Kristallbereichs. Dessen äußere Form kann durch Gleitung (**c**) oder Zwillingsbildung (**d**) näherungsweise wiederhergestellt werden

formation einhergehende Verzerrung der umgebenden Matrix weitgehend zu kompensieren, siehe Abb. 13.5.

c) Die *insgesamt* bei der Martensitumwandlung stattfindende Deformation entspricht im wesentlichen einer Scherung parallel zu einer unverzerrt bleibenden Ebene (bei Co $\{111\}_{kfz} = \{0001\}_{hdp}$), die Matrix- und Martensitphasen gemeinsam ist, der Habitus-Ebene. (Die Definition der Habitusebene für nichteben begrenzte Martensitbereiche wird weiter unten gegeben.) Im Falle der Fe–C-Martensite kfz (γ) → tetr. r.z. (α'), die der ganzen Klasse von Umwandlungen ihren Namen geben, ist die Habitusebene nur makroskopisch unverzerrt und i. allg. von irrationaler Indizierung. Sie ist eine semikohärente, hochbewegliche Phasengrenze.

d) Zwischen Matrix- und Martensit-Gitter bestehen meist präzise *Orientierungsbeziehungen* von der Art, daß eine dichtest gepackte Ebene der Matrix einer solchen des Martensits parallel ist; dasselbe gilt für eine dichteste Gittergerade. Da es i. allg. mehrere solcher Elemente in der Matrix gibt, kann aus einem Matrixkristall eine ganze Orientierungsmannigfaltigkeit von Martensitkristallen hervorgehen.

e) Bei der martensitischen Umwandlung ändern die Atome ihre gegenseitigen Abstände nicht wesentlich. Das heißt, sie legen relativ zueinander nur Wege zurück, die kleiner als der atomare Abstand sind (im Gegensatz zur diffusionsgesteuerten Umwandlung!). Nächste Nachbaratome bleiben NN, eine Nahordnung in der Matrix bleibt im Martensit erhalten.

Man sieht, daß ein Teil der obigen Kriterien auch auf diffusionsbestimmte Umwandlungen zutrifft (s. Kap. 9, z. B. Orientierungsbeziehungen, Habitus), aber nicht (a) und (e). Die diffusionsbestimmte Umwandlung hat mehr „zivilen" Charakter (individuelle Atombewegung) im Gegensatz zur „militärischen" Martensit-Umwandlung (kooperative Atombewegung). Die *Kinetik* der beiden Umwandlungsarten ist i. allg. wesentlich verschieden: Die Diffusionsumwandlung verläuft thermisch aktiviert und auch isotherm nach definierten Zeitgesetzen ab (Kap. 9). Die Martensitumwandlung folgt dagegen i. allg. der mit der Temperaturänderung einhergehenden Änderung der treibenden Kraft „momentan" (d. h. annähernd mit Schallgeschwindigkeit c), siehe Abb. 9.23. Allerdings kann in

13.1 Charakterisierung martensitischer Umwandlungen

manchen Fällen thermische Aktivierung die Keimbildung oder die Bewegung der martensitischen Phasengrenze unterstützen, so daß die Martensitreaktion auch isotherm fortschreitet (mit $v \ll c$).

Abbildung 13.6 zeigt die Temperatur M_S des Beginns spontaner Martensitbildung bei der Abkühlung von Fe–Ni-Legierungen zusammen mit der Temperatur A_S, bei der beim Aufwärmen sich spontan wieder Austenit bildet. Die Hysterese zeigt den großen Aufwand an Verzerrungsenergie, der zum Fortschreiten der beiden Reaktionen benötigt wird. Wird während der Abkühlung das Material von außen plastisch verformt, so setzen die Umwandlungen bei Temperaturen M_d, A_d ein, die näher beieinander und an der vermuteten Gleichgewichtstemperatur für $\Delta F_{\alpha'\gamma} = 0$ liegen. Diese wird in Abb. 13.6 durch $T_{eq} \approx (M_S + A_S)/2$ approximiert. In Fe–C-Legierungen erhält man beim Aufwärmen statt der Rückumwandlung den Zerfall von Martensit in die Gleichgewichtsphasen α + Fe$_3$C, Abb. 6.4. Der umgewandelte Bruchteil nimmt mit der Abkühlung bzw. Aufwärmung zu, bis die Reaktion bei den Temperaturen M_f, A_f beendet ist, siehe das ZTU-Diagramm der Abb. 9.23.

Es gibt Legierungen wie AuCd, Fe$_3$Pt, NiAl, die eine sehr geringe Hysterese bei der martensitischen Umwandlung zeigen („Thermoelastischer Martensit"). Diese Legierungen zeichnen sich durch Fernordnung aus und haben eine hohe kritische Schubspannung für plastische Verformung durch Versetzungsbewegung. Als gitterinvariante Scherung zur teilweisen Kompensation der martensitischen Verzerrung dient daher die Zwillingsbildung innerhalb der Martensitplatte. Die Kombination von thermoelastischem Umwandlungsverhalten, Fernordnung und innerer Verzwillingung scheint nun für einen eigenartigen Effekt verantwortlich zu sein, der große technische Anwendungsmöglichkeiten hat, den *Formgedächtniseffekt* (Shape memory auch, „Marmem" genannt, weil *Ma*rtensit die

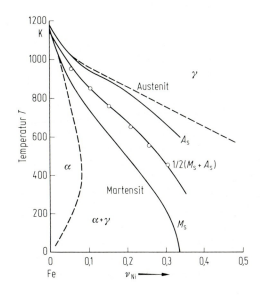

Abb. 13.6. Temperaturen der beginnenden Martensit-Umwandlung (M_s) und Rückumwandlung (A_s) im Fe–Ni-Zustandsdiagramm (gestrichelt)

Form der Probe „memoriert") [13.9]. Verformt man nämlich die martensitisch umgewandelte Probe bei tiefer Temperatur, so nimmt sie ihre Ausgangsform wieder ein, wenn man sie auf Temperaturen oberhalb der der Rückumwandlung erwärmt. Die Erklärung dafür ist wohl, daß die Tieftemperaturverformung durch Bewegung von Zwillings- und Habitusebenen in der Weise erfolgt, daß diejenige Orientierungsvariante bevorzugt wird, die die größte der Spannung entsprechende Dehnung ergibt. Im Grenzfall entsteht dabei ein Martensit-Einkristall, der beim Erwärmen oberhalb von A_s in den ursprünglichen Austenitkristall zurück umgewandelt wird. Aufgrund der normalerweise geringeren Symmetrie der Martensit – verglichen mit der Austenit-Struktur tritt dabei keine Mannigfaltigkeit von Orientierungen auf [13.14]. Die Legierungen zeigen bei schwächerer Belastung im martensitischen Bereich ferner ein gummiartiges, „ferroelastisches" Verhalten, das von der reversiblen Bewegung der Zwillings- und Phasengrenzen herrührt. Bei Verformung oberhalb M_S transformiert das Material dagegen bei der Verformung und zeigt wiederum große reversible Dehnungen.

13.2 Landau-Theorie von Formgedächtnis-Legierungen [13.17]

Für viele Phasenübergänge (1. oder 2. Ordnung) wie dem martensitischen, der das Verhalten von Formgedächtnis-Legierungen bestimmt, hat sich die phänomenologische Landau-Theorie als äußerst informativ erwiesen [13,18]. Man entwickelt die freie Energie des Systems nach einem *Ordnungsparameter* ε, der im

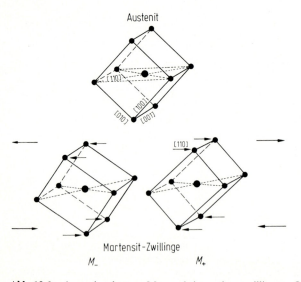

Abb. 13.6a. Austenit schert zu Martensit in zwei verzwillingten Orientierungen [13.17]

13.2 Landau-Theorie von Formgedächtnis-Legierungen

Falle des auf einer krz Struktur beruhenden Martensits die Scherung in $\pm [1\bar{1}0]$ Rechnung bedeutet (Abb. 13.6a). Für $\varepsilon \ll 1$ und gegebene Temperatur T ist

$$F(\varepsilon, T) = F_0(T) + \alpha\varepsilon^6 - \beta\varepsilon^4 + (T\cdot\delta - \gamma)\varepsilon^2 \qquad (13\text{-}1a)$$

oder in dimensionslosen Variablen

$$f(e, t) = e^6 - e^4 + (t + \tfrac{1}{4})e^2 + f_0(t)\ . \qquad (13\text{-}1b)$$

Die entsprechende Auftragung $f(e)$ mit der Temperatur t als Parameter (Abb. 13.6b) zeigt eine gerade Funktion hinsichtlich der Scherung e. Bei hohen $t > 1/12$ hat f nur *ein* Minimum bei $e \simeq 0$, den Austenit als stabile Phase. Für tiefe $t < (-\tfrac{1}{4})$ gibt es nur die 2 Minima des Martensits bei $\pm e_0$, die Zwillinge zueinander sind. Im Zwischenbereich $-\tfrac{1}{4} < t < \tfrac{1}{12}$ hat f drei Minima, die bei $t = 0$ gleich hoch sind. Hierin drückt sich die Umwandlung 1. Ordnung aus, die an dem e^6 Term in Gl. (13-1b) hängt! Das mechanische Verhalten der durch die materialunabhängige Gl. (13-1b) charakteriserte Substanz erhält man durch

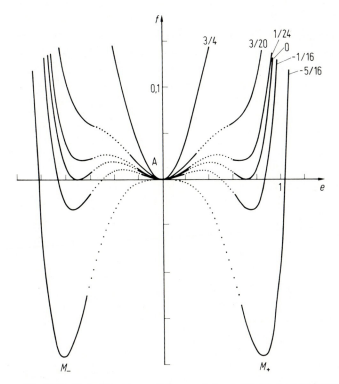

Abb. 13.6b. Freie Energie vs. Scherung bei verschiedenen reduzierten Temperaturen. Instabile Bereiche gestrichelt [13.17]

weitere Differentiation als

$$\text{Schubspannung} \quad \sigma = \frac{\partial f(e,t)}{\partial e} = 6e^5 - 4e^3 + 2e\left(t + \frac{1}{4}\right) \quad (13\text{-}2)$$

$$\text{und Schubmodul} \quad c = \frac{\partial \sigma}{\partial e} = 30e^4 - 12e^2 + 2\left(t + \frac{1}{4}\right). \quad (13\text{-}3)$$

Diese Größen sind in Abb. 13.6c–e dargestellt. Wieder sind instabile Konfigurationen mit $c < 0$ gestrichelt gezeichnet (wie auch in Abb. 13.6b). Zunächst wird nach Abb. 13.6c und Gl. (13-2) für $t > 0{,}35$ elastisches Verhalten beobachtet (am unteren Rande des Temperaturbereichs sogar hyper-elastisches), das für $(-0{,}25) < t < 0{,}35$ allerdings nur für $|e| < e_1$ oder $|e| > e_2$ auftritt. Im Zwischenbereich sorgt die martensitische Umwandlung für eine Hysterese, „ferroelastisches" Verhalten, bei dem sich e zwischen den beiden zwillingskonfigurationen M_+ und M_- bewegt. Bei eingespanntem Kristall und Abkühlung treten die beiden Phasen M_+ und M_- nebeneinander auf. Abb. 13.6d zeigt die martensitische Scherung als Funktion der Temperatur für verschiedene σ. In Abb. 13.6e ist der Schubmodul für Austenit ($e = 0$) und Martensit ($e = \pm e_0$) als Funktion von t dargestellt. Die Instabilität des Austenits kündigt sich in einer Gittererweichung ($\partial c/\partial t > 0$) an, während der Martensit für $t > 1/12$ instabil wird. Schließlich wird der Formgedächtniseffekt (in seiner einfachsten Form) in Abb. 13.6f deutlich, in dem die bei t_I durch Belastung erzeugte M_+ Scherung durch Erhitzung auf t_{II} wieder rückgängig gemacht wird ($e \to 0$). Die

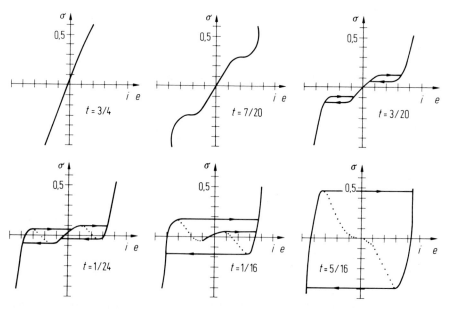

Abb. 13.6c. Schubspannung vs. Scherung bei verschiedenen Temperaturen [13.17]

13.2 Landau-Theorie von Formgedächtnis-Legierungen

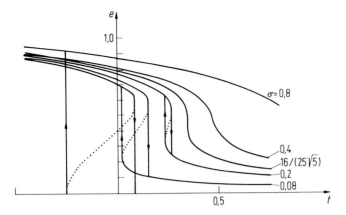

Abb. 13.6d. Scherung vs. Temperatur für verschiedene reduzierte Spannungen [13.17]

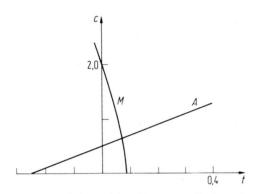

Abb. 13.6e. Schermodul vs. Temperatur für Austenit und Martensit [13.17]

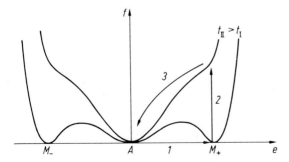

Abb. 13.6f. Formgedächtniseffekt im Freie Energie-Diagramm für zwei verschiedene Temperaturen (1 = Verformen $A \Rightarrow M_+$, 2 = Heizen, 3 = Rückumwandlung $M_+ \Rightarrow A$)

Landau-Theorie ist sicher nur ein phänomenologische Beschreibung der Phasenumwandlung (die oft durch einen Term proportional dem Gradienten des Ordnungsparameters ergänzt werden muß [13,18]); sie erlaubt jedoch eine sehr nützliche Parametrisierung, in diesem Fall der martensitischen Umwandlung. Der Ordnungsparameter ε genügt hier keiner Erhaltungsbedingung, anders als im Falle diffusionsbestimmter Umwandlungen (Kap. 7 and 9). Man kann z. B. auch die Cahn-Hilliard Theorie der spinodalen Entmischung aus einem Landauschen Freien Energie Funktional wie Gl. (13-1) erhalten mit dem konservierten Ordnungsparameter „Konzentration" [13.18].

13.3 Kristallographie martensitischer Umwandlungen [13.4, 13.5]

Die röntgenographische Untersuchung zeigt die folgenden Orientierungsbeziehungen (s. Abschn. 13.1d) bei der martensitischen $\begin{Bmatrix} \gamma \to \alpha' \\ A \to M \end{Bmatrix}$-Umwandlung der Eisen-Legierungen

Fe-1,4%C: $(111)_\gamma \parallel (110)_{\alpha'}$; $[1\bar{1}0]_\gamma \parallel [1\bar{1}1]_{\alpha'}$, nach Kurdjumov-Sachs

Fe-30%Ni: $(111)_\gamma \parallel (110)_{\alpha'}$; $[\bar{2}11]_\gamma \parallel [1\bar{1}0]_{\alpha'}$,
nach Nishiyama-Wassermann.

Die Habitusebene, die bei nichteben begrenzten Martensit-Platten durch deren Mittelebene („Mittelrippe") definiert wird, ist im ersten Falle etwa $\{225\}_\gamma$, im zweiten etwa $\{259\}_\gamma$. In einer von Greninger und Troiano genau untersuchten Fe-22%Ni-0,8%C-Legierung lagen eine Orientierungsbeziehung zwischen den obigen Extremen und eine Habitusebene nahe $\{3, 10, 15\}_\gamma$ vor. Man sieht, daß zur Erklärung solch hoch, meist sogar irrational indizierter Habitusebenen die einfachen Vorstellungen zur Co-Umwandlung nicht genügen.

Im Falle der Fe–C-Martensite hat E. C. Bain eine Verzerrungs-Matrix der

$\gamma - \alpha'$-Umwandlung $\mathscr{B} = \begin{pmatrix} \eta_1 & 0 & 0 \\ 0 & \eta_2 & 0 \\ 0 & 0 & \eta_3 \end{pmatrix}$ angegeben, die die beiden Gitter mit

einem Minimum an Atomverschiebungen ineinander überführt: Man beschreibt zunächst das kfz Gitter als tetrz mit einem Achsenverhältnis $c_\gamma/a_\gamma = \sqrt{2}$, Abb. 13.7a. Dann staucht man in γ-Würfelrichtung um etwa $\eta_2 = -0,83$ und dehnt senkrecht dazu um etwa $\eta_1 = \eta_3 = 1,12$, Abb. 13.7b („Bain-Zelle"). Das Volumenverhältuis der beiden Zellen ist nur $\eta_1^2 \cdot |\eta_2| = 1,03$ bis $1,05$, während das Achsenverhältnis $c_{\alpha'}/a_{\alpha'}$ linear mit dem Kohlenstoffgehalt von $1,00$ bis auf $1,08$ (bei 1,8 Gew.-% C) variiert. Es ist interessant, die Lage der C-Atome bei der Transformation zu verfolgen (eines ist in Abb. 13.7 eingezeichnet): Während sie in γ auf ihren würfelzentrierten Zwischengitterplätzen sitzen (s. Abschn. 6.1.2), finden sie sich in α' automatisch auf der tetragonalen c-Achse wieder und sind

13.3 Kristallographie martensitischer Umwandlungen

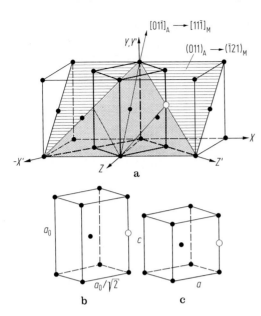

Abb. 13.7. Bain-Verzerrung der raumzentr. tetragon. Zelle im kfz Gitter, (a) und (b), zur Martensitzelle (c). Ein gitterinvariantes Gleitsystem wird in Austenit und Martensit angegeben. Ein Kohlenstoffatom (○) in der kfz Würfelmitte befindet sich auf der c-Achse der Martensitzelle

für deren Abweichung von der Kantenlänge a des Würfels tatsächlich verantwortlich. Insofern ist das Bainsche Modell sehr vernünftig. Es gibt jedoch nach Abb. 13.7 die o. g. Orientierungsbeziehungen nur mit groben Abweichungen wieder. Bains Modell hat ferner keine invariante Ebene, deren Existenz an die Bedingung geknüpft ist, daß *eine* Hauptdehnung η_1 eins ist, sowie je eine größer und kleiner eins.

Abbildung 13.8 zeigt, daß bei der Verzerrung einer Kugel in ein Ellipsoid gewisse Vektoren (z. B. $\overline{AB}$) ihre ursprüngliche Länge behalten, auch wenn sie gedreht werden (in $\overline{A'B'}$). Wegen der Forderung einer invarianten Habitusebene müssen wir also neben $\mathscr{B}$ noch reine Drehungen, beschrieben durch Matrizen

$$\mathscr{R} = \begin{pmatrix} 1 & 0 & 0 \\ 0 & \cos\varphi & \sin\varphi \\ 0 & -\sin\varphi & \cos\varphi \end{pmatrix},$$

zulassen.

Schließlich wollen wir die Verzerrungen des umwandelnden Materials durch gitterinvariante Scherungen wenigstens im Mittel, also makroskopisch, kompensieren, wie in Abb. 13.5 angedeutet wurde. Dazu betrachten wir in Abb. 13.9 die Formänderung, die eine Halbkugel auf der Zwillingsebene durch die Zwillingsscherung $\mathscr{S}$ erfährt. Natürlich bleibt hier die Zwillingsebene K_1 unverzerrt, aber auch die Ebene K_2, die bei der Zwillingsbildung in K'_2 übergeht. Da der Scherwinkel α_Z feststeht und i. allg. nicht mit dem der martensitischen Scherung α_M übereinstimmt, muß man den verzwillingten Volumenbruchteil x als Anpassungsparameter benutzen, damit sich die beiden Scherungen ($\mathscr{R}\mathscr{B}$ und $\mathscr{S}$)

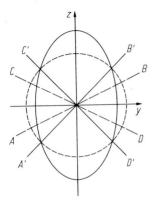

Abb. 13.8. Bei der Verzerrung einer Kugel in ein Ellipsoid bleiben die Richtungen AB, CD unverzerrt, werden aber gedreht

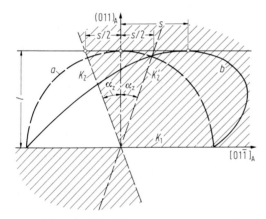

Abb. 13.9. Bei einer Zwillingsscherung um den Winkel $2\alpha_Z$, Schiebung s, geht der Kreis a in die Kurve b über; alle Vektoren in den Ebenen K_1 und K_2 bleiben unverändert, während die im schraffierten Bereich verlängert, die außerhalb verkürzt werden

makroskopisch aufheben; (im Falle der Co-Umwandlung würde man durch 50% Verzwilligung des kfz Gitters den Schereffekt der (kfz → hdp)-Transformation makroskopisch kompensieren, s. Abschn. 13.0). Die Abbildungen 13.5c und d zeigen, daß durch Gleitung oder durch Zwillingsbildung mit dem Volumenbruchteil x gleichermaßen eine Ebene makroskopisch um einen Winkel α_M zurückgedreht werden kann, so daß diese Ebene durch die martensitische Scherung im Mittel unbeeinflußt bleibt, also zur Habitusebene wird.

In der Matrixsprache ist die gesamte Formänderung durch das Matrixprodukt $\mathscr{S} \cdot \mathscr{R} \cdot \mathscr{B}$ gegeben, wobei im Bruchteil x des Volumens die gitterinvariante Scherung $\mathscr{S}_1$ und die Drehung $\mathscr{R}_1$ vorliegt, im Bruchteil $(1-x)$ im allgemeinen Fall eine andere Scherung $\mathscr{S}_2$ und Drehung $\mathscr{R}_2$. Also geht ein Ortsvektor $\boldsymbol{r}$ im Kristall über in einen transformierten Vektor

$$\boldsymbol{r}' = [x\mathscr{S}_1\mathscr{R}_1\mathscr{B} + (1-x)\mathscr{S}_2\mathscr{R}_2\mathscr{B}]\boldsymbol{r} = \mathscr{E}\boldsymbol{r},$$

und die invariante Ebene bestimmt sich aus der Eigenwertgleichung $\mathscr{E}\boldsymbol{r} = \boldsymbol{r}$. Natürlich ist hier nichts ausgesagt darüber, wie und in welcher Reihenfolge diese

13.3 Kristallographie martensitischer Umwandlungen

Operationen ablaufen sollen. Es geht darum, die als bekannt vorausgesetzten Operationen $\mathscr{B}$ und $\mathscr{S}$ mit der Forderung einer invarianten Ebene zu verknüpfen.

Die Aufgabe läßt sich in der stereographischen Projektion nochmals bildlich erläutern:

Eine gitterinvariante Scherung $\mathscr{S}$ um $2\alpha_Z$ auf K_1 stellt sich im kubischen Gitter wie in Abb. 13.10a gezeigt dar: K_2 geht ohne Verzerrung in K'_2 über. Alle Vektoren im gepunkteten Gebiet werden dabei verlängert, die anderen verkürzt (s. Abb. 13.9). Die Bain-Verzerrung $\mathscr{B}$ läßt alle Vektoren auf dem Schnittkegel eines Rotationsellipsoids mit einer Kugel unverzerrt. Dieser Kegel ($B'D'$ im Schnitt, Abb. 13.8) und derjenige, der seinen Ort vor der Bain-Transformation

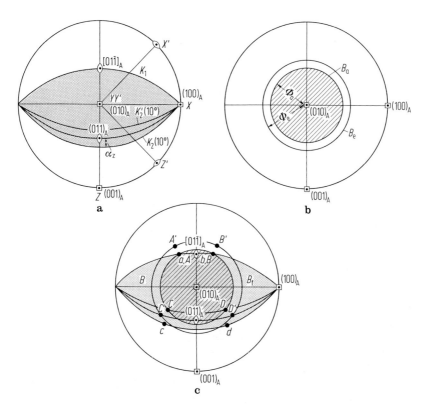

Abb. 13.10a–c. Stereographische Projektionen eines kubischen Gitters. **a** Bei einer homogenen Scherung um $2\alpha_{Z} = 20°$ bleiben die Ebenen K_1 und K_2 unverzerrt (Abb. 13.9). Die Vektoren im gepunkteten Gebiet werden verlängert, die außerhalb verkürzt. Koordinatensysteme XYZ in Austenit und $Z'Y'Z'$ in Martensit wie in Abb. 13.7 d geht in D, c in C über im Teilbild **c**; **b** bei der Bain-Verzerrung geht der Kegel B_a in B_e über, ohne daß Vektoren in dieser Kegelfläche Längenänderungen erfahren. Dagegen werden Vektoren im schraffierten Gebiet verkürzt, solche außerhalb verlängert. D geht in D', C in C' über in Teilbild **c**; **c** Überlagerung von Scherung (**a**) und Bain-Verzerrung (**b**) führt zu entgegengesetzten Längenänderungen im schraffiert punktierten Gebiet und zu vier unverlängerten Vektoren a, b, c, d

Tabelle 13.2. Vergleich von experimentellen und theoretischen Ergebnissen der Martensit-Kristallographie [13.4]

	Experiment	Theorie	Abweichung
	Fe–22Ni–0,8C kfz → trz (verzwillingt) ($c/a > 1$)		
Habitus-Ebenen-Normale	$\begin{pmatrix} 10 \\ 3 \\ 15 \end{pmatrix} = \begin{pmatrix} 0{,}5472 \\ 0{,}1642 \\ 0{,}8208 \end{pmatrix}$	$\begin{pmatrix} 0{,}5691 \\ 0{,}1783 \\ 0{,}8027 \end{pmatrix}$	$< 2°$
Orient. Beziehung	$(111)_A \parallel (101)_M$ innerhalb $1°$ $[1\bar{1}0]_A$ 2 1/2° von $[111]_M$	$(111)_A$ 15' von $(101)_{M1,M2}$ $[110]_A$ 3° von $[111]_{M1,M2}$	~ 0 $\sim 1/2°$
Scherrichtung Scherwinkel	$\begin{pmatrix} -0{,}7315 \\ -0{,}3828 \\ 0{,}5642 \\ 10{,}66° \end{pmatrix}$	$\begin{pmatrix} -0{,}7660 \\ -0{,}2400 \\ 0{,}5964 \\ 10{,}71° \end{pmatrix}$	$\sim 8°$ ~ 0

angibt (*BD* in Abb. 13.8), sind in Abb. 13.10b stereographisch gezeigt. Damit es beim Zusammenwirken von $\mathscr{B}$ und $\mathscr{S}$ insgesamt eine unverzerrte Ebene gibt, müssen sich die beiden Figuren von Abb. 13.10a und 13.10b durchsetzen, wie in Abb. 13.10c gezeigt. Dabei bleiben die 4 Vektoren, in denen sich Kegel und K_1, K'_2-Ebenen schneiden, unverzerrt. Durch je 2 von ihnen wird eine Ebene aufgespannt. Die *zwischen* diesen (z. B. *a* und *d*) in der Ebene liegenden Vektoren werden durch $\mathscr{S}$ verlängert und durch $\mathscr{B}$ verkürzt. Durch Variation des Winkels $\bar{\alpha}_Z$ kann erreicht werden, daß sich diese beiden Änderungen gerade kompensieren, also daß diese Vektoren auch invariant bleiben. Das ist dann und nur dann der Fall, wenn der von *a*, *d* eingeschlossene Winkel gleich dem von *A'*, *D'* eingeschlossenen (nach der Transformation) ist. Daraus läßt sich $\bar{\alpha}_Z$ graphisch ermitteln (x in der Matrixsprache); schließlich muß noch durch eine Rotation *A'* in *a*, *D'* in *d* überführt werden, um eine makroskopisch unverzerrte und unrotierte Habitusebene zu erhalten. Der Betrag dieser Rotation bestimmt schließlich die Orientierungsbeziehung der Gitter (γ, α'). So lassen sich alle Bestimmungsstücke der Martensitumwandlung ermitteln, in bester Übereinstimmung mit den Messungen von Greninger und Troiano, wie Tab. 13.2 zeigt. Die hier skizzierte Theorie wurde von M. Wechsler, D. Liebermann und T. A. Read entwickelt [13.4]. Vorausgesetzt wurde nur die Bain-Verzerrung und das Gleit-oder Zwillingssystem der gitterinvarianten Scherung.

13.4 Die martensitische Phasengrenzfläche

Die o. g. Gittertransformationen gehen an der Phasengrenzfläche Austenit-Martensit vor sich. Die inhomogene, gitterinvariante Scherung bedingt eine Versetzungsstruktur der Grenzfläche, von der nun die Rede sein soll. Da die

Grenzfläche offenbar hochbeweglich ist, kann der Burgersvektor der Versetzungen nicht *in* der Grenzfläche liegen, außer wenn es Schrauben sind. Die Grenzfläche oder Habitusebene ist auch i. allg. nicht mit der Ebene der martensitischen und daher der der gitterinvarianten Scherung identisch. (Das ist sie nur in Fällen wie der Co-Umwandlung.) Ein konkretes Modell der $\{225\}_\gamma$-Habitusebene der kohlenstoffarmen Stähle hat F. C. Frank [13.7] angegeben. Dort besteht die Kurdjumov-Sachs-Orientierungsbeziehung, nach der eine $(111)_\gamma$-Ebene einer $(110)_{\alpha'}$-Ebene parallel ist. Nach oben gesagtem ist sie aber nicht parallel zur Habitusebene, so daß die beiden Ebenen längs einer dichtest gepackten Geraden $[1\bar{1}0]_\gamma \| [1\bar{1}1]_{\alpha'}$ aneinanderstoßen. Die beiden Ebenen haben einen etwas verschiedenen Periodizitätsabstand, der nach Frank dadurch ausgeglichen werden kann, daß die beiden Ebenenscharen um einen Winkel von etwa 1/2° gegeneinander verkippt werden. Ernster ist der Unterschied des Abstandes dichtest gepackter Reihen in $\{225\}_\gamma$ von (6-7)% und der Unterschied des Atomabstandes in diesen Reihen von etwa 1% zwischen α' und γ zu bewerten, die beträchtliche elastische Verzerrungen bewirken. (Damit ist $\{225\}_\gamma$ keine unverzerrte Habitusebene im strengen Sinne mehr.) Die $\{259\}_\gamma$-Habitusebene scheint weniger verzerrt zu sein als $\{225\}_\gamma$. Inwieweit starke Verzerrungen toleriert werden und welche Habitusebene in verschiedenen Eisenlegierungen gewählt wird, hängt damit von ihren zwischenatomaren Bindungskräften ab [13.6]. Eine verzerrte Habitusebene ergibt sich auch in der kristallographischen Theorie von Bowles und Mackenzie [13.8].

Nach Ausführung dieser Korrekturen zeigt es sich, daß man die beiden Strukturen durch eine Anordnung von parallelen Schraubenversetzungen $\| [1\bar{1}0]_\gamma$ in jeder 6. $(111)_\gamma$- oder $(110)_{\alpha'}$-Ebene und in der $\{225\}_\gamma$-Grenzfläche der beiden Gitter zwanglos aneinander anpassen kann, Abb. 13.11. Damit ist ein Mechanismus der martensitischen Umwandlung ersichtlich, der in der Bildung und Bewegung dieser Schraubenversetzungsanordnung besteht. Falls die gitterinvariante Scherung durch teilweise Verzwillingung erfolgt, sieht die Anpassung ähnlich aus, Abb. 13.12, doch ist die Versetzungsstruktur dieser Grenzfläche noch unbekannt. Die Zwillingslamellen sind nach TEM-Beobachtungen oft außerordentlich schmal (1 bis 10 nm) [13.6].

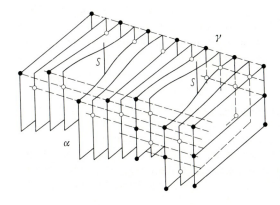

Abb. 13.11. Modell einer Austenit-Martensit-Grenzfläche, in der dichteste Ebenen $(111)_A$, $(110)_M$ aneinanderstoßen parallel zu $[1\bar{1}0]_A$. In jeder 6. Ebene liegt eine Schraubenversetzung S [13.7]

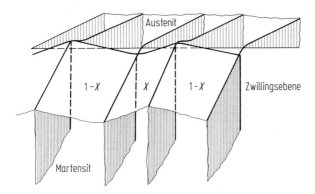

Abb. 13.12. Habitusebene zwischen Austenit und verzwillingtem Martensit (Zwillingsscherrichtung in der Grenzfläche)

Dieses spezielle Modell der Phasengrenzfläche erlaubt es, die gesamte Grenzflächenenergie einer Martensitplatte von der Form eines abgeplatteten Rotationsellipsoids abzuschätzen, Abb. 13.13. U. Dehlinger und H. Knapp haben ferner die elastische Verzerrungsenergie der Platte berechnet als Funktion ihres Dickenverhältnisses c/r und ihres Radius' r. Die Verzerrungsenergie pro Mol Martensit beträgt bei einer Platte von $r = 50$ nm und $c = 2$ nm schon etwa 1,25 kJ/mol, ist aber bei kleineren größer.

13.5 Keimbildung von Martensit [9.6]

Der Freie Energie-Gewinn $\Delta F_{\gamma\alpha'}$ beträgt bei der Temperatur M_S der spontanen Martensitumwandlung der Stähle auch etwa 1,25 kJ/mol Martensit. Es ist deshalb beliebig unwahrscheinlich, einen martensitischen Keim von atomaren Dimensionen auf dem Wege der homogenen Keimbildung, Abschn. 9.1.1, zu erhalten: die kritische Keimbildungsarbeit ΔF^* bei M_S beträgt mehrere 1000 eV. Man geht deshalb von „präformierten Keimen", verzerrten Atomanordnungen in γ mit α'-ähnlicher Struktur aus, wie sie etwa in der Umgebung einer Gruppe von Schraubenversetzungen in γ vorliegt. (Eine andere Vorstellung zur Keimbildung wird am Schluß dieses Abschnitts dargestellt werden.) Die Frage ist zunächst, wie groß diese Keime sein müssen, damit sie spontan weiterwachsen [13.10], [13.10a]. Das Wachstum beginnt nicht gleich im Sattelpunkt des Aktivierungsgebirges $\Delta F(c, r)$ weil auf dem Wege noch eine feinere energetische Welligkeit liegt (quer zur r-Richtung), die von dem diskreten Aufbau der Phasengrenzfläche aus Versetzungsringen herrührt, Abb. 13.13. Es muß jeweils ein neuer Versetzungsring an der Peripherie der Martensitplatte gebildet werden (*Radiales Wachstum*). Die Aktivierungsenergie dafür ist in der Größenordnung von 1/2 eV bei der Temperatur M_S, so daß thermische Aktivierung Versetzungsringe in endlichen Zeiten erzeugt. Für einen präformierten Keim von $r = 59$ nm,

13.5 Keimbildung von Martensit

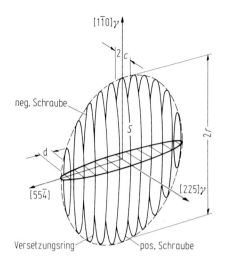

Abb. 13.13. Martensitplatte, deren Grenzfläche in jeder 6. Atomebene eine Schraubenversetzung enthält (s. Abb. 13.11). Die Schrauben in Vor- und Rückfläche sind zu Versetzungsringen verbunden (U. Dehlinger und H. Knapp, Stuttgart)

$c = 2{,}4$ nm erhält M. Cohen so Übereinstimmung mit der isothermen Martensitwachstumskinetik in Fe-29%Ni-0,2%Mn als Funktion der Unterkühlung. Daneben wird Martensit ohne thermische Aktivierung („*athermisch*") in zunehmendem Maße mit zunehmender Unterkühlung gebildet; der Grund hierfür liegt in der zunehmenden Steigung $\partial \Delta F / \partial r$, die die lokale Welligkeit auf der großen Aktivierungsschwelle ΔF^* überspielt.

Neben dem radialen isothermen Wachstum gibt es auch ein *Dickenwachstum*, das die die Martensitplatte umgebenden Versetzungen in den Austenit hineintreibt. Es beginnt, wenn der Gradient ($- \partial \Delta F / \partial c$), der als eine durch die Umwandlungstendenz erzeugte Kraft auf diese Versetzungen aufzufassen ist, größer wird als der Gleitwiderstand des angrenzenden Austenits. Das ist nach der Bildung von 10 neuen Versetzungsringen im radialen Wachstum, also ab $r = 78$ nm, der Fall [13.10]. Das Wachstum der Martensitplatte kommt zum Stillstand durch Behinderung mit anderen Martensitbereichen, sowie durch Wechselwirking mit den durch Verformung an der Reaktionsfront entstandenen Versetzungen. Eine äußere Schubspannung während der Umwandlung kann aber die Aktivierungsbarriere der Keimbildung durchaus erniedrigen und damit die Umwandlungstemperatur von M_S auf M_d erhöhen. Die starken Gitterverzerrungen um eine Martensitplatte wirken autokatalytisch im Sinne einer Bildung weiterer Platten. Man muß aber erklären, wie die ersten 10^6 Keime pro cm^3 bei der Unterkühlung des Austenits entstehen. Eine solche Dichte präformierter Keime ergibt sich aus Umwandlungs-Untersuchungen von R.E. Cech und D. Turnbull [13.11] an Fe 30% Ni-Pulvern von 10–100 µm Korngröße. (Die martensitisch umgewandelten Kristallite sind ferromagnetisch und können mittels eines Magneten abgetrennt werden.) Die kleinsten Körner zeigen die tiefsten M_S-Temperaturen, benötigen also die größte Unterkühlung. Die Keimbildung erfolgt also nicht an Oberflächen (oder Korngrenzen), sondern an Versetzungen, denn die Wahrscheinlichkeit, eine solche im Teilchen zu finden, wird mit abnehmender Größe verschwindend klein. Kleine kohärente Eisen-Ausscheidungen in Kupfer (20 bis 130 nm Durchmesser) wandeln sich erst nach gemeinsamer plastischer Verformung martensitisch um, wenn also Versetzungen im γ-Eisen vorhanden sind, siehe Kap. 14 [13.12]. Bei dem geschilderten Aufbau der $\{225\}_\gamma$-Habitusfläche aus Schraubenversetzungen, liegt die Vermutung nahe, daß zufällige Schraubenversetzungskonfigurationen im Sinne von Abb. 13.13 als präformierte Keime wirken. Die geforderte Konzentration an Verzerrungsenergie ist so allerdings schwer zu realisieren. W. Pitsch (unveröff.) schlägt in Übereinstimmung mit elektronenmikroskopischen Beobachtungen vor, daß zuerst eine dünne kohärente, durch innere Verzwillingung in die Matrix eingepaßte Martensitschicht entsteht. Wegen der kleinen Grenzflächen- und Verzerrungsenergie dieser Schicht scheint das durch homogene Keimbildung möglich zu sein. Die Matrix liefert dann Versetzungen, die in die Grenflächen $\gamma - \alpha'$ eingebaut werden und ein weiteres Wachstum der Martensitplatte nach den Modellen von F. C. Frank und M. Cohen erlauben – ausgehend von der „Mittelrippe", die also der oben beschriebene Keim wäre. Die Keimbildung von Martensit wird in manchen Strukturen schließlich auch dadurch erleichtert, daß sie bezüglich gewisser Scherungen sehr „weich" sind, die entsprechenden Gitterschwingungen große Amplituden haben (siehe die in Abschn. 6.2.2 beschriebene Scherinstabilität des krz Gitters). Solche dynamischen Bainverzerrungen wenig oberhalb M_S sind in der Tat mit TEM beobachtet worden [13.12a].

13.6 Stahlhärtung [1.3, 13.13]

Wie in Abschn. 9.6 besprochen wurde, kann man durch schnellere Abkühlung den Austenitzerfall zu tieferen Temperaturen verschieben, so daß feiner Perlit, Bainit und/oder Martensit gebildet werden. Damit verbessern sich die mechanischen Eigenschaften wesentlich. Die Legierungen des Eisens haben nicht zuletzt wegen der durch Martensitbildung erzielbaren Festigkeit hervorragende technische Bedeutung. Die große Fließspannung der umgewandelten Legierung wird z. T. durch die der Martensitnadel selber, z. T. aber durch die feine Unterteilung, Verspannung und Verformung des gesamten Gefüges, also auch des „Restaustenits", erklärt. Die Festigkeit des martensitischen Kristalls selbst beruht im wesentlichen auf *Mischkristallhärtung* durch den eingelagerten Kohlenstoff, wie Abb. 13.14 beweist. Dieses Phänomen der Wechselwirkung von Versetzungen mit gelösten FA wird in Kap. 14 besprochen. Der zweite Grund der Martensithärtung, nämlich kurze Laufwege der Versetzungen als Folge einer feinen Unterteilung des Gefüges durch Martensitplatten, Zwillinge usw. wurde in Abschn. 12.4.1 behandelt.

Durch die Martensitscherung wird der Restaustenit plastisch verformt bis zu Versetzungsdichten von 10^{11} bis 10^{12} cm^{-2}, was ebenfalls zu der hohen Fließspannung des Gefüges beiträgt. In der Tat ist das martensitische Gefüge für viele

13.6 Stahlhärtung

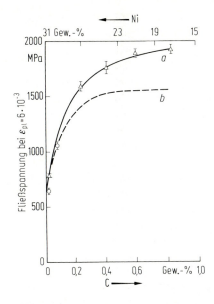

Abb. 13.14. Fließspannung von Fe–Ni–C-Legierungen, deren Fe:Ni-Varhältnis so variiert wurde, daß $M_s = -35\,°C$ unabhängig vom Kohlenstoffgehalt ist. Kurve b unmittelbar nach der martensitischen Umwandlung, Kurve a nach 3 Std. Anlassen bei $0\,°C$ gemessen. (Nach M. Cohen [1.3])

Zwecke zu spröde: Seine Zähigkeit wird durch „Tempern" (Anlassen) wiederhergestellt, wobei sich ein Teil des Kohlenstoffs als Karbid ausscheidet („Vergütung"). Je nach Temperatur, Anlaßdauer und Zusammensetzung bilden sich metastabile Eisenkarbide, Zementit oder Legierungskarbide.

Wegen der hohen Diffusionsgeschwindigkeit des Kohlenstoffs läuft diese Reaktion schon bei Raumtemperatur oder wenig darüber ab (s. Kap. 8). Insbesondere lagert sich der Kohlenstoff an Versetzungen an, z. B. an denjenigen in der $\gamma\alpha'$-Phasengrenzfläche, und behindert deren Bewegung: das ist der Grund für die *Stabilisierung* des Restaustenits, wenn die Abschreckbehandlung zur Martensitbildung bei Raumtemperatur (oder darüber) unterbrochen wird. Die folgenden Beispiele sollen zeigen, wie man die gewünschten Eigenschaften des Stahles durch Zulegierung (angegeben in Gew.-%) und Wärmebehandlung erhalten kann.

a) (*Unlegierte*) *Kohlenstoff-Stähle*
(abgesehen von Desoxidationszusätzen wie Mn, Si)

Für viele Anwendungen genügt die Härtung durch den Kohlenstoff: Oberhalb von 0,35% C erfolgt diese durch Martensitbildung, jedoch fällt für mehr als 0,7% C M_f unterhalb 300 K, und der Restaustenit läßt den Stahl wieder weicher werden. Ein Nachteil dieser Stahlklasse ist die geringe *Härtungstiefe* von der Oberfläche eines massiven Werkstückes aus: Nur dort läßt sich eine genügend hohe Abschreckgeschwindigkeit aus dem γ-Gebiet, wo der Kohlenstoff in Lösung gebracht wurde, erzeugen. Im Inneren zerfällt $\gamma \to (\alpha + Fe_3C)$, siehe Abschn. 6.1.2. Auch ist der Martensit oberhalb von $300\,°C$ nicht stabil, und die Festigkeit fällt ab beim Anlassen. Ferner sind Kohlenstoffstähle spröder als legierte Stähle. Abschreckspannungen erzeugen Risse.

b) *Legierte Kaltarbeitsstähle*

Für den Gebrauch in maßhaltigen und verschleißarmen Werkzeugen hoher Festigkeit werden Karbidbildner wie Cr ($\leq 13\%$), Mo, V, W, Mn ($\leq 1\%$) neben etwa 1% C zulegiert. Diese Zusätze senken die notwendigen Abschreckgeschwindigkeiten, so daß nun in Luft oder Öl statt in Wasser abgekühlt werden kann. Die Zusätze verlangsamen also die Kohlenstoff-Ausscheidung. Das ist für eine tiefere „Durchhärtung" größerer Proben günstig.

c) *Schnellarbeitsstähle*

Werkzeuge wie Bohrer dürfen bei Temperaturen bis 600 °C nicht weich werden. Der Erweichungs-Effekt des Martensitzerfalls muß dann durch sekundäre (Ausscheidungs-) Härtung durch Legierungskarbide kompensiert werden. Ein typischer Stahl hat 0,8% C, 4% Cr, 1% V und 18% W (oder 9% Mo). Er wird u. U. mehrfach aus dem γ-Bereich abgeschreckt und bei 560 °C getempert.

d) *Thermomechanisch gehärtete Stähle*

Hochfeste Stähle lassen sich durch den Prozeß des *Ausformens* (= Verformen im Austenitbereich, „Austenitformhärten") erzeugen, wie an Hand der Abb. 13.15 für einen typischen Warmarbeitsstahl erläutert werden soll. Im ZTU-Diagramm (Abb. 9.23) der Kohlenstoffstähle erscheint *Bainit* (als „Zwischenstufengefüge") am unteren Rande des Perlitfeldes. Hier läuft die Scherumwandlung des Gitters neben einer sehr feinen Ausscheidung des Kohlenstoffs ab. In Legierungsstählen werden *verschiedene* Karbide im Bainit- und Perlitgebiet gebildet, so daß die beiden Bereiche im ZTU-Diagramm jetzt deutlich getrennt sind, Abb. 13.15. Im Temperaturbereich zwischen Perlit- und Bainit- „Nase", und damit unterhalb der Rekristallisationstemperatur, wird nun vor der Abkühlung zur Martensitbildung eine Verformung vorgenommen. Dieses „Ausformen" führt Versetzungen ein und unterteilt das Gefüge für die nachfolgende Martensitbildung so fein, daß insgesamt eine außerordentliche Festigkeit bei hoher Duktilität erzielt wird.

e) *Maralternde Stähle*

Kohlenstoffarme Stähle (0,02% C) mit Zusatz von typischerweise 18% Ni, 7,5% Co, 5% Mo, 0,4% Ti bilden einen relativ weichen Fe–Ni-Martensit (s. Abb. 13.14). Beim Tempern bei etwa 500 °C scheidet dieser feindispers innerlich geordnete Ni_3Ti-, Ni_3Mo- und Fe_2Mo-Teilchen aus, die für eine gute Warmfestigkeit und Duktilität verantwortlich sind.

f) *Austenitische Stähle*

Durch größere Zusätze von Ni, Mn und anderen γ-Öffnern (s. Abschn. 6.1.2) kann Austenit auch bei tiefen Temperaturen stabilisiert werden. Seine mechanischen Eigenschaften sind wesentlich von denen des krz Ferrits verschieden. Eine kleine Stapelfehlerenergie erzeugt in den austenitischen Legierungen eine ebene Versetzungsanordnung und hohe Verfestigung (s. Kap. 12). Beim *Hadfield-Stahl* (mit 12% Mn, 1,2% C) bildet sich bei der Bearbeitung im

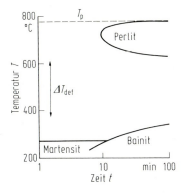

Abb. 13.15. ZTU-Diagramm eines Stahls mit 0,4 Gew.-% C, 5 Gew.-% Cr, 1,3 Gew.-%Mo, 1,0 Gew.-%Si, 0,5 Gew.-% V, der im Bereich ΔT_{def} austenitisch verformt wird

Temperaturbereich $M_d > T > M_s$ lokal Martensit, was die Verformungsverfestigung noch erhöht – bei guter Duktilität. Dies ergibt eine gute Verschleißfestigkeit. Austenitische Stähle werden oft pauschal als *nichtrostende Stähle* bezeichnet wegen ihrer besonders durch Cr-Zusatz erzeugten Korrosionsbeständigkeit. Ein typischer Vertreter enthält 18% Cr und 8% Ni. Austenitische Stähle können bei höheren Temperaturen benutzt werden als ferritische, wenn ihr Kohlenstoffgehalt klein genug ist oder in Form von Nb-oder Ta-Karbiden stabilisiert ist, so daß sich keine $Cr_{23}C_6$-Karbide in den Korngrenzen bilden können. Weitere Härtung kann durch kohärente geordnete γ'-Ausscheidungen erfolgen der Art $(Fe, Ni)_3 (Al, Ti)$, siehe Kap. 14. Ferner sind austenitische Stähle wie γ-Eisen oft *nicht-ferromagnetisch*, doch gehören die drei genannten nützlichen Attribute nicht notwendig zum gleichen Stahl. 90% aller verwendeten Stähle enthalten aus wirtschaftlichen Gründen im wesentlichen nur Kohlenstoff.

13.7 Die displazive ω-Umwandlung [13.15]

Bei den Legierungen mit Elementen der IV. Gruppe (Ti, Zr, Hf), die die β-(krz) oder α-(hdp) Struktur haben, wird eine athermische Umwandlung beim Abschrecken in die ω-Struktur (AlB_2) beobachtet. Diese ist hexagonal mit $c/a = = 0,61$ und 3 Atomen pro Elementarzelle und entsteht durch „Kollaps" von je 2 (111)-Ebenen der krz Struktur in eine (0001)-Ebene der hdp Struktur (Abb. 13.16). Daraus ergeben sich die Orientierungsbeziehung und die Orientierungsmannigfaltigkeit (4). Ist der Kollaps nicht vollständig, bleibt die „Ebene" bei $z = 1,5$ gewellt, und es entsteht eine trigonale ω-Variante, wie sie bei konzentrierten Legierungen beobachtet wird. Ein ähnlicher „displaziver" oder Paarungsmechanismus verknüpft auch die $(0001)_\alpha$- und $(12\bar{2}0)_\omega$-Ebenen. Man kann ihn als „Ladungsdichte-Welle" beschreiben und erkennt ihn schon oberhalb der Umwandlungstemperatur $T_{\beta\omega}$ an sehr „weichen", in diesem Falle longitudinalen $2/3 \langle 111 \rangle$-Gitterschwingungen (s. Abschn. 13.1)

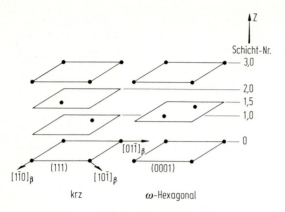

Abb. 13.16. {111} Ebenen der krz-Struktur (links) kollabieren in die hexagonale ω-Struktur (rechts)

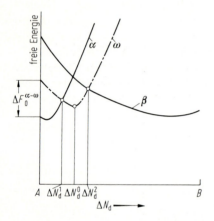

Abb. 13.17. Freie Energien für die α-, β- und ω-Phasen über der Besetzung des d-Bandes

Für die reinen Metalle der Gruppe IV wird die ω-Phase nur unter hydrostatischem Druck stabil. Für verdünnte Legierungen mit größerer Zahl von d-Elektronen tritt die ω-Phase metastabil auf, wie Abb. 13.17 zeigt. ΔN_d^0 ist typisch gleich 0,13 bis 0,15, was einem Zusatz von 1,4% V, 6,5% Cr oder 5% Mn entspricht. An der Abszisse kann man statt der Erhöhung der d-Elektronenzahl durch Zulegierung auch den hydrostatischen Druck anschreiben, der auch ein ΔN_d durch Übergang aus dem s-Band hervorruft. (ω ist die dichteste der 3 Phasen.) Man erkennt die ΔN_d-Intervalle, in denen die Freie Energie durch ($\alpha \to \omega$)- bzw. ($\beta \to \omega$)-Umwandlungen abgesenkt werden kann. Die ω-Umwandlung ist also (d)-elektronisch angetrieben, ähnlich wie die der Hume-Rothery-Legierungen (auf der Basis von s-Elektronen), siehe Abschn. 6.3.2. Die ω-Transformation kann auch bei isothermer Alterung von konzentrierteren β-Legierungen auftreten. Dabei entstehen offenbar durch Diffusion Konzentrationsschwankungen und damit verdünntere Bereiche, die dann als Keim für die athermische ($\beta \to \omega$)-Umwandlung dienen. Im Gleichgewicht bildet sich aber

13.7 Die displazive ω-Umwandlung

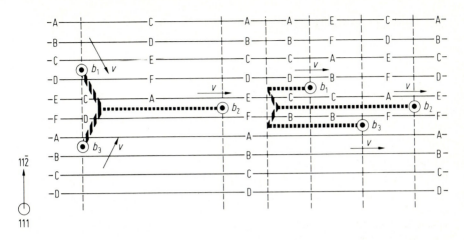

Abb. 13.18. Zwillingsbildung im krz Gitter durch Quergleitung von partiellen Schraubenversetzungen auf $(11\bar{2})$-Ebenen b_1, b_3 [13.16]

(bei Atmosphärendruck) ein $(\alpha + \beta)$-Phasengemisch, siehe Abb. 13.17. Die ω-Phase ist technisch unerwünscht, weil sie Titan-Legierungen versprödet. Die displazive Umwandlung in diesen Legierungen ist aber (wie die reine Scherumwandlung von Kobalt) metallphysikalisch durchsichtiger als die martensitische der Stähle.

14 Legierungshärtung

Da die Metalle hauptsächlich wegen ihrer mechanischen Eigenschaften technologisch interessant sind, gehört dieses Kapitel zu den zentralen dieses Buches. Erst durch Legierungszusätze erlangen Metalle hinreichende Festigkeiten, d. h. genügend hohe Streckgrenzen, so daß sie technischen Beanspruchungen standhalten. Im Gegensatz zu der in Kap. 12 besprochenen Verfestigung durch Verformung und der in Abschn. 13.6 behandelten Verfestigung durch eine martensitische Umwandlung handelt es sich jetzt um Verfestigung oder *Härtung durch Zulegierung*. Die Versetzungen sind nach Kap. 11 die Vehikel, mit deren Hilfe Verformung abläuft. Verfestigung bedeutet also Behinderung der Versetzungsbewegung, Wechselwirkung von Versetzungen mit dem Legierungszusatz. Dieser kann in verschiedener Dispersion vorliegen: Als gelöste Fremdatome, als Ausscheidungsteilchen, als geordnete Bereiche in einer ungeordneten Matrix, als Teilchen einer zweiten Phase oder als Bestandteil eines Phasengemischs. In allen diesen Fällen erreicht man eine *Härtung durch Heterogenisierung* des Materials. Wir werden verschiedene Legierungs-Heterogenitäten nacheinander besprechen.

14.1 Mischkristallhärtung (MKH) [14.1, 14.2, 12.5, 14.20]

Beim Mischkristall liegt Heterogenität in atomarem Maßstab vor. Wir nehmen zunächst eine stark verdünnte feste Lösung von B in A an, in der eine Versetzung mit *einzelnen* FA wechselwirkt. Diese Wechselwirkung beruht auf verschiedenen Mechanismen, die im folgenden als erstes Problem besprochen werden sollen. In Wirklichkeit steht eine Versetzung immer mit vielen FA gleichzeitig in Wechselwirkung, die wir hier (bei tiefen Temperaturen) als unbeweglich ansehen wollen, während die Versetzung beweglich sei. Ihre Linienspannung hindert nun die Versetzung daran, sich hinsichtlich aller benachbarter FA in Positionen minimaler (abstoßender) Wechselwirkung zu begeben: Dann müßte sich die Versetzung viel zu stark krümmen und verlängern. Die wahre Gleichgewichtsposition bestimmt sich durch ein gemeinsames Minimum der Wechselwirkungs- und Linienenergie. Die Berechnung der Kraft, die zur Bewegung der Versetzung aus dieser Gleichgewichtslage heraus notwendig ist, stellt das zweite Problem beim Verständnis der MKH dar (Abschn. 14.1.2). Bei höheren Temperaturen

14.1 Mischkristallhärtung (MKH)

können schließlich die FA beweglich werden und zu Positionen minimaler Energie in Bezug auf die Versetzung diffundieren, was u. a. zum Effekt der *Ausgeprägten Streckgrenze* führt (s. Abschn. 12.1). Diese soll in Abschn. 14.2 behandelt werden.

14.1.1 Wechselwirkungen einer geraden Versetzung mit einem FA

Wir betrachten zunächst ein Substitutions-FA, das bei seinem Einbringen in den Kristall dessen Volumen um ΔV ändert. Die Verzerrung um das FA habe Kugelsymmetrie. Eine *Stufenversetzung* erzeugt oberhalb der Gleitebene $(0 < \alpha < \pi)$ ein Kompressionsfeld, unterhalb $(\pi < \alpha < 2\pi)$ ein Dilatationsfeld, das im Abstand r von der Versetzung durch die hydrostatische Spannungskomponente (s. Abschn. 11.2.1 und Abb. 11.10b)

$$p = \frac{1}{3}(\sigma_{xx} + \sigma_{yy} + \sigma_{zz}) = -\frac{Gb}{3\pi r}\sin\alpha \cdot \frac{1+v}{1-v} \qquad (14\text{-}1)$$

gegeben ist. Dann beträgt die Wechselwirkungsenergie zwischen einer Versetzung im Ursprung und dem FA bei (r, α) $\Delta E^p = p\Delta V \times \{3(1-v)/(1+v)\}$, wobei der Faktor in geschweiften Klammern die Wechselwirkungsenergie berücksichtigt, die in ΔV steckt [12.10]. Daraus ergibt sich eine Wechselwirkungskraft auf die Versetzung in Gleitrichtung (x, s. Abb. 14.1)

$$F_p = -\left.\frac{\partial \Delta E_p}{\partial x}\right|_z = -\frac{Gb\Delta V}{\pi z^2}\cdot\frac{2(x/z)}{(1+(x/z)^2)^2}. \qquad (14\text{-}2)$$

Abbildung 14.2 zeigt $F^p(x)$ für konstanten Abstand z von der Gleitebene: Ein FA nahe der Gleitebene behindert die Versetzung am stärksten, d. h., $F^p_{\max}$ nimmt mit abnehmendem z zu. Allerdings ist die (lineare) Elastizitätstheorie für $z \to 0$ überfordert. Drückt man $\Delta V = 3\Omega \cdot \delta$ durch die relative Änderung δ des Gitterparameters a mit der FA-Konzentration v_B aus, $\delta = \mathrm{d}\ln a/\mathrm{d}v_B$, so erhält man die *maximale parelastische Wechselwirkungskraft*

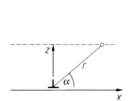

Abb. 14.1. Fremdatom im Abstand r von einer Stufenversetzung

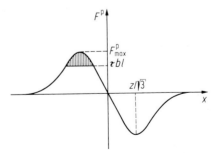

Abb. 14.2. Parelastische Wechselwirkungskraft F^p eines FA, die eine Stufenversetzung auf einer Gleitebene im Abstand z spürt

$F_{max}^p \approx Gb^2|\delta|$ (wenn man das minimale $z_0 = b/\sqrt{6}$, d. h. den halben Abstand der {111}-Ebenen im kfz Gitter, einsetzt).

Eine *Schraubenversetzung* hat nach der linearen Elastizitätstheorie kein hydrostatisches Spannungsfeld, siehe Abschn. 11.2.1, also keine parelastische Wechselwirkung (in 1. Ordnung) mit einem Substitutions-FA. Wohl aber gibt es eine solche Wechselwirkung mit dem tetragonalen Verzerrungsfeld

$$\varepsilon^{FA} = \begin{pmatrix} \varepsilon_{11} & 0 & 0 \\ 0 & \varepsilon_{22} & 0 \\ 0 & 0 & \varepsilon_{33} \end{pmatrix}$$

um ein Zwischengitteratom (Kohlenstoff, s. Abschn. 6.1.2) im krz Gitter. Diese beträgt [14.3] mit σ_{ik}^{Schr} nach Gl. (11-4)

$$\Delta E^p = \sum_{i,k} \varepsilon_{ik}^{FA} \cdot \sigma_{ik}^{Schr} \cdot \Omega \ . \tag{14-3}$$

Die daraus folgende Kraft des FA auf die Versetzung hat eine Form ähnlich Gl. (14-2), nur ist δ durch $(\varepsilon_{11} - \varepsilon_{22})/3$ zu ersetzen [14.3]. Ein isotrop verzerrendes FA ($\varepsilon_{11} = \varepsilon_{22}$) verursacht also keine Kraft auf die Schraube. Kohlenstoff in α-Eisen bildet mit $\varepsilon_{11} = 0{,}38$, $\varepsilon_{22} = -0{,}03$ ein stärkeres Hindernis für alle Versetzungen als ein normales Substitutionsatom. Das kann man wie folgt einsehen: Damit Substitutionsatome eine endliche Löslichkeit haben, ist nach Hume-Rothery $\delta \leq 0{,}14$ erforderlich (Abschn. 6.3.1). Zwischengitteratome in krz Metallen werden noch gelöst mit $(\varepsilon_{11} - \varepsilon_{22}) \approx 1$. Die Metalle tolerieren wegen der im wesentlichen vom spez. Volumen abhängenden Elektronenenergie größere einachsige als isotrope Verzerrungen durch FA.

Neben der *parelastischen Wechselwirkung*, die durch ein permanentes „elastisches Moment" (genauer: eine Kombination von „Doppelkräften", jede beschrieben durch ein ±Kräftepaar, das axial längs seiner Verbindungslinie angreift, siehe [11.3]) des FA in seiner Wirkung auf die Versetzung hervorgerufen wird, gibt es eine *di-elastische Wechselwirkung*: Bei dieser induziert erst das Verzerrungsfeld der Versetzung ein elastisches Moment in der Umgebung des Fremdatoms, wenn diese andere elastische Eigenschaften als die Matrix hat. Da die Energiedichte e des Verzerrungsfeldes der Versetzung nach Abschn. 11.2.2 proportional zum Schubmodul G ist, ergibt sich die dielastische Wechselwirkungsenergie mit der Schraubenversetzung zu

$$\Delta E^d = \eta e \Omega = \frac{Gb^2 \Omega \eta}{8\pi^2 r^2} \tag{14-4}$$

mit dem „Schubmoduldefekt" $\eta \equiv d \ln G/dv_B$, siehe [14.5a]. Man sieht im Vergleich mit Gl. (14-1), daß die dielastische Wechselwirkung von 2. Ordnung ist, also mit $1/r^2$ abfällt, statt mit $1/r$ bei der parelastischen Wechselwirkung. Dementsprechend ist die Wechselwirkungskraft F^d um den Faktor $3b/8\pi z$ kleiner als F^p, Gl. (14-2), sonst aber von derselben funktionellen Form; andererseits ist jedoch η oft 20mal größer als δ, so daß beide Wechselwirkungen zur MKH wesentlich beitragen. Die dielastische ist symmetrisch in z, die parelastische hat dagegen oberhalb und unterhalb der Gleitebene einer Stufenversetzung (für die bis auf den Faktor $(1-v)^{-2}$ ebenfalls Gl. (14-4) gilt) verschiedenes Vorzeichen. Man darf also die Wirkungen von FA beiderseits der Gleitebene nicht einfach addieren, siehe Abschn. 14.1.2 [14.4].

Für kleine Entfernungen zwischen FA und Versetzung ist die elastische Berechnung der Wechselwirkung sehr unzureichend: Wie in Abschn. 6.3.3 gezeigt wurde, sind FA mit einer von der Matrix abweichenden Wertigkeit von einem oszillierenden elektronischen Schirm umgeben. Dasselbe gilt für den Versetzungskern, dessen Ionenladungsdichte von der der Matrix abweicht. Beim Überlapp der beiden Schirme kommt eine sehr kurzreichende *elektrostatische* Wechselwirkung zustande, über die man noch wenig weiß.

Ist schließlich die Versetzung in Partialversetzungen mit einem eingeschlossenen Stapelfehler dissoziiert, so verwischen sich zunächst die Unterschiede zwischen Stufe und Schraube in der FA-Wechselwirkung. Schließlich kommt hier eine neue, von H. Suzuki gefundene Wechselwirkung zwischen *Stapelfehler* und FA zum Tragen. Ein Stapelfehler im kfz Gitter kann nach Abschn. 6.2.1 als hdp Schicht angesehen werden. Mit zunehmender FA-Konzentration, d. h. bei den hier interessierenden Legierungen der Edelmetalle mit zunehmender Elektronenkonzentration, wird nach Abschn. 6.3.2 die hdp Phase stabiler als die kfz. Man erwartet also als Folge der Beziehung zwischen Phasenstabilität und FA-Konzentration, daß sich bewegliche FA im Stapelfehler anreichern [11.3]. Dabei sinkt die Stapelfehlerenergie (Abschn. 6.2.1), die Aufspaltung wird größer, und die Energie der Gesamtversetzung nimmt ab. Es ist dann eine zusätzliche Kraft notwendig, um die Versetzung von ihrer „Suzuki-Wolke" loszureißen, d. h. es entsteht eine Ausgeprägte Streckgrenze (s. Abschn. 12.1). Bei unbeweglichen FA, d. h. für die MKH, spielt die Suzuki-Wechselwirkung aber keine Rolle, weil die Zahl der FA im Stapelfehler in 1. Näherung unabhängig von seiner Position ist.

14.1.2 Die kritische Schubspannung eines Mischkristalls

Wir müssen nun die Wechselwirkungen vieler FA beiderseits der Gleitebene mit einer Versetzung endlicher Linienspannung statistisch aufsummieren. Die minimale Kraft, die notwendig ist, um die Versetzung über die Gleitebene des Mischkristalls zu treiben, ergibt die kritische Schubspannung. Dafür existieren bei $T = 0$ zwei tragfähige Theorien [14.1, 14.4]. Für sehr verdünnte Legierungen (Reichweite der Wechselwirkung klein gegen FA-Abstand parallel zur Gleitebene) definiert R. Fleischer einen mittleren Abstand l der von der Versetzung berührten FA unter der Spannung τ. Das ist die sog. Friedel-Länge, siehe Abb. 14.3, die man wie folgt erhält: Die schraffierte Fläche f in Abb. 14.3 ist mit Gl. (11-8)

$$f = R^2 \Theta - R^2 \cos \Theta \sin \Theta \approx \frac{2}{3} R^2 \Theta^3 \approx \frac{l^3}{12R} = \frac{l^3 \tau b}{12 E_L}. \qquad (14\text{-}5a)$$

Man erwartet, daß ein weiteres Atom von der Versetzung berührt wird, wenn

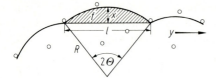

Abb. 14.3. Eine Versetzung unter einer Spannung τ baucht sich zu einem Krümmungsradius R zwischen Hindernissen im Abstand l aus, bis sie bei der überstrichenen Fläche f ein weiteres Hindernis berührt

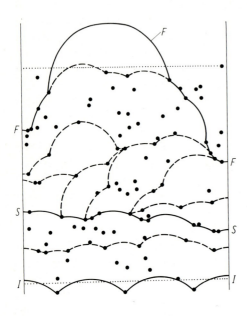

Abb. 14.4. Folge von Positionen ($I \to S \to F$), die die Versetzung in einem Feld von Punkthindernissen unter der Wirkung einer nach oben gerichteten Kraft einnimmt (J. Dorn, Univ. California)

$f = 1/2c_F$, gleich der halben Fläche pro FA geworden ist: c_F ist die Flächenkonzentration der FA. Daraus folgt

$$l = \sqrt[3]{\frac{6E_L}{\tau b \cdot c_F}} \, . \tag{14-5b}$$

Mit wachsender Spannung und damit zunehmender Krümmung der Versetzung werden mehr Hindernisse berührt, l wird kleiner. Kräftegleichgewicht bei der kritischen Schubspannung τ_c bedeutet dann bei einer Hindernisstärke F_{max}

$$\tau_c \cdot b \cdot l(\tau_c) = F_{max} \, ,$$
oder
$$\tau_c b = F_{max}^{3/2} c_F^{1/2} / \sqrt{6E_L} \, . \tag{14-6}$$

Computer-Experimente haben diese Beziehung für nicht zu starke Punkthindernisse bestätigt. In diesen Experimenten wird eine Versetzung unter einer gegebenen Kraft τb pro Längeneinheit an den unteren Rand einer statistischen Verteilung von Punkthindernissen gebracht, Abb. 14.4. An jedem berührten Hindernis wird die gesamte Kraft F in vertikaler Richtung berechnet. Ist sie größer als F_{max}, so spürt die Versetzung das Hindernis nicht und bewegt sich nach oben weiter, bis an allen berührten Hindernissen $F < F_{max}$ ist. Dann wird

14.1 Mischkristallhärtung (MKH)

τb gesteigert, bis die Versetzung bei $\tau_c b$ schließlich alle Hindernisse überwinden kann und am oberen Rand der Gleitebene ankommt. Auch die Stärke F_{max} der Hindernisse in *allen* Wechselwirkungsstärken F berührt, nicht nur mit Versetzung in einem Orowan-Prozeß durch, siehe Abschn. 11.2.2 und 14.3.

Wenn der Mischkristall nicht mehr im o. g. Sinne verdünnt ist, werden Hindernisse in *allen* Wechselwirkungsstärken (F) berührt, nicht nur mit $F = F_{max}$ oder Null wie bei Fleischer angenommen. R. Labusch definiert eine Verteilungsfunktion $\tilde{\varrho}(F)dF$ als Zahl der von 1 cm Versetzungslinie mit einer Wechselwirkungskraft zwischen F und $F + dF$ berührten FA. Man kann $\tilde{\varrho}$ mit Hilfe des Kraftprofils der Abb. 14.2 auch in eine Verteilungsfunktion $\varrho(x)$ der Abstände x von FA umdefinieren, so daß Kräftegleichgewicht an der Versetzung bedeutet

$$\tau b = \int \tilde{\varrho}(F) F \, dF = \int \varrho(x) F(x) \, dx \ . \tag{14-7}$$

Wenn eine Versetzung gegen ein (abstoßendes) Hindernis bei $y = 0$ anläuft, bleibt ihre Position vor dem Hindernis $x(0)$, relativ zur mittleren Position X, zurück, Abb. 14.5, zufolge

$$dX - dx(0) = G(0) \cdot dF = G(0) \cdot \frac{dF}{dx} dx(0) \ . \tag{14-8a}$$

Hier beschreibt $G(x)$ als elastische Greensche Funktion die Form der Versetzung (Position 2 in Abb. 14.5) unter der Wirkung einer bei $y = 0$ in $(-x)$-Richtung angebrachten Einheitskraft. Es ergibt sich [14.4]

$$G(0) = \frac{1}{2\sqrt{E_L \alpha}} \quad \text{mit} \quad \alpha = \int \varrho(x) \frac{dF}{dx} dx \ . \tag{14-8b}$$

α ist die mittlere Krümmung des Wechselwirkungspotentials FA/Versetzung.

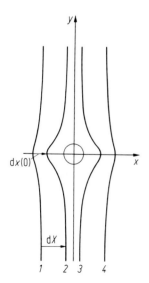

Abb. 14.5. Versetzung in den Positionen *1* bis *4* vor abstoßendem Hindernis bei $y = 0$

Im stationären Zustand der Hindernis-Überwindung, bei der kritischen Schubspannung τ_c, verhält sich die Dichte $\varrho_c(0)$ der wartenden Versetzungselemente vor dem Hindernis zu der mittleren Dichte $\bar{\varrho}_c = c_F$ umgekehrt wie die Geschwindigkeiten an diesen Stellen, also $\varrho_c(0)/\bar{\varrho}_c = \varrho_c(0)/c_F = \bar{v}/v(0)$. Durch Differentiation von Gl. (14-8a) nach der Zeit erhält man $\bar{v} = dX/dt$, $v(0) = dx(0)/dt$ und damit die gesuchte Verteilung

$$\varrho_c(x) = c_F(1 + F'(x) \cdot G(0)) \,. \tag{14-9}$$

Abbildung 14.6 zeigt die Verteilungsfunktion, die allerdings nach Definition nicht negativ sein darf. Im schraffierten Gebiet zwischen x_1 und x_2 ist sie deshalb gleich Null gesetzt, so daß die Gesamtzahl $\int \varrho_c(x)\,dx$ erhalten bleibt. Die Form der Verteilung $\varrho_c(x)$ ist direkt einsichtig, indem sich Versetzungen an der linken Flanke des Potentialberges aufstauen, während es keine Gleichgewichtslagen für die Versetzung im Bereich des Potentialmaximums gibt. Aus den Gleichungen (14-7) und (14-8b) kann man jetzt α eliminieren und erhält mit Gl. (14-9) – unter Vernachlässigung des 1. Terms –

$$\tau_c b = F_{\max}^{4/3} \cdot c_F^{2/3} z^{1/3} / E_L^{1/3} \cdot \text{const} \,, \tag{14-10}$$

wo „const" ein Zahlenfaktor der Größenordnung eins ist, der das dimensionslose bestimmte Integral

$$\int_0^1 \frac{\partial F/F_{\max}}{\partial (x/z)} \cdot dF/F_{\max}$$

enthält. Verglichen mit Fleischers Beziehung Gl. (14-6), die für extrem verdünnte Legierungen gilt, treten in Labuschs Gl. (14-10) nicht nur etwas andere Exponenten auf; sie enthält auch die Weite des Hindernisses, nach Abb. 14.2 gemessen durch seinen Abstand z von der Gleitebene.

Der Übergang vom Gültigkeitsbereich der Gl. (14-6) in den der Gl. (14-10) findet statt, wenn ein dimensionsloser Maßstab η_0 für die Reichweite der Wechselwirkung den Wert 1 erreicht [14.4],

$$\eta_0 = zb\sqrt{Gc_F/F_{\max}} \,. \tag{14-10a}$$

Außerdem bietet Labuschs Theorie verschiedene methodische Vorteile:

a) Sind mehrere Hindernissorten vorhanden, etwa solche in verschiedener Entfernung z von der Gleitebene oder solche auf der Kompressions- und der Dilatationsseite der Versetzung, so kann man die Theorie leicht mit mehreren Verteilungsfunktionen ϱ_i formulieren und durchrechnen. Es ergibt sich, daß praktisch nur die FA direkt an der Gleitebene merklich zur Mischkristallhärtung beitragen, daß also z in Gl. (14-10) eine atomare Reichweite bezeichnet. Ferner überlagern sich par- und dielastische Wechselwirkungen von FA beiderseits der Gleitebene zu $F_{\max}^{\text{eff}} \approx Gb^2\sqrt{\delta^2 + \eta^2\beta^2}$, wo $\beta \approx 1/20$ im kfz Gitter ist.

b) Schon bei mäßigen Konzentrationen v_B muß man Gruppen von FA berücksichtigen, die durch statistische Schwankungen entstehen. Die La-

14.1 Mischkristallhärtung (MKH)

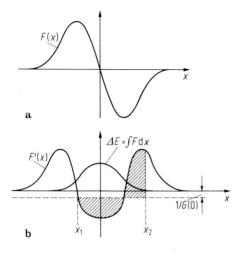

Abb. 14.6. Kraft- und Energie-Profile, $F(x)$ bzw. $\Delta E(x)$, der Wechselwirkung eines FA mit der Versetzung (**a, b**). Dichte der Versetzungselemente vor dem FA $\varrho_c(x)/c_F G(0) = [1/G(0) + F'(x)]$; im schraffierten Bereich $x_1 < x < x_2$ ist $\varrho_c(x) = 0$ [14.4]

buschsche Theorie ergibt auch in diesem Fall ein Ergebnis der Form der Gl. (14-10), [14.4].

c) Bisher wurde thermische Aktivierung nicht berücksichtigt: Die Versetzungen können aber bei endlichen Temperaturen T und Versetzungsgeschwindigkeiten v einen Teil des Potentialberges der Abb. 14.6 proportional zu einem Arrheniusfaktor $v_0 \exp(-E/kT)$ überwinden, so daß die Verteilungsfunktion $\varrho_c(x)$ vor dem Hindernis abnimmt.

Jedes Kraft-Abstands-Profil $F^p(x)$, wie das in Abb. 14.2 gezeigte, läßt sich in seinen Extrema durch Parabeln approximieren. Ist die äußere Kraft auf die vor dem FA liegende Versetzung $F = \tau b l$ (mit l aus Gl. (14-5b)) genügend nahe an $F^p_{\max}$, so ergibt die Integration über die zwischen $F^p_{\max}$ und F liegende Parabelfläche (in Abb. 14.2 schraffiert) die Aktivierungsenergie

$$E = \int (F^p_{\max} - F^p)\,dx \approx z F^p_{\max} \cdot \left(1 - \frac{F}{F^p_{\max}}\right)^{3/2} = z F^p_{\max} \cdot \left\{1 - \left(\frac{\tau}{\tau_{c0}}\right)^{2/3}\right\}^{3/2}$$

(14-11a)

mit τ_{c0} nach Gl. (14-6) und z als Maß für die Hindernisbreite.

Für konstante Versetzungs- (d. h. auch Verformungs-)geschwindigkeit v muß E ein fester Bruchteil ($= \ln v_0/v$) von kT sein ($v_0 = $ const). Daraus ergibt sich der temperaturabhängige Anteil der kritischen Schubspannung des Mischkristalls zu

$$\tau_c(T, v) = \tau_{c0} \left\{1 - \left(\frac{T}{T_0}\right)^{2/3}\right\}^{3/2} \quad \text{mit} \quad kT_0 = z F^p_{\max}/\ln(v_0/v)\,. \quad (14\text{-}11\text{b})$$

Hier sind τ_{c0} die krit. Schubspannung bei $T = 0$ und v_0 eine Konstante. τ_c charakterisiert den Abfall der kritischen Schubspannung mit wachsender Temperatur auf ein Plateau, das Abb. 14.7 für Ag–Al-Mischkristalle zeigt. Auch die

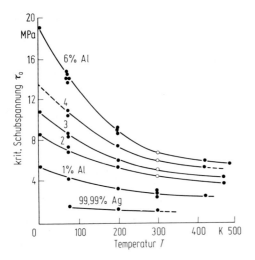

Abb. 14.7. Kritische Schubspannung von Ag–Al-Einkristallen in Abhängigkeit von der Verformungstemperatur und dem Al-Gehalt (A. Hendrickson und M. Fine, Northwestern Univ.)

Plateauspannung τ_p ist empirisch proportional zu τ_{c0} [14.5]. Theoretisch ist das schwierig zu verstehen: Nach der Fleischerschen Theorie, Gl. (14-11b), sollte τ_c mit zunehmendem T rasch auf Null abfallen. Labusch [14.21] beschreibt die Bewegung in x-Richtung der Versetzung (die im Mittel parallel zur y-Achse liegt,) über das Hindernisfeld unter der Wirkung thermischer Zufallskräfte $b\tau_T(y_n, t_K)$ am Ort y_n zur Zeit t_K durch die Bewegungsgleichung

$$m_v \ddot{x} + B\dot{x} + E_L x'' = b\left[\tau + \sum_i \tau_i(x - x_i, y - y_i) + \sum_{n,K} \tau_T(y - y_n, t - t_K)\right].$$
(14-11c)

Die Versetzungsmasse m_v und ihr Reibungskoeffizient B sind aus Abschn. 11.4 bekannt. τ_i beschreibt die Wechselwirkung der Versetzung mit dem Hindernis bei (x_i, y_i). Ist B groß genug, die Versetzungsbewegung also überdämpft, dann ist die stationäre Lösung der Gl. (14-11c) unabhängig von m_v und B. Diese wird von Labusch [14.21] numerisch gewonnen und ist in Abb. 14.8 dargestellt. Der Verlauf von $\tau_c(T)$ unterscheidet sich entsprechend der Ausdehnung der Hindernisse, beschrieben durch den Parameter η_0 (Gl. (14-10a)). Im Labuschfall $\eta_0 > 1$ wird so etwas wie ein Plateau sichtbar (bei $\tau_P(T)/\tau_{c0} \approx 0{,}2$), das u. U. durch die bei höheren Temperaturen beweglichen und sich dynamisch an der Versetzung anreichernden Fremdatome verstärkt wird, s. Abschn. 14.2 und [14.20]. Bei tiefen Temperaturen und kleinem B (Gl. (14-11c)) wird schließlich neuerdings ein Wiederabfallen der kritischen Schubspannung von Mischkristallen gefunden. Es ist wahrscheinlich ein dynamischer Effekt der Versetzungsträgheit und kinetischen Energie bei der Überwindung der FA-Hindernisse, der dann auftritt, wenn die Phononenreibung der Versetzung klein wird, siehe Abschn. 11.4.2 [11.1, 11.11a, 14.4a, 14.20].

14.1.3 Experimentelle Ergebnisse zur MKH von Einkristallen [12.5, 14.2, 14.20]

Die bestimmende Materialgröße der MKH ist also τ_{c0}, die kritische Schubspannung eines Mischkristalls bei tiefer Temperatur, oder wegen des Skalengesetzes, das in Abb. 14.8 sichtbar wird, auch die im Plateaubereich, τ_p. Das heißt, bei entsprechender Skalierung von $\tau_c(T)$ und T wird die kritische Schubspannung aller Mischkristalle eine einheitliche Funktion – unabhängig von weiteren Legierungsparametern wie η_0-wenn nur $\eta_0 > 1$ gilt! Das ist die sog. Spannungsäquivalenz [14.5], deren experimentelle Gültigkeit die Labusch-, nicht aber die Fleischertheorie der MKH erklärt. Es ist insbesondere die Konzentrationsabhängigkeit von τ_p für Mischkristalle von Cu, Ag und Au untersucht worden: Eine $c^{2/3}$-Abhängigkeit beschreibt die Meßergebnisse gut, Abb. 14.9a; die Steigungen der dortigen Geraden werden durch die Labusch-Kombination der Fremdatomparameter δ und η in $F_{\max}^{\text{eff}}$, Gl. (14-10), befriedigend wiedergegeben, Abb. 14.9b. Bei Mischkristallen von Au mit Cd und Zn beruht die Härtung im wesentlichen auf dem Atomgrößenunterschied δ von $+5\%$ bzw. -5%, bei solchen mit Ga und Ge dagegen auf einem Moduldefekt $(-\eta)$ von über 100%. Bei Au-Al tragen beide Effekte zur Härtung bei; δ und η haben hier ungewöhnlicherweise gleiches Vorzeichen, so daß ein kleines FA ein „soft spot" im Kristall ist. (Nach Cl. Zener sollten die NN eines zu kleinen Atoms im Potentialbereich größerer Krümmung, also höheren Moduls liegen, siehe Abb. 7.17.) Es ist also in Übereinstimmung mit Abschn. 14.1.2(a) eine *quadratische Kombination* von δ und η in $F_{\max}$ zur Beschreibung der Experimente notwendig. Ähnliche Ergebnisse zeigen Mischkristalle von Blei und des hdp Magnesiums. Fleischer

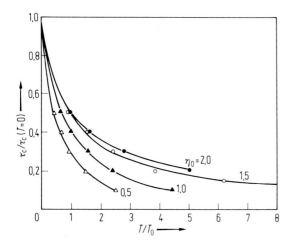

Abb 14.8. Berechnete Fließspannung bei gegebener Versetzungsgeschwindigkeit v in Abhängigkeit von der Temperatur T. Kurven für verschiedene Hindernisweiten η_0: Temperatur bezogen auf die Aktivierungsenergie $E_0 = ZF_{\max} = kT_0 \ln v_0/v$ über ein einzelnes Fremdatom. $T/T_0 = E_{\text{eff}}/E_0$ gibt auch an, um wieviel die berechnete Aktivierungsenergie E_{eff} über die bei der (reduzierten) Spannung $\tau_c/\tau_c(T=0)$ berührten Fremdatomkonfiguration größer ist als die über ein einzelnes Fremdatom [14.21] nach Glühung für 22 h bei 973 K [9.21]

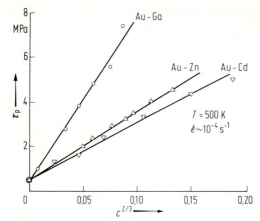

Abb. 14.9a. Kritische Schubspannung von Gold-Mischkristallen bei 500 K entsprechend Gl. (14-10)

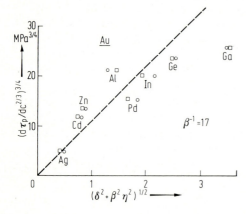

Abb. 14.9b. Spezifische Härtung von Gold-Mischkristallen (Steigung der Geraden in Abb. 14.9a) gegen die Fremdatomgrößen (δ) und Modul-Parameter (η), aufgetragen nach Gl. (14-10) (Kreise und Quadrate ergeben sich bei verschiedener Wahl einer parelastischen Wechselwirkung 2. Ordnung mit der Schraubenversetzung [14.2].)

findet für die Härtung von polykristallinem α-Eisen durch Kohlenstoff im Konzentrations-Bereich $v_C \leq 10^{-4}$ ein Verhalten nach Gl. (14-6). MKH durch Kohlenstoff ist wesentlich für die Härte von α-Eisen und Martensit verantwortlich und damit auch für die Stahlhärtung (Abschn. 13.6).

14.2 Versetzungsverankerung und -losreißen

Bei Temperaturen wenig oberhalb Raumtemperatur werden die FA in den o. g. Legierungen beweglich genug, um zu Positionen großer negativer Wechselwirkungsenergie $U(r, \alpha)$ nahe der Versetzung diffundieren zu können. Wir haben in Abschn. 9.2 das Zeitgesetz dieses Entmischungsvorganges besprochen. Übergroße Substitutions-FA sammeln sich im Dilatationsgebiet einer Stufenversetzung, zu kleine im Kompressionsgebiet. Wie bei der barometrischen

14.2 Versetzungsverankerung und -losreißen

Höhenformel wirkt die Entropie bei endlichen Temperaturen einer „Kondensation" der FA im Versetzungskern entgegen; es stellt sich eine Boltzmann-Verteilung der FA um die Versetzung ein entsprechend einer Konzentration

$$c(r, \alpha) = c_0 \exp\left(- \frac{\Delta E^p(r, \alpha)}{kT} \right), \qquad (14\text{-}12)$$

die sog. *Cottrell-Wolke* [12.10]. Bei tiefen Temperaturen müßte hier eine Fermi-Verteilung stehen, weil jeder Gitterplatz im Versetzungskern nur einmal besetzt werden kann. In jüngster Zeit ist die Kohlenstoff-Verteilung um Schraubenversetzungen in α-Eisen mit der Atomsonde (Abschn. 2.4.2) in Oxford direkt sichtbar gemacht worden. Die C-Atome sitzen alle in einem Zylinder von 2 nm Durchmesser im Versetzungskern, und zwar ungleichmäßig über die Länge der Versetzung verteilt: Es ergibt auch kohlenstofffreie Versetzungsstücke. S. Q. Xiao [9.21] findet in Ni-12%Al nach Auslagerung für 22 h bei 973 K, also knapp *ober*halb der Löslichkeitslinie, eine zylindrische γ'-Ausscheidung auf *einer* Seite einer Versetzung (Abb. 14.10a). Sie wird durch die Gitter-„fringes" des Ni_3Al-Übergitters sichtbar und kann sich nur in der Al-reicheren Cottrell-Wolke im Dilatationsgebiet der Versetzung gebildet haben.

Eine vollständige Kompensation der die FA anziehenden weitreichenden Spannungsfelder der Versetzung durch die Wolke ist auch aus *topologischen* Gründen (Versetzungsdefinition) ausgeschlossen.

Die Ankunft von FA an der Versetzung macht sich besonders stark in *anelastischen Messungen* bemerkbar (s. Abschn. 2.7); der anelastische Dehnungsbeitrag ε_A einer zwischen zwei Ankerpunkten im Abstand l sich auswölbenden Versetzung (Abb. 14.3) ist der von ihr überstrichenen Fläche $f = 2lx/3$ proportional. Die Amplitude x erhält man aus der Bewegungsgleichung der erzwunge-

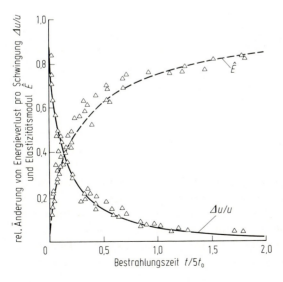

Abb. 14.10. Änderung des Elastizitätsmoduls und der Inneren Reibung eines Kupfer-Einkristalls mit der Neutronenbestrahlung. (Der Halbwertszeit t_0 entspricht eine Bestrahlungsdosis von $2 \cdot 10^{11}$ n/cm²; ω = 12 kHz [14.9])

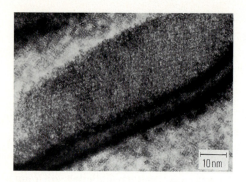

Abb. 14.10a. Zylindrische Ni$_3$Al-Ausscheidung an Versetzung in Ni12%Al

nen Schwingung (s. Abschn. 11.4 und Gl. (14-11c))

$$\varrho_m b^2 \ddot{x} + B\dot{x} + E_L \frac{d^2 x}{dy^2} = \tau_0 b e^{i\omega t} . \tag{14-13}$$

Für kleine Krümmungen ist $d^2 x/dy^2 = 1/R \approx 8x/l^2$. Damit und mit $E_L \approx Gb^2/2$ ist die Eigenfrequenz des Versetzungsbogens $\omega_0 = \sqrt{8E_L/\varrho_m b^2 l^2} \approx (2/l)\sqrt{G/\varrho_m} \approx b\omega_{\text{Debye}}/l$. Für Frequenzen der angelegten Spannung $\omega \ll \omega_0$ kann man den Trägheitsterm vernachlässigen und erhält für die Amplitude der Versetzung

$$x = \frac{\tau_0 b l^2}{8E_L} e^{i(\omega t - \varphi)}; \quad \varphi = \frac{B\omega l^2}{8E_L} . \tag{14-14}$$

Daraus ergibt sich bei M Versetzungsbögen pro cm^3 und N Versetzungen pro cm^2 : $\varepsilon_A = 2Mlxb/3 = 2Nbx/3$. Der Realteil der anelastischen Dehnung ergibt den Moduldefekt (s. Abschn. 2.7) mit $\varphi \ll 1$

$$\frac{\text{Re}(\varepsilon_A e^{-i\omega t})}{\tau_0/G} = \frac{\Delta G}{G} = \frac{Nl^2}{6} , \tag{14-15}$$

und ihr Imaginärteil bestimmt den Energieverlust pro Schwingung ($\varphi \ll 1$)

$$\frac{\Delta u}{u} = \frac{\text{Im}(\varepsilon_A \cdot \tau_0 e^{-i\omega t})}{\tau_0^2/2G} = \frac{Nl^2 \cdot \varphi}{3} = \frac{Nl^4}{24} \frac{B\omega}{E_L} . \tag{14-16}$$

Man sieht, daß eine Unterteilung der Bogenlänge l sich außerordentlich stark auf den anelastischen Beitrag der Versetzungen auswirkt. Das wird auch experimentell gefunden, besonders deutlich in dem Fall bestrahlungserzeugter Punktfehler (s. Kap. 10), die zu Versetzungen wandern [14.9], Abb. 14.10. Fraglich scheint dagegen die in Gl. (14-16) geforderte Proportionalität von $\Delta u/u$ zu ω weit unterhalb der Resonanzstelle $\omega = \omega_0$ zu sein. Diese liegt für übliche $l \approx 10^4 b$ im Gigahertz-Bereich und ist stark überdämpft [14.9]. Bei größeren Wechselspannungs-Amplituden τ_0 reißt die Versetzung von den sie verankernden Fremdatomen los, es entsteht eine Hysterese-Schleife, siehe A. Granato und K. Lücke [14.10].

14.2 Versetzungsverankerung und -losreißen

Die Cottrell-Wolke ist besonders für Kohlenstoff in α-Eisen formuliert worden. In kfz Mischkristallen kommt eher der Suzuki-Effekt der FA-Anreicherung im Stapelfehler in Betracht. Die Versetzung wird durch die Wolke in ihrer Ruhelage verankert; es muß eine zusätzliche Kraft aufgebracht werden, um die Versetzung aus dieser Wolke zu befreien, wenn die Versetzung nicht überhaupt unbeweglich bleibt. Auf jeden Fall ist eine *Ausgeprägte Streckgrenze* zu erwarten, wie sie bei α-Eisen mit Kohlenstoff auch beobachtet wird, Abb. 14.11. Sie unterscheidet sich von der Versetzungsmangel-Streckgrenze der Abb. 12.6 durch ihre Schärfe, die zu technisch unerwünschten Dehnungsinstabilitäten führt. Die Verformung beginnt am Ort einer Spannungskonzentration (z. B. an der Probenoberfläche) und breitet sich von dort in Form eines „Lüders-Bandes" über die Probe aus. An jeder Stelle läuft die Verformung bis zur Verfestigung (oder zum Bruch!) ab, bevor sie weitere Bereiche vor der Lüders-Bandfront erfaßt. Die lokale Verformungsgeschwindigkeit ist also viel größer als die Verlängerungsgeschwindigkeit der Probe geteilt durch die Probenlänge. E. Hart [14.6] hat die Lüdersband-Verformung phänomenologisch beschrieben, neuerdings P. Hähner [14.22] als Instabilität in Folge starker Versetzungsmultiplikation, siehe Abschn. 12.1.

Der Prozeß des Losreißens einer Versetzung von einer verdünnten oder kondensierten Cottrell-Wolke ist besonders für Fe–C vielfach untersucht worden [12.10, 11.3]. Es erscheint schwierig, hierfür das richtige Modell zu finden, da z. B. eine Reihe von Erscheinungen dafür sprechen, daß die Kohlenstoff-Anreicherung im Versetzungskern zur lokalen Bildung von Karbid-Teilchen führt: Man kann die Streckgrenzenerhöhung „überaltern" (s. Abschn. 9.1.2 und

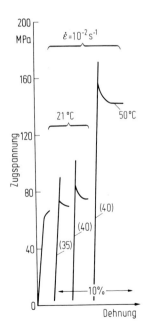

Abb. 14.11. Ausgeprägte Streckgrenzen von Fe-5×10^{-3} Gew.-% C-Einkristallen bei verschiedenen Verformungstemperaturen nach Auslagerung bei 21 °C für die in Klammern angegebenen Zeiten (in min)

14.3); sie ist ziemlich unabhängig von der Verformungstemperatur; sie hängt vom Krümmungssinn ab, den die Versetzung bei der Alterung unter Zug/Druck-Last erhalten hat. Alle diese Beobachtungen passen nicht zum Modell der Cottrell-Wolke, sondern sind typisch für diskrete Ausscheidungen auf der Versetzungslinie.

Bei noch höheren Temperaturen ist die FA-Anreicherung an der Versetzung jedenfalls gering. Es kann im System Fe–C auch dann zu einer Ausgeprägten Streckgrenze kommen, wenn sich die tetragonal verzerrenden Kohlenstoff-Dipole auf den Würfelkanten des α-Eisens in der Umgebung der Versetzung so ausrichten, daß sie sich an jeder Stelle deren Verzerrungsfeld anpassen (vgl. dazu das über den „Snoek-Effekt" in Abschn. 6.1.2 gesagte und [14.7]). Sowohl diese „Snoek-Wolke" wie auch die o. g. Cottrell-Wolke können sich bei hohen Temperaturen und kleinen Versetzungsgeschwindigkeiten gemeinsam mit der Versetzung bewegen, womit ihr Härtungseffekt vermindert wird. Es kommt hier zu charakteristischen Instabilitäten, die sich als *Portevin-LeChatelier-Effekt* in der Verfestigungskurve äußern, dem Auftreten eines sich fortgesetzt wiederholenden Streckgrenzeneffektes, einem sägezahnartigen Spannungs-Dehnungs-Verlauf. Diese Instabilität wird neuerdings von P. Hähner [14.22] im Rahmen einer nicht-linearen Versetzungsdynamik beschrieben. Sie beruht allgemein auf einer negativen $\dot{\varepsilon}$-Abhängigkeit der Fließspannung, s. Abschn. 2.6.1. Wird die Versetzung etwas langsamer, reichern sich die FA an ihr an und halten sie stärker fest; wird sie etwas schneller, kann sie den FA (C) entkommen und frei laufen [12.10]. Ein stationäres Mitschleppen der Wolke ist bei einer Geschwindigkeit v_v der Versetzung möglich, die der Driftgeschwindigkeit v_{FA} der FA entspricht: Nach Einstein (s. Abschn. 8.5) ist

$$v_v = v_{FA} = \frac{D_C}{kT} F_v = \frac{D_C}{kT} \frac{\tau b}{n} \ . \tag{14-17}$$

n ist die Zahl der mitgeschleppten FA pro cm Versetzung, auf die die Kraft τb wirkt, also nach Gl. (14-12)

$$n = c_0 \int\int \exp\left(\frac{-\Delta E^p(r, \alpha)}{kT}\right) r \, dr \, d\alpha \ . \tag{14-18}$$

Mit Hilfe der Gln. (12-2), (11-9), (14-3) und (8-14) kann man schließlich die Dehnungsgeschwindigkeit $\dot{\varepsilon}_c$ dieses „Mikrokriechens" durch die Variablen (c_0, T, τ) ausdrücken in guter Übereinstimmung mit der Erfahrung [14.2, 14.8].

14.3 Ausscheidungshärtung [14.11, 14.12, 14.23, 14.24]

Durch die in Kap. 9 besprochenen Reaktionen entstehen in Legierungen Ausscheidungen einer zweiten Phase, die sich durch ihre Zusammensetzung oder ihren Ordnungsgrad von der Matrix unterscheiden. Diese Ausscheidungen bilden wirksame Hindernisse für die Versetzungsbewegung. Der Prozeß der

14.3 Ausscheidungshärtung

Ausscheidungshärtung ist technisch, z. B. in Duralumin (Abschn. 9.1.2) und den Stählen (Abschn. 13.6), von größter Bedeutung. Parameter sind die Festigkeit eines Teilchens, der Volumenbruchteil und der Teilchenabstand sowie die Form und Verteilung der Teilchen. Manche Einzelwechselwirkungen können wir von der MKH, Abschn. 14.1.1, übernehmen. Die Überlagerung der Wechselwirkungen einer statistischen Teilchenanordnung mit der Versetzung erfüllt meist die Voraussetzungen von Fleischers Theorie, Abschn. 14.1.2. Ein neuer Gesichtspunkt ist die Möglichkeit der Überalterung der Legierung unter Festigkeitsabnahme, die durch den Orowan-Prozeß, Abschn. 11.2.2, bedingt ist.

14.3.1 Wechselwirkungen zwischen Ausscheidung und Versetzung [14.23]

Mechanismen a) und b): Wie bei der MKH kann eine Ausscheidung parelastisch (durch ihren Verzerrungshof, Gl. (2-6)) und dielastisch (durch einen von der Matrix abweichende Schubmodul) mit einer vorbeigleitenden Versetzung wechselwirken. Die maximalen Wechselwirkungskräfte sind nach Abschn. 14.1.1 $F_{max}^p \approx Gbr_0|\delta|$ bzw. $F_{max}^d \approx Gb^2|\eta|/20$ für ein kugelförmiges Teilchen vom Radius r_0. Dabei sind δ und η die Unterschiede in Gitterparameter und Schubmodul zwischen Matrix und Teilchen.

Mechanismus c): Ist das Teilchen kohärent mit der Matrix, kann die Versetzung hindurchgleiten, das Teilchen schneiden. Dabei ist Grenzflächenenergie aufzubringen, weil das Teilchen um den Burgersvektor auf der Gleitebene abgeschert wird, Abb. 14.12. Ist $\tilde{E}_{\alpha\beta}$ die spezifische Grenzflächenenergie Teilchen-Matrix, so bedeutet die auf dem Umfang des Teilchens aufzubringende Grenzflächenenergie eine abstoßende Kraft auf die Versetzung der Größenordnung $F_{max}^{\alpha\beta} \approx \tilde{E}_{\alpha\beta} \cdot r_0$.

Mechanismus d): Ist das Teilchen geordnet, so wird beim Schneiden Antiphasengrenzfläche der Energie $\tilde{E}_{APB}$ erzeugt, Abb. 14.13. Das entspricht einer abstoßenden Kraft $F_{max}^{APB} \approx \tilde{E}_{APB} \cdot r_0$. Eine zweite nachfolgende Versetzung stellt allerdings die Ordnung im Teilchen wieder her und wird deshalb von ihm

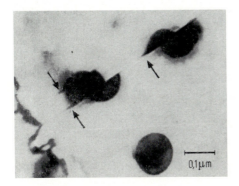

Abb. 14.12. TEM abgescherter Ni_3Al-Teilchen in Ni-19%Cr-6%Al-Legierung nach 2% Verformung im Zug (H. Gleiter und E. Hornbogen, Göttingen)

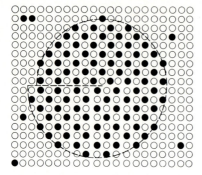

Abb. 14.13. Ein geordnetes Ni_3Al-Teilchen (j') wird von einer vollständigen Versetzung der Ni(○) Al(●)-Matrix geschnitten und eine APB erzeugt

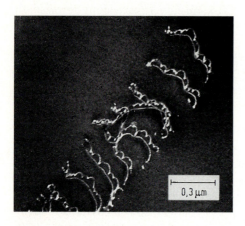

Abb 14.13a. Weak-beam TEM von Einkristall-Folie unter Zug an Legierung PE16 ($Ni_{42}Fe_{33}Cr_{18}Mo_2Al_3Ti_2$). Dispersion von geordneten γ'-Teilchen vom Radius 8 nm, Vol. Bruch 9% wird von Super-Versetzungen geschnitten. Nur die jeweils führende Versetzung baucht sich zwischen den Hindernissen aus! (E. Nembach, Münster)

angezogen. (In Erweiterung dieser Vorstellung besteht in geordneten Legierungen generell die Tendenz zur Bildung von „Superversetzungen", bestehend aus 2 vollständigen Versetzungen der ungeordneten Struktur mit eingeschlossener APB, s. Abschn. 7.3.1. und Abb 14.13a.) Laufen mehr als r_0/b Versetzungen auf derselben Gleitebene durch das Teilchen, so wird das Schneiden zunehmend günstiger, was die in ausscheidungsgehärteten Legierungen zu beobachtende Konzentration der Gleitung auf relativ wenige starke Gleitlinien erklärt, siehe Abb. 14.12, „planare Gleitung" [14.25].

Mechanismus e): Hat das Material der Ausscheidung eine andere Stapelfehlerenergie γ_T als die Matrix γ_M, bezogen auf die gleiche Kristallstruktur, so bedeutet das ebenfalls eine Wechselwirkung mit der Versetzung, siehe Abb. 14.14. Die maximale Wechselwirkungskraft ist $F_{max}^{SF} \approx 2r_0 \cdot (\gamma_M - \gamma_T)$ (für $W_M < r_0 \approx W_T$). Benutzt man diese F_{max}-Werte in der Fleischer-Formel (14-6) und ersetzt c_F durch den Volumen- (oder Flächen-) Bruchteil v_T der Teilchen, so wird im Falle aller o. g. Mechanismen (außer b)

$$\tau_c b \approx \tilde{E}^{3/2} v_T^{1/2} r_0^{1/2}/\sqrt{6E_L}. \tag{14-19}$$

14.3 Ausscheidungshärtung

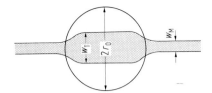

Abb. 14.14. Eine Versetzung ändert ihre Aufspaltungsweite W_M beim Durchgang durch eine Ausscheidung (W_T) kleinerer Stapelfehlerenergie

Hier steht $\tilde{E}$ für jede der 3 Grenzflächenenergien in den Mechanismen c), d), e) oder für $Gb|\delta|$ im Falle von Mechanismus a). Tatsächlich sind die Verhältnisse im Falle b), dielastischer Wechselwirkung, bei kleinen Teilchen komplizierter [14.18], aber diese Wechselwirkung ist schwach, und die nach dieser Theorie zu erwartende Abhängigkeit $\tau_c(r_0)$ wird im System Cu–Fe nicht beobachtet [14.19]. Experimentell beobachtet man bei kleinen r_0 einen parabolischen Anstieg von τ_c mit r_0 bei der Umlösung (Alterung) bei gegebenem v_T (s. Abschn. 9.3), z. B. für Cu–Co. Hier ist $\delta_{Co} = -1{,}2\%$ und $\gamma_{\text{hdpCo}} < 0$, so daß sicher Beiträge von a) und vielleicht von e) zu erwarten sind. Dasselbe gilt wohl für die Aushärtung von Al–Zn. (Die Ausscheidungen bestehen hier zu 72% aus Zn bei Raumtemperaturalterung.)

In Al–Ag ist fast kein Atomgrößenunterschied vorhanden, während $\gamma_{Ag} \ll \gamma_{Al}$ Mechanismus e) erwarten läßt. Ausscheidungen von Ni_3Al in Ni-18%Cr-6%Al sind verzerrungsfrei aber geordnet; hier dominiert Mechanismus d) (s. Abb. 14.13a, [14.23]). Auf die plattenförmigen GP I-Zonen von Al–Cu ist die obige Theorie nicht direkt anwendbar (s. Abschn. 9.1.2). Die Analyse [14.12] zeigt, daß in diesem System mit seinem großen Oberflächen-zu-Volumen-Verhältnis der Grenzflächen-Mechanismus c) dominiert. Bei dieser Legierung sind Zonen von atomarer Dicke zu schneiden. Dieser Vorgang wird deshalb als einziger der o. g. Mechanismen von thermischer Aktivierung unterstützt (s. Abschn. 12.2). Eine Abhängigkeit $\tau_c \sim \sqrt{v_T}$ entsprechend Gl. (14-19) wird allgemein gefunden.

14.3.2 Orowan-Prozeß und geometrisch notwendige Versetzungen

In Abschn. 11.2.2 wurde erläutert, daß eine Versetzung unter der Orowan-Spannung $\tau_1 = \alpha Gb/l$ zwischen zwei Hindernissen im Abstand l hindurchquellen kann. Dadurch wird die Ausscheidungshärtung bei großen Teilchenradien r_0 begrenzt. Es gibt eine „kritische Dispersion" r_{0c} mit maximaler Härtung, die man durch Gleichsetzung von τ_c nach Gl. (14-19) mit τ_1 erhält:

$$\alpha \frac{Gb}{r_{0c}} \sqrt{v_T} = \frac{\tilde{E}^{3/2} \sqrt{r_{0c}}}{b^2 \sqrt{3G}} \sqrt{v_T}$$

also

$$r_{0c} = \frac{Gb^2}{\tilde{E}} (\alpha \sqrt{3})^{2/3} . \qquad (14\text{-}20)$$

Die Konstante α hängt noch schwach von der Stapelfehlerenergie und von r_0 ab, denn durch r_0 wird die Annihilation benachbarter Orowan-Bögen am gleichen Hindernis bestimmt (s. 11.2.2). Bei großer spezifischer Hindernisstärke $\tilde{E} (\approx Gb|\delta|$ im Falle von Mechanismus a), also $r_{0c} \sim b/|\delta|$) wird der Orowan-Prozeß schon bei kleinen $r_0 \approx 10$ nm wirksam. Die Kombination von τ_c nach Gl. (14-19) und τ_1 mit $l = r_0/\sqrt{v_T}$ nach Gl. (11-8) gibt bei festem v_T den in Abb. 14.15 gezeigten Verlauf der Fließspannung mit dem Teilchenradius. Weitere Versetzungen, die über diese Gleitebene laufen und den Orowan-Prozeß zwischen den Teilchen vollziehen, bilden ein System konzentrischer Ringe um die Teilchen, die nach M. Ashby [14.13] und Abschn. 12.4.1 „geometrisch notwendige" Versetzungen um ein sich nicht verformendes Teilchen in einer verformenden Matrix genannt werden, im Gegensatz zu den „statistisch sich aufsammelnden" Versetzungen der normalen Verformungsverfestigung. Die ersteren werden in TEM tatsächlich beobachtet, besonders an inkohärenten Teilchen eines Oxids (z. B. Al_2O_3 in Cu, das durch innere Oxidation einer Cu–Al-Matrix entsteht, s. Abschn. 8.6), Abb. 14.16. Falls Quergleitung möglich ist, gehen die Gleitversetzungsringe allerdings in prismatische über. Es besteht eine starke Tendenz für die Ringe, in die Grenzfläche Matrix-Teilchen einzutreten und damit deren Kohärenz zu zerstören oder als Gleitversetzungsringe das

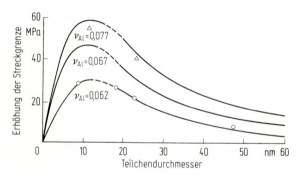

Abb. 14.15. Erhöhung der Streckgrenze von Ni durch Ni_3Al-Ausscheidungen verschiedener Größe in verschiedenen Vol.-Anteilen (H. Gleiter und E. Hornbogen, Göttingen)

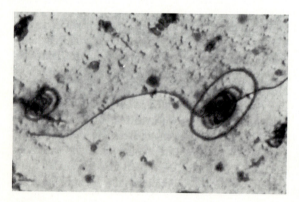

Abb. 14.16. Versetzungsringe um Al_2O_3-Teilchen in Cu-30%Zn-Einkristall. Die dichten inneren Ringe haben etwa 100 nm Durchmesser. (P. B. Hirsch und F. J. Humphries, Univ. Oxford)

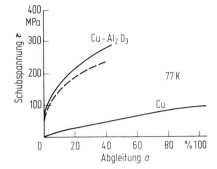

Abb. 14.17. Verfestigungskurven von Kupfer-Einkristallen mit und ohne 1 Vol-% Al_2O_3-Teilchen. Gestrichelt ist die Differenz der beiden Kurven [14.13]

Teilchen zu zerbrechen und damit abzuscheren. Abgesehen davon erklärt die hohe Dichte der in diesen Legierungen angesammelten Versetzungen ihre hohe Verformungsverfestigung, siehe Abb. 14.17 [14.13].

14.4 Dispersionshärtung und Faserverstärkung [14.14, 12.7]

Die o. g. innerlich oxidierten Legierungen stellen schon einen Fall von *Dispersionshärtung* dar, bei der man im Gegensatz zur Ausscheidungshärtung von vornherein inkohärente, plastisch nicht-verformbare Teilchen in eine weichere Matrix einbaut, um deren Festigkeit zu erhöhen. Häufig hat die zweite, härtere Phase die Form von Fasern parallel zur Beanspruchungsrichtung. Hierdurch werden „Verbundwerkstoffe" bestimmter mechanischer Eigenschaften sozusagen maßgeschneidert nach physikalischen Prinzipien, die im folgenden besprochen werden sollen.

Es gibt im wesentlichen drei Methoden, um einen solchen Verbundwerkstoff herzustellen: 1. die schnelle, gerichtete Erstarrung eines Eutektikums, siehe Abschn. 4.6; 2. die Einlagerung von hochfesten Fasern in eine weichere metallische Matrix; 3. die In-situ-Herstellung des Faser-Verbundwerkstoffes durch gemeinsame Umformung eines Pulvergemisches in einem Rohr, z. B. durch Drahtziehen. Die Festigkeit des Werkstoffes soll dabei durch die der Fasern bestimmt werden. Die Aufgabe der Matrix ist es, die Fasern zu verbinden, die äußeren Kräfte auf die Fasern zu leiten und die Faseroberflächen vor Beschädigungen zu schützen, die zur Bildung von Rissen Anlaß geben können. Die Ausbreitung von Querrissen ist in einem Bündel von Fasern schwieriger als in einem massiven Stab aus demselben Material.

Die Festigkeit eines Hanfseiles oder eines Fiberglasstabs dienen als Vorbild bei der Herstellung eines metallischen Verbundwerkstoffes, obwohl dort die physikalischen Vorgänge schwer zu durchschauen sind. Es ist nicht nötig, „endlose" Fasern zu verwenden, solange die Matrix eine endliche kritische Fließspannung hat und die Fasern eine endliche Festigkeit besitzen. Das kann man anhand der Abb. 14.18 einsehen, die die Verteilung der Schubspannung in

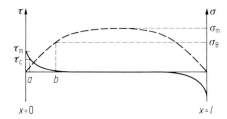

Abb. 14.18. Spannungsverteilung in eingebetteter zugbeanspruchter Faser der Länge l: Zugspannung σ, Schubspannung τ in der Grenzfläche

der Grenzfläche Faser-Matrix und die der Zugspannung in einer Faser der Länge l zeigt, die vollständig in die Matrix eingebettet ist und mit dieser zusammen axial beansprucht wird. Die Schubspannung τ erreicht ein Maximum τ_m am Faserende, während die größte Zugspannung σ_m in der Mitte liegt. Das Verhältnis τ_m/σ_m hängt von den elastischen Moduln der beiden Komponenten ab und liegt in der Nähe von 1/10 für metallische Systeme. Normalerweise wird daher die Matrix unter der Schubspannung $\tau_c < \tau_m$ am Faserende, $x < a$, plastisch fließen, bevor dort die Faserbruchspannung σ_B erzeugt wird. Für $x > a$ nimmt die Zugspannung in der Faser zu, bis sie bei $x = b$ den Wert σ_B annimmt. Ist $b < l/2$, so kommt es auf die Länge der Faser nicht mehr an. Es gibt also eine kritische Länge l_c (für einen Faserradius $r \approx a$) [14.14]

$$l_c = r \cdot \frac{\sigma_B}{\tau_c}, \tag{14-21}$$

die die Faser mindestens haben muß, damit sie bis zum Bruch beansprucht wird. Andernfalls fließt nur die Matrix um die Faser herum. l_c/r ist der kritische „Schlankheitsgrad".

Abbildung 14.19 zeigt Verfestigungskurven von Kupfer-Wolfram-Verbundproben mit $r = 5$ und $10\,\mu\text{m}$ Wolfram-Fäden ($l_c/r \approx 10$), die in Volumenbruchteilen bis zu $v_F = 40\%$ parallel zueinander in die Kupfermatrix eingebettet werden [14.15]. Im Bereich I der Kurve verformen sich Fasern und Matrix elastisch. Der Modul des Verbunds folgt der Mischungsregel

$$\hat{E}_v = v_F \hat{E}_F + (1 - v_F)\hat{E}_M \,. \tag{14-22}$$

Im Bereich II verformt sich die Matrix plastisch, während die Fasern sich weiter elastisch dehnen. Dann ist in Gl. (14-22) $\hat{E}_M$ durch $d\sigma/d\varepsilon|_M$ zu ersetzen, und diese Verfestigung ergibt sich als 100mal größer als in reinem Kupfer. Jenseits von 0,5% Dehnung beginnen dann auch die plastische Verformung und der Bruch der Wolfram-Drähte (Bereich III). Die hohe und mit v_F zunehmende Verfestigungsrate der Matrix läßt sich durch Versetzungsaufstauungen der in Abb. 14.20 gezeigten Art quantitativ erklären. Der freie Parameter der Theorie [14.16] ergibt sich zu $D_y = 10\,\mu\text{m}$. Die Bruchspannung σ_V des Verbunds folgt der in Abb. 14.21 gezeigten Kurve als Funktion von $v_F \cdot \sigma_U$ ist die Bruchspannung der Matrix, σ_M diejenige Spannung in der Matrix, bei der die Fasern brechen. Man sieht, daß ein Volumenbruchteil v_{krit} an Fasern überschritten werden muß, damit feste Fasern mit kleiner Bruchdehnung die sich verfestigende Matrix

14.4 Dispersionshärtung und Faserverstärkung

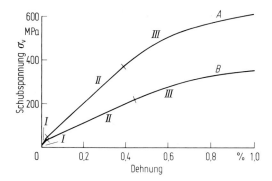

Abb. 14.19. Spannungs-Dehnungs-Kurven von Cu–W-Verbundstäben (A) 20 µm Durchmesser Wolfram 20 Vol.-%; (B) 10 µm Durchmesser Wolfram 10 Vol.-% [14.15]

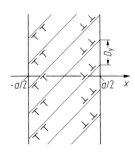

Abb. 14.20. Modell [14.16] der Versetzungsaufstauung an den Fasergrenzen ($-a/2$, $a/2$) in der Matrix zur Erklärung der Verfestigung

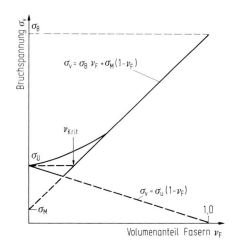

Abb. 14.21. Analyse der Bruchspannung eines Verbundwerkstoffes mit einem Volumenanteil v_F an spröden Fasern in einer duktilen Matrix [14.14]

verstärken. Die Festigkeit des Verbunds im Zug hängt stark von dem Winkel Φ zwischen Zug- und Faserrichtung ab und ist für $\Phi = 0$ maximal.

Experimentelle Verbundwerkstoffe sind mit Graphit- und Bor-Fasern sowie „Haarkristallen" (whiskers) von Al_2O_3 in Al und Ag untersucht worden. Whiskers wachsen mit Durchmessern kleiner also 10 µm aus der Dampfphase und haben eine hohe Perfektion und damit Festigkeit. G. Wassermann [14,17] hat durch 99-prozentige Verformung von Fe-50%Ag-Pulvergemischen Fasern von etwa 1 µm Durchmesser und einem Schlankheitsgrad von 10^4 erzeugt. Daran werden Festigkeiten gemessen, die die der massiven Metalle um das Zehnfache übertreffen, also weit über den nach der Mischungsregel, Abb. 14.21, zu erwartenden Werten liegen. Auch andere physikalische Eigenschaften zeigen starke Anomalien bei derartig feiner Verteilung und starker Verfestigung der beteiligten Phasen.

14.5 Ordnungshärtung und Plastizität intermetallischer Verbindungen [14.27, 14.26]

In Kapitel 7 wurde schon auf geordnete Legierungen, z. B. in der auf dem kfz Gitter beruhenden $L1_2$-Struktur eingegangen. Versetzungen mit kfz Burgersvektoren verursachen dort Antiphasengrenzen (APB) bei ihrer Bewegung, weswegen sie paarweise, als Superversetzungen auftreten. Abb 14.22a) zeigt eine aufgespaltene Super-Schraubenversetzung auf der (111) Ebene, deren Super-PV (vollständige Versetzungen des kfz Gitters) noch die übliche SF-Aufspaltung $\left(\text{mit } b = \frac{a}{6}\langle 112\rangle\right)$ besitzen: Dort überlagern sich APB und SF zu einem „komplexen Stapelfehler" (CSF). Da die APB-Energie auf $\{100\}$ kleiner als auf $\{111\}$ ist (Abschnitt 7.3.2, wenn auch nur um $\sim 20\%$, unter Berücksichtigung von NNN-Wechselwirkung), aber auch aus Gründen der elastischen Anisotropie, geht die Schraube spontan durch Quergleitung in die Würfelebene über (Abb. 14.22b) und c)), wobei die SF auf $\{111\}$ verbleiben: Das ist eine verankerte Position der Superschraube („Kear-Wilsdorf-lock"). Wenn sich das auf $\{100\}$ liegende Versetzungssegment, insbesondere bei höheren Temperaturen, wo die Peierlsreibung der Würfelebene abnimmt, ausbaucht, entstehen an seinen Enden „Makrokinken", die nun die Versetzungsbewegung kontrollieren. Solche Versetzungskonfigurationen werden mit weak-beam-TEM tatsächlich beobachtet (Abb. 14.23).

Das interessante Ergebnis dieser Konfiguration ist ein anomaler Verlauf der krit. Schubspannung mit der Temperatur, wie ihn Abb. 14.24 zeigt. Ni_3Al und verwandte intermetallische Verbindungen mit $L1_2$ Struktur (aber auch andere Verbindungen auf krz und hdp Basis) sind härter bei 500–600 °C als bei 20 °C, ein technisch höchst erwünschter Effekt für hochwarmfeste Werkstoffe. Deshalb hat sich die Forschung verstärkt den mechanischen Eigenschaften solcher Verbindungen zugewandt.

Zu erklären ist nicht nur der anomale Temperaturverlauf von τ_0, der reversibel ist. Auch die Orientierungsabhängigkeit der krit. Schubspannung folgt nicht dem Schmidschen Gesetz (Abschnitt 12.0). Im Temperaturbereich des

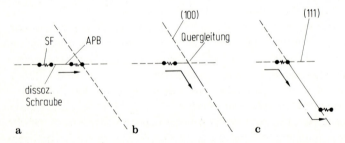

Abb 14.22a–c. Bildung eines Kear-Wilsdorf-locks durch Quergleitung in $L1_2$-Struktur

14.5 Ordnungshärtung und Plastizität intermetallischer Verbindungen

Abb 14.23. Weak-beam-TEM von Schraubenversetzung mit Superkinken in bei 400 °C verformtem Ni$_3$Ga. (Sun und Hirsch nach [14.27])

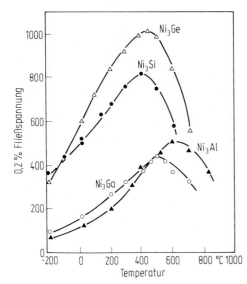

Abb 14.24. Temperaturabhängigkeit der Fließspannung von Ll$_2$-Legierungen. (Wee und Suzuki nach [14.26])

τ_0-Anstiegs wird starke Verformungsverfestigung beobachtet; das „Aktivierungsvolumen" $v^* = kT \left(\dfrac{d\tau}{d\ln\dot\varepsilon}\right)^{-1}$ der thermisch aktivierten Prozesse zeigt einen Sprung im Maximum von $\tau_0(T)$. Hier findet sicher der Wechsel von Gleitung auf {111} zu {100} statt, jedoch werden im Bereich des τ_0-Maximums zunehmend KW-locks gebildet, die zur Schraubenversetzungs-Bewegung auch wieder aufgelöst werden müssen – durch Bewegung der Makrokinken. Stufenversetzungen bewegen sich dagegen im Mikrodehnungsbereich ohne ein τ_0-Maximum. (Ein ähnlicher Prozess soll bei der Gleitung von Be auf prismatischen Ebene stattfinden [14.28] – mit Quergleitung der Schrauben auf die Basisebene.) Ein besonderer Effekt verbessert die Duktilität von polykristallinem Ni$_3$Al, nämlich der Zusatz von 0,2% Bor, das sich an Korngrenzen anreichert.

15 Rekristallisation [15.1, 1.3]

15.1 Definitionen

Wir haben in den vorangehenden Kapiteln Vorgänge besprochen, die Gitterbaufehler in Metalle einführen: Verformung erzeugt Versetzungen, Bestrahlung u. a. verdünnte Zonen, martensitische und diffusionsbestimmte Umwandlungen erzeugen Phasengrenzen usw. Dadurch wird das Gefüge verändert und ein Zustand höherer Freier Energie erreicht. Die *Rekristallisation* führt nun die Neubildung eines Gefüges im festen Zustand herbei, das dann eine niedrigere Freie Energie hat, ähnlich der Gefügebildung durch *Kristallisation* einer Schmelze (Kap. 4). Bei einem typischen Rekristallisationsexperiment wird ein stark verformtes Metall oberhalb seiner halben Schmelztemperatur geglüht. Dabei wird ein großer Teil der bei der Verformung erzeugten Gitterbaufehler entfernt und eine *neue Anordnung von Korngrenzen* gebildet. Wie in Kap. 3 ausgeführt wurde, ist das Gefüge grundsätzlich nicht im thermodynamischen Gleichgewicht. Die nach der Rekristallisation verbleibenden Korngrenzen bilden also eine metastabile Anordnung, die Körner einer bestimmten Orientierungsverteilung voneinander trennt: Es ergibt sich eine charakteristische *Rekristallisations-Textur*, die viele physikalische Eigenschaften technischer Werkstoffe wesentlich bestimmt, z. B. die Verluste bei der Magnetisierung von Transformatoren-Blechen.

Die Rekristallisation als Neubildung des Korngefüges ist grundsätzlich von einer *Erholung* zu unterscheiden, die ihr immer vorangeht und bei der Gitterbaufehler innerhalb eines gegebenen Systems von GW-Korngrenzen ausheilen oder sich umordnen. Die in Abschn. 10.4 genannten Erholungsstufen I bis IV, in denen Punktfehler nach Bestrahlung, Verformung oder Abschrecken ausheilen, gehören demnach zur Erholung im eigentlichen Sinne. In Stufe V rekristallisiert das Material nach Verformung. Bei genauer Betrachtung ist die Trennung weniger scharf, da Punktfehler oft an Versetzungen ausheilen, diese klettern lassen (s. Abschn. 11.1.3) und damit ihre gegenseitige Annihilation oder Einordnung in KW-KG ermöglichen (Abschn. 3.2.1). Die Bildung von KW-KG wird aber im folgenden als Keimbildungsstufe der Rekristallisation diskutiert werden.

Während Erholung also solange abläuft, wie Punktfehler in Nichtgleichgewichtskonzentrationen vorhanden sind, wird die Rekristallisation entweder

15.2 Primäre Rekristallisation

durch die im Material gespeicherte Versetzungsenergie (*primäre Rekristallisation*) oder Korngrenzenenergie (*Kornvergrößerung*, „sekundäre Rekristallisation") angetrieben. Es ist üblich, unter sekundärer Rekristallisation nur die *nach Ablauf* der primären Rekristallisation, also nach einer erfolgten Neubildung des Gefüges, wieder einsetzende Kornvergrößerung zu verstehen.

15.2 Primäre Rekristallisation

15.2.1 Phänomenologie

Die Korngröße nach der Rekristallisation wird in Abhängigkeit vom Grad der vorausgegangenen Verformung und von der Glühtemperatur (für eine gegebene, relativ große Glühzeit) in Form eines *Rekristallisationsdiagramms* dargestellt, Abb. 15.1. Es zeigt, daß eine minimale („kritische") Verformung für das Einsetzen der Rekristallisation notwendig ist. Je größer die Verformung, desto kleiner kann die minimale Glühtemperatur für den Rekristallisationsbeginn sein. Der Bereich schwacher Verformung und hoher Glühtemperatur läßt sich zur Herstellung von Einkristallen ausnutzen.

Der zweite Erfahrungsbereich betrifft die *Rekristallisationskinetik*: Sie läßt sich formal als „Johnson-Mehl-Kinetik" darstellen, wie wir sie in Abschn. 7.4(b) beschrieben haben. Dabei kann die Zahl N der Rekristallisationskeime pro cm^3 durchaus mit der Zeit zunehmen, z. B. $N = \dot{N}t$, mit $\dot{N} = $ const, so daß sich nach Gl. (7-10) ein rekristallisierter Volumenbruchteil $X(t)$ ergibt, der zeitlich in Form einer S-Kurve ansteigt mit einer „Inkubationszeit" oder Halbwertszeit der

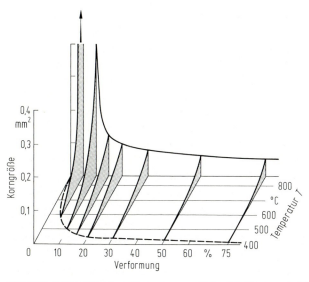

Abb. 15.1. Rekristallisationsdiagramm von Elektrolyt-Eisen nach 1 Std. Glühung (W. G. Burgers)

Rekristallisation

$$t_i \approx (\dot{N} v^3)^{-1/4}. \tag{15-1}$$

v ist die lineare Wachstumsgeschwindigkeit eines Korns, das in 3 Dimensionen wächst. In dieser Zeit wird eine mittlere Korngröße $d_i \approx v \cdot t_i = (v/\dot{N})^{1/4}$ erreicht. Gleichung (7-11) legt nahe, daß v mit dem Verformungsgrad ε zunimmt und auch mit der Temperatur zufolge einem Arrheniusfaktor. Das Rekristallisationsdiagramm $d_i(T, \varepsilon)$ zeigt dann zusammen mit Gl. (15-1), daß $\dot{N}$ stärker als v mit der Verformung anwächst, außerdem einen Schwellenwert besitzt und daß die Temperaturabhängigkeit von $\dot{N}$ etwas schwächer ist als die von v.

Das dritte empirische Ergebnis eines Rekristallisationsversuchs ist die Orientierungsverteilung der Körner, d. h. die *Rekristallisationstextur*, die wir in Abschn. 15.4 besprechen wollen. Sie wird durch die Orientierungen der gebildeten Keime bestimmt, aber auch durch die Abhängigkeit ihrer Wachstumsgeschwindigkeit v vom Orientierungsunterschied zu den Nachbarkörnern, den die Korngrenze vermittelt, siehe Abschn. 3.2.2 und 15.3.

15.2.2 Gespeicherte Energie [15.2]

Um zu einer quantitativen Beschreibung der primären Rekristallisation zu kommen, müssen wir statt des „Verformungsgrades" in Abschn. 15.2.1 als treibende Kraft der Rekristallisation den Gradienten der Energie e an der KG benutzen, die in Form von Versetzungen nach der Verformung im Material gespeichert ist. Diese wird in Stufe V frei und kalorimetrisch meßbar, Abb. 15.2:

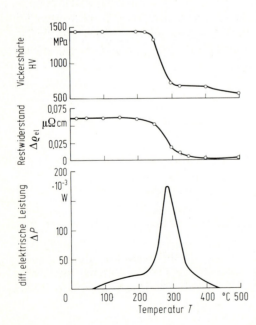

Abb. 15.2. Differentialthermoanalyse (Abschn. 2.5) eines plastisch tordierten Kupferstabes: ΔP ist proportional der bei der Temperatur T freigesetzten gespeicherten Energie der Verformung. Härte und elektrischer Restwiderstand fallen dabei ab. Wach [15.2])

das Ergebnis ist eine gespeicherte Energie $e \approx 5 \cdot 10^6$ J/m^3 für einen bei 293 K bis τ_{III} verformten Kupfereinkristall. (Die Fläche $\int \tau \, da$ unter der Verfestigungskurve bis zu dieser Spannung (Abb. 12.3) ergibt demgegenüber eine geleistete Verformungsarbeit von etwa $6 \cdot e$; 5/6 dieser Arbeit geht offenbar bei der Verformung in Wärme über.) In grober Näherung kann man e durch die Selbstenergie der gespeicherten Versetzungen ausdrücken, nach Gl. (11-7) und (11-9)

$$e \gtrsim E_L N \approx \frac{Gb^2}{2} \cdot \frac{\tau^2}{\alpha^2 G^2 b^2} \approx 5 \frac{\tau^2}{G}. \tag{15-2}$$

Die Zunahme von e mit τ^2 wird experimentell tatsächlich gefunden. Die bei der Verformung gespeicherte Energie beträgt nur 10^{-3} der Schmelzwärme oder 10^{-4} eV/Atom. Dieser kleine Energieinhalt steuert den mit so einschneidenden Änderungen des Gefüges verbundenen Vorgang der Rekristallisation.

15.2.3 Polygonisation [15.3]

Nach Abschn. 15.2.1 beginnt die Rekristallisation in den am stärksten verformten Probenbereichen. Das sind Bereiche hoher Versetzungsdichte, die sich an Verformungsinhomogenitäten bilden. Zum Beispiel können sich nach Abschn. 12.4.1 Versetzungen an Korngrenzen des Verformungsgefüges aufstauen. Korngrenzennahe Gebiete sind in der Tat als Keimstellen der Rekristallisation beobachtet worden. Umgekehrt rekristallisiert ein bis zu 100% Abgleitung in *einem* Gleitsystem homogen verformter Einkristall bei der Glühung überhaupt nicht, sondern er erholt sich. Falls der Einkristall so orientiert ist, daß sich ein zweites Gleitsystem mitbetätigt, treten Dehnungsinhomogenitäten auf, sog. *Deformationsbänder* (s. Abschn. 12.4.3) oder speziell Knickbänder, Abb. 15.3. Man findet nun, daß sich die ersten „Subkörner" des neuen Gefüges, getrennt durch KW-KG, in solchen Knickbändern bilden, Abb. 15.4. Diese KW-KG können sich dann zu GW-KG zusammenschieben, die ein neues Korn von der verformten Matrix trennen, Abb. 15.5.

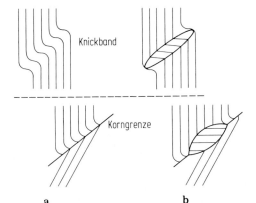

Abb. 15.3. Bildung von Subkörnern (**b**) bei der Glühung in Bereichen starker Gitterkrümmung (Verformung) (**a**)

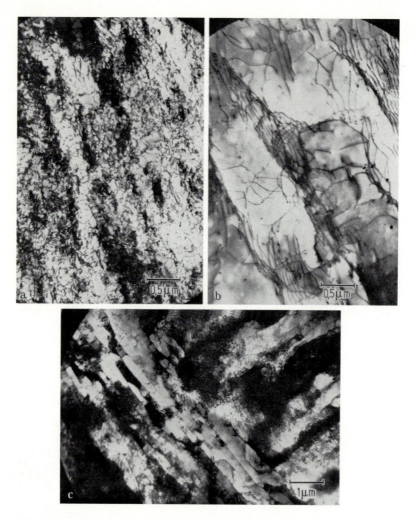

Abb. 15.4. TEM eines 80% gewalzten Eiseneinkristalls nach der Glühung: **a** 20 min bei 400 °C, **b** 5 min bei 600 °C, **c** wie **b** aber im Knickband, wo sich bereits Subkörner gebildet haben (Hsun Hu in [15.2])

Modellhaft läßt sich die Entstehung von KW-KG in einem plastisch gebogenen Kristallstück durch den Vorgang der *Polygonisation* verstehen, der in Abb. 15.6 gezeigt ist. Der gebogene Kristall, hier Eisen mit 3,25% Silizium, hat nach der Biegung eine Überschuß N^+ von Versetzungen eines Vorzeichens auf seinen Gleitebenen, der mit dem Krümmungsradius r_K gemäß der „Nyeschen Beziehung"

$$N_+ = \frac{1}{r_K \cdot b} \tag{15-3}$$

15.2 Primäre Rekristallisation

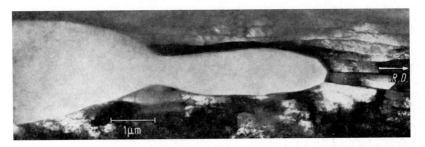

Abb. 15.5. TEM von rekristallisiertem Korn in Eisen nach 80% Verformung und 125 min. Glühung bei 600 °C. Das neue Korn entsteht aus den Subkörnern in einem Knickband. (Hsun Hu in [15.2])

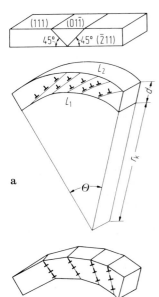

Abb. 15.6. Einkristall vor und nach plastischer Biegung und Definition der Meßgrößen für die Dichte der eingezeichneten Überschuß-Stufen-Versetzungen (**a**). Bildung von Polygonwänden nach einer Glühung (**b**)

zusammenhängt. (Man erhält sie durch Vergleich der Längen L_2, L_1 der Ober- und Unterseite eines Kristalls, die genau um die Zahl n der bei der Biegung von oben eingeschobenen Extrahalbebenen der $N_+ = n/L_2 d$ Stufenversetzungen differieren, (Abb. 15.6a).) Bei der Glühung bilden die Versetzungen energetisch günstigere Anordnungen, nämlich KW-KG, wodurch die zunächst kontinuierlich gebogenen Netzebenen des Kristalls (z. B. die Kanten L_2 und L_1) in Polygonzüge übergehen (Abb. 15.6b). Dabei spaltet ein durch die Biegung verschmierter Röntgenreflex in diskrete Teilreflexe auf. Auf der $(\bar{2}11)$-Oberfläche der in Abb. 15.6 gezeigten Probe läßt sich die Versetzungsumordnung von parallel zu senkrecht zur Gleitebene durch Anätzen direkt beobachten, Abb. 15.7.

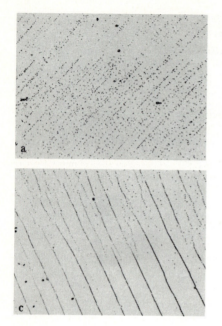

Abb. 15.7. Versetzungsätzung auf gebogenem Fe-3,25%Si-Einkristall nach 1 h Glühung bei **a** 650 °C; **b** 700 °C; **c** 850 °C, 430 ×. (Nach C. G. Dunn [15.3])

Wenn Polygonisation von Knickbändern die Keime des Rekristallisationsgefüges ergibt, so erwartet man Orientierungen der neuen Körner, die durch Drehungen um Achsen senkrecht zu den Gleitrichtungen in den Gleitebenen aus denen der alten Körner hervorgehen. Es ist allerdings offen, ob eine solche „orientierte Keimbildung" oder eine „Wachstumsauslese" nach Geschwindigkeiten der wachsenden Körner die Rekristallisationstextur bestimmt, s. Abschn. 15.4. Die Inkubationszeit der Rekristallisation (Gl. (15-1)), die wesentlich durch die Keimbildungsrate $\dot{N}$ bestimmt ist, kann man nach obigem dem Ablauf des Polygonisationsvorganges zuschreiben. Dann erwartet man als Aktivierungsenergie von $\dot{N}$ die des Kletterns von Versetzungen, d. h. nach Abschn. 12.3 die der Selbstdiffusion. Wird sehr langsam zur Rekristallisationsglühung aufgeheizt, dann kann u. U. die Polygonisation überall vor Beginn der Rekristallisation ablaufen. Das bedeutet Erholung, und die treibende Kraft zur primären Rekristallisation ist verschwunden.

15.3 Kornwachstum

15.3.1 Experimentelle Beobachtungen zur Korngrenzenwanderung

Für ein neugebildetes Korn in einem verformten Einkristall kann man seine Wachstumsgeschwindigkeit v als Funktion seines Orientierungsunterschiedes, der Lage der Korngrenzen, des Verformungsgrades und der Temperatur prinzipiell messen. Experimentell bestehen hier Schwierigkeiten, die Keimbildung an

15.3 Kornwachstum

anderen Stellen und die Erholung der Matrix während der Glühung hintanzuhalten. Diese Schwierigkeit wird vermieden, wenn man andere treibende Kräfte als die gespeicherte Energie der Verformung benutzt. K.T. Aust und J.W. Rutter [15.4] lassen eine Korngrenze in ein feinkörniges, mechanisch stabiles Gefüge von KW-KG hineinlaufen, das bei der Erstarrung von Blei entsteht. Eine dritte Methode, Abb. 15.8, benutzt eine azimutal orientierte Korngrenze in einem Einkristall von der Gestalt eines Tortenstücks, die sich unter der Wirkung ihrer Korngrenzen-Selbstenergie auf die Spitze des Stücks zusammenzieht [15.5]. Weitere Methoden der Messung von v werden in [15.6] diskutiert.

Das wichtigste Ergebnis solcher Messungen ist eine Abhängigkeit der Korngrenzengeschwindigkeit vom Orientierungsunterschied Θ beiderseits der Korngrenze, siehe Abb. 15.9. Auch die Aktivierungsenergie $-d\ln v/d(1/kT) \equiv Q$ hängt stark von Θ ab, Abb. 15.10. Es stellt sich heraus, daß die empirisch besonders leicht bewegten Korngrenzen (entsprechend $\Theta = 38°$ um $\langle 111 \rangle$ bzw. $\Theta = 23°, 28°, 37°$ um $\langle 100 \rangle$) gerade die „speziellen KG" mit einer hohen Dichte von Koinzidenzplätzen des Abschn. 3.2.2 sind. Allgemein wird eine Zunahme von v mit Θ beobachtet bei GW-KG im Bereich $\Theta = 15 - 40°$, während bei KW-KG unterhalb $\Theta = 10°$ das umgekehrte Verhalten vorherrscht. Es ist nach dem Versetzungsmodell der KW-KG, Abschn. 3.2.1, plausibel, daß mit zunehmender Versetzungsdichte in der KG ihre Beweglichkeit geringer wird. Die Ergebnisse müssen allerdings im Zusammenhang mit der Reinheit der untersuchten Metalle gesehen werden: Abb. 15.11 zeigt, daß die Geschwindigkeit spezieller Grenzen (mit einer hohen Dichte von Koinzidenzplätzen) in Blei viel weniger durch Zinn-Zulegierung beeinflußt wird, als die allgemeiner, d. h. zufällig orientierter Grenzen. Ähnliches gilt für die Aktivierungsenergie Q, Abb. 15.12. Die Wachstumsauslese von Körnern verschiedener

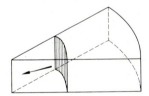

Abb. 15.8. Bewegung einer Korngrenze unter der Wirkung ihrer Grenzflächenenergie [15.5]

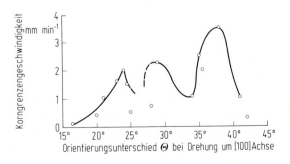

Abb. 15.9. KG-Geschwindigkeit in Blei bei 200 °C. (Nach K. Aust und W. Rutter [15.4])

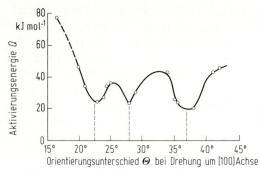

Abb. 15.10. Aktivierungsenergie der KG-Wanderungsgeschwindigkeit in Abhängigkeit von der Orientierungsdifferenz für Blei [15.4]

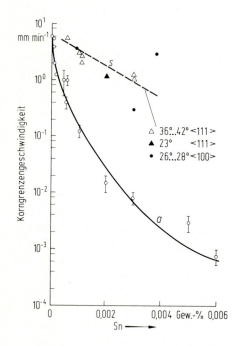

Abb. 15.11. KG-Wanderungsgeschwindigkeit spezieller Grenzen (s) und zufällig orientierter Grenzen (a) bei 300 °C in Blei mit Zinn-Zusätzen [15.4]

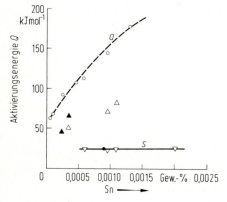

Abb. 15.12. Aktivierungsenergie der KG-Geschwindigkeit spezieller (s) und allgemeiner (a) Korngrenzen in Blei als Funktion des Zinngehalts [15.4]

15.3 Kornwachstum

Orientierungen wird also bereits durch Legierungszusätze im ppm Bereich außerordentlich gefördert, wenn nicht sogar erzeugt. Shvindlerman [15.18] hat in Al eine erhöhte Beweglichkeit spezieller Grenzen nur in einem begrenzten Konzentrationsbereich des Zusatzes (20–80 ppm Fe) beobachtet. Nach neueren Vorstellungen zur Struktur von GW-KG (s. Kap. 3) sind einerseits „offene" KG mit relativ viel freiem Volumen besser beweglich als perfekte (wie z. B. $\Sigma 3$). Andererseits können sich übergroße Fremdatome (wie Mn in Cu, [15.19]) in offene KG einlagern und diese bei ihrer Bewegung behindern (Abschn. 15.3.3). Ist hingegen kein freies Volumen in der KG vorhanden, stauen sich u. U. Fremdatome vor der bewegten KG auf und blockieren deren Bewegung. Diese Probleme sind z. Zt. noch in Untersuchung begriffen [15.19]. Die Fremdatomgesteuerte Wachstumsauslese wirkt sich stark auf die Rekristallisationstextur aus, aber auch auf die Kinetik der Rekristallisation, siehe Gl. (15-1). Man definiert eine *Rekristallisationstemperatur* T_R dadurch, daß man bei ihr einen bestimmten rekristallisierten Volumenbruchteil X_R in einer gegebenen Glühzeit ($t_R \approx t_i$) erhält, Gln. (7-10) und (7-11). Bei vielen Metallen normaler Reinheit ($\approx$ 100 ppm Verunreinigungen) ist $T_R \approx 0.4 \cdot T_s$ (Schmelztemperatur).

Ein Zusatz eines Legierungselementes mit einem Atomgrößenunterschied $\delta \approx 1\%$ erhöht T_R um etwa 10 K, bei $\delta = 10\%$ etwa um 100 K. Das bedeutet eine parelastische Wechselwirkung von Korngrenzen und Fremdatomen, die in Abschn. 15.3.3. näher behandelt wird.

15.3.2 Die Geschwindigkeit „reiner" Korngrenzen

Wir gehen aus von der Atomanordnung in einer GW-KG, wie sie von dem in Abschn. 3.2.2 beschriebenen Modell der „strukturellen Einheiten" nahegelegt wird. Abbildung 15.13 zeigt, daß die dichtest gepackten Ebenen der Körner 1 (verformt) und 2 (schon rekristallisiert) mit einer periodischen Anordnung von *Kristallkanten* in der Grenze enden. Ihre Periode λ_K hängt sowohl von der Orientierungsdifferenz der Körner wie auch von der Lage der Grenzfläche ab. Ist die Grenze nicht symmetrisch zu den beiden Körnern gelegen, so können die Kantenperioden $\lambda_{K1}, \lambda_{K2}$ verschieden sein. Für „spezielle Grenzen" ist λ_K kleiner als für allgemeine (s. Kap. 3). Entlang einer Kristallkante können *Sprünge* in dieser auftreten, (Abstand der Sprünge λ_s bzw. $\lambda_{s1}, \lambda_{s2}$). Die Korngrenze wandert nach einem Vorschlag von H. Gleiter [15.7], indem Atome von Sprüngen in

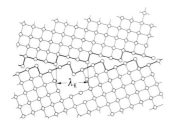

Abb. 15.13. GW-KG-Modell zeigt eine periodische Folge von Kristallkanten

den Kristallkanten von (1) dissoziieren, dann entlang der Korngrenze zu Sprüngen der Kristallkanten von (2) diffundieren und sich dort anlagern. Die Abtrennung an einem Sprung im (rekristallisierten) Kristall 2 kostet pro Atom die (Freie) Aktivierungsenergie ΔF_{S2}, im verformten Kristall 1 die kleinere Energie $\Delta F_{S1} = \Delta F_{S2} - \Delta F_{12}$, wo ΔF_{12} die gespeicherte (Freie) Energie der Verformung darstellt. In der Korngrenze diffundiert das Atom mit einer Diffusionskonstanten (s. Abschn. 8.4)

$$D_K = v_0 b^4 c_L e^{-\Delta F_W/kT}. \tag{15-4}$$

Dabei ist c_L die Flächendichte der im wesentlichen durch die „offene" Struktur der Korngrenze bedingten Leerstellen in der Korngrenze, ΔF_W die Wanderungsenergie eines Atoms in der GW-KG (s. Abschn. 8.4.1), b der Atomabstand, v_0 eine charakteristische Sprungfrequenz.

Eine detaillierte Beschreibung des Platzwechselvorgangs bei der Korngrenzenwanderung gibt Gleiter [15.7]. Folgende Gesichtspunkte ergeben sich aus seiner Analyse im Vergleich mit Experimenten (Abschn. 15.3.1):

a) Die KG-Geschwindigkeit v ist einerseits durch die Energien ΔF_K und ΔF_S der Dissoziation von Atomen von Kristallkanten und ihren Sprüngen bestimmt, andererseits durch die in der Korngrenze vorhandenen Leerstellen, die eine Korngrenzendiffusion erlauben. Welcher Term überwiegt, hängt von der Struktur der Korngrenze ab. Man wird i. allg. $\Delta F_K \gg kT$ und $c_L b^2 \ll 1$ voraussetzen dürfen. Dann wird die Korngrenzengeschwindigkeit v proportional zur Leerstellenkonzentration c_L, d. h. zur „Porosität" der Korngrenze. Es ist anzunehmen, daß eine in verformtes Material hineinlaufende Korngrenze mehr Leerstellen enthält, als ihrer Gleichgewichtsstruktur entspricht (Überschußkonzentration Δc_L). Sie muß nämlich laufend freies Volumen von den Versetzungen und Leerstellen(agglomeraten) aus dem Verformungsgefüge absorbieren. Es gibt experimentelle Hinweise, daß eine Neutronenbestrahlung nach der Verformung von Kupfer die GW-KG-Geschwindigkeit v bei der folgenden Rekristallisation durch ein solches Δc_L vergrößert. Andererseits ist v in dünnen Al-Drähten (Radius 10^{-2} cm) merklich kleiner als in dicken, was auf die schnelle Abführung der Überschußleerstellen Δc_L entlang der Korngrenze zur Oberfläche zurückgeführt wird [15.8]. Die Korngrenzengeschwindigkeit hängt über λ_K stark von der Orientierung der Korngrenze ab: Für eine Korngrenze, die parallel zu einer dichtest gepackten Kristallebene liegt, d. h. $\lambda_K \to \infty$, wird v sehr klein in Übereinstimmung mit der bekannten geringen Beweglichkeit z. B. von Zwillingsgrenzen bei der Rekristallisation. Drehgrenzen haben keine Kristallkanten und sind deshalb weniger beweglich als Biegegrenzen (s. Abschn. 3.2.1). (Natürlich entstehen Kanten in Kristallflächen in der Korngrenze aber auch dort, wo Versetzungen mit Schraubencharakter in der Korngrenze enden.)

b) Eine Proportionalität von v zu $\Delta F_{12}/kT$, d. h. zur treibenden Kraft der Rekristallisation, siehe Gl. (7-11), ergibt sich als 1. Näherung für $\Delta F_{12} \ll kT$. Abweichungen von dieser Beziehung werden jedoch auch unter diesen Bedingungen beobachtet [15.5].

c) Die Aktivierungsenergie $Q = -\mathrm{d}\ln v/\mathrm{d}(1/kT)$ sollte zwischen $(\Delta F_\mathrm{S} + \Delta F_\mathrm{K})$ und $(\Delta F_\mathrm{S} + \Delta F_\mathrm{K} + \Delta F_\mathrm{LB})$ liegen, wobei $\Delta F_\mathrm{LB} = -\mathrm{d}\ln c_\mathrm{B}/\mathrm{d}(1/kT)$ die (Freie) Leerstellenbildungsenergie in der Korngrenze ist. Experimentell wird an verformten Al-Einkristallen $Q = 96$ kJ/mol gemessen [15.8], was mit der Aktivierungsenergie der Korngrenzendiffusion (Abschn. 8.4.2) und damit mit obigen Grenzwerten vergleichbar ist. Oft werden aber Q-Werte gefunden, die höher als die Aktivierungsenergie der Volumenselbstdiffusion sind. Das ist im Rahmen der obigen Theorie völlig unverständlich und wird im folgenden Abschnitt auf eine Wechselwirkung von Korngrenzen und Fremdatomen zurückgeführt.

15.3.3 Die durch Fremdatome gebremste Korngrenze [15.9, 15.10]

Es ist zu erwarten, daß die Konzentration an FA in der Nähe einer Korngrenze von der mittleren Konzentration abweicht, wenn die Korngrenze eine „offenere" Struktur als der Kristall zeigt und deshalb FA abweichender Größe ($\delta > 0$) Positionen kleinerer potentieller Energie bietet. Eine bewegte Korngrenze wird auch in „hochreinen" Metallen mit vielen FA in Kontakt kommen und eine FA-Wolke in ihrer Nähe aufbauen – analog der Cottrell-Wolke um eine Versetzung (Abschn. 14.2). Diese FA-Wolke wird von der bewegten Korngrenze mitgeschleppt und führt während des Rekristallisationsvorganges eine Driftbewegung unter dem Einfluß der Wechselwirkungskräfte mit der Korngrenze aus. Umgekehrt wird die Korngrenze durch die nachgeführte FA-Wolke gebremst. Bei hohen Geschwindigkeiten kann sich die Korngrenze allerdings von der Wolke losreißen – analog dem Dynamischen Streckgrenzeneffekt bei der Versetzungsbewegung. Dieser Vorgang wird von K. Lücke und Mitarb. [15.9] beschrieben und soll im folgenden näherungsweise dargestellt werden. Abbildung 15.14 zeigt das parelastische Wechselwirkungspotential $E_\mathrm{p}(x)$ zwischen FA und Korngrenzen sowie die FA-Konzentration $c(x)$ um die nach rechts laufende Korngrenze: die FA sind hinter der Korngrenze angereichert (verglichen mit dem Mittelwert c_0). Die Geschwindigkeit der KG wird nach Gl. (7-11)

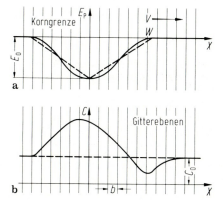

Abb. 15.14. Wechselwirkungspotential $E_\mathrm{p}(x)$ zwischen FA und KG (**a**). Die FA-Konzentration $c(x)$ um eine nach rechts bewegte KG (Verteilungskoeffizient > 1) (**b**) [15.9]

beschrieben durch

$$v = \frac{Db^2}{kT}(P - P_F), \quad P_F = \int_{-\infty}^{+\infty} c(x)\frac{dE_p}{dx}\,dx, \qquad (15\text{-}5)$$

wo P die Dichtedifferenz der gespeicherten Energie beiderseits der Korngrenze ist, also einen Druck auf die Korngrenze darstellt und P_F den Reibungs „zug" der FA. Die FA verteilen sich entsprechend der Lösung einer Diffusionsgleichung mit Driftterm in einem mit der Geschwindigkeit v bewegten Koordinatensystem (s. Kap. 8). Die Stromdichte der FA ist für diesen Fall (mit konst. Fremd-Diffusionskoeffizienten D_{FA})

$$j_x = D_{FA}\left(\frac{dc}{dx} - \frac{c}{kT}\frac{dE_p}{dx}\right) - v(c - c_0). \qquad (15\text{-}6)$$

Für die Rechnung ersetzt man $E_p(x)$ durch ein Dreieckspotential der Weite w und drückt v in Bruchteilen der Geschwindigkeit $v_{frei} = (Db^2/kT)P$ frei beweglicher Korngrenzen (ohne FA-Beladung) aus.

Das Ergebnis zeigen Abb. 15.15 und 15.16 in reduzierten $v(c_0)$- und $v(P)$-Darstellungen: Danach gibt es für mittlere FA-Konzentrationen bei nicht zu kleinen P drei Lösungen für v, von denen die mittlere instabil ist. Die kleine Geschwindigkeit entspricht der FA-beladenen Korngrenze, die große der freien Korngrenze. Welches v vorliegt, hängt von der Vorgeschichte der Probe ab. Für beide Lösungen ist v proportional zu P. Die Temperaturabhängigkeit von v ist im Falle der beladenen Korngrenze, besonders aber im Falle ihres Losreißens von den FA, viel größer als im Falle der freien Korngrenze – der Unterschied in Q wird durch E_0 bestimmt. Die Annahmen des Modells (insbesondere die der obigen Darstellung) sind allerdings einschneidend: Insbesondere kann es (für $k_0 < 1$) zu starken FA-Anreicherungen in der Korngrenze kommen, die deren Struktur verändern und den Gültigkeitsbereich der Theorie überschreiten [15.6]. Abbildung 15.17 zeigt Ergebnisse von Korngrenzengeschwindigkeits-Messungen an Al-Legierungen, die etwas von der Diskontinuität erkennen lassen, die die dargestellte Theorie voraussagt [15.10]. Umgekehrt kann durch Eindiffusion von gelöstem Zusatz an einer ruhenden KG ein einseitiges Konzen-

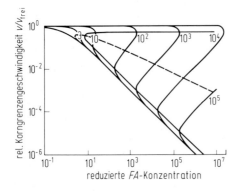

Abb. 15.15. Berechnete Geschwindigkeit einer „beladenen" KG relativ zu der einer freien KG in Abhängigkeit von der normierten FA-Konzentration $c_0(2K^2D/D_{FA})$ mit $K^2 = \left[\frac{kT}{E_0}\exp\left(\frac{E_0}{kT}\right) - \exp\left(-\frac{E_0}{kT}\right) - 2\frac{E_0}{kT}\right]$, siehe Abb. 15.14. Parameter der Kurven ist die normierte treibende Kraft $P(KDb^3/D_{FA}E_0)$, $E_0 \approx 0{,}2\,\text{eV}$

15.3 Kornwachstum

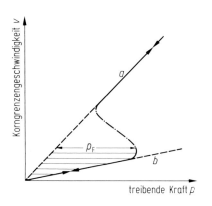

Abb. 15.16. Berechnete KG-Geschwindigkeit als Funktion der treibenden Kraft für freie (a) und beladene KG (b). P_F ist die FA-Reibungskraft [15.9]

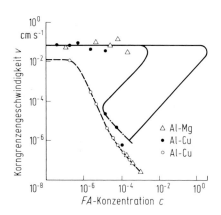

Abb. 15.17. Gemessene KG-Geschwindigkeiten in Al-Mischkristallen als Funktion der FA-Konzentration. (Nach P. Gordon und O. Dimitrov und Mitarbeitern, s. [15.9])

trationsprofil entstehen (unter Brechung der Symmetrie an der KG!). Dann wölbt sich die KG aus, um aus Gründen der elastischen Verzerrungs- oder chemischen freien Energie eine gleichförmige Konzentration wieder herzustellen: Der Vorgang wird „DIGM" genannt (chemisch-/diffusions-induzierte KG-Bewegung [15.20]). Im Gegensatz zur massiven Umwandlung an einer KG (Abschn. 9.5) findet man bei DIGM keine Strukturänderung und Mischung statt Entmischung im Volumen.

15.3.4 Rekristallisation einer zweiphasigen Legierung [15.11]

Viele technisch wichtige Legierungen bestehen aus 2 Phasen, insbesondere häufig aus einer Matrix mit einem kleinen Volumenbruchteil $v_T < 10\%$ der 2. Phase (Stähle, Aluminium-Legierungen). Hier kann auch der Fall eines Materials mit Blasen oder Poren eingeschlossen werden. Die Teilchen der 2. Phase treten in Wechselwirkung mit der oben beschriebenen Rekristallisationsfront (der Korngrenze zwischen altem und neuem Gefüge). Dabei können verschiedene Fälle auftreten:

a) Die Teilchen bleiben bei der Rekristallisationsglühung unverändert (z. B. SiO_2-Teilchen in Cu, Abschn. 8.6, oder sog. SAP, teilweise gesintertes und oxidiertes Aluminiumpulver). Dann behindern sie die Rekristallisation in ähnlicher Weise wie die Verformung bei der Ausscheidungshärtung, siehe Abschn. 14.3. Beim Vergleich der Rekristallisation von Matrix und heterogener Legierung sind Unterschiede in der treibenden Kraft der primären Rekristallisation zu beachten, die durch unterschiedliche Versetzungsdichten bedingt sind, siehe Abschn. 14.3.2.

b) Kleine Teilchen können als ganze von der Korngrenze mitgeschleppt werden.

c) Größere inkohärente Teilchen (Radius $r_0 > 1$ μm) können in ihrer Nähe die Keimbildung des neuen Gefüges beschleunigen (z. B. Oxide in Eisen).

d) Ausscheidungen können sich im Verlauf einer Rekristallisationsglühung in der Rekristallisationsfront von kleineren zu größeren Teilchen umlösen (Abschn. 9.3). Dadurch wird die treibende Kraft der Rekristallisation erhöht, andererseits aber die Rekristallisationsfront gebremst (z. B. Ni mit Ni_3Al).

Cl. Zener hat den Prozeß a), d. h. die Behinderung der Rekristallisationsfront durch Teilchen eines mittleren Abstandes d in Analogie zum Orowan-Mechanismus der Ausscheidungshärtung beschrieben, siehe Abschn. 14.3.2: Liegt ein Teilchen in der Korngrenze, so wird Korngrenzenenergie der Größenordnung $\Delta E = \tilde{E} \cdot \pi r_0^2$ gespart. Diese ist aufzubringen (auf der Strecke r_0), wenn die Korngrenze vom Teilchen losgerissen werden soll. Die Zahl n der Teilchen, die von 1 cm² einer ebenen Korngrenze durchsetzt werden, ist aus geometrischen Gründen $n = 3v_T/2\pi r_0^2$. Die Haltekraft pro cm² Korngrenze ist also maximal

$$P_{\max} = n \cdot \frac{\Delta E}{r_0} = \frac{3v_T \tilde{E}}{2r_0}. \tag{15-7}$$

Eine treibende Kraft dieser Größe würde die Korngrenze in Analogie zum Orowanprozeß der Versetzung, Abschn. 11.2.2, zu einem Krümmungsradius $R = 2\tilde{E}/P_{\max}$ auswölben. Ein kritischer Verankerungszustand ist, wie im Falle der Orowanspannung für Versetzungen, erreicht für $R = d$, womit sich Zeners Bedingung für einen kritischen Teilchenabstand und damit für die maximale Korngröße einer in-situ Rekristallisation ergibt

$$d_{\text{krit}} = \frac{4r_0}{3v_T}. \tag{15-8}$$

Eine Teilchendispersion mit Abständen $d < d_{\text{krit}}$ hält also die Korngrenze fest. Es kann dann keine „diskontinuierliche", d. h. an einer Reaktionsfront ablaufende, Rekristallisation mehr geben, sondern das Material rekristallisiert „in situ", d. h., es bildet sich ein neues Gefüge durch homogene Reaktion der Überschußversetzungen zu GW-KG zwischen den Teilchen. Dabei bleibt interessanterweise die Verformungstextur oft erhalten. Für andere Teilchenverteilungen und Probendimensionalität gelten andere Zusammenhänge als Gl. (15-8) [15.21].

15.4 Rekristallisationstexturen [12.11, 15.12, 15.19]

Wie in diesem Kapitel schon ausgeführt wurde, kann eine Vorzugsorientierung der rekristallisierten Körner verschiedene Ursachen haben: Entweder eine Vorzugsorientierung der Rekristallisations-„Keime" oder eine Geschwindigkeits-Auslese der wachsenden Körner nach ihrer Orientierung relativ zur verformten

15.4 Rekristallisationstexturen

Matrix (s. Abschn. 15.3.1). Beide Theorien werden auf Grund von Vorschlägen von W. G. Burgers bzw. P. A. Beck in der Literatur vertreten. (Es sind auch andere Keimbildungsmechanismen vorgeschlagen worden [15.13].) Für kfz Metalle würde man entsprechend den in Abschn. 15.2.3 beschriebenen Vorstellungen von der orientierten Keimbildung im Knickband eine Rotation um eine $\langle 112 \rangle$-Richtung als Orientierungsunterschied zwischen Verformungs- und Rekristallisationstextur erwarten. Beobachtungen im Hochspannungs-Elektronenmikroskop (das dicke Folien durchstrahlen kann) während des Aufheizens von verformtem Kupfer oder Aluminium [15.17] zeigen in der Tat derartig orientierte Rekristallisationskeime. Beim Wachstum dieser Keime tritt aber (mehrfach) Verzwillingung auf, die die Orientierung des wachsenden Korns grundlegend ändert. Dadurch wird die Energie der Korngrenze zur Matrix abgesenkt (es entsteht eine „spezielle" KG) oder ihre Beweglichkeit, besonders in verunreinigtem Aluminium, erhöht. Abb 15.18 zeigt ein rekristallisiertes Korn in Cu-0,03%P, das von rechts unter Verzwillingung in das verformte Gefüge läuft [15.17]. Das ist durch 80% Zugdehnung eines Einkristalls in $\langle 011 \rangle$ Richtung erzeugt worden, wobei es in „Matrix"- und „Band"-Orientierungen aufspaltet, die um $\sim 50°$ um $\langle 0\bar{1}1 \rangle$ gegeneinander verdreht sind. An ihrer Grenze entstehen regelmäßig Rekristallisationskeime – in *einer* der beiden Orientierungen! In ihnen bilden sich Ketten von Zwillingen ($R_1 \Rightarrow R_2 \Rightarrow \ldots$ gegenüber der Matrix $R_1 \Rightarrow R_7 \Rightarrow R_4 \Rightarrow R_7 \ldots$ gegenüber dem Band). Bei der Verzwillingung entsteht z. B. in R_2/Matrix eine niederenergetische $\Sigma 11$-Orientierungsbeziehung (OR) mit geraden Grenzflächen (CD, EF parallel $\{113\}$, FG parallel zu $\{233\}$). Diese OR bestimmt aber nicht notwendig diejenigen zwischen Verformungs- (z. B. Walztextur eines Vielkristalls) und Rekristallisationstextur, in diesem Falle etwa $\Sigma 13$ und $\Sigma 25$! Diese OR müssen durch die höchst beweglichen KG bedingt sein

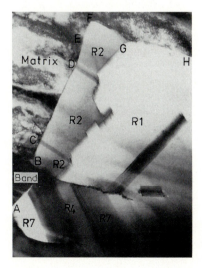

Abb 15.18. HVEM von verzwillingtem rekristallisiertem Korn in Cu 0,03%P mit 11 Korngrenzen-Segmenten [A. Berger nach 15.17]

[15.19]. Nur in besonderen Fällen, wie nach der Verformung und Rekristallisation von mittelorientierten Al-Einkristallen, werden dann in der am Ende beobachteten Rekristallisationstextur, siehe Abb. 15.19, Orientierungsbeziehungen zum verformten Gefüge beobachtet, die sich als Rotationen von 40° um $\langle 111 \rangle$ darstellen. Diese entsprechen nahezu „speziellen", also in verunreinigten kfz Metallen besonders leicht beweglichen Korngrenzen. In stark gewalzten kfz Metallen entsteht bei der Rekristallisation die einfache Würfeltextur (001) $\langle 100 \rangle$. „Keime" dieser Orientierung scheinen in der Walztextur noch nicht vorhanden zu sein [15.14]. Sie gehen durch eine 47° $\langle 111 \rangle$ und 52° $\langle 331 \rangle$ Rotation (entsprechend OR $\Sigma 19$ und $\Sigma 25$) aus der komplizierten Walztextur vom Cu-Typ hervor. Diese OR wird durch vierfache oder fünffache Verzwillingung erzeugt und muß wiederum hochbeweglichen KG (im Gegenwart von Fremdatomen) entsprechen. Interessanterweise zeigt TEM, daß die ersten rekristallisierten Körner auch im gewalzten Vielkristall in einer durch das Verformungsgefüge gegebenen Orientierungsbeziehung zu ihren *Nachbarkörnern* stehen, was auf orientierte Keimbildung hindeutet. Die Körner mit Würfelorientierung setzen sich dann offenbar auf Grund ihrer hoch-beweglichen Korngrenzen durch [15.14]. 90% der rekristallisierten Körner, die in Einkristallen aus krz Eisen-3% Silizium mit $\{111\} \langle 011 \rangle$-Orientierung beim Glühen entstehen, gehen durch eine 27°-Rotation um $\langle 110 \rangle$ aus der Matrix hervor, was wiederum hochbeweglichen „speziellen" Korngrenzen entspricht. Die Rotationsachse $\langle 110 \rangle$ im krz Gitter steht aber auch senkrecht auf der Gleitrichtung $\langle 1\bar{1}1 \rangle$ in der $\{121\}$-Gleitebene, wie es die orientierte Keimbildung in Knickbändern erwarten läßt.

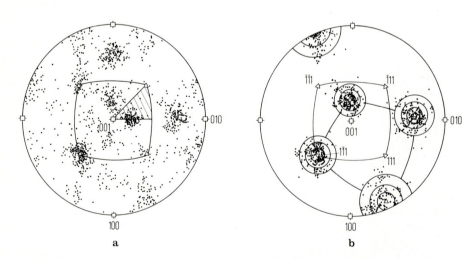

Abb. 15.19. (111)-Polfigur der rekristallisierten Körner in verformten Al-Einkristallen, die das Standarddreieck festlegen (**a**). Transformation dieser Polfigur, so daß Anfangs- und Endorientierung der Körner durch Drehung um $[1\bar{1}1]$ auseinander hervorgehen (**b**). (B Liebmann und K. Lücke, Göttingen nach [15.12])

15.4 Rekristallisationstexturen

Einige kritische Experimente lassen sich nur auf der Grundlage der Wachstumsauslese verstehen [15.12], [15.19]: Beim sog. "Beck-Experiment" wird ein Einkristall, hier Cu in $\langle 100 \rangle$ Richtung, schwach (20%) zugverformt, anschließend am unteren Ende abgeschmirgelt und dann bei 480 °C geglüht. Dabei entstehen am unteren Ende zahlreiche Rekristallisationskeime – in Zufallsorientierungen! Beim Wachstum entwickeln sich durch wiederholte Zwillingsbildung offenbar wenige große und sehr schnell wachsende Körner, Abb. 15.20, die folgende OR zur verformten Matrix haben: 20° $\langle 100 \rangle$ d.h. nahe $\Sigma 13$, 50° $\langle 111 \rangle$ nahe $\Sigma 19$, 52,4° $\langle 221 \rangle$ nahe $\Sigma 25$ und 41,1° $\langle 311 \rangle$ nahe $\Sigma 23$. Das sind aber i.w. auch die OR, die das gewalzte polykristalline Kupfer bei der Rekristallisation in die Würfeltextur überführen. Im Beckexperiment läuft hier offenbar die umgekehrte Orientierungstransformation ab wie bei der Rekristallisation gewalzten polykristallinen Kupfers! Eine definitive Klärung des Mechanismus der Texturbildung ist jedoch dadurch erschwert, daß schon ein kleiner Volumenbruchteil der Orientierungen, die in der (nie ganz scharfen) Verformungstextur (Abschn. 12.4.3) vorliegen, die Orientierung der Rekristallisationskeime bestimmen kann. Nimmt man z. B. einen Keimradius von 1 µm an und eine Korngröße nach der

Abb 15.20. Kornwachstum-Auslese in $\langle 100 \rangle$ Cu-Einkristall nach schwacher Verformung und Schmirgeln am unteren Ende. Glühung bei 480 °C (F. Ernst nach [15.17])

Rekristallisation von 10 µm, so kann die Rekristallisationstextur durch einen praktisch unbeobachtbar kleinen Volumenbruchteil von 10^{-3} der Verformungstextur bestimmt werden.

15.5 Sekundäre Rekristallisation (Kornvergrößerung) [15.15, 15.16]

Nach Abschluß der primären Rekristallisation ist das Gefüge höchstens in einem metastabilen Gleichgewicht. Wenn auch die gespeicherte Energie der Verformung aufgezehrt ist, so steckt doch in den Korngrenzen noch eine zusätzliche Freie Energie $e \approx 10^4$ J/m^3 (Korngröße 50 µm). Wie in Abschn. 3.3 gezeigt wurde, ist es nicht möglich, mechanisches Gleichgewicht der Korngrenzenspannungen innerhalb einer periodischen Anordnung von 3dimensionalen, identischen Körnern zu erreichen. Es besteht also eine Tendenz zur weiteren Bewegung von Korngrenzen, wie sie Abb. 15.21 für den 2dimensionalen Fall zeigt. In diesem gibt es allerdings eine mechanisch stabile Korngrenzenanordnung von sechseckigen Körnern mit 120°-Winkeln in den Ecken. Körnern mit mehr Ecken wachsen, solche mit weniger Ecken schrumpfen. Die Kinetik des Wachstums der Korngröße wird durch eine treibende Kraft beschrieben, die proportional zur Korngrenzfläche pro Kornvolumen, also umgekehrt proportional zur Korngröße ist. Eine solche Kinetik haben wir in Gl. (7-12) und (7-13) für das Domänenwachstum beschrieben. Sie wird auch vom Kornwachstum befolgt – mit Komplikationen durch die Wechselwirkung der Korngrenze mit gelösten FA und mit Teilchen. Als deren Folge kann es zu einer „anomalen" Kornvergrößerung kommen, bei der nur einige wenige Körner, diese aber sehr schnell, wachsen, während das normale und kontinuierliche Wachstum der Mehrzahl der Körner gebremst ist. Voraussetzung für die anomale Kornvergrößerung ist eine genügend hohe Glühtemperatur und eine nicht zu scharfe Textur der primären Rekristallisation (womit die Orientierungsunterschiede der primären Körner, d. h. auch die Beweglichkeit ihrer Korngrenzen, klein würden). Auch kommt diese Kornvergrößerung oft zum Stillstand, wenn die Korngröße etwa die doppelte Probendicke erreicht, weil das Kornwachstum dann zweidimensional ist (mit der Möglichkeit der 120°-Stabilisierung) und die

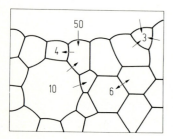

Abb. 15.21. Zweidimensionale Korngrenzenanordnung in Blech mit verschiedener Zahl von Kornecken, die die Richtung des weiteren Wachstums bestimmt (J. E. Burke nach [1.3])

15.5 Sekundäre Rekristallisation (Kornvergrößerung)

Korngrenzen an Oberflächenrillen festhängen. Es werden bevorzugt Korngrenzen niedriger Energie (wie $\Sigma 3$) nach der sekundären Rekristallisation gefunden. Die Oberflächenenergie beeinflußt die Rekristallisationstextur, wenn sie stark anisotrop ist. In dünnem Transformatorenblech aus Eisen-3% Silizium, besonders nach Beladung mit Sauerstoff, stellen sich die Kornorientierungen bei der („Tertiären") Rekristallisation so ein, daß bevorzugt Netzebenen kleiner Oberflächenenergie parallel zur Blechoberfläche liegen. Damit nimmt dieses Material die vom Standpunkt des Magnetisierungsverlustes äußerst günstige (001) $\langle 100 \rangle$-Würfeltextur an. Dicke Bleche aus diesem Material (mit Zusätzen von MnS) ergeben bei der sekundären Rekristallisation die ebenfalls magnetisch weiche „Goss-Textur" (110) $\langle 001 \rangle$.

Das Phänomen der Rekristallisation gehört zu den kompliziertesten und trotz aller, seiner technischen Bedeutung entsprechend zahlreichen, Bemühungen zu den noch am wenigsten verstandenen der Metallkunde. Wie wir gesehen haben, geht in die Rekristallisation die volle Kenntnis der Defektanordnung nach der Verformung, ihre thermisch aktivierte Beweglichkeit, die Wechselwirkung mit FA in jeder Form, die Physik und Thermodynamik der Grenzflächen und anderes ein, die zusammen nach den vorangegangenen Kapiteln einen wesentlichen Teil der Physikalischen Metallkunde bedeuten.

Literatur

Kapitel 1

1.1 Kittel, Ch.: Einführung in die Festkörperphysik. München: Oldenbourg 1969; 1983.
1.2 Cottrell, A. H.: Theoretical Structural Metallurgy. 2nd Ed. New York: St. Martin's Press 1955; Neue Aufl.: An Introduction to Metallurgy. London: Arnold 1975.
1.3 Shewmon, P. G.: Transformations in Metals. New York: McGraw-Hill 1969.
1.7 Porter, D. A.; Easterling, K. E.: Phase Transformations in Metals and Alloys. New York: van Nostrand Reinhold 1981.

Kapitel 2

2.1 Barrett, C. S.; Massalski, T. B.: Structure of Metals. 3rd Ed. Oxford: Pergamon 1980.
2.2 Cullity, B. D.: Elements of X-Ray Diffraction. Reading/Mass.: Addison-Wesley 1956.
2.3 Wassermann, G.: Praktikum der Metallkunde und Werkstoffprüfung. Berlin, Heidelberg, New York: Springer 1965.
2.4 Marton, L.: Methods of Experimental Physics. Vol. 6A/B: Solid State Physics. New York: Academic Press 1959.
2.5 Chalmers, B.; Quarrell, A. G.: The Physical Examination of Metals. 2nd Ed. London: William Clowes 1960.
2.6a Exner, H. E.: Ch. 10A in: Cahn, R. W.; Haasen, P. (Eds.): Physical Metallurgy. 3rd Ed. Amsterdam: North Holland 1983.
2.6b Brandon, D. G.: Modern Techniques in Metallography. London: Butterworth 1966.
2.6c Freund, H. (Hrsg.): Handbuch der Mikroskopie in der Technik, Bd. II, Mikroskopie der metallischen Werkstoffe. Frankfurt: Umschau-Verlag 1968, 1969.
2.6d de Hoff, R. T.; Rhines, F. N. (Ed.): Quantitative Microscopy. New York: McGraw-Hill 1968.
2.7 Hornbogen, E.: Durchstrahlungs-Elektronenmikroskopie fester Stoffe. Weinheim: Verlag Chemie 1971.
2.8 von Heimendahl, M.: Einführung in die Elektronenmikroskopie. Braunschweig: Vieweg 1970.
2.9 Schimmel, G.: Elektronenmikroskopische Methodik. Berlin, Heidelberg, New York: Springer 1969.
2.10 Alexander, H.: Z. f. Metallkde. 51 (1960) 202.
2.11 Amelinckx, S.; Dekeyser, W.: in Solid State Physics 8 (1959) 327.
2.12 Gerold, V.: in Erg. exakt. Naturw. 33 (1961) 105.
2.13 Guinier, A.: Théorie et technique de la radiocristallographie. 2e édition. Paris: Dunod 1956.
2.14 Müller, E. W.; Tsong, T. T.: Field Ion Microscopy: Principles and Applications. Amsterdam: Elsevier 1969.
2.15 Brenner, S. S.; McKinney, J. T.: Surface Science 23 (1970) 88.
2.16 Predel, B.: Habilitationsschrift Münster 1963.
2.17 Hart, E. W.: Acta Met. 15 (1967) 351.
2.18 Cottrell, A. H.: The Mechanical Properties of Matter. New York: J. Wiley 1964.
2.19 Siebel, E.: Handbuch d. Werkstoffprüfung, Bd. II. Berlin: Springer 1939.
2.20 Zener, Cl.: Elasticity and Anelasticity of Metals. Chicago: Univ. Press 1948; s. auch: Nowick, A. S.; Berry, B. S.: Anelastic Relaxation in Crystalline Solids. New York: Academic Press 1972.

Literatur 361

2.21 Gonser, U.: Z. f. Metallkde. 57 (1966) 85; auch: Keune, W.; Trautwein, A: Metall 25 (1971) 27.
2.22 Frauenfelder, H.: Mößbauer Effect. New York: Benjamin 1962.
2.23 Wegener, H.: Der Mößbauereffekt und seine Anwendungen. Mannheim: Bibliogr. Inst. 1965.
2.24 Bethge, H.; Heidenreich, J. (Hrsg.): Elektronenmikroskopie in der Festkörperphysik. Berlin: Deutscher Verlag der Wiss. 1982.
2.25 Spence, J. C. H.: Experimental High-Resolution Electron Microscopy. Oxford: Clarendon Press 1981.
2.26 Cockayne, D. J. H.; Ray, J. L. F.; Whelan, M. J.: Phil. Mag. 20 (1969) 1265.
2.27 Wagner, R.: Crystals. Vol. 6. Berlin: Springer 1982.
2.28 Zhu, F.; Wendt, H.; Haasen, P.: Scripta Met. 16 (1982) 1175.
2.29 Guinier, A.; Fournet, G.: Small Angle Scattering of X-Rays. New York: J. Wiley 1955.
2.30 Kostorz, G.: Small Angle Scattering in Neutron Scattering. New York: Academic Press 1979, p. 227.
2.31 Hirsch, P. B.; Howie, A.; Nicholson, R. B.; Pashley, D. W.; Whelan, M. J.: Electron Microscopy of Thin Crystals. London: Butterworth 1965.
2.32 Pennycook, S. J.: Ultramicroscopy 30 (1989) 58. Hattenhauer, R.; Schmitz, G.; Wilbrandt, P. J.; Haasen, P.: Phys. Stat. Sol. (a) 137 (1993) 429.
2.33 Di Nardo, N. J., in: Cahn, R. W.; Haasen, P.; Kramer, E. (Eds.): Mater. Sci. Technol. 2B (1993).
2.34 Schmid, M.; Stadler, H.; Varga, P.: Phys. Rev. Lett. 70 (1993) 1441.

Kapitel 3

3.1 Hornbogen, E.: Prakt. Metallogr. 5 (1968) 51.
3.2 Americ. Soc. for Metals: Metal Interfaces. Cleveland 1952.
3.3 Gleiter, H.: Habil. Schrift Bochum 1971; auch: Weins, M. J., in: Chaudhari, P.; Matthews, J. W.: Grain Boundaries and Interfaces. Amsterdam: North Holland 1972, p. 138.
3.4 Brandon, D. G.: Acta Met. 12 (1964) 813; 14 (1966) 1479.
3.5 Gleiter, H.: Acta Met. 17 (1969) 565.
3.6 McLean, D.: Grain Boundaries in Metals. Oxford: Clarendon 1957.
3.7 Guy, A. G.: Introduction to Materials Science. New York: McGraw-Hill 1971.
3.8 Hermann, G.; Gleiter, H.; Bäro, G.: Acta Met. 24 (1976) 353.
3.9 Sutton, A. P.: Intern. Met. Rev. 29 (1984) 377.
3.10 Balluffi, R. W.; Sutton, A. P.: Grain Boundaries in Crystalline Solids. Oxford Univ. Press 1993.
3.11 Wolf, D.: Acta Met. 38 (1990) 781, 791.
3.12 Martin, G.: Phys. Stat. Sol. (b) 172 (1992) 121; Günther, G. Diss. Göttingen (1993); Günther G.; Wilbrandt P. F.; Haasen P.: Mater. Sci. Forum 113–115 (1993) 661.

Kapitel 4

4.1 Chalmers, B.: Principles of Solidification. New York: J. Wiley 1964.
4.2 Tiller, W.: Ch. 9 in: Cahn, R. W.: Physical Metallurgy. 2nd Ed. Amsterdam: North Holland 1970.
4.3 Laudise, R. A.: The Growth of Single Crystals. Englewood Cliffs: Prentice Hall 1970.
4.4 Winegard, W. C.: An Introduction to the Solidification of Metals. London: Institute of Metals 1964
4.5 Pfann, W. G.: Zone Melting. New York: J. Wiley 1958.
4.6 Chadwick, G. A.: Progr. Mater. Science 12 (1964) 97; auch: Metallography of Phase Transformations. London: Butterworth 1972.
4.7 Kurz, W.; Sahm, P. R.: Gerichtet erstarrte eutektische Werkstoffe. Berlin, Heidelberg, New York: Springer 1975.
4.8 Jackson, K. A.; Hunt, T.: Trans. AIME 236 (1966) 1129.
4.9 Polk, D.: Acta Met. 20 (1972) 485.
4.10 Piller, J.; Haasen, P.: Acta Met. 30 (1982) 1.
4.11 Wagner, R.; Gerling, R.; Schimansky, F. P.: Scripta Met. 17 (1983) 203.
4.12 Luborsky, F. E.: Amorphous Metallic Alloys. London: Butterworth 1983.
4.13 Jones, H.: Rapid Solidification of Metals and Alloys. London: Inst. of Metallurgists 1982.
4.14 Güntherodt, H. -J.; Beck, H. (Eds.): Glassy Metals. Berlin: Springer, Vol. I 1981, Vol. II 1982.
4.15 Häussler, P.: Z. Phys. B 53 (1983) 15.

4.16 Müller-Krumbhaar, H.; Kurz, W., in: Cahn, R. W.; Haasen, P.; Kramer, E. (Eds.): Mater. Sci. Technol. 5 (1991) 553.

Kapitel 5

5.1 Gaskell, D. R.: Ch. 6. in: Cahn, R. W.; Haasen, P. (Eds.): Physical Metallurgy. 3rd Ed. Amsterdam: North Holland 1983.
5.2 Darken, L. S.; Gurry, R. W.: Physical Chemistry of Metals. New York: McGraw-Hill 1953.
5.3 Becker, R.: Theorie der Wärme. Berlin, Göttingen, Heidelberg: Springer 1955.
5.4 Schmalzried, H.: Festkörperthermodynamik. Weinheim: Verlag Chemie 1974.
5.5 McLellan, R. B.: J. Mater. Sci. Eng. 9 (1972) 122.
5.6 Wagner, C.: Thermodynamics of Alloys. London: Addison-Wesley 1952.
5.7 Prince, A.: Alloy Phase Equilibria. Amsterdam: Elsevier 1966.
5.8 Hansen, A.; Anderko, K.: Constitution of Binary Alloys. 2nd Ed. New York: McGraw-Hill 1958.
5.9 Elliot, R.: Constitution of Binary Alloys, First Suppl. New York: McGraw-Hill 1965.
5.10 Shunk, F. A.: Constitution of Binary Alloys. 2nd Suppl. New York: McGraw-Hill 1969.
5.10a Moffat, W. G.: Handbook of Binary Phase Diagrams. Schenectady: General Electric Co. 1981 ff.
5.10b Massalski, T. B.: Binary Phase Diagrams, 2nd Ed. Metals Park, Ohio: ASM, 1990 ff.
5.11 Petzow, G.: Lukas, H. L.: Z. f. Metallkde. 61 (1970) 877.
5.12 Hoffman, D. W.: Met. Trans. 3 (1972) 3231.
5.13 Bennett, L. H.; Massalski, T. B.; Giessen, B. C. (Eds.): Alloy Phase Diagrams. New York: North Holland 1983.
5.14 Bormann, R.; Gärtner, F.; Zöltzer, K.: J. Less Comm. Met. 145 (1988) 19.

Kapitel 6

6.1 Hornbogen, E.: Ch. 16 in: Cahn, R. W.; Haasen, P. (Eds.): Physical Metallurgy 3rd Ed. Amsterdam: North Holland 1983.
6.2 Zener, Cl.: Ch. 1.2 in: Rudman, P. S.; Stringer, J.; Jaffe, R. I.: Phase Stability in Metals and Alloys. New York: McGraw-Hill 1967.
6.3 Heine, V.; Weaire, D.: Solid State Physics 24 (1970) 250.
6.4 Kaufman, L.: Progr. Mater. Sci. 14 (1969) 57; auch: Kaufman, L.; Bernstein, H.: Computer Calculation of Phase Diagrams. New York: Academic Press 1970.
6.5 Kaufman, L.: Ch. 2.3 in: Rudman, P. S.; Stringer. J.; Jaffe, R. I.: Phase Stability in Metals and Alloys. New York: McGraw-Hill 1967.
6.6 Pettifor, D. G.: J. Phys. C 3 (1970) 366.
6.7 Leibfried, G.: Handb. Phys. VII, 1. Berlin, Göttingen, Heidelberg: Springer 1955, S. 104.
6.7a Friedel, J.: J. de Phys. 35 (1974) L 59.
6.8 Dehlinger, U.: Theoretische Metallkunde. Berlin, Göttingen, Heidelberg: Springer 1955.
6.9 Massalski, T. B.: Ch. 4 in: Cahn, R. W.; Haasen, P. (Eds.): Physical Metallurgy. 3rd Ed. Amsterdam: North Holland 1983.
6.10 Blandin, A.: Ch. 2.2 in: Rudman, P. S.; Stringer, J.; Jaffe, R. I.: Phase Stability in Metals and Alloys. New York: McGraw-Hill 1967.
6.10a Stroud, D.; Ashkroft, N. W.: J. Phys. F 1 (1971) 113.
6.10b Cottrell, A.: Introduction to the Modern Theory of Metals. The Inst. of Metals. London 1988.
6.11 King, H. W., in: Massalski, T. B. (Ed.): Alloying Behaviour and Effects in Concentrated Solid Solutions. New York: Gordon and Breach 1965, p. 85.
6.12 Girgis, K.: Ch. 5 in: Cahn, R. W.; Haasen, P. (Eds.): Physical Metallurgy. 3rd Ed. Amsterdam: North Holland 1983.
6.13 Laves, F.: Ch. 8 in: Westbrook, J. H.: Intermetallic Compounds. New York: J. Wiley 1967.
6.14 Miedema, A. R.; de Boer, E. R.; de Chatel, P. F.: J. Phys. F 3 (1973) 1558.
6.15 Pettifor, D. G.: Ch. 3 in: Cahn, R. W.; Haasen, P. (Eds.): Physical Metallurgy. Amsterdam: North Holland 1983.
6.16 Hazzledine, P. M.; Pirouz, P.: Scripta Met. 28 (1993) 1277.

Kapitel 7

7.1 Sato, H.; Toth, R. S., in: Massalski, T. B. (Ed.): Alloying Behaviour and Effects in Concentrated Solid Solutions. New York: Gordon and Breach 1965, p. 295.
7.2 Cohen, J. B.: Ch. 13 in: Phase Transformations. Metals Park, Ohio: Amer. Soc. for Metals 1970.
7.3 Sato, H.: Ch. 10 in: Eyring, H.; Henderson, D.; Jost, W. (Eds.): Physical Chemistry. Vol. X. New York: Academic Press 1970.
7.4 Clapp, P. C.; Moss, S. C.: Phys. Rev. 171 (1968) 764.
7.5 Inden, G.; Pitsch, W.: Z. f. Metallkde. 62 (1971) 627; 63 (1972) 253.
7.6 Marcinkowski, M. J., in: Thomas, G.; Washburn, J. (Eds.): Electron Microscopy and Strength of Crystals. New York: Interscience 1963, p. 333.
7.7 Rudman, P. S.: Ch. 21 in: Westbrook, J. H.: Intermetallic Compounds. New York: J. Wiley 1967.
7.8 Sauthoff, G.: Acta Met. 21 (1973) 273.
7.9 Marcinkowski, M. J.; Brown, N.: J. appl. Phys. 33 (1962) 537.
7.10 Clapp, P. C., in: Kear, B. H.; et al. (Eds.): Ordered Alloys. Baton Rouge: Claytor's Publ. Div., p. 25; auch Rudman, P. S.: p. 37, l. c.
7.11 Pearson, W. B.: A Handbook of Lattice Spacings and Structures of Metals and Alloys. London: Pergamon Press. Vol. 1, 1958; Vol. 2, 1967.
7.12 Marcinkowski, M. J.; Brown, N.: J. appl. Phys. 32 (1961) 375.
7.13 de Fontaine, D.: Acta Met. 23 (1975) 553.

Kapitel 8

8.1 Shewmon, P. G.: Diffusion in Solids. Warrendale, PA: TMS 1989.
8.2 Crank, J.: The Mathematics of Diffusion. Oxford: Clarendon Press 1967.
8.3 Manning, J. R.: Diffusion Kinetics for Atoms in Crystals. Princeton: van Nostrand 1968.
8.4 Lazarus, D.: Solid State Physics 10 (1960) 71.
8.5 Schmalzried, H.: Festkörperreaktionen. Weinheim: Verlag Chemie 1971.
8.6 Adda, Y.: Philibert, J.: La diffusion dans les solides. Paris: Presses Univ. de France 1966.
8.6a Philibert, J.: Diffusion et transport dans les solides. Paris: Les Edit. de Phys. 1985.
8.7 Queré, Y.: Défauts ponctuels dans les métaux. Paris: Masson 1967.
8.8 Balluffi, R. W.: Phys. Stat. Sol. 42 (1970) 11.
8.9 Mullins, W. W.: J. appl. Phys. 30 (1959) 77.
8.10 Bonzel, H. P.; Gjostein, N. A.: J. appl. Phys. 39 (1968) 3480.
8.11 Kuczynski, G.: Acta Met. 4 (1956) 58.
8.12 Thümmler, F.; Thomma, W.: Met. Revs. XII (1967) 69.
8.13 Hehenkamp, Th., in: Seeger, A.; et al. (Eds.): Vacancies and Interstitials in Metals. Amsterdam: North Holland 1970, p. 91.
8.14 Hauffe, K.: Reaktionen in und an festen Stoffen. Berlin, Göttingen, Heidelberg: Springer 1955; auch: Oxidation von Metallen und Metallegierungen. Berlin, Göttingen, Heidelberg: Springer 1956.
8.15 Rice, S.: Phys. Rev. 112 (1958) 804; auch: Vineyard, G. H.: J. Phys. Chem. Sol. 3 (1957) 121.
8.16 Le Claire, A. D.: Ch. 5 in: Eyring, H.; et al. (Eds.): Physical Chemistry. Vol. X. New York: Academic Press 1970.
8.17 Wever, H.: Elektro- und Thermotransport in Metallen. Leipzig: J. Ambr. Barth 1973.
8.18 Gerl, M., in: Atomic Transport in Solids and Liquids. Tübingen: Verlag Z. f. Naturforschg. 1971, S. 9.
8.19 Ashby, M. F.: Acta Met. 22 (1974) 275.
8.20 Cantor, B.; Cahn, R. W.: in [4.12].
8.21 Boquet, J. L.; Brébec, G.; Limoge, Y., in: Cahn, R. W.; Haasen, P. (Eds.): Physical Metallurgy. Amsterdam: North Holland 1983, p. 385.
8.22 Faupel, F.; Hüppe, P. W.; Rätzke, K.: Phys. Rev. Lett. 65 (1990) 1219.
8.23 Hehenkamp, Th.: Defects and Diffusion Forum 95–98 (1993) 171.
8.24 Schmalzried, H.: Reaction Kinetics and Dynamics. Weinheim: VCH 1994.
8.25 Kirchheim, R.: Progr. Mater. Sci. 32 (1988) 262.
8.26 Klamt, A.; Teichler, H.: Phys. Stat. Sol. (b) 134 (1986) 103, 533.

8.27 Wicke, E.; Brodowsky, H., in: Alefeld, G.; Völkl, J. (Eds.): Hydrogen in Metals II. Berlin Heidelberg, New York: Springer 1973.
8.28 Gleiter, H.: Progr. Mater. Sci. 33 (1990) 223.

Kapitel 9

9.1 Fine, M. E.: Introduction to Phase Transformations in Condensed Systems. New York: McMillan 1964.
9.2 Hilliard, J. E.: Ch. 12 in: Phase Transformations. Metals Park, Ohio: American Soc. for Metals 1970.
9.3 Kahlweit, M.: Ch. 11 in: Eyring, H.; et al. (Eds.): Physical Chemistry. Vol. X. New York: Academic Press 1970.
9.4 Servi, I. S.; Turnbull, D.: Acta Met. 14 (1966) 161.
9.5 Hornbogen, E.: Aluminium 43 (1967) 115.
9.6 Christian, J. W.: The Theory of Transformations in Metals and Alloys. Oxford: Pergamon Press 1965, 2nd Ed., Part I. 1975.
9.7 Livingston, J. D.: Trans. AIME 215 (1959) 566.
9.8 Cahn, J. W.: Trans. AIME 242 (1968) 166.
9.9 Cahn, J. W.: Acta Met. 7 (1959) 18.
9.10 Brown, L. M.; Cook, R. H.; Ham, R. K.; Purdy, G. R.: Scripta Met. 7 (1973) 815.
9.11 Cook, H. E.: Acta Met. 18 (1970) 297.
9.12 Lee, Y. W.; Aaronson, H. I.: Acta Met. 28 (1980) 539.
9.13 Wendt, H.; Haasen, P.: Acta Met. 31 (1983) 1649.
9.14 Langer, J. S.; Schwartz, A. J.: Phys. Rev. A 21 (1980) 948.
9.15 Wendt, H.; Liu, Z.; Haasen, P.: Proc. Intern. Conf. on Early Stages of Decompos. of Alloys. Sonnenberg 1983, Oxford: Pergamon 1984; Kampmann, R.; Wagner, R.: ibid.
9.16 Langer, J. S.: in: Riste, T. (Ed.): Fluctuation Instabilities and Phase Transitions. New York: Plenum Press 1975, p. 19.
9.17 Zhu, F.; Wendt, H.; Haasen, P.: [wie 9.15].
9.18 Busch, R.; Gärtner, F.; Borchers, C.; Bormann, R.; Haasen, P.: Acta. Metall. (1994) im Druck.
9.19 Al-Kassab, T.: Diss. Göttingen (1992).
9.20 Massalski, T. B., in: Rapidly Quenched Metals IV. Sendai: Japan Inst. Met. 1981, p. 203.
9.21 Xiao, S. Q., Haasen, P.: Scripta Met. 23 (1989) 295, 365.
9.22 Russell, K. C., in: Phase Transformations. Metals Park: ASM (1970) 219.
9.23 Xiao, S. Q.; Haasen, P.: Acta Met. 39 (1991) 651.
9.24 Wagner, R.; Kampmann, R., in: Cahn, R. W.; Haasen, P.; Kramer, E. (Eds.): Mater. Sci. Technol. 5 (1991) 213.
9.25 Wagner, R.; Haasen, P.: Met. Trans. 23A (1992) 1901.

Kapitel 10

10.1 Seeger, A.: J. Phys. F 3 (1973) 248.
10.2 Seeger, A.; et al. (Eds.): Vacancies and Interstitials in Metals. Amsterdam: North Holland 1970.
10.2a Hehenkamp, Th.; Sander, L.: Z. f. Metallkde. 70 (1979) 202.
10.2b Hehenkamp, Th.: in Kedves, F. J.; Beke, D. L. (Eds.): Diffusion and Defect Monogr. S. 7 (1983) 100.
10.2c Wolff, J.; Kluin, J. E.; Hehenkamp, Th.: Mat. Sci. Forum 105–110 (1992) 13.29.
10.3 Damask, A. C.; Dienes, G. J.: Point Defects in Metals. New York: Gordon and Breach 1963.
10.3a Wollenberger, H., in: Cahn, R. W.; Haasen, P. (Eds.): Physical Metallurgy. 3rd Ed. Amsterdam: North Holland 1983.
10.4 Girifalco, L. A.; Hermann, H.: Acta Met. 13 (1965) 583.
10.5 Berger, A. S.; Seidman, D. N.; Balluffi, R. W.: Acta Met. 21 (1973) 123.
10.6 Leibfried, G.: Bestrahlungseffekte in Festkörpern. Stuttgart: Teubner 1965.
10.7 Thompson, M. W.: Defects and Radiation Damage in Metals. Cambridge: Univ. Press 1969.
10.8 Chadderton, L. T.: Radiation Damage in Crystals. London: Methuen 1965.
10.9 Diehl, J.: Kap. 5 in: Seeger, A. (Hrsg.): Moderne Probleme der Metallphysik, Bd. 1. Berlin, Heidelberg, New York: Springer 1965.

10.10 Eshelby, J. D.: J. appl. Phys. 25 (1954) 255.
10.11 Diehl, J.; Diepers, H.; Hertel, B.: Canad. J. Phys. 46 (1968) 647.
10.12 Ehrhardt, P.; Schilling, W.: Phys. Rev. B8 (1973) 2604; auch: Ehrhardt, P.: Report KFA Jülich 810 FF (1971).
10.13 Bullough, R.; Lidiard, A. B.: Comm. on Solid St. Phys. 4 (1972) 69; Seeger, A., l. c., p. 79.
10.14 Corbett, J. W.; et al. (Eds.): Radiation-Induced Voids in Metals. Washington: US Atom. Energy Comm. 1972.
10.15 Schilling, W.; Ullmaier, H., in: Cahn, R. W.; Haasen, P.; Kramer, E. (Eds.): Mater. Sci. Technol. 10 (1993) Chap. 9.

Kapitel 11

11.1 Weertman, J.; Weertman, J. R.: Elementary Dislocation Theory. New York: McMillan 1967.
11.2 Friedel, J.: Dislocations. Oxford: Pergamon Press 1964.
11.3 Hirth, J. P.; Lothe, J.: Theory of Dislocations. New York: McGraw-Hill 1968; 2nd Edn. 1982.
11.4 Nabarro, F. R. N.: Theory of Crystal Dislocations. Oxford: Clarendon Press 1967.
11.5 Seeger, A., in: Handbuch d. Phys. Bd. VII, 1. Berlin, Göttingen, Heidelberg: Springer 1955, S. 1.
11.6 Seeger, A.; Haasen, P.: Phil. Mag. 3 (1958) 470.
11.7 Alexander, H.; Haasen, P.: Solid State Phys. 22 (1968) 28.
11.8 Kröner, E.: Kontinuumstheorie der Versetzungen und Eigenspannungen. Berlin, Göttingen, Heidelberg: Springer 1959.
11.9 Seeger, A.; Schiller, P.: Ch. 8 in: Mason, W. P.: Physical Acoustics. Vol. IIIA. New York: Academic Press 1966.
11.10 American Soc. for Metals: Proceed. of 2nd Internat. Conf. on Strength of Metals and Alloys. Asilomar, Cleveland: ASM 1970.
11.10a Seeger, A.; Wüthrich, Ch.: Nuov. Cim. 33B (1976) 38.
11.11 Granato, A. V.: Phys. Rev. B4 (1971) 2196.
11.11a Schwarz, R. B.; Labusch, R.: J. appl. Phys. 49 (1978) 5174.
11.12 Haasen, P.: Ch. 2 in: Eyring, H.; et al. (Eds.): Physical Chemistry. Vol. X. New York: Academic Press 1970.
11.13 Neuhäuser, H., in: Nabarro, F. R. N. (Ed.): Dislocations in Solids. Vol. 6. Amsterdam: North Holland 1983.
11.14 Seeger, A.; Wüthrich, C.: Nuov. Cimento 33B (1976) 38.
11.15 Escaig, B., in: Rosenfield, A.; et al. (Eds.): Dislocation Dynamics. New York: McGraw-Hill, p. 655.

Kapitel 12

12.1 Schmid, E.; Boas, W.: Kristallplastizität. Berlin: Springer 1935.
12.2 Seeger, A.: Handb. d. Physik, Bd. VII, 2. Berlin, Gottingen, Heidelberg: Springer 1958, S. 1; auch: Seeger, A. (Hrsg.): Moderne Probleme der Metallphysik, Bd. 1. Berlin, Göttingen, Heidelberg: Springer 1965.
12.3 Nabarro, F. R. N.; Basinski, Z. S.; Holt, D. B.: Adv. in Phys. 13 (1964) 192.
12.4 Vreeland, T., in: Rosenfield, A. R.; et al. (Ed.): Dislocation Dynamics. New York: McGraw-Hill 1968, p. 529.
12.5 Haasen, P.: Ch. 21 in: Cahn, R. W., Haasen, P. (Eds.); Physical Metallurgy. 3rd Ed. Amsterdam: North Holland 1983.
12.6 Weertman, J.; Weertman, J. R.: Ch. 20 in: Cahn, R. W., Haasen, P. (Eds.): Physical Metallurgy. 3rd Ed. Amsterdam: North Holland 1983.
12.7 Kelly, A.: Strong Solids. Oxford: Clarendon Press 1966, 1973.
12.8 Eshelby, J. D.: Proc. Roy. Soc. A 241 (1957) 376.
12.9 Kocks, U. F.: Trans: AIME 1 (1970) 1121.
12.10 Cottrell, A. H.: Dislocations and Plastic Flow in Crystals. Oxford: Clarendon Press 1953.
12.11 Wassermann, G.; Grewen, J.: Texturen metallischer Werkstoffe. 2. Aufl. Berlin, Göttingen, Heidelberg: Springer 1962.
12.11a Bunge, H. -J. (Ed.): Quantitative Texture Analysis. Oberursel: DGM 1981.
12.12 Raj, R.; Ashby, M. F.: Trans. AIME 2 (1971) 1113.
12.13 Ashby, M. F.: Acta Met. 20 (1972) 887.
12.14 Stüwe, H. P.: Z. f. Metallkde. 61 (1970) 704.

12.14a Langdon, T. G.: Trans. AIME 13A (1982) 689.
12.14b Arieli, A.; Mukherjee, A. K.: Trans. AIME 13A (1982) 717.
12.15 Ashby, M. F.; Verrall, R. A.: Acta Met. 21 (1973) 149.
12.16 McLean, D.: Mechanical Properties of Metals. New York: J. Wiley 1962.
12.17 Grosskreutz, J. C.: Phys. Stat. Sol. 47 (1971) 11, 359.
12.18 Munz, D.; Schwalbe, K.; Mayr, P.: Dauerschwingverhalten metallischer Werkstoffe. Braunschweig: Vieweg 1971.
12.18a Mughrabi, H.: Mat. Sci. Engg. 33 (1978) 207.
12.18b Neumann, P.: Mat. Sci. Engg. 81 (1986) 465.
12.19 Neumann, P.: Acta Met. 17 (1969) 1219.
12.20 Kochendörfer, A.: Z. f. Metallkde. 62 (1971) 1, 71, 173, 255.
12.21 Cottrell, A. H.: Trans. AIME 212 (1958) 192.
12.22 Thomson, R. M.: Ch. 23 in: Cahn, R. W.; Haasen, P. (Eds.): Physical Metallurgy. 3rd Ed. Amsterdam: North Holland 1983.
12.23 Tetelman, A. S.; McEvily, A. J.: Fracture of Structural Materials. New York: J. Wiley 1967.
12.24 Ashby, M. F.: Phil. Mag. 21 (1970) 399.
12.25 Thompson, A. W.: Work Hardening in Tension and Fatigue. New York: AIME (1977) p. 89.
12.26 Estrin, Y.; Mecking, H.: Acta Met. 32 (1984) 57.
12.27 Möller, H. J.: Phil. Mag. A37 (1978) 41.
12.28 Siethoff, H., Schröter, W.: Z. f. Metallkde. 75 (1984) 475.
12.29 Argon, A. S., Haasen, P.: Acta Met. 41 (1993) 3289.
12.30 Zehetbauer, H.: Acta Met. 41 (1993) 589.
12.31 Rice, J. R.: J. Mech. Phys. Sol. 40 (1992) 239.
12.32 Brede, M., Haasen, P.: Acta Met. 36 (1988) 2003.

Kapitel 13

13.1 Reed-Hill, R. E.; et al. (Eds.): Deformation Twinning. New York: Gordon and Breach 1964.
13.1a Sleeswyk, A. W.: Phil. Mag. 29 (1974) 407.
13.2 Peissker, E.: Z. f. Metallkde. 56 (1965) 155.
13.3 Seeger, A.: Z. f. Metallkde. 44 (1953) 247; 47 (1956) 653.
13.4 Liebermann, D. S.: Ch. 1 in: Phase Transformations. Metals Park, Ohio: Amer. Soc for Metals 1970.
13.5 Wayman, C. M.: Introduction to the Crystallography of Martensitic Transformations. New York: McMillan 1964.
13.6 Pitsch, W.: Archiv Eisenh.wes. 30 (1959) 503.
13.7 Frank, F. C.: Acta Met. 1 (1953) 15.
13.8 Bowles, J. S.; Mackenzie, J. D.: Acta Met. 2 (1954) 129, 138, 224.
13.9 Wayman, C. M.; Shimizu, K.: Metals Sci. J. 6 (1972) 175.
13.10 Cohen, M.: Met. Trans. 3 (1972) 1095; auch: Raghavan, V.; Cohen, M.: Acta Met. 20 (1972) 333.
13.10a Olson, G. B.; Cohen, M., in: Aaronson, H. J.; et al. (Eds.): Solid-Solid Phase Transf. New York: AIME 1982, p. 1145.
13.11 Cech, R. E.; Turnbull, D.: Trans. AIME 194 (1952) 489.
13.12 Easterling, J.; Miekk-Oja, H. M.: Acta Met. 15 (1967) 1133.
13.12a Cornelis, I.; Oshima, R.; Tong, H. C.; Wayman, C. M.: Scripta Met. 8 (1974) 133.
13.13 Hornbogen, E.: Ch. 16 in: Cahn, R. W.; Haasen, P. (Eds.): Physical Metallurgy. 3rd Ed. Amsterdam: North Holland 1983.
13.14 Wayman, C. M.: Ch. 15 in: Cahn, R. W.; Haasen, P. (Eds.): Physical Metallurgy. 3rd Ed. Amsterdam: North Holland 1983.
13.15 Sikka, S. K.; Vohra, Y. K.; Chidambaram, R.: Progr. Mat. Sci. 27 (1982) 245.
13.16 Lagerlöf, K. P. D.: in "Dislocations 93", Aussois, Frankreich, im Druck.
13.17 Falk, F.: Acta Met. 28 (1980) 1773.
13.18 Binder, K., in: Cahn, R. W.; Haasen, P.; Kramer, E. (Eds.): Mater. Sci. Technol. 5 (1991) 143.

Kapitel 14

14.1 Fleischer, R. L., in: Peckner, D.: The Strengthening of Metals. London: Reinhold 1964, p. 93.
14.2 Haasen, P.: Ch. 15a in: Nabarro, F. R. N.: Dislocations in Solids. Amsterdam: North Holland 1979.

14.3 Cochhardt, A. W.; Schöck, G.; Wiedersich, H.: Acta Met. 3 (1955) 533.
14.4 Labusch, R.: Phys. Stat. Sol. 41 (1970) 659; Acta Met. 20 (1971) 917; auch: Labusch, R.; Ahearn, J.; Grange, G.; Haasen, P.: Cleveland: Amer. Soc. for Metals 1974.
14.4a Labusch, R.: Cz. J. Phys. B31 (1981) 165.
14.5 Basinski, Z. S.; Foxall, R. A.; Pascual, R.: Scripta Met. 6 (1972) 807.
14.5a Kröner, E.: Phys. Kond. Mat. 2 (1964) 262.
14.6 Hart, E. W.: Acta Met. 3 (1955) 146.
14.7 Schöck, G.; Seeger, A.: Acta Met. 7 (1959) 469.
14.8 Brion, H. G.; Haasen, P.; Siethoff, H.: Acta Met. 19 (1971) 283.
14.9 Thompson, D. O.; Paré, V. K.: Ch. 7 in: Mason, W. P.: Physical Acoustics. Vol. IIIA. New York: Academic Press 1966.
14.10 Lücke, K.; Granato, A. V., in: Fisher, J. C.; et al. (Eds.): Dislocations and Mechanical Properties of Crystals. New York: J. Wiley 1957, p. 425.
14.11 Haasen, P.: Nachr. Gött. Akad. Wiss. 6 (1970); Contemp. Phys. 18 (1977) 373.
14.12 Brown, L. M.; Ham, R. K.: Ch. 2 in: Kelly, A.; et al. (Eds.): Strengthening Methods in Crystals. Amsterdam: Elsevier 1971.
14.13 Ashby, M. F.: Ch. 3 in: Kelly, A.; et al. (Eds.): Strengthening Methods in Crystals. Amsterdam: Elsevier 1971.
14.14 Kelly A.: Ch. 8 in: Strengthening Methods in Crystals. Amsterdam: Elsevier 1971.
14.15 Kelly, A.; Lilholt, H.: Phil. Mag. 20 (1969) 311.
14.16 Neumann, P.; Haasen, P.: Phil. Mag. 23 (1971) 285.
14.17 Wassermann, G.; Wahl, H. P.: Z. f. Metallkde. 61 (1970) 326.
14.18 Melander, A.; Persson, P. A.: Acta Met. 26 (1978) 267.
14.19 Wendt, H.; Wagner, R.: Acta Met. 30 (1982) 1561.
14.20 Neuhäuser, H., Schwink, C., in: Cahn, R. W.; Haasen, P.; Kramer, E. (Eds.): Mater. Sci. Technol. 6 (1993) 191.
14.21 Labusch, R.; Schwarz, R. B.: Proceedings ICSMA 9 (1992), Haifa, 47.
14.22 Hähner, P.: Diss. Stuttgart (1992); Scripta Metall. Mater 29 (1993) 1171.
14.23 Nembach, E., Neite, G.: Progr. Mater. Sci. 29 (1986) 177.
14.24 Reppich, B. in: Cahn, R. W.; Haasen, P.; Kramer, E. (Eds.): Mater. Sci. Technol. 6 (1993) 311.
14.25 Gerold, V.; Karnthaler, H. P.: Acta Met. 37 (1989) 2177.
14.26 Yamaguchi, M.; Umakoshi, Y.: Progr. Mat. Sci. 34 (1990) 1.
14.27 Hirsch, P. B.: Progr. Mater. Sci. 36 (1992) 63.
14.28 Caillard, D.; Couret, A.; Molenat, G.: Mater. Sci. Engg. A 164 (1993) 82.

Kapitel 15

15.1 Cahn, R. W.: Ch. 25 in: Physical Metallurgy. 3rd Ed. Amsterdam: North Holland 1983.
15.2 Clarebrough, L. M.; Hargreaves, M. E.; Loretto, M. H., in: Himmel, L. (Ed.): Recovery and Recrystallization of Metals. New York: Interscience 1963, p. 63.
15.3 Hibbard, W. R.; Dunn, C. G., in: Creep and Recovery. Cleveland: Amer. Soc. for Metals 1957, p. 52.
15.4 Rutter, J. W.; Aust, K. T.: Acta Met. 13 (1965) 181; auch: Creep and Recovery. Cleveland: Amer. Soc. for Metals 1957, p. 131.
15.5 Rath, B. B.; Hu, H., in: Hu, H.: The Nature and Behaviour of Grain Boundaries. New York: Plenum Press 1972, p. 405.
15.6 Gleiter H.; Chalmers B.: Progr. Mater. Sci. 16 (1972).
15.7 Gleiter H.: Acta Met. 17 (1969) 853.
15.8 in der Schmitten H.; Haasen P.; Haeszner, F.: Z. f. Metallkde. 51 (1960) 101.
15.9 Lücke K.; Rixen R.; Rosenbaum, F. W., in: Hu, H.: The Nature and Behaviour of Grain Boundaries. New York: Plenum Press 1972, p. 245.
15.10 Gordon, P.; Vandermeer, R. A.: Ch. 6 in: Recrystallization, Grain Growth and Texture. Metals Park: Amer. Soc. f. Metals 1966.
15.11 Hornbogen, E.; Kreye, H., in: Grewen, J.; Wassermann, G. (Hrsg.): Texturen in Forschung und Praxis. Berlin, Heidelberg, New York: Springer 1969, S. 274.
15.12 Beck, P. A.; Hu, H.: Ch. 9 in: Recrystallization, Grain Growth and Texture. Metals. Park: Amer. Soc. f. Metals 1966.
15.13 Burgers, W. G.: Ch. 22 in: Gilman, J. J. (Ed.): The Art and Science of Growing Crystals. New York: J. Wiley 1963.

15.14 Hu, H., in: Grewen, J.; Wassermann, G. (Hrsg.): Texturen in Forschung und Praxis. Berlin, Heidelberg, New York: Springer 1969, S. 200.
15.15 Walter, J. L., in: Grewen, J.; Wassermann, G. (Hrsg.): Texturen in Forschung und Praxis. Berlin, Heidelberg, New York: Springer 1969, S. 227.
15.16 Hillert, M.: Acta Met. 13 (1965) 227.
15.17 Wilbrandt, P. -J.; Haasen, P.: Z. f. Metallkde. 71 (1980) 385; Berger, A.; Wilbrandt, P. -J.; Haasen, P.: Acta Met., 31 (1983) 1433.
15.17 Berger, A.; Wilbrandt, P. J.; Ernst, F.; Klement, U.; Haasen, P.: Progr. Mater. Sci. 32 (1988) 1.
15.18 Rabkin, E. J.; Shvindlerman, L. S.; Straumal, B. B.: Intern. J. Mod. Phys. B5 (1991) 2989.
15.19 Haasen, P.: Met. Trans. B24 (1993) 225.
15.20 Purdy, G. R., in: Cahn, R. W.; Haasen, P.; Kramer, E. (Eds.): Mater. Sci. Technol. 5 (1991) 305.
15.21 Gladman, T.: Scripta Met. 27 (1993) 1569.

Sachverzeichnis

Abgleitgeschwindigkeit 258
Abgleitung 254
Abkühlung, rasche 72
Abkühlungskurve 24
Abschirmung 121
Abschrecken 218
Achsenpfad 256
Achsenverhältnis 101, 109
Acht-minus-N-Regel 114
Aktivierungsenergie 160
Aktivierungsvolumen 339
Aktivität 82, 182
Allotropie 95
Amplituden-Phasen-Diagramm 11
Anelastizität 29, 104, 253, 327
Anlassen 311
Anlaufen 179
Antiphasengrenze 39, 134, 144
–, Energie 146
Asymmetrie der Fließspannung 248
Atomgröße 125, 127
Atomgrößenfaktor 115
Atomsonde 20
Ätzen 4
Ausformen 312
Ausheilen 218
Ausscheidung 86, 189
–, diskontinuierliche 189, 209
–, Kohärenz 14
–, Wachstum 200
Ausscheidungshärtung 312, 331
Ausscheidungswachstum 200
Austenit 102, 306
Austenitischer Stahl 312

Bainit 211, 312
Bain-Verzerrung 302
Bauschinger-Effekt 282
Beck-Experiment 357
Bereiche der Verfestigung 267
Bergaufdiffusion 170, 188
Bestrahlung mit energiereichen Teilchen 223
Beta-Wolfram-Struktur 130
Biegegrenze 41
Biegekontur 10
Bildkraft 243

Bildungswärme 116
Bindungsenergie 108
Boltzmann-Matano-Analyse 163
Bordoni-Maximum 246
Braggsche Bedingung 8
Bridgman-Technik 57
Brillouin-Zone 118, 136
Bruchfläche 289
Bruchspannung 289
Bruchzähigkeit 289
Burgersumlauf 232
Burgersvektor 12, 230

Cahnsche Theorie 204
CALPHAD-Verfahren 82
Chalmers-Technik 57
Chemische Kraft 236
Chemisches Potential 77
Considère-Konstruktion 26, 27
Cottrell-Wolke 192, 327
Crowdion 225
Curie-Temperatur 104, 142, 152
Czochalski-Technik 57

Dämpfung 29, 160
Darken-Gleichungen 165
Debye-Temperatur 104
Debye-Waller-Faktor 16
Defektstruktur 132
Deformationsband 277, 343
Dehnung 26
Dehnungslawine 283
Dendrit 56
Diamantstruktur 115
Dichte-Funktional-Theorie 108
Dichteste Packung 109
Dickenkontur 10
Dielastische Wechselwirkung 318
Differential-Thermo-Analyse 25
Diffuse Röntgenstreuung 15, 17
Diffusion 64, 154
– entlang Versetzungen 173
–, ternäre 170
– unter hydrostatischem Druck 218
Diffusionsgleichung mit Driftterm 201, 352
Diffusionskriechen 279

Dispersionshärtung 335
Displazive ω-Umwandlung 313
D_0-Theorie 160
Doppelgleitung 249
Doppelleerstelle 217, 219, 221
Doppeltangenten-Konstruktion 87
Drehgrenze 42
Driftgeschwindigkeit 177
Druckversuch 27
Dunkelfeld 4, 8
Duplexgefüge 209
Duralumin 197
Durchstrahlung 7
Dynamische Theorie 10
Dynamischer Zugversuch 25, 260

Edelstahl 106
Eigenspannung 237
Einkristallzucht 57
Elastische Instabilität 108
Elektrochemisches Potential 177
Elektronegativität 116, 132
Elektronenkonzentration 116, 135
Elektronenmikroskop 5
–, Abdrücke 7
–, Emissions- 5
–, hochauflösendes 10
–, Raster- 5
–, Reflexions- 5
–, Transmissions- 7
Elektronen-Phasen 116
Elektronenstrahl-Mikrosonde 6
Elektrotransport 176
Enthalpie 77
Entmischung 123, 188
–, diskontinuierliche 209
–, eutektoide 209
–, spinodale 203
Entropie 75
Entropiestabilisierung 113
Erholung 227, 340
–, dynamische 262, 265
–, isochrone 219
–, isotherme 219
Erholungsstufen 219, 226
Ermüdung 281
Erstarrung 52, 63
Eulersches Knicken 27
Eutektikum 62
Eutektische Erstarrung 68
Eutektisches System 63, 91
Eutektoide Reaktion 95, 209
Extinktionslänge 10
Extrusion 283
Exzeß-Entropie 84

Faserverstärkung 335
Feldionenmikroskop 19
Fermienergie 120
Fermikörper 118

Fernordnung 137
Ferrit 102
Ferroelastizität 300
Ferromagnetismus 104
Ficksche Gesetze 153
Fließspannung 26, 242, 261, 262
Fokusson 225
Formgedächtnis 297
Fourier-Lösung 154
Frank-Partialversetzung 250
Frank-Read-Quelle 241
Freie Energie 24, 52, 75, 79
Freie Enthalpie 52, 77
Fremdatom-Wolke 351
Frenkelpaar 224
Friedel-Länge 319
Friedeloszillationen 75, 121
Fugazität 187

Gamma-Öffner 106
– -Schließer 107
Gefüge 3, 38
Geschwindigkeitsempfindlichkeit 27
Gespeicherte Energie 343
Gestaltsänderung 295
Gibbssche Phasenregel 59, 78
Gibbs-Duhem-Beziehung 83, 87
Gibbs-Thomson-Gleichung 175, 202
Gitterschwingung 84
Glas, metallenes 52, 72, 160
Gleichgewicht, thermodynamisches 76
Gleitebene 231
Gleiten 233
Gleitfläche 231
Gleitkraft 236
Gleitrichtung 230, 247
Gleitstufen 262, 283
Gleitsystem 247, 254, 256
Goldschmidt-Radius 125
Goss-Textur 359
Gradientenenergie 191, 204
Grenzflächenenergie 50
Großwinkel-Korngrenze 44
Guinier-Preston-Zone (GP-Zone) 196, 222
Guiniersche Näherung 19
Gußeisen 71

Haarkristall 337
Habitus-Ebene 296, 302, 307
Hadfield-Stahl 312
Hall-Petch-Beziehung 272
Hantellage 226
Härte 28, 213, 311
Hebelgesetz 60
Hebelkonstruktion 97
Helix 233
Hellfeld 8
Henrys Gesetz 82
Heuslersche Legierung 133
Hexagonale Struktur 101

Huangstreuung 17, 143, 226
Hume-Rothery-Phasen 116, 124
Hume-Rotherysche Regeln 74, 114, 115
Hundsche Regel 112
Hyperfeinaufspaltung 32

Ideallage 276
Inkohärente Grenzfläche 50
Inkompatibilitätsspannung 271
Inkubationszeit 341, 346
Innere Reibung 29, 246
Interdiffusionskoeffizient 163
Interferenzmikroskop 5
Intermetallische Phase 130
Intermetallische Verbindung 93, 338
– –, Plastizität 338
Interstitielle Legierung 80
Interstitielle Verbindung 132
Isomerieverschiebung 32
Isotopendiffusionskoeffizient 156
Isotopie-Effekt bei Diffusion 157

Jog 233
Johnson-Mehl-Kinetik 149, 341
Jones-Zone 123

Kanalisierung 225
Karbide 311, 312
Kasper-Polyeder 130
Kear-Wilsdorf-lock 338
Keim 38
–, kritischer 53
–, Wachstum 52
Keimbildung 52, 54, 148, 189
– von Martensit 308
–, orientierte 340
– an Versetzungen 192
Keime, präformierte 308
Kerbschlagversuch 287
Kinematische Theorie 9
Kinke 233
–, Energie 246
Kinkpaare 246
Kirkendall-Effekt 164
– –, umgekehrter 228
Kleinwinkel-Korngrenze 41
Kleinwinkelstreuung 19
Kletterkraft 236
Klettern 233, 265
Knickband 343, 355
Kohärente Grenzfläche 50
Kohärenz 192
Kohlenstoff in Eisen 105, 160
Koinzidenzgitter 44
Komponentendiffusionskoeffizient 151, 166
Kongruentes Schmelzen 94
Konode 60, 96
Konservative Versetzungsbewegung 233
Konstitutionelle Unterkühlung 59, 66
Kontrast 4, 8

Konvektion 65
Koordinationszahl 126
Kornformänderung 272
Kornformfaktor 279
Korngrenze 41, 271
–, spezielle 44, 347, 355
Korngrenzendiffusion 171
Korngrenzenenergie 46
Korngrenzengeschwindigkeit 347
Korngrenzengleitung 278
Korngrenzenwanderung 347
Kornvergrößerung 358
Kornwachstum 346
Korrelation 156
Kovalente Bindung 114
Kriechen, stationäres 269
Kriechversuch 28, 257, 259, 264
Kristallbaufehler 19, 39
Kristallisation 54
Kristallisationswärme 55
Kristallit 4
Kristallwachstum 55
Kritische Dispersion 333
Kritische Schubspannung 247, 320
Kubisch dichteste Packung 100
Kubisch-raumzentrierte Struktur 112

Labuschs Theorie 322
Lamellenabstand 71
Landau-Theorie 298
Laue-Streuung 17
Laves-Phasen 128
Ledeburit 102
Leerstelle, Bildungsenergie 39
–, Bildungsvolumen 217
–, chemische 125
–, Erzeugung 235
–, im Gleichgewicht 215
–, im Nichtgleichgewicht 218
–, Senken 221
–, strukturelle 125
–, Wanderungsenergie 156
Leerstellenmechanismus 155
Leerstellenpumpe 59, 223
Leerstellenübersättigung 58
Legierungshärtung 317
Linienenergie 240
Linienspannung 239
Liquidusfläche 99
Liquiduskurve 61
Lomer-Cottrell-Versetzung 250, 262
Löslichkeit 62, 88, 127
Lösung, ideale 79
–, reguläre 80, 86
Lüders-Band 260, 329

Matano-Ebene 163
Maralternde Stähle 312
Mar(tensit)-Mem(ory) 297
Martensit 102, 306

Martensitumwandlung 113, 292
Messing 100
Metallographie 3, 7
Mikrodiffusion 227
Mikrokriechen 330
Mikrostruktur 38
Mischkristall 62
Mischkristallhärtung 310, 316
Mischkristallstreuung 17, 18
Mischungsenergie 81, 82
Mischungsentropie 80
Mischungslücke 88
Misfit 127
Mittelrippe 310
Modul, elast. relaxiert 29
–, unrelaxiert 29
Moduldefekt 29, 160, 325
Monotektischer Zerfall 95
Mößbauer-Effekt 31

Nahentmischung 18
Nahordnung 18, 88, 137
Nahordnungskoeffizient 81, 84, 137
Neumann-Koppsche Regel 84
Neumannsches Modell 284
Nichtgleichgewichts-Leerstellen 218

Oberflächendiffusion 174
Oktaederlücke 105, 130
Omega-Transformation 313
Ordnung, spinodale 148
Ordnungsdomäne 144, 150
Ordnungsgrad 137
Ordnungshärtung 338
Ordnungskinetik 148
Ordnungsparameter 298
Orientierung 4, 254
Orientierungsbeziehung 296, 302
Orientierungsverteilungsfunktion 270
Orowan-Beziehung 257, 321
Orowan-Spannung 241, 333
Ostwald-Reifung 151, 202
Oxidation 179
–, innere 180

Paarbindungsenergie 85
Paarpotential 140
Parelastische Wechselwirkung 317
Partialdruck 83
Partialversetzung 247
Passierspannung 238, 241
Peach-Koehler-Kraft 236
Peierls-Nabarro-Kraft 246
Peierlspotential 245
Periodisches System 110
Peritektische Reaktion 91
Peritektoide Reaktion 95
Perlit 102
Perlit-Reaktion 213
Perlitwachstum 209

Permeation 181
Persistente Gleitbänder 283
Phase 38
Phasendiagramm 52, 59
Phasengrenzfläche 49
–, martensitische 306
Phasenübergang 298
Phasenumwandlung 139
Plastische Stabilität 26
Plastische Verformung 254
Plastische Zustandsgleichung 259
Plateauspannung 324
Polarität von aufgespaltenen
   Versetzungen 248
Polfigur 275
Polmechanismus 293
Polygonisation 343
Poren 164, 175, 229
Portevin-LeChatelier-Effekt 330
Positronenvernichtung 217
Primäre Rekristallisation 341
Pseudopotential 122
Pseudopotential-Methode 108
Pulvermetallurgie 175
Punkthindernis 320

Quasichemische Ordnungsreaktion 148
– Theorie 86, 138
Quellenlösung 154
Quergleitung 249, 265

Radienverhältnis 128, 132
Raoults Gesetz 82
Raster-Tunnel-Mikroskop 22
Reaktionsfront 209
Reaktionswärme 83
Reaktorwerkstoffe 227
Regel, $(8 - N)$- 109, 114
Reflexion 4
Rekristallisation 227, 341
Rekristallisation zweiphasiger
   Legierungen 353
Rekristallisationsdiagramm 341
Rekristallisationskeim 355
Rekristallisationskinetik 341
Rekristallisationstemperatur 349
Rekristallisationstextur 342, 354
Relaxation 28, 30, 75
Replica 7
Restaustenit 310
–, Stabilisierung 311
Restwiderstand 218
Retrograde Löslichkeit 100
Ringtausch-Mechanismus 159
Rißausbreitung 285, 290
Rißbildung 284
Rißmodus 290
Röntgenstreuung, diffuse 15
Röntgen-Topographie 14

Scherung, gitterinvariante 295
Schlankheitsgrad 336
Schmelze 122
Schmidfaktor 255
Schmidsches Schubspannungsgesetz 247, 254
Schneiden von Versetzungen 242, 263
Schneidspannung 263
Schraubenversetzung 12, 42, 55, 230, 236
Schubmoduldefekt 325
Schubspannung 254
Schwellen 164, 228
Schwingungsentropie 89
Schwingungswärme 103
Seifenblasen-Modell 42
Seitenbänder 207
Sekundäre Rekristallisation 358
Selbstdiffusionskoeffizient 158, 218
Semikohärenz 51
Seßhafte Versetzung 249
Shockley-Partialversetzung 247, 292
Sigma-Korngrenzen 46
–, Phase 107, 130
Sinterdiagramm 176
Sintern 175
Snoekeffekt 104, 160, 199
Snoek-Wolke 330
Soliduskurve 61
Spannung, wirksame 258
Spannungsäquivalenz der Mischkristallhärtung 325
Spannungsrelaxation 28
Spannungstensor 235
Spezielle Korngrenze 44, 347, 355
Sphalerit 115
Spike, thermischer 226
Spinodale 90, 170
–, kohärente 204
Spinodale Entmischung 203
Sprödbruch 286
Sprünge in Versetzungen 233
Sprungtemperatur 130
Stabilität, plastische 26
Stahl 102
Stahlhärtung 310
Standarddreieck 37, 256
Standardprojektion 37
Stapelfehler 11, 40, 109, 121, 292, 319
Stapelfehlerenergie 109, 111, 121, 332
Stapelfehlertetraeder 222, 250
Stapelfolge 129, 292
Statischer Versuch 28
Stereographische Projektion 34
Stereometrie 49
Strahlenschädigung 228
Streckgrenze 260, 317, 329
Strukturelle Einheit 44, 349
Strukturkarte 116
Stufenversetzung 14, 41, 230, 236
Subkorn 267, 343
Sublimationswärme 83

Substitutionslegierung 80
Superplastizität 27, 280
Superversetzung 290, 332
Suzuki-Wolke 319
Symmetrale 256

Tangentenkonstruktion 87
Tangentenregel 78
Taylorfaktor 274
Tempern 311
Ternäres Zustandsdiagramm 95
Tetraederlücke 105, 130
Textur 56, 274
Thermische Analyse 23
Thermische Längenänderung 215
Thermochemie 75, 83
Thermodynamik 75
Thermodynamischer Faktor 167, 169, 204
Thermotransport 178
Thompson-Tetraeder 250
Tight-binding-Näherung 108
Transformationsenthalpie 112
Transformationsentropie 112
Transportwärme 178
Traps für Wasserstoff 181

Überaltern 329
Überführung, elektrolytische 83
Übergangstemperatur 287
Überschießen 256
Überschußleerstellen 350
Überstruktur, lang-periodische 133
Umlösung 197
Umwandlung, martensitische 102, 113, 292, 295, 302
–, massive 211
Unterkühlung 52, 53, 70

Valenzelektronenkonzentration 116
Valenzverbindung 132
Vegardsche Regel 127
Verbundwerkstoff 335
Verdünnte Zone 225
Verfestigung 26, 27, 241, 257, 261
–, zyklische 282
Verfestigungsbereich 257
Verfestigungskurve 256
Verformung, plastische 25
Verformungs-Erweichung 265
Verformungsmechanismus-Diagramm 280
Verformungstextur 274, 355
Verlagerungskaskade 224
Verschiebungsquadrat, mittleres 155
Versetzung 230
–, Einschnürung 249
–, Elastizitätstheorie 237
–, Entstehung 57
–, geometrisch notwendige 270, 334
–, Klettern 59
–, seßhafte 249

Versetzung (*Fortsetzung*)
–, Stair-rod- 250
–, träge Masse 252
Versetzungsanordnung 236
Versetzungsaufspaltung 249, 263, 266
Versetzungsaufstauung 244
Versetzungsdämpfung 253
Versetzungsdichte 242
Versetzungsdipol 233, 238
Versetzungsenergie 239
Versetzungsgeschwindigkeit 251
Versetzungsgruppe 263
Versetzungskern 244
Versetzungslosreißen 326
Versetzungsmultiplikation 241, 257
Versetzungsreaktion 241, 249
Versetzungsring,
  prismatischer 58, 222, 233, 250
Versetzungssprung 233
Versetzungsverankerung 326
Versetzungswald 242, 263
Versetzungswechselwirkung 241
Versprödung 228
Verteilungskoeffizient 64
Verzerrungsenergie 189
Verzerrungsenthalpie 127, 204
Verzerrungsmatrix 302
Vielkristall, Verfestigung 272
–, Verformung 270
Vierphasengleichgewicht 98
Volumen, freies 72, 161
Volumendilatation 238
Volumen-Größenfaktor 126

Wachstum von Martensit 308
Wachstumsauslese 347

Wachstumsspirale 55
Walztextur 356
Wärmebehandlung 212
Wasserstoff in Metallen 182
Wechselverformung 281
Wechselwirkung, elektrostatische 169
Whisker 337
Widerstand, elektrischer 215, 218
Widmanstätten-Platten 189
Wigner-Energie 223
Wigner-Seitz-Zelle 116
Wöhler-Kurve 281
Wulffsches Netz 36
Würfeltextur 276, 356, 359
Wurtzit 115

Zellgefüge 68
Zementit 102, 132
Zipfelbildung 277
Z-Kontrast-Methode 8
Zonenreinigung 65
Zonenschmelzen 57
ZTU-Diagramm 211, 312
Zug-Versuch 25, 255
Zunderkonstante 180
Zustandsdiagramm 52, 59
Zustandsdichte 119
Zustandsfunktion 75
Zustandssumme 75
Zwillingsbildung, mechanische 292
–, durch Rekristallisation 355
Zwillingselemente 294
Zwillingsgrenze 44
Zwischengittermechanismus 159
Zwischengitterplatz 105

Druck: Saladruck, Berlin
Verarbeitung: Buchbinderei Lüderitz & Bauer, Berlin